智能变电站运行与维护

（第二版）

国网宁夏电力有限公司培训中心　编

中国电力出版社
CHINA ELECTRIC POWER PRESS

内 容 提 要

本书依据国家及行业标准系统地阐述了智能变电站设备的基本原理、设备运行及维护的方法和要求。本书主要内容有智能变电站基础、电子互感器、智能终端、继电保护与自动装置、智能变电站继电保护系统操作、变电站一键顺序控制技术应用、网络报文信息分析、智能变电站通信网络系统、变电设备在线监测。

本书既可作为供变电运行、变电检修和继电保护及自动化专业岗位职工培训用教材，也可作为电力系统及自动化专业本、专科生的教材。

图书在版编目（CIP）数据

智能变电站运行与维护／国网宁夏电力有限公司培训中心编．—2版．—北京：中国电力出版社，2019.11（2023.8重印）ISBN 978-7-5198-3386-2

Ⅰ．①智…　Ⅱ．①国…　Ⅲ．①智能系统-变电所-电力系统运行-维修②智能系统-变电所-电力系统运行-检修　Ⅳ．①TM63-44

中国版本图书馆CIP数据核字（2019）第278855号

出版发行：中国电力出版社
地　　址：北京市东城区北京站西街19号（邮政编码100005）
网　　址：http：//www.cepp.sgcc.com.cn
责任编辑：薛　红（010-61432346）
责任校对：黄　蓓　朱丽芳
装帧设计：郝晓燕
责任印制：石　雷

印　　刷：北京天宇星印刷厂
版　　次：2012年10月第一版　2019年12月第二版
印　　次：2023年8月北京第四次印刷
开　　本：787毫米×1092毫米　16开本
印　　张：21.75
字　　数：537千字
印　　数：6501—7000册
定　　价：69.00元

编 委 会

前言

智能变电站进入全面建设阶段以来，已经过去了七年时间，随着运行与维护工作的深入，人们逐步发现早期的一些规程、规范、导则等已经不能满足要求，并相继做出了一些修订。第一版《智能变电站运行与维护》的部分章节内容也已不能适应培训需求了，于是作者对第一版进行修订。修订后的第二版保留了原书的特点，对其中第一、三、四、八、九章节的内容进行了完善修改，同时增加了智能变电站继电保护系统操作、网络报文信息分析和变电站一键顺序控制技术应用三章内容，并对第一版的章节顺序进行了调整。

在本书编写过程中，考虑到各设备制造商和压板描述上略有差异，就对南京南瑞继保电气有限公司、国电南京自动化股份有限公司、国电南瑞科技股份有限公司、许继电气股份有限公司、北京四方继保自动化股份有限公司等制造商的保护系统操作项目分别进行了编写。

本书共分九章。第一、二章由马全福编写；第三章由闫敬东、李思朴编写；第四章由吴培涛、杨小龙编写；第五章由闫敬东、康亚丽、邢雅、尹松编写；第六章由刘海涛、孙海文编写；第七章由张智强、王东夏编写；第八章由耿卫星、刘春玲编写；第九章由李思朴、杨慧丽编写。全书由马全福统稿并担任主编，由闫敬东担任副主编。

在本书的编写过程中，我们得到了国网宁夏电力有限公司相关单位和专家的大力支持，在此表示衷心的感谢！

由于作者水平有限，书中难免存在不妥之处，敬请读者批评指正。

编　者

2019 年 12 月

目录

前言

第一章

智能变电站基础

第一节　智能变电站的基本概念

一、智能电网基础

（一）智能电网概念的提出

（1）2001 年，美国电力科学研究院（Electric Power Research Institute，EPRI）提 “Intelligrid”（智能电网）的概念，并于 2003 年提出《智能电网研究框架》展开研究。

（2）2005 年欧洲提出类似的 “Smart Grid” 概念，2006 年，欧洲联盟（简称欧盟）智能电网技术论坛推出了《欧洲智能电网技术框架》，认为智能电网技术是保证欧盟电网电能质量的一个关键技术和发展方向，主要着重于输配电过程中的自动化技术。

（3）2008 年 11 月 11 日到 13 日，中美清洁能源合作组织特别会议召开，在会上开始使用“Smart Grid”，中国将之翻译为“智能电网”，并在国内统一推广这一概念，以指导相关研究的开展。

（4）在 2009 年 5 月召开的“2009 特高压输电技术国际会议”上，中国国家电网有限公司正式提出“坚强智能电网”的概念，并计划于 2020 年基本建成中国的坚强智能电网，正式拉开了中国坚强智能电网的研究与建设序幕。

（二）智能电网的概念

1. 什么是智能电网

智能电网是以包括发、输、变、配、用、调度和信息等各环节的电力系统为对象，应用新的电网控制技术、信息技术和管理技术，并进行有机结合，实现从发电到用电各环节信息智能交流，系统地优化电力生产、输送和使用。

2. 智能电网的优点

（1）坚强可靠。智能电网拥有坚强的网架、强大的电力输送能力和安全可靠的电力供应设施，从而实现资源的优化调配、减小大范围停电事故的发生概率；故障发生时，能够快速检测、定位和隔离故障，并指导作业人员快速确定停电原因并恢复供电，缩短停电时间。坚强可靠的实体电网架构是中国坚强智能电网发展的物理基础。

（2）经济高效。经济高效是指提高电网运行和输送效率，降低运营成本，促进能源资源和电力资产的高效利用，是对中国坚强智能电网发展的基本要求。

(3) 清洁环保。清洁环保是指促进可再生能源的发展与利用，提高清洁电能在终端能源消费中的比例，降低能源消耗和污染物排放量，是对中国坚强智能电网的基本诉求。

(4) 透明开放。透明开放是指电力市场化建设提供透明、开放的实施平台，提高高品质的附加增值服务，是中国坚强智能电网的基本理念。

(5) 友好互动。友好互动是指灵活调整电网运行方式，友好兼容各类电源及用户接入与退出，激励用户主动参与电网调节，是中国坚强智能电网的重要运行特性。

(三) 智能电网的特征

(1) 智能电网是自愈电网。“自愈”指的是把电网中有问题的元件从系统中隔离出来并且在很少或不用人为干预的情况下可以使系统迅速恢复到正常运行状态，从而几乎不中断对用户的供电服务。从本质上讲，自愈就是智能电网的“免疫系统”。

(2) 智能电网鼓励和包容用户。在智能电网中，用户是电力系统不可分割的一部分。鼓励和包容用户参与电力系统的运行和管理，通过参与电网的运行和管理，修正其使用和购买电能的方式，从而获得实实在在的好处。

(3) 智能电网抵御攻击。针对智能电网的安全性要求，实施降低对电网物理攻击和网络攻击的脆弱性并快速从供电中断中恢复的全系统的解决方案。

(4) 智能电网提供满足21世纪用户需求的电能质量。电能质量指标包括电压偏移、频率偏移、三相不平衡、谐波、闪变、电压骤降和突升等。由于用电设备的数字化对电能质量越来越敏感，电能质量问题可以导致生产线的停产，对社会经济发展具有重大的影响，因此提供能满足21世纪用户需求的电能质量是智能电网的又一重要特征。

(5) 智能电网减轻来自输电和配电系统的电能质量事件。通过智能电网先进的控制方法监测电网的基本元件，从而快速诊断并准确地提出解决任何电能质量事件的方案。

(6) 智能电网允许各种不同类型发电和储能系统接入。智能电网将安全、无缝地兼容各种不同类型的发电和储能系统接入系统，简化联网过程，类似于“即插即用”，这一特征对智能电网提出了严峻的挑战。改进的互联标准将使各种各样的发电和储能系统容易接入智能电网。各种不同容量的发电和储能系统在所有的电压等级上都可以互联，包括分布式电源，如光伏发电、风电、先进的电池系统、即插式混合动力汽车电池和燃料电池。

(7) 智能电网使电力市场蓬勃发展。在智能电网中，先进的设备和广泛应用的通信系统在每个时间段内支持市场的运作，并为市场参与者提供了充分的数据，因此电力市场的基础设施及其技术支持系统是电力市场蓬勃发展的关键因素。

(8) 智能电网优化其资产应用，使运行更加高效。智能电网优化调整其电网资产的管理和运行以实现用最低的成本提供所期望的功能。

(四) 智能电网的关键技术

1. 通信技术

随着高速双向通信系统的建成，智能电网通过连续不断的自我监测和校正，应用先进的信息技术，实现其最重要的特征——自愈特征。它还可以监测各种扰动，进行补偿，重新分配潮流，避免事故的扩大。高速双向通信系统使得各种不同的智能电子设备（Intelligent Electronic Device，IED）、智能表计、控制中心、电力电子控制器、保护系统及用户进行网络化的通信，提高对电网的驾驭能力和优质服务的水平。

2. 参数量测技术

参数量测技术给电力系统运行人员和规划人员提供更多的数据支持，包括功率因数、电能质量、相位关系（WAMS）、设备健康状况和能力、表计的损坏情况、故障定位、变压器和线路负荷、关键元件的温度、停电确认、电能消费和预测等数据。

3. 设备技术

未来智能电网中的设备将充分应用在材料、超导、储能、电力电子和微电子技术方面的最新研究成果，从而提高功率密度、供电可靠性、电能质量及电力生产的效率。设备技术主要体现在电力电子技术、超导技术及大容量储能技术。

4. 控制技术

先进的控制技术是指在智能电网中分析、诊断和预测状态并确定和采取适当的措施以消除、减轻和防止供电中断和电能质量扰动的装置和算法。这些技术将提供对输电、配电和用户侧的控制方法，并且可以管理整个电网的有功和无功。其主要功能如下：

（1）收集数据和监测电网元件；

（2）分析数据；

（3）诊断和解决问题；

（4）执行自动控制的行动；

（5）为运行人员提供信息和选择。

5. 决策支持技术

决策支持技术将复杂的电力系统数据转化为系统运行人员一目了然的可理解的信息，其中动画技术、动态着色技术、虚拟现实技术及其他数据展示技术用来帮助系统运行人员认识、分析和处理紧急问题。

二、智能变电站术语和定义

1. 智能变电站（Smart Substation）

智能变电站是指采用先进、可靠、集成、低碳、环保的智能设备，以全站信息数字化、通信平台网络化、信息共享标准化为基本要求，自动完成信息采集、测量、控制、保护、计量和监测等基本功能，并可根据需要支持电网实时自动控制、智能调节、在线分析决策、协同互动等高级功能的变电站。

2. 智能设备（Intelligent Equipment）

智能设备是一次设备和智能组件的有机结合体，具有测量数字化、控制网络化、状态可视化、功能一体化和信息互动化特征的高压设备，是高压设备智能化的简称。

3. 智能组件（Intelligent Component）

智能组件由若干智能电子装置集合组成，承担宿主设备的测量、控制和监测等基本功能；在满足相关标准要求时，智能组件还可承担相关计量、保护等功能。智能组件可包括测量、控制、状态监测、计量、保护等全部或部分装置。

4. 智能终端（Smart Terminal）

智能终端是一种智能组件，与一次设备采用电缆连接，与保护、测控等二次设备采用光纤连接，实现对一次设备（如断路器、隔离开关、主变压器等）的测量、控制等功能。

5. 智能电子装置（Intelligent Electronic Device，IED）

智能电子装置是一种带有处理器、具有以下全部或部分功能的一种电子装置：① 采集或处理数据；② 接收或发送数据；③ 接收或发送控制指令；④ 执行控制指令。常见智能电子装置如具有智能特征的变压器有载分接开关的控制器、具有自诊断功能的现场局部放电监测仪等。

6. 电子式互感器（Electronic Instrument Transformer）

电子式互感器是一种装置，由连接到传输系统和二次转换器的一个或多个电流或电压传感器组成，用于传输正比于被测量的量，供测量仪器、仪表和继电保护或控制装置。

7. 电子式电流互感器（Electronic Current Transformer，ECT）

电子式电流互感器是一种电子式互感器，在正常适用条件下，其二次转换器的输出实质上正比于一次电流，且相位差在联结方向正确时接近于已知相位角。

8. 电子式电压互感器（Electronic Voltage Transformer，EVT）

电子式电压互感器是一种电子式互感器，在正常适用条件下，其二次电压实质上正比于一次电压，且相位差在联结方向正确时接近于已知相位角。

9. 合并单元（Merging Unit，MU）

合并单元是用以对来自二次转换器的电流和/或电压数据进行时间相关组合的物理单元。合并单元可以是互感器的一个组成件，也可以是一个分立单元。

10. 设备状态监测（On-Line Monitoring of Equipment）

通过传感器、计算机、通信网络等技术，获取设备的各种特征参量并结合专家系统分析，及早发现设备潜在故障。

11. 状态检修（Condition-based Maintenance）

状态检修是企业以安全、可靠性、环境、成本为基础，通过设备状态评价、风险评估、检修决策等手段，达到运行安全可靠、检修成本合理的一种检修策略。

12. 制造报文规范（Manufacturing Message Specification，MMS）

制造报文规范是 ISO/IEC 9506 标准定义的一套用于工业控制系统的通信协议。MMS 规范了工业领域具有通信能力的智能传感器、智能电子设备（IED）、智能控制设备的通信行为，使不同制造商生产的设备之间具有互操作性。

13. 面向变电站事件通用对象服务（Generic Object Oriented Substation Event，GOOSE）

面向变电站事件通用对象服务支持由数据集组织的公共数据的交换，主要用于在多个具有保护功能的 IED 之间实现保护功能的闭锁和跳闸。

14. 互操作性（Interoperability）

互操作性指来自同一或不同制造商的两个以上智能电子设备交换信息、使用信息以正确执行规定功能的能力。

15. 一致性测试（Conformance Test）

一致性测试用于检验通信信道上数据流与标准条件的一致性，涉及访问组织、格式、位序列、时间同步、定时、信号格式和电平、对错误的反应等。执行一致性测试，证明与标准或标准特定描述部分相一致。一致性测试应由通过 ISO 9001 验证的组织或系统集成者进行。

16. 顺序控制（Sequence Control）

系统发出整批指令，根据设备状态信息的变化情况判断每步操作是否到位，确认到位后自动执行下一指令，直至执行完所有指令。

17. 变电站自动化系统（Substation Automation System，SAS）

变电站自动化系统是指运行、保护和监视控制变电站一次系统的系统，实现变电站内自动化，包括智能电子设备和通信网络设施。

18. 交换机（Switch）

交换机是一种有源的网络元件。交换机连接两个或多个子网，子网本身可由数个网段通过转发器连接而成。

19. 站域控制（Substation Area Control）设备

站域控制设备是指通过对变电站内信息的分布协同利用或集中处理判断，实现站内自动控制功能的装置或系统。

三、智能变电站的特点

（一）智能变电站的优点

1. 智能变电站能实现很好的低碳环保效果

在智能变电站中，传统的电缆接线不再被工程所应用，取而代之的是光纤电缆，各类电子设备大量使用了高集成度且功耗低的电子元件，此外，传统的充油式互感器也没有逃脱被淘汰的命运，电子式互感器取而代之。不管是设备还是接线手段的改善，这些都有效地减少了能源的消耗和浪费，不但降低了成本，而且切实地降低了变电站内部的电磁、辐射等污染对人们和环境造成的伤害，在很大程度上提高了环境的质量，实现了变电站性能的优化，使之对环境保护的能力更加显著。

2. 智能变电站具有良好的交互性

智能变电站的工作特性和职责，要求其必须具有良好的交互性。智能变电站负责电网运行数据统计工作，要求其必须具有向电网回馈安全可靠、准确细致的信息功能。智能变电站在实现信息的采集和分析功能之后，不但可以将信息在内部共享，还可以将信息和网内更复杂、高级的系统进行良好的互动。智能电网的交互性确保了电网的安全、稳定运行。

3. 智能变电站具有较高的可靠性

客户对电能的基本要求之一是可靠性。智能变电站具有高度的可靠性，在满足客户需求的同时，实现了电网的高质量运行。因为变电站是以一个系统存在的，容易出现“牵一发动全身”的现象，所以变电站自身和内部的所有设施都具有高度的可靠性，这样的特性要求变电站需要具有检测、管理故障的功能。只有具有该功能，智能变电站才可以有效地预防故障的出现，并在故障出现之后能够快速地对其进行处理，使变电站的工作状况始终保持在最佳状态。

（二）智能变电站的技术特点

智能变电站采用了多种新技术，与传统变电站相比，其二次系统的整体架构、配置及与一次系统的连接方式均有较大变化。

（1）智能传感技术：采用智能传感器实现一次设备的灵活监控。

（2）数字采样技术：采用电子式互感器实现电压、电流信号的数字化采集。

（3）同步技术：采用B码、秒脉冲或IEEE 1588网络对时方式实现全站信息同步。

（4）网络传输技术：构成网络化二次回路实现采样值及监控信息的网络化传输。

（5）信息共享技术：采用基于IEC 61850（DL/T 860）标准的信息交互模型实现二次设备间的信息高度共享和互操作。

第二节　智能变电站系统的构成

一、智能变电站的结构

智能变电站以智能一次设备和统一信息平台为基础，通过先进的传感器、电子信息、通信控制、人工智能等技术实现变电站设备的远程监控、程序化运行控制、设备状态检修、运行状态自适应、智能分析决策、网络故障后的自动重构及与调度中心信息的灵活交互。智能变电站的结构如图 1-1 所示。

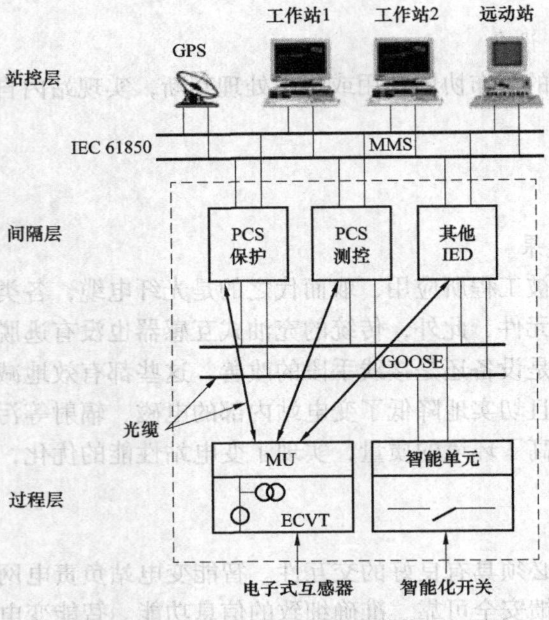

图 1-1　智能变电站的结构

（1）站控层：主要设备有监控机、远动工作站、操作员站、对时系统等，实现面向全站设备的监视、控制、告警及信息交互功能。

（2）间隔层：主要设备有保护、测控装置等，实现使用一个间隔的数据并作用于该间隔一次设备。

（3）过程层：主要设备有一次设备及附属的智能组件，实现一次设备智能化。

（4）合并单元：合并单元是互感器与二次设备接口的关键装置，主要实现以下功能。

1）数据合并。合并单元同时接受并处理三相电流互感器和三相电压互感器的输出信号，并按 IEC 60044-8 或 IEC 61850-9-1/2 的要求输出信号。

2）数据同步。三相电流互感器和三相电压互感器独立采样，其同步由合并单元实现。

3）分配信号。不同的测控装置及保护装置均从合并单元获取一次电流、电压信息，合并单元的一个主要功能是将信号分配给不同的二次设备。

合并单元的构成如图 1-2 所示。

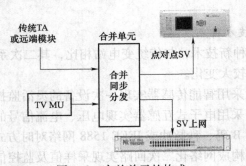

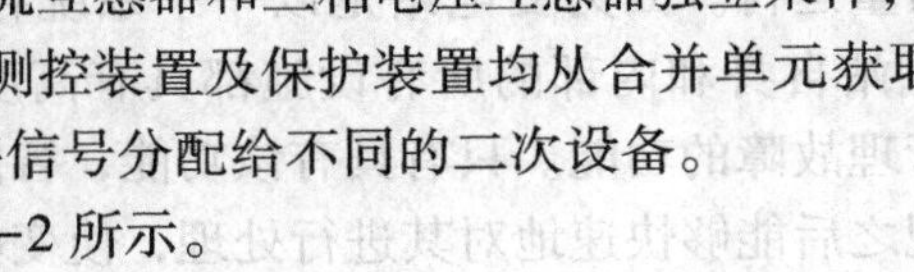

图 1-2　合并单元的构成

（5）智能终端：与一次设备采用电缆连接，与保护、测控等二次设备采用光纤连接，实现对一次设备（如断路器、刀闸、主变压器等）的测量、控制等功能。智能终端的构成如图 1-3 所示。

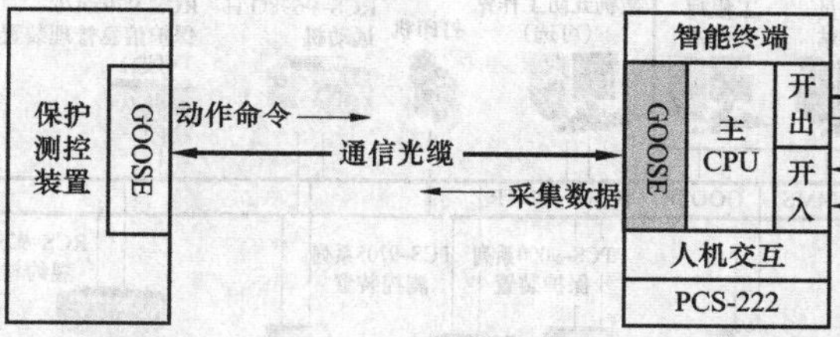

图 1-3　智能终端的构成

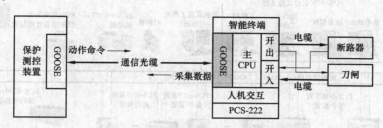

（6）站控层网络：间隔层设备与站控层设备之间的网络，实现二者之间的数据传输。

（7）过程层网络：间隔层设备和过程层设备之间数据交换的网络，包括 GOOSE 和 SV 网。

智能变电站的体系结构如图 1-4 所示。

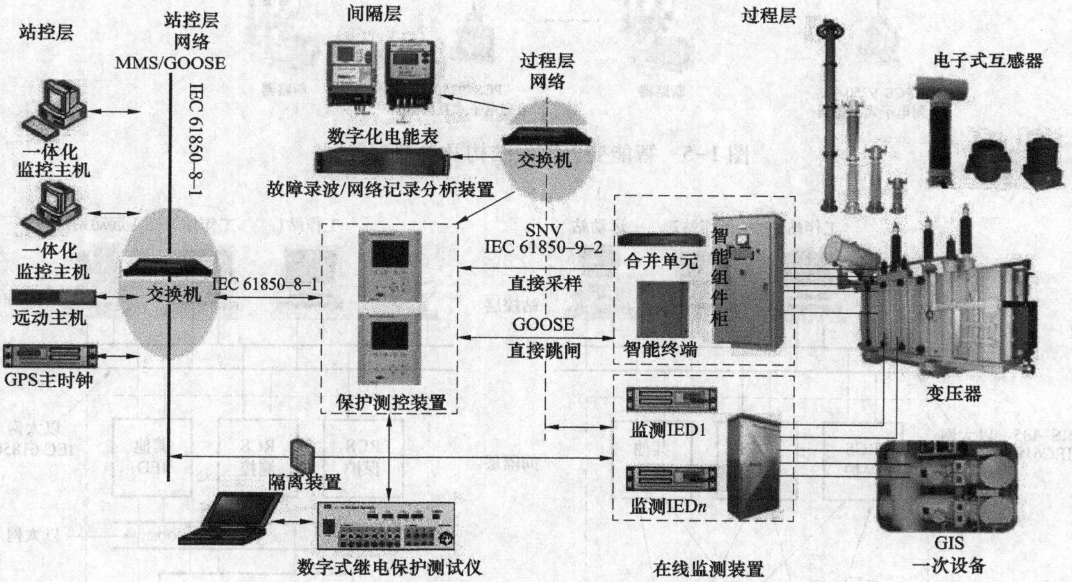

图 1-4　智能变电站的体系结构

智能变电站的结构及典型配置如图 1-5 所示。

二、智能变电站与常规变电站比较

1. 变电站结构上的不同

智能变电站的结构与常规变电站的结构不同，如图 1-6 所示。

IEC 61850 规约带来了变电站二次系统物理结构上的变化：

（1）基本取消了硬接线，所有的开入、模拟量的采集均就地完成，转换为数字量后通过标准规约从网络传输；

（2）所有的开出控制通过网络通信完成；

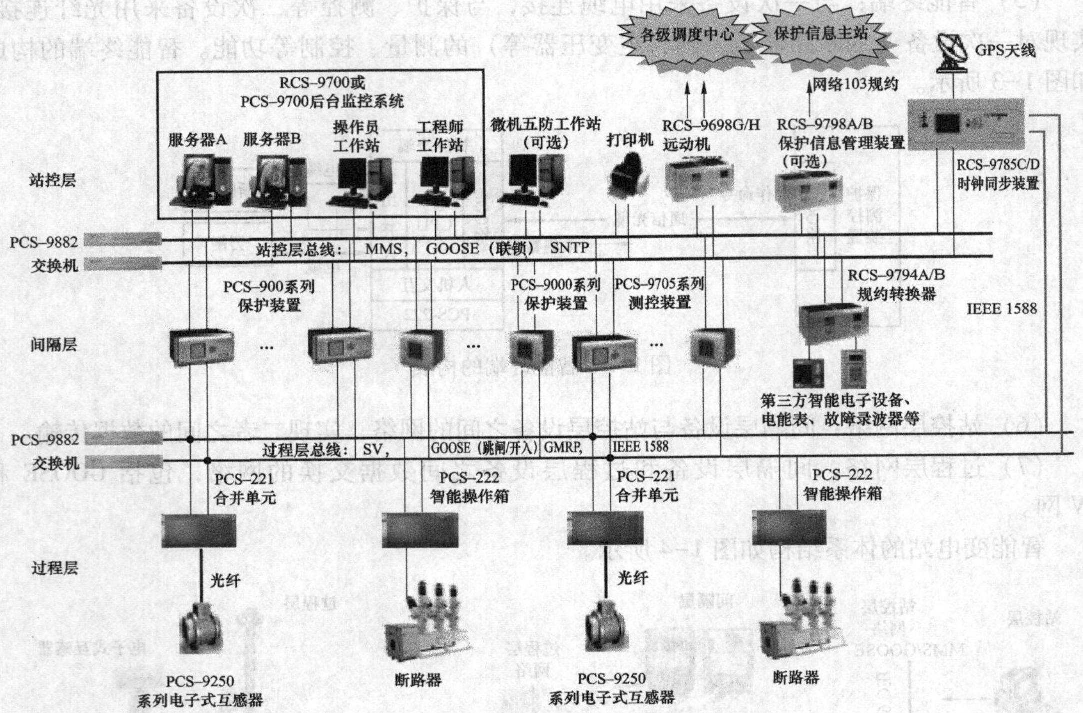

图 1-5 智能变电站的结构及典型配置图

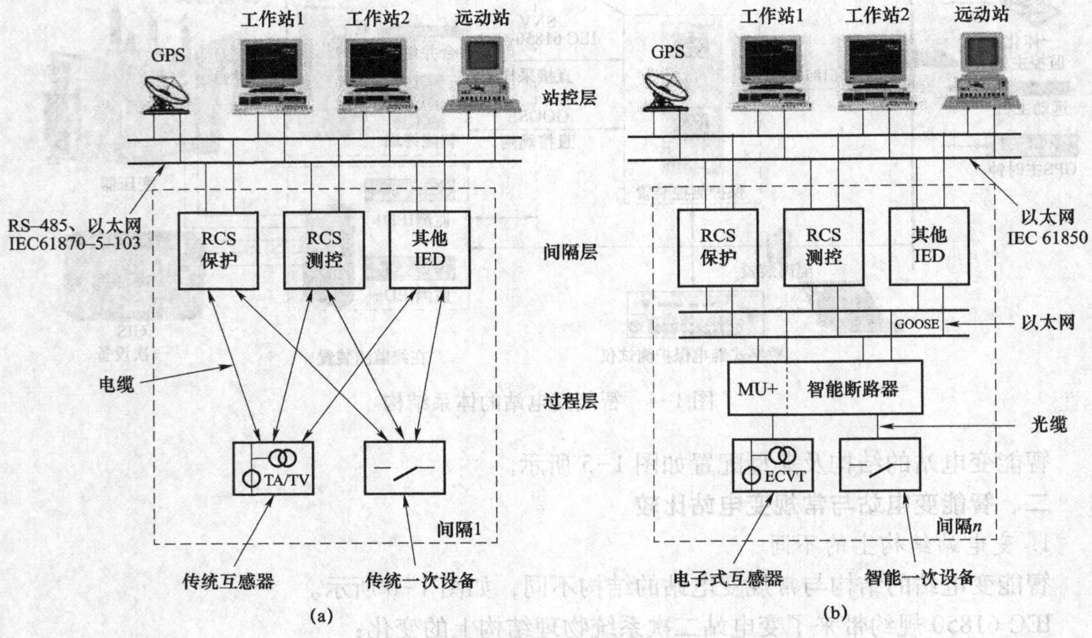

图 1-6 变电站的结构

（a）传统变电站结构图；（b）智能变电站结构图

（3）继电保护的联闭锁及控制的联闭锁由网络通信（GOOSE 报文）完成，取消了传统的二次继电器逻辑连接；

（4）数据共享通过网络交换完成。

2. 保护采集电量方式不同

智能变电站的保护采集电量方式与常规变电站的不同，如图 1-7 所示。

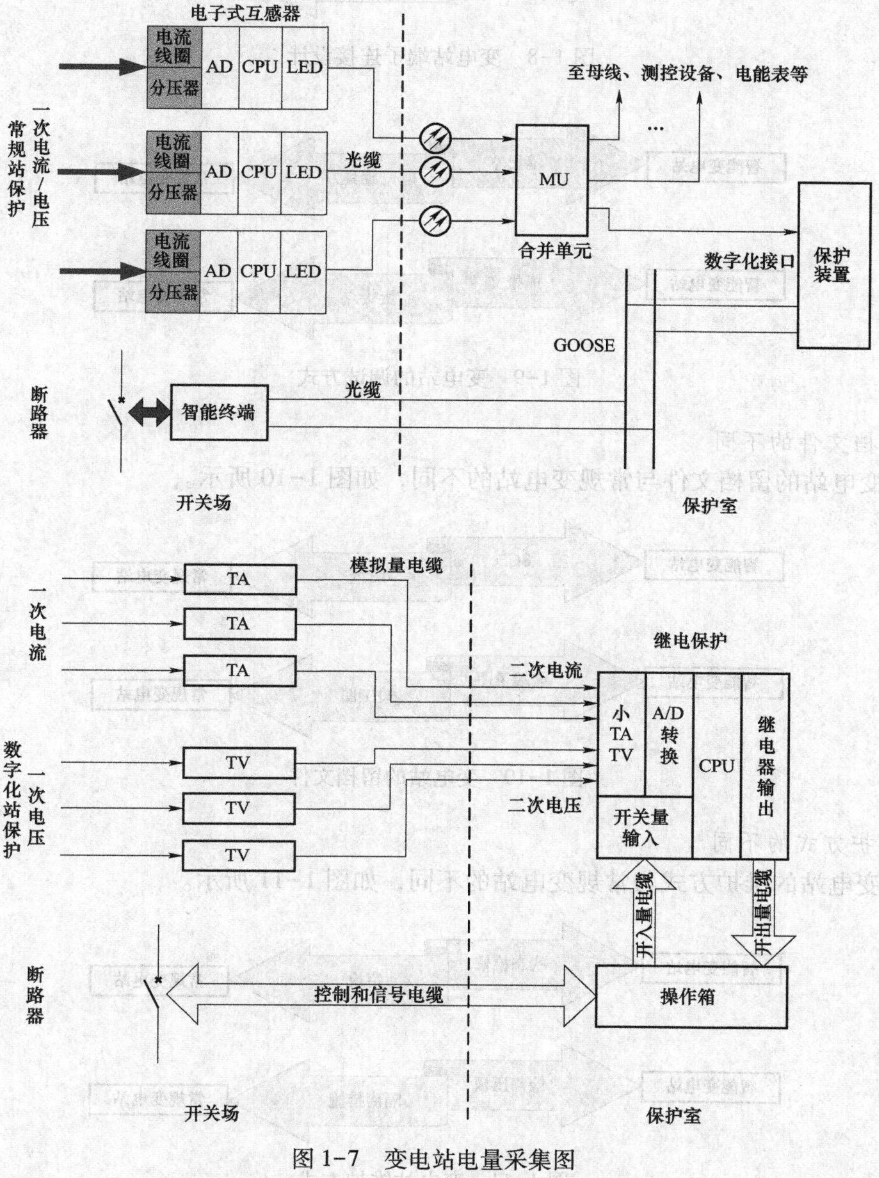

图 1-7　变电站电量采集图

3. 设计的不同

端子连接：虚端子代替物理端子，逻辑连接替代物理连接，如图 1-8 所示。

4. 调试方式的不同

智能变电站的调试方式与常规变电站的不同，如图 1-9 所示。

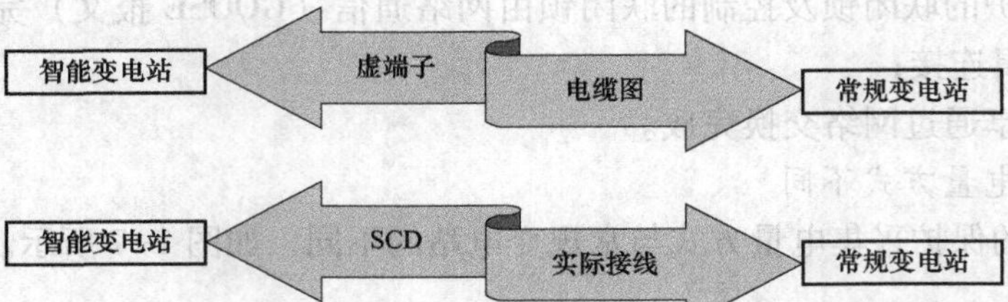

图 1-8　变电站端子连接设计

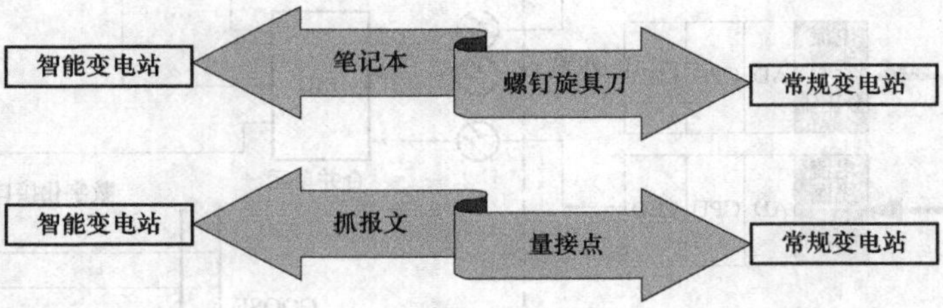

图 1-9　变电站的调试方式

5. 留档文件的不同

智能变电站的留档文件与常规变电站的不同，如图 1-10 所示。

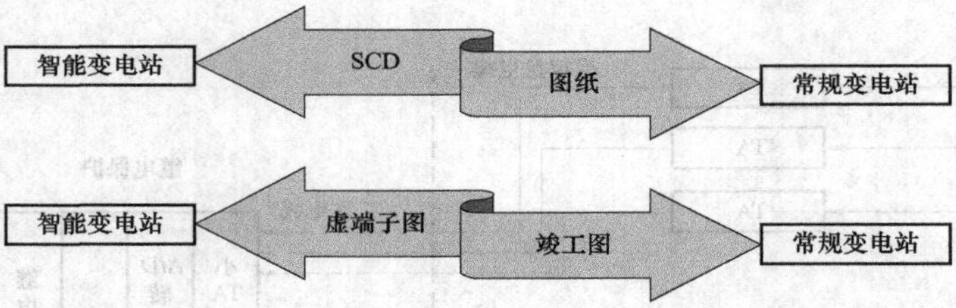

图 1-10　变电站的留档文件

6. 维护方式的不同

智能变电站的维护方式与常规变电站的不同，如图 1-11 所示。

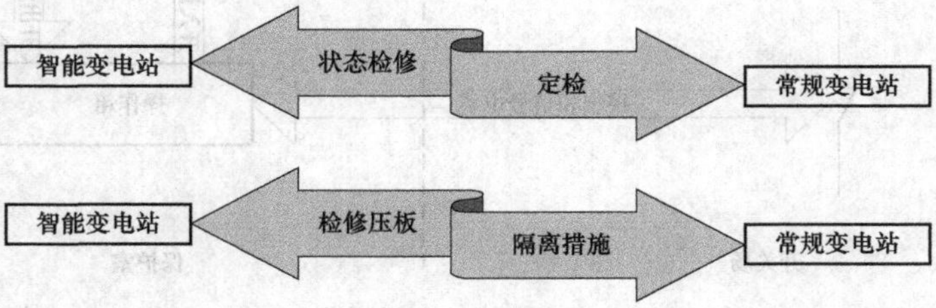

图 1-11　变电站维护方式

7. 运行方式的不同

智能变电站的运行方式与常规变电站的不同，如图 1-12 所示。

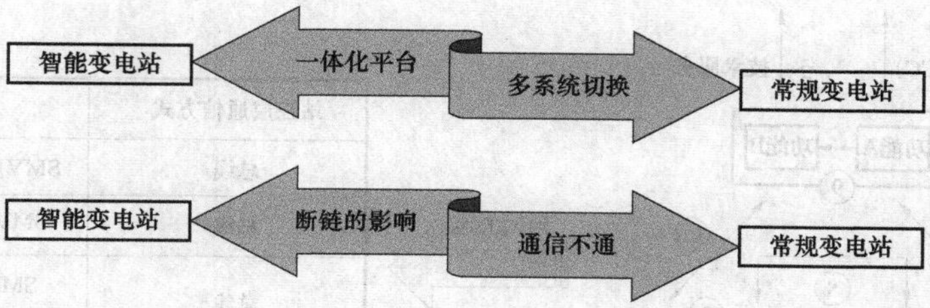

图 1-12　变电站运行方式

第三节　智能变电站的关键技术

一、智能化数据采集设备

1. 电子式互感器的应用技术

对于采用电子式互感器的智能变电站，互感器是实现智能变电站信息采集的基础，测量的准确性、实时性、可靠性是智能变电站安全、高效、优质运行的关键技术。电子式互感器应用构成如图 1-13 所示。

数据采集传感准确化、信号传输光纤化、信号输出数字化是智能变电站对电子式互感器的基本要求。

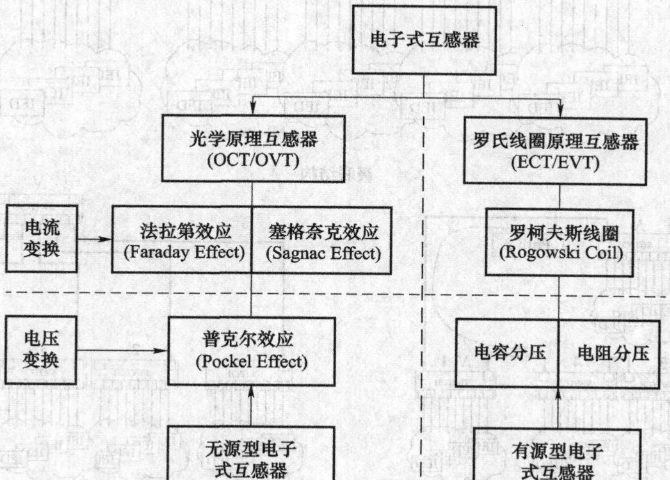

图 1-13　电子互感器应用构成

2. 合并单元的应用

合并单元将多个互感器采集单元输出的数据进行同步合并处理，为二次系统提供时间同步的电流和电压数据，是将电子式互感器与变电站二次系统连接起来的关键环节，要满足二次系统对输出数据的同步性、实时性、均匀性等方面的要求。

二、信息交互网络

（1）智能变电站二次系统的 3 层架构如图 1-14 所示。

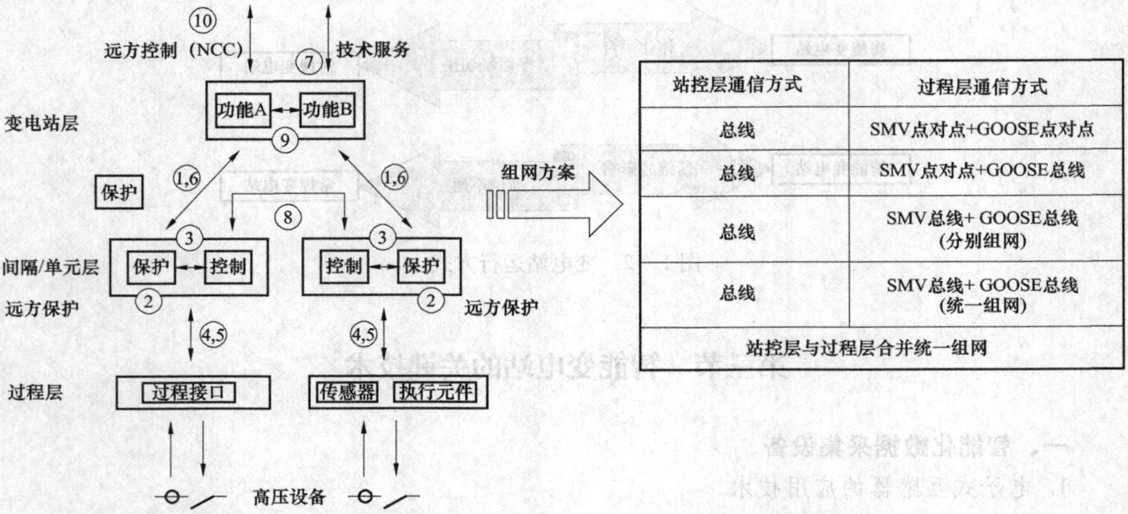

图 1-14　智能变电站二次系统的 3 层架构

（2）过程层总线（组网）方式基础网络拓扑结构见图 1-15。

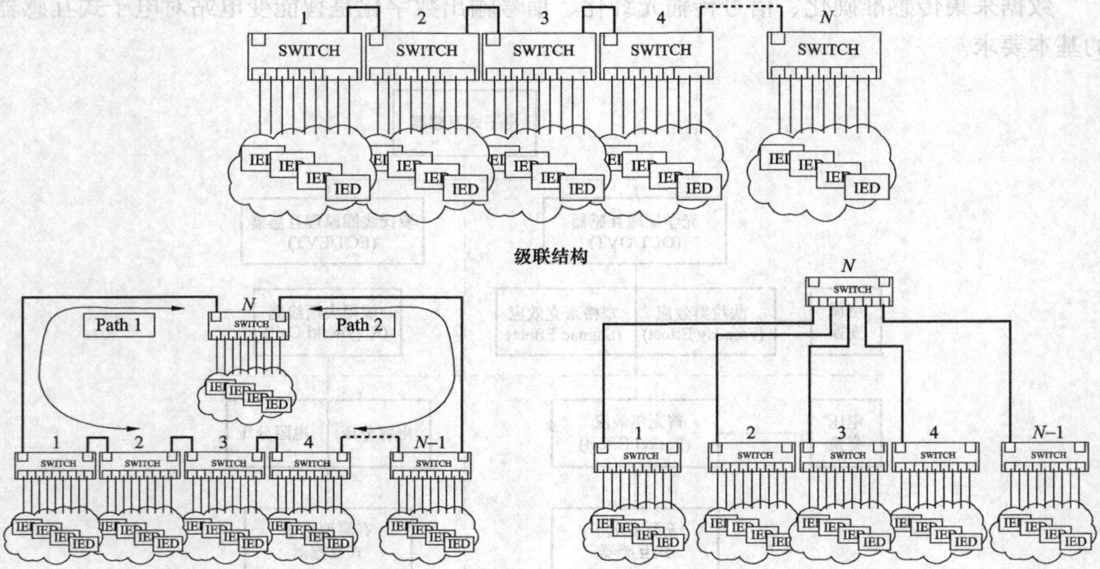

图 1-15　过程层网络结构图

（3）过程层网络组网方式的要求：为保证网络可靠性，采用完全独立的双网冗余配置，相应保护装置宜采用冗余配置。

（4）过程层网络技术要求如图 1-16 所示。

1）IEEE802.1q VLAN（虚拟局域网）。

2）把同一物理网段内的不同装置逻辑地划分成不同的广播域，减少网络流量降低网络负载。

3）实现信息的安全隔离保证了信息的实时性和安全性。

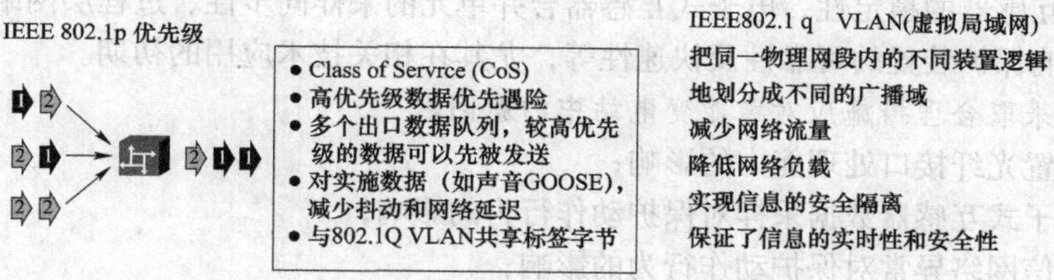

IEEE 802.1p 优先级
• Class of Servrce (CoS)
• 高优先级数据优先遇险
• 多个出口数据队列，较高优先级的数据可以先被发送
• 对实施数据（如声音GOOSE），减少抖动和网络延迟
• 与802.1Q VLAN共享标签字节
IEEE802.1 q VLAN(虚拟局域网)
把同一物理网段内的不同装置逻辑地划分成不同的广播域
减少网络流量
降低网络负载
实现信息的安全隔离
保证了信息的实时性和安全性

图 1-16 过程层网络的技术要求

（5）过程层网络设备性能的要求：

1）电磁兼容性与可靠性须达到或高于保护装置的要求；

2）保证 GOOSE 报文传输，防止丢包；

3）保证网络实时性；

4）有足够的网络安全性。

三、数字化继电保护设备

1. 智能变电站技术为继电保护技术的发展带来了机遇

电子式互感器的采用为继电保护技术中长期难于解决的一些问题提供了新的途径，如电磁式互感器饱和引起的差动保护区外误动、变压器助磁涌流与故障电流的识别、瞬时值差动保护技术的应用及其他继电保护新技术发展应用。

数字化保护的电量采集示意图如图 1-17 所示。

数字化变电站依靠高速、可靠、开放的通信网络技术，实现变电站过程层的网络化。解决了传统变电站电缆二次接线复杂、抗干扰能力差、系统扩展性差等缺点，实现信息共享。

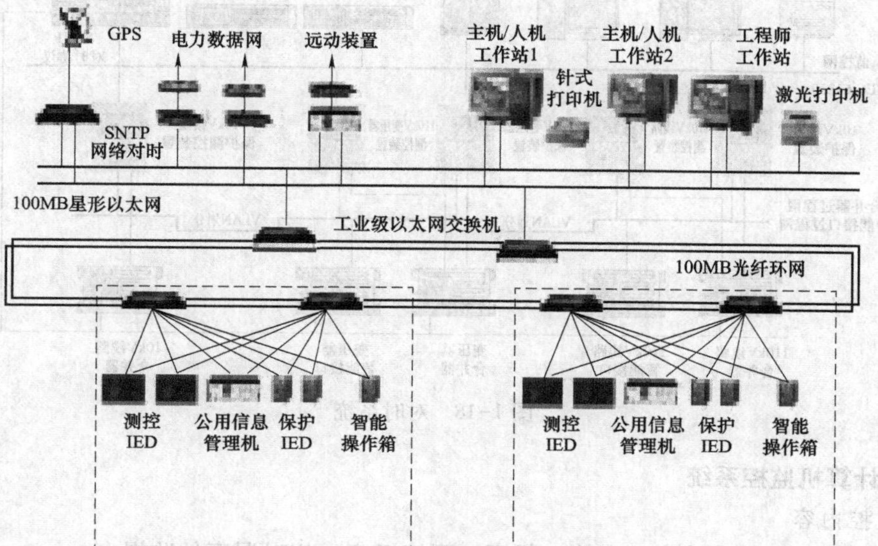

图 1-17 数字化保护的电量采集示意图

2. 智能变电站技术为继电保护技术的发展带来的挑战

电子式互感器的稳定性、电子式互感器合并单元的采样同步性、过程层网络的安全可靠性等都会影响保护装置的可靠性及快速性等，尤其在相关技术应用的初期。

3. 保护采取合理措施应对智能变电站中的新问题

（1）装置光纤接口处理能力的影响；

（2）电子式互感器数据采样对保护动作行为的影响；

（3）通信网络异常对保护动作行为的影响；

（4）多类型非常规互感器与保护配合工作；

（5）智能变电站与传统变电站间线路差动保护的配合工作。

四、精确的对时同步系统

常见对时方式有 3 种：SNTP、IRIG-B 和 IEEE 1588。

站控层的 MMS 服务在对时精度要求不高的情况下，可以考虑采用 SNTP 对时方式。

智能变电站间隔层和过程层的保护跳闸、断路器位置、联锁信息等实时性要求高的数据传输采用 GOOSE 服务，过程层的采样值仍旧采用常规连接，考虑到对时精度要求高及 IED 设备之间通信数据快速且高效可靠，采用 IRIG-B 对时方式，站内有专门的时钟设备提供统一的标准 IRIG-B 接点和时间信息。

智能变电站的过程层有 GOOSE 和 SMV 网络，考虑通过以太网同步时钟并且需要较高的精度，过程层 9-2 采样值网络传输线路差动保护、母线差动保护和变压器保护的采样同步的需要，采用 IEEE 1588 对时方式。对时系统如图 1-18 所示。

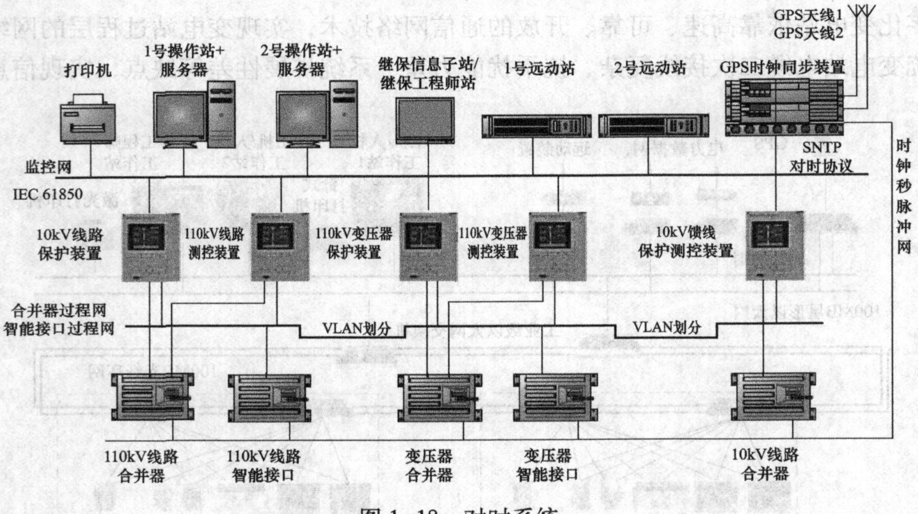

图 1-18　对时系统

五、计算机监控系统

1. 监控内容

（1）电流、电压、功率、电能、频率、环境温度、相对湿度的监视；

（2）一次系统设备状态、告警信号的监视；

（3）二次系统设备及网络状况、性能的监视。

2. 智能变电站对监控系统的要求

（1）实现实时数字接口；

（2）采用标准规约：IEC 61850 标准；

（3）必须具备和站控层及间隔层设备无缝的通信能力；

（4）实现智能一次设备的监控；

（5）实现智能的网络管理功能；

（6）兼顾智能化、可靠性与易操作性。

六、故障记录及辅助设备

针对智变电站信息数字化及网络特点的故障录波设备、分析记录设备及其他辅助设备在智能变电站维护中必不可少，包括：

（1）能够适用于数字化网络的故障录波器；

（2）能够准确进行网络信息分析记录的在线监视仪器；

（3）能够满足数字化保护测试功能的保护测试仪。

七、计量系统

1. 智能变电站电能计量方式与传统电能计量方式的区别

（1）输入信号类型不同。

1）智能变电站：电子式互感器——数字信号；

2）传统变电站：电磁式互感器——模拟信号。

（2）计量系统与其他系统的关系。

智能变电站：与监控、保护等设备交换与共享信息。

传统变电站：与监控、保护等设备相互独立。

（3）影响计量可靠性的主要因素。

智能变电站：电子式互感器的可靠性。

传统变电站：二次传输回路的可靠性。

2. 智能变电站电能计量研究方向展望

（1）电能计量基本技术要求的研究；

（2）智能电能表标准的制定；

（3）智能电能表校验方法的研究；

（4）计量系统误差的研究；

（5）虚拟电能计量平台的研究。

八、智能一次设备

智能一次设备的基本技术特征如下：

（1）测量数字化。对设备运行和状态信息进行就地化测量，如系统电压、电流、变压器油温、开关设备分合状态等。测量方式包括智能组件直接测量、前置控制单元测量并通过光纤网络传送给智能组件。

（2）控制网络化。智能设备本体或其部件应支持网络化控制，如变压器冷却系统、有载调压系统、开关设备分合闸操作等。网络控制方式包括自备控制单元控制、智能组件控制、站域系统控制。

（3）状态可视化。具有自检和自诊断功能。自诊断结果以智能电网其他相关系统可辨识的方式表述和交互，为智能电网运行管理提供基础信息。

(4) 功能一体化。状态感知单元和指令执行元件与高压设备的一体化；测量及计量设备与其他设备一体化。

(5) 信息互动化：智能设备将其状态自诊断。

九、模型和配置文件

在智能变电站中，存在 4 种类型的模型文件：ICD、SSD、SCD、CID。模型文件配置流程如图 1-19 所示。

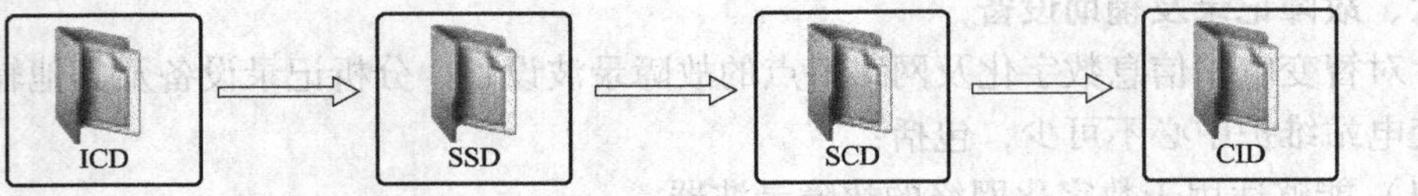

图 1-19　模型文件的配置流程

ICD 文件包含装置自描述信息，ICD 文件通过系统配置工具生成变电站一次系统的描述文件 SSD 文件。SSD 文件信息包括包含一次系统的单线图、设备逻辑节点、类型定义等。

SCD 文件信息包含变电站一次系统和二次系统设备配置、通信网络及参数的配置。

CID 文件包含与 ICD 数据模板一致的信息，也包含 SCD 文件中针对该装置的配置信息，如通信地址、IED 名称等。

ICD 文件在国内变电站实施过程中经历了两个阶段：① 第一阶段，厂家各自扩充模型，模型中只体现了站控层访问接口的模型信息；② 第二阶段，ICD 文件以一个模型标准规范为参考统一建模，描述 GOOSE 信号和采样值数据的输入和输出联系。

第四节　智能变电站的发展趋势

一、组网技术进一步发展

随着 IEC 61850 Ed. 2 版本的发布及 IEC 61850 实施的进一步规范化，基于 IEC 61850 的智能变电站的集成和维护过程将变得越来越简单、高效。IEC 61850 Ed. 2 推荐的网络冗余方案为高可靠性无缝环网（HSR）技术和并行冗余网络（PRP）技术。这些技术将使网络的冗余处理更标准化，网络可靠性也将得到保证。

国内提出的集成报文延时标签的交换机技术，由交换机将报文进入交换机和出交换机的延时测量出来并标记到网络报文中，保护装置将报文接收时间减去该延时和合并单元延时就可以得到合并单元采样的时间，然后应用与点对点同样的插值算法就可以得到同步后的采样值。该技术既具有点对点模式不依赖于同步时钟的优点，又具有组网模式数据共享的特点，是一种有良好应用前景的组网模式。

二、可视化技术发展

通过可视化的设计技术，工程设计人员不再直接面对其不熟悉的装置 ICD 文件、变电站 SCD 文件开展工作，而是提供一整套变电站的设计工具。设计人员采用其熟悉的方法在图纸上进行一次设备和二次设备的布置、连线，工具将自动形成描述一次设备的系统规格描述 SSD 文件、全站设备配置的 SCD 文件及相关信号连线与关联关系。

可视化设计方法可以消除设计工作与配置工作的重复部分，提高智能变电站工程实施的效率，同时降低智能变电站维护的难度，是智能变电站设计技术的发展方向。

三、模块化与可装配变电站

智能变电站的发展大大促进了一次设备的智能化水平，拥有自身数字化接口的智能变压器、智能开关等一次设备得到应用。一、二次设备的界限变得模糊，二次设备的一些技术在一次设备中得到大量体现，一次设备的在线检测技术与本体保护在一次设备侧得到更好的集成。一次设备的智能化，使变电站中的二次设备的数量大大减少，简化了运维管理工作的同时提高了系统的整体可靠性。目前变电站的过程层设备（如智能终端）将进一步集成到一次设备中。由于一次设备直接提供网络数据接口，现场设备间的组装连接将变得非常简单。

一次设备智能化程度的提高与二次设备的简化有助于实现设备、系统的模块化设计，为可组装式智能变电站的发展提供了可能。

四、海量信息与高度集成化的自动化系统

通信技术与通信标准的进一步结合，为智能变电站提供了前所未有的海量信息，这些信息能够得到很好的集成并实现共享，为智能变电站的更多智能应用提供了信息基础。统一的应用平台与模型建设，可实现电网的源、远端的图模一体化设计和维护。结合自动发布等技术，智能变电站和调度监控系统的设计、实施工作量大大降低。

智能变电站的通信带宽进一步提高，千兆网络得到广泛的应用。借助物联网通信，变电站的各种信息以更方便的方式集成到自动化系统中，包括监控影像、智能机器人自动控制信息链等，为变电站的无人值班提供了技术手段。无人值班的超高压变电站将更安全、可靠。

变电站的各种海量信息的存储由传统硬盘过渡到“电力云”的云端存储。通过云端充足的实时信息和历史信息，设备的状态检修变得可能，事故的分析、故障的定位甚至故障后的恢复，将变得更为准确和可靠。

五、分布式变电站与集群式变电站

高度智能化的变电站，结合变电站间通信协议标准，以及海量信息的云端存储，为分布式局域性智能变电站与智能变电站的集群提供了技术支撑，可形成分布式微电网、互动型局域性电网；结合实时大数据的智能分析系统，这种分布式、集群式的智能变电站通过协作，具有局域性故障可自愈等功能，且为风、光等分布式能源接入电网提供了方便。在这种分布式智能变电站中，接入的风、光等分布式能源可根据其特点进行能量的自动调配、负荷的自动均衡，在保障电网运行可靠、电力供应正常的基础上，最大限度地实现一种绿色环保的能源供应方式。

六、电网层面的在线监测与评估

现代通信标准体系及网络技术为变电站及电力系统的运行、设计、评估提供了丰富的信息资源。通过对故障原因、故障影响范围及经济影响等方面大量数据的统计分析，结合各种变电站配置方案（如星形、环形、双星形等各种网络）实际可靠性的信息统计，可以对智能变电站的设计方案在经济性、可靠性方面进行进一步评估，为电网用户提供更多设计选择的信息。

通过更大规模的故障信息统计分析，可以实现系统层面的在线评估。如根据大量统计的某厂家产品的平均运行无故障时间，结合目前运行设备的无故障运行时间，以及运行环境的温度、相对湿度等统计信息，构建电力系统评估模型，实现对运行系统的可靠性、可用性、

安全性的分析与评估，可实现变电站运行风险预警、检修智能提醒等功能。

七、智能化诊断与一键式检修的管理

智能变电站技术为变电站的运行、维护、检修提供了进一步的创新发展空间。结合云端大数据统计结果、智能神经网络分析方法、变电站运行现状，可实现智能化的故障分析诊断功能。通过“类人”的思维模式，根据统计结果与实际运行信息，进行分析推理，实现设备故障、网络故障的提前预警、自动诊断与故障排除。模块化、可组装式变电站的出现简化了整个变电站的检修逻辑，为程序化检修提供了一种可能。在变电站设计阶段，编制出一些常规检修方案与实施办法，并将该方法以检修操作票的方式进行程序式的固化，结合顺序控制功能及在线分析通信报文，可通过一个远端命令的方式，使智能变电站一键式进入检修状态。一键式检修使操作更加简单，使系统的运维管理更加智能。

未来变电站的一次设备的可靠性、智能化水平将大大提高，一、二次设备技术将充分融合，模块化、装配式的变电站将会出现，结合高级应用的发展，变电站的建设、运行、维护变得越来越简单。相应地，变电站与电网的互动能力将显著增强，从而提升电网可靠性，实现电网的自愈。

八、智能变电站配置文件及配置流程

（一）常用的文件

1. ICD文件

智能变电站自动化系统中存在着功能各异、数量不一的智能设备，为了能较好地了解各智能设备的行为、互操作性，工程实施采用了面向对象的方法，通过可扩展标记语言（Extensible Markup Language，XML），创建一个可全面描述IED功能的文件，这个文件称为智能设备的配置描述（IED Configuration Description）文件，简称ICD文件。ICD文件仅经过IED配置工具的配置，未经过变电站系统配置工具的配置，只是对现实智能设备的功能的一个全面描述。

2. CID文件

一个置于变电站通信网中的智能设备除了本身可独立运行外，还需要与其他智能设备进行数据交换，以完成自身的某些功能，或者输出数据以供其他智能设备使用，那该智能设备如何才能知道与其他智能设备交换什么数据？我们可以通过变电站配置描述语言（Substation Configuration Description Language，SCL）工具对装置ICD模型文件予以配置，主要包括MMS、GOOSE、SMV部分，告知智能设备需要与外界交换哪些信息，那么这个经过SCL工具配置过的文件称为经过配置的智能设备描述（Configured IED Description）文件，简称CID文件，它是对ICD文件的一个扩充，不仅包含IED的功能描述，而且包含数据交换信息、报文控制信息等。

3. SCD文件

SCD（Substation Configuration Description）文件全称为变电站配置描述文件，它描述了一个智能化变电站内各个孤立的IED（智能电子设备），以及各IED间的逻辑联系，它完整地描述了各个孤立的IED是怎样整合成为一个功能完善的变电站自动化系统的。

4. SSD文件

SSD文件在SCD文件的基础上，具备了变电站实时画面编辑等功能，生成的文件扩展名为.ssd。SSD文件包含的信息包括包含一次系统的单线图、一次设备的逻辑节点、逻辑节点的类型定义。

（二）智能变电站文件配置流程

（1）产品制造商提供 IED 的出厂配置信息，即 IED 的功能描述文件 ICD，该文件通常包括装置模型和数据类型模型。

（2）设计人员根据变电站系统一次接线图、功能配置，生成系统的规格描述文件 SSD。该文件描述了变电站内一次设备的连接关系及其所关联的功能逻辑节点，SSD 文件描述的功能逻辑节点尚未指定到具体的 IED 中。该文件通常包括变电站模型和数据类型模型。

（3）工程维护人员根据变电站现场运行情况，读取各厂家智能电子装置的 ICD 文件，对变电站内的通信信息进行配置，最后生成变电站系统配置描述 SCD 文件。该文件包含了变电站内所有的智能电子设备、通信及变电站模型的配置。SCD 文件描述的变电站功能逻辑节点已经和具体的智能电子装置关联，通过逻辑节点建立起变电站一次系统和智能电子装置之间的关系。

（4）从 SCD 文件中拆分出和工程相关的实例化了的装置配置文件 CID。SCL 配置工具需要和装置进行通信，把生成的 CID 文件下装到装置中；把 SCD 工程文件提供给后台监控和远动装置使用。智能变电站文件配置流程如图 1-20 所示。

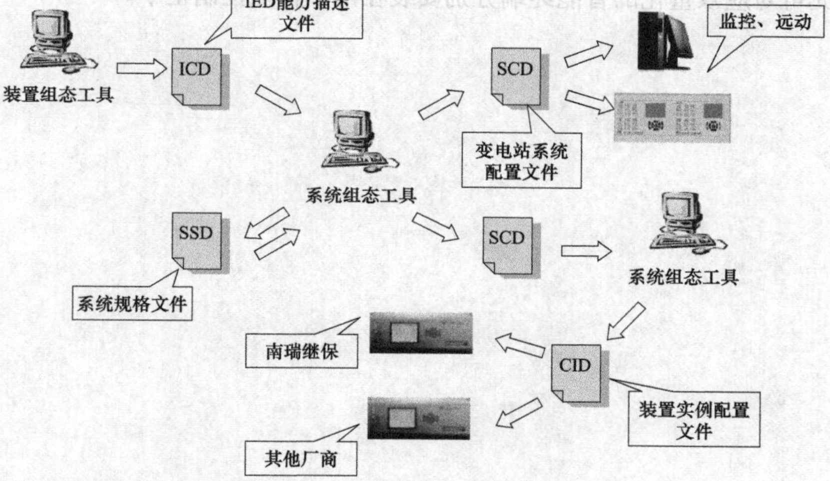

图 1-20　智能变电站文件配置流程

九、继电保护就地化技术

继电保护就地化技术实施的原则如下：

（1）就地化安装的继电保护装置应靠近被保护设备，减少与互感器（合并单元）及操作箱（智能终端）的连接电缆（光缆）长度。当采用开关柜方式时，保护设备安装于开关柜内；对于户内 GIS 厂站，保护设备宜就地安装于 GIS 汇控柜内；对于户外安装的厂站，可就地安装于智能控制柜内。

（2）就地安装继电保护装置的汇控柜和智能控制柜应符合相应的技术规范，具有规定的防护性能和环境调节性能，为继电保护装置提供必需的运行环境。就地安装的继电保护装置应能适应汇控柜和智能控制柜规定的柜内部环境条件。

(3) 继电保护装置采用就地安装方式时，220kV 及以下电压等级宜采用保护测控一体化设备；母线保护、变压器保护宜采用分布式保护设备，子单元就地安装，主单元可安装于室内，主、子单元间应采用光纤连接。

(4) 继电保护装置采用就地安装方式时，应采用电缆跳闸。

(5) 就地安装的继电保护装置应具有运行、位置指示灯和告警指示信息，可不配备液晶显示器，但应具有用于调试、巡检的接口和外设。

(6) 双重化配置的继电保护装置就地安装时宜分别安装在不同的智能控制柜中。

1) 双跳闸线圈的每台断路器配置两台智能控制柜，每台智能控制柜各安装一套智能终端。

2) 双重化的母线保护、变压器保护采用分布式方案时，每套主单元各组一面保护柜。

(7) 就地安装的继电保护设备的输入、输出接口宜统一。

1) 当采用的互感器为常规互感器时，宜直接用电缆将其接入交流电流、电压回路。

2) 保护装置（子单元）的跳闸出口触点应采用电缆直接接至智能终端（操作箱）。

3) 保护装置需要的本间隔的开关和刀闸位置信号宜用电缆直接接入，保护联闭锁信号等宜采用光纤 GOOSE 网交换。

(8) 当采用合并单元时，合并单元的配置及与保护的连接方式按相关规定设置，双重化的合并单元可对应双重化的智能终端分别安装在两个智能控制柜中。

第二章

电子式互感器

第一节 概　述

电子式互感器（electronic instrument transformer）由连接到传输系统和二次转换器的一个或多个电流或电压传感器组成，用于传输正比于被测量的量，供测量仪器、仪表和继电保护或控制装置使用。

一、分类

国际上将有别于传统的新一代电磁式电压/电流互感器统称为电子式互感器。电子式互感器按其一次传感器传感方式不同，可分为电学型和光学型。

电学型电流互感器采用罗氏线圈和低功率线圈 LPCT 将一次大电流信号转变为二次小电压信号；光学型电流互感器采用光学玻璃或光纤传感环将一次大电流信号转变为偏振光角度信号。

电学型电压互感器采用串级式电容分压器或同轴电容分压器将高电压分压为二次小电压信号；光学型电压互感器采用普克尔（Pockels）晶体测量电压电场下光学偏转角信号。如图 2-1 所示。

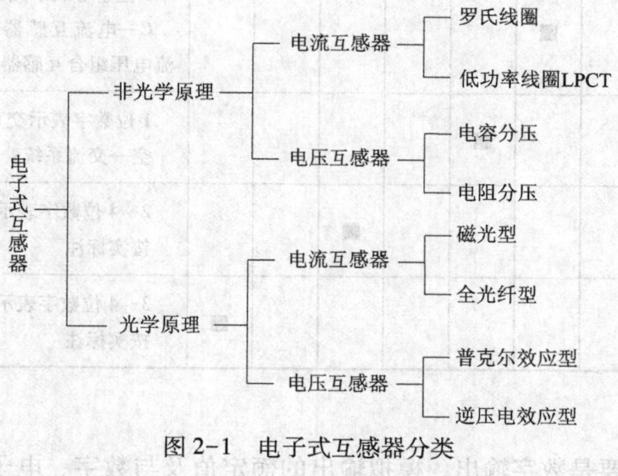

图 2-1　电子式互感器分类

二、型号含义

电子式互感器目前还没有统一的型号规定，现以国电南自和南瑞继保的产品为例进行说明。

1. 国电南自型号含义

（1）电子式电流互感器。电子式电流互感器型号含义如下：

PS①ET②6③×××④××⑤×⑥××⑦××××⑧

① 生产厂；② 电子式互感器的互感器单元；③ 设计序列号为6；④ 额定电压（线电压），单位为kV；⑤ 互感器类型TA（电流互感器）；⑥ 采集单元数量为1～4组；⑦ 绝缘结构为DW（户外干式绝缘AIS）；⑧ 额定电流，单位为A。

（2）电子式电压互感器。电子式电压互感器型号含义如下：

PS①ET②6③×××④××⑤×⑥××⑦

① 生产厂；② 电子式互感器的互感器单元；③ 设计序列号为6；④ 额定电压（线电压），单位为kV；⑤ 互感器类型为VT（电压互感器）；⑥ 采集单元数量为1～4组；⑦ 绝缘结构为DW（户外干式绝缘AIS）。

2. 南瑞继保型号含义

南瑞继保互感器型号含义见表2-1。

表2-1　　南瑞继保互感器型号含义

PCS-9250	-	E	G	I		-	220	-	2400	
■										代表生产厂
		■								1位字母表示互感器类型，其中： E—有源式；O—无源式（光学互感器）； L—低压用LPCT
			■							1位字母表示应用场合，其中： G—GIS和罐式断路器；A—AIS独立式（包括支柱式、悬挂式和低压开关柜用）
				■						1位字母表示用途，其中： C—电流互感器；V—电压互感器；I—电流电压组合互感器
					■					1位数字表示交直流系统，其中： 空—交流系统；D—直流系统
							■			2～4位数字表示额定电压等级 按实标注
									■	3～4位数字表示额定电流 按实标注

三、额定值

额定值的变化主要是数字输出、模拟输出的额定值及与数字、电子技术相关的额定值。传统互感器的额定输出必须具备一定的功率以驱动电工式计量保护等二次设备。新的数字输出、模拟输出的额定值更适合由于集成电路技术和通信技术快速发展而进步的二次设备，它是为智能变电站量身定制的（如表 2-2 所示）。

表 2-2　　电流/电压二次输出额定值

输出	电子式电流互感器（模拟输出）	电子式电压互感器（模拟输出）	电子式电流互感器（数字输出）	电子式电压互感器（数字输出）
额定二次输出信号	22.5mV、150mV、200mV、225mV、4V	1.625V、2V、3.25V、4V、6.5V 及其$\sqrt{3}$等倍数因子	2D41H（测量） 00CFH（保护） 00E7H（保护）	2D41H
额定二次输出负荷	2kΩ、20 kΩ、2MΩ	0.001、0.01、0.1、0.5、1、2、2.5、5、10、15、25、30VA	—	—

四、基本原理

（一）电子式电流电压互感器

有源式互感器主要指罗柯夫斯基（Rogowski）线圈，又称为电子式电压/电流互感器（EVT/CVT），其特点是需要向传感头提供电源。供能方式有激光供能、线圈取能及直流供电，产品不同则供能方式不同。

1. 罗科夫斯基线圈

罗科夫斯基线圈是将导线均匀密绕在环形等截面非磁性骨架上形成的一种空心电感线圈，见图 2-2。

根据被测电流的变化，感应出被测电流 $i(t)$ 变化的信号，被测电流几乎不受限制，反应速度快，且精度高达 0.1%。由于不与被测电路直接接触，可方便地对高压回路进行隔离测量，当被测电流从线圈中心通过时，在线圈两端将会产生一个感应电动势，若线圈匝数密度 n 及线圈截面积均匀，则线圈两端的感应电动势大小为

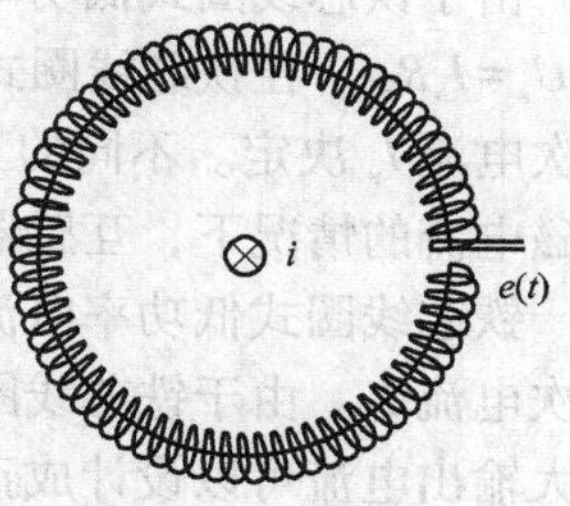

图 2-2　罗科夫斯基线圈结构示意图

$$e(t)=-m\left(\frac{\mathrm{d}i}{\mathrm{d}t}\right) \tag{2-1}$$

式中：m 为线圈的互感。

式（2-1）表明，空心线圈的感应信号与被测电流的微分成正比，将感应电动势经过积分处理后即可得到与一次电流成比例的电压信号。

电子式电流互感器高压侧有电子电路构成的电子模块，电子模块采集线圈的输出信号，经滤波、积分变换及 A/D 转换后变为数字信号，通过电光转换电路将数字信号变为光信号，然后通过光纤将数字光信号送至二次侧供继电保护和电能计量等设备用。

2. 铁芯线圈式低功率电流互感器

铁芯线圈式低功率电流互感器与传统电流互感器的 I/I 变换不同，它通过一个分流电阻 R_{sh} 将二次电流转换成电压输出，实现 I/U 变换。因此，铁芯线圈式低功率电流互感器由两个部分组成，即电流互感器和分流电阻 R_{sh}。

铁芯线圈式低功率电流互感器的原理如图 2-3 所示，等效电路如图 2-4 所示，包括一

次绕组 N_p、小铁芯和损耗极小的二次绕组。二次绕组连接一个分流电阻 R_{sh}，该电阻是铁芯线圈式低功率电流互感器的固有元件，对互感器的功能和稳定性非常重要。

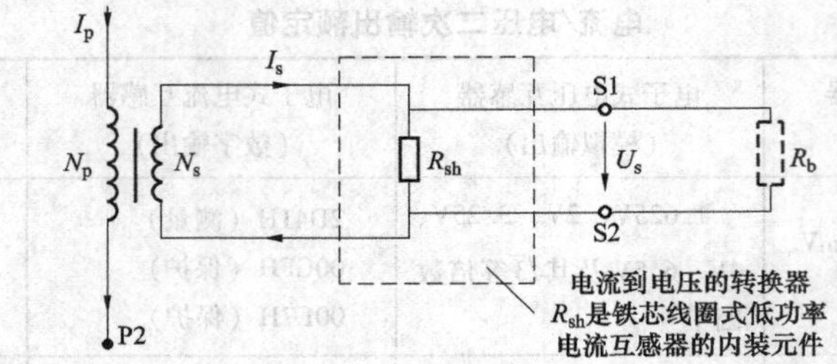

图 2-3 铁芯线圈式低功率电流互感器原理图

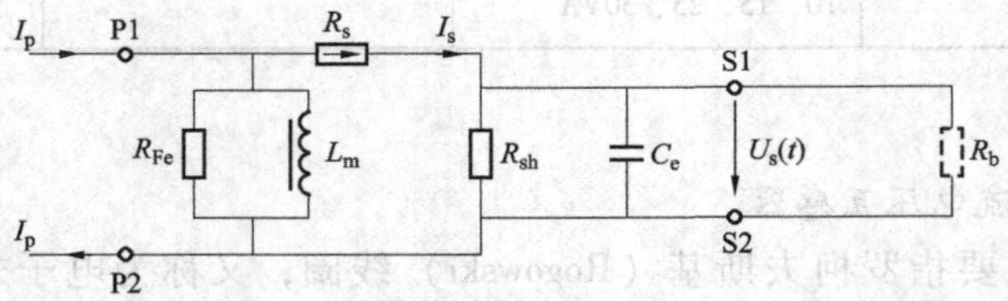

图 2-4 电压输出的铁芯线圈式低功率电流互感器等效电路

I_p——一次电流；R_{Fe}—等效铁损；L_m—等效励磁电感；R_s—二次绕组和引线的总电阻；R_{sh}—并联电阻（电流到电压的转换器）；C_e—电缆的等效电容；U_s（t）—二次电压；R_b—负荷（Ω）；P1、P2——次端子；S1、S2—二次端子；I_s—二次绕组电流

由于铁芯线圈式低功率电流互感器二次绕组连接一个分流电阻 R_{sh}，可提供一个输出电压 $U_s=I_sR_{sh}$。在铁芯线圈式低功率电流互感器二次输出电压一定的情况下，R_{sh} 的取值由其一次电流 I_s 决定。不同的互感器，二次电流可能是不同的。根据磁动势平衡定律，在忽略励磁电流的情况下，互感器二次电流与一次绕组匝数 N_s 成反比。

铁芯线圈式低功率电流互感器额定二次输出电压 U_s 在幅值和相位上正比于被测的额定一次电流 I_p。由于铁芯线圈式低功率电流互感器具有测量大电流且不出现饱和的能力，二次最大输出电流可以设计成正比于电网的额定短路电流。

3. 阻容分压型电子式电压互感器

根据使用场合不同，电子式电压互感器一般采用电容分压或电阻分压技术，利用与电子式电流互感器类似的电子模块处理信号，使用光纤传输信号。

图 2-5 所示为电阻/电容型电压变换器原理图，与常规的电容式电压互感器相同，不同的是其额定容量在毫瓦级，输出电压不超过±5V。因此，R_1（或 Z_{C1}）应达到数百兆欧以上，而 R_2（或 Z_{C2}）在数十千欧数量级，为使电压变比 K_2 接近 $K_2=R_2/(R_1+R_2)$ 或 $C_1/(C_1+C_2)$，要求负载阻抗 $Z\gg R_2$（或 Z_{C2}）。同时分压所用电阻和电容在-40～+80℃的环境温度中应阻值稳定，并有屏蔽措施避免外界电磁干扰。

目前，采用电容分压器原理的互感器较多，AIS 电子式互感器采用性能稳定可靠的电容分压器将一次高压分压为小电压信号，经隔离变压器后送远端模块（传感模块）进行处理。如图 2-6 所示。

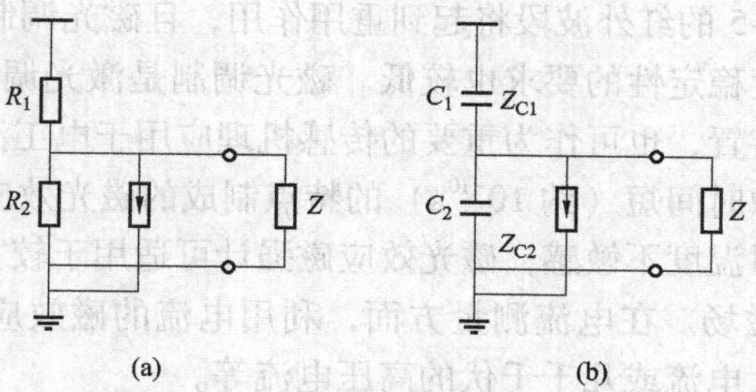

图 2-5　电阻/电容型电压变换器原理图

（a）电阻分压；（b）电容分压

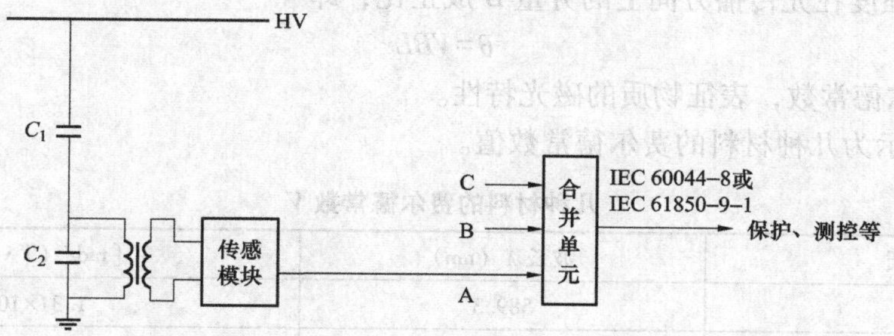

图 2-6　电容型电压变换器原理图

（二）光电电子式互感器

1. 法拉第效应原理

独立型光学电子式电流互感器采用反射式塞格奈克干涉原理和法拉第磁光效应实现对电流的测量，这样可使电流互感器具有较高的测量准确度、较大的动态范围及较好的暂态特性。采用硅橡胶复合绝缘子，绝缘结构简单可靠、体积小、质量轻。电子式电压互感器采用电容分压器传感被测电压，体积较小、质量较轻、线性度好。光学电子式电流电压互感器利用光纤传送信号，抗干扰能力强，适应了智能变电站技术发展的要求。

当一束线偏振光在某些物质中传播时，如果在光的传播方向上加一强磁场 B，则入射光的振动面会发生旋转，这一现象称为磁致旋光效应。

1845 年，法拉第（Michal Faraday）发现玻璃在强磁场的作用下具有旋光性，加在玻璃棒上的磁场引起了平行于磁场方向传播的线偏振光偏振面的旋转，该现象被称为法拉第效应。法拉第效应第一次显示了光和电磁现象之间的联系，促进了对光本性的研究。之后费尔德（Verdet）对许多介质的磁致旋转进行了研究，发现法拉第效应在固体、液体和气体中都存在。大部分物质的法拉第效应很弱，掺稀土离子玻璃的费尔德常数稍大。近年来研究的 YIG 等晶体的费尔德常数较大，从而大大提高了实用价值。

法拉第效应有许多重要的应用，尤其在激光技术发展后，其应用价值倍增。如用于光纤通信系统中的磁光隔离器，因为偏振面的磁致旋转取决于磁场的方向，与光的传播方向无关，由此可设计成光隔离器，使光沿规定的方向通过同时阻挡反向传播的光，从而减少光纤中器件表面反射光对光源的干扰。磁光隔离器也被广泛用于激光多级放大技术和高分辨的激光光谱技术，激光选模等技术中。法拉第效应的弛豫时间不大于 10^{-10} 秒量级。在激光通信、激光雷达等技术中已发展成类似微波器件的光频环行器、调制器等，利用法拉第效应的调制器（磁光调制器）在 1～5 的红外波段将起到重用作用，且磁光调制器需要的驱动功率较电光调制器小得多，对温度稳定性的要求也较低。磁光调制是激光调制技术的重用组成之一，常用于激光强度的稳定装置，也可作为重要的传感机理应用于电工测量技术中。在磁场测量方面，利用磁光调制弛豫时间短（约 10^{-10}s）的特点制成的磁光效应磁强计可测量脉冲强磁场、交变强磁场。由于对温度不敏感，磁光效应磁强计可适用于较宽的温度范围，如等离子体中强磁场、低温超导磁场。在电流测量方面，利用电流的磁效应和光纤材料的法拉第效应，可测量几千安培的大电流或几千千伏的高压电流等。

法拉第效应是磁场引起介质折射率变化而产生的旋光现象，实验结果表明，光在磁场的作用下通过介质时，光波偏振面转过的角度 θ（磁致旋光角）与光在介质中通过的长度 L 及介质中磁感应强度在光传播方向上的分量 B 成正比，即

$$\theta=VBL \tag{2-2}$$

式中：V 为费尔德常数，表征物质的磁光特性。

表 2-3 所示为几种材料的费尔德常数值。

表 2-3　几种材料的费尔德常数 V

物质	波长 λ（nm）	V［rad/（T·cm）］
水	589.3	1.31×10^{2}
CS_2	589.3	4.17×10^{2}
轻火石玻璃	589.3	3.17×10^{2}
重火石玻璃	589.3	$8\sim10\times10^{2}$
铈磷酸玻璃	500.0	3.26×10^{3}
YIG	830.0	2.04×10^{6}
（YT_b）IG	1270	3.78×10^{3}

由经典电子论对色散的解释可得出介质的折射率和入射光频率 ω 的关系为

$$n^2=1+\frac{Ne^2}{m\varepsilon_0(\omega_0^2-\omega^2)} \tag{2-3}$$

式中：ω_0 为电子的固有频率。

磁场作用使电子固有频率改变为（$\omega_0\pm\omega_L$），ω_L 为电子轨道在外磁场中的进动频率，其计算式为

$$\omega_L=\frac{eB}{2m}$$

令折射率为

$$n^2=1+\frac{Ne^2}{m\varepsilon_0[(\omega_0\pm\omega_L)^2-\omega^2]} \tag{2-4}$$

由菲涅耳的旋光理论可知，平面偏振光可看成由两个左、右旋圆偏振叠加而成，式（2-4）中的正负号反映了这两个圆偏振光折射率有差异，以 n_R 和 n_L 表示。它们通过长度为 L 的介质后产生的光程差为

$$\delta=\frac{2\pi}{\lambda}(n_R-n_L)L \tag{2-5}$$

合成的平面偏振光的磁致旋光角为

$$\theta=\frac{1}{2}\delta=\frac{\pi}{\lambda}(n_R-n_L)L \tag{2-6}$$

通常，n_R、n_L 和 n 相差很小，所以 $n_R-n_L\approx\frac{n_R^2-n_L^2}{2n}$，代入式（2-6），又因 $\omega_L^2\ll\omega^2$，可略去 ω_L^2 项，得

$$\theta=\frac{\pi}{\lambda}\frac{n_R^2-n_L^2}{2n}L=-\frac{Ne^3\omega^2}{2cm^2\varepsilon_0 n}\frac{1}{(\omega_0^2-\omega^2)^2}LB \tag{2-7}$$

由式（2-3）可得

$$\frac{dn}{d\omega}=\frac{Ne^2}{m\varepsilon_0 n}\frac{\omega}{(\omega_0^2-\omega^2)^2} \tag{2-8}$$

代入式（2-7）得

$$\theta=-\frac{e\omega}{2cm}\frac{dn}{d\omega}LB=\left(\frac{1}{2c}\frac{e}{m}\lambda\frac{dn}{d\lambda}\right)LB \tag{2-9}$$

与式（2-2）相比可见括号项即为费尔德常数，表示 V 值大小与介质在无磁场时的色散率、入射光波长等有关。

由马吕斯定律可知，平面偏振光通过磁场中的介质和检偏器后的光强为

$$I=I_0\cos^2(\alpha+\theta) \tag{2-10}$$

式中：α 为检偏器和起偏器的尖角；θ 为法拉第磁致旋光角。

当有 $\alpha=\frac{\pi}{4}$时，有

$$\begin{aligned}I&=I_0\cos^2\left(\frac{\pi}{4}+\theta\right)=\frac{I_0}{2}\left[1+\cos 2\left(\frac{\pi}{4}+\theta\right)\right]\\&=\frac{1}{2}I_0(I-\sin 2\theta)\approx\frac{1}{2}I_0(1-2\theta)\end{aligned} \tag{2-11}$$

若磁场变化，则 $I=\frac{I_0}{2}=I_0VLB_0(i)$，表示此时由检偏器输出的光强将随产生磁场的电流 i（调制电流）线性变化，这就是光强度的磁光调制原理。在 $\alpha=\frac{\pi}{4}$时，$dI/d\alpha=1$，即此时调制系统的信号检测灵敏度最高，失真最小。

若磁场为未知量，由式（2-11）通过测定输出光强来确定待测磁场，即为磁光效应磁强计的工作原理。若已知电流和磁场的关系（如长直螺线管 $B=NI$），也可由此测定电流值，这就是用法拉第效应测量电流的依据——磁光电流传感器的工作原理，如图 2-7 所示。

2. 赛格奈克效应原理

塞格奈克效应是法国人塞格奈克于 1913 年首次发现并得到实验室证实的，它揭示了同一个光路中两个对向传播光的光程差与其旋转速度的解析关系。下面分别就圆形轨道和任意形状光路轨道两种情况进行分析。

（1）圆形轨道情况。考察圆形光轨道如图 2-8 所示，其中光路是由 N 匝光线构成。由光源发出的光进入光路，经 A 点的分离器 BS，分成顺时针和逆时针方向的两路光，它们以

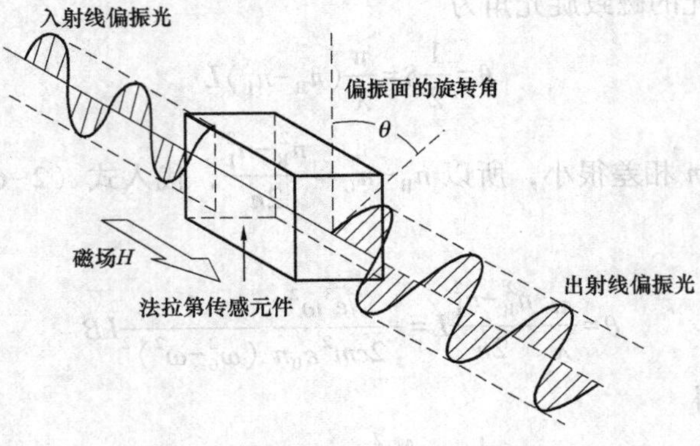

图 2-7　法拉第效应原理图

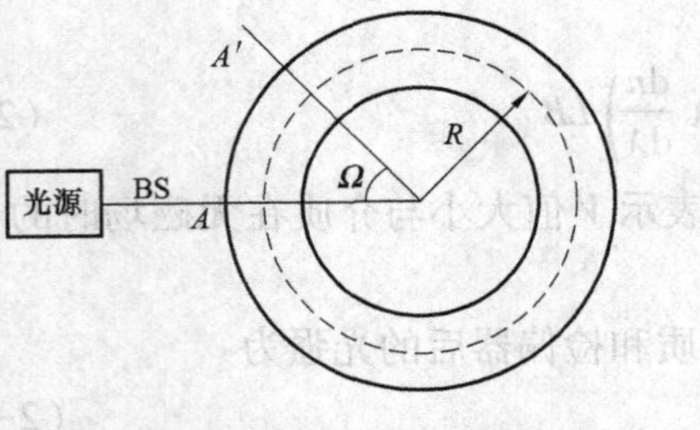

图 2-8　圆形光轨道赛格奈克效应

相同的速度传播，经过同样的距离 $2\pi NR$（R 为圆形轨道半径）重新在 BS 汇合。如果该系统为静止的，则两路光经历了完全相同的光程，因此，它们的相位也相同。

然而，如果该圆形轨道以角速度 Ω 沿顺时针方向旋转，则两路光到达汇合点的时间不同，此时 A 点已经转至 A'。对于顺时针方向的光（CW 光），其到达时间 t_{CW} 可以表示为

$$t_{CW}=\frac{2\pi NR+R\Omega t_{CW}}{\frac{c}{n}+R\Omega\left(1-\frac{1}{n^2}\right)} \tag{2-12}$$

式中：n 为光纤材料的折射率；c 为光速，分母为光在运动介质中的传播速度。同样，可以求得逆时针方向的光（CCW）的到达时间 t_{CCW} 为

$$t_{CCW}=\frac{2\pi NR-R\Omega t_{CCW}}{\frac{c}{n}-R\Omega\left(1-\frac{1}{n^2}\right)} \tag{2-13}$$

根据式（2-12）和式（2-13）可求得两路光到达的时间差 Δt 为

$$\Delta t=t_{CW}-t_{CCW}=\frac{4\pi NR^2\Omega}{c^2}=\frac{4SN\Omega}{c^2} \tag{2-14}$$

式中：$S=\pi R^2$ 为圆形轨道所包围的面积。

式（2-14）是在考虑了 $c^2 \gg [(R\Omega)/n^2]$ 条件后的简化式，设光的角频率为 ω，波长为 λ，则 CW 光与 CCW 光的相位差 $\Delta\theta$ 为

$$\Delta\theta=\omega\Delta t=\frac{8\pi^2 NR^2\Omega}{\lambda c}=\frac{4\pi lR\Omega}{c\lambda} \tag{2-15}$$

式中：$l=2\pi NR$ 为光线的全长。

（2）任意形状光路轨道。图 2-9 所示为任意形状闭合光路轨道。与圆形轨道类似，设光路上任一点沿传播方向的线微分矢量为

$$\mathrm{d}\boldsymbol{l}=\boldsymbol{u}\mathrm{d}l'$$

式中：$\boldsymbol{u}$ 为切向单位矢量；$\mathrm{d}l'$ 为 $\mathrm{d}\boldsymbol{l}$ 的模。

设光路系统以 O 点为中点，以垂直于纸面的角速度 $\boldsymbol{\Omega}$ 旋转，其在 $\boldsymbol{u}$ 方向的线速度分量为 $\boldsymbol{\nu}_s=\boldsymbol{\nu}\boldsymbol{u}$，其中 $\boldsymbol{\nu}$ 为沿 $\boldsymbol{\Omega}$ 方向线速度矢量，且 $\boldsymbol{\nu}=\boldsymbol{\Omega}\times\boldsymbol{r}$ 为由 O 点到任意点的矢径。根据前面分析对应线微分 $\mathrm{d}l'$ 的时间微分 $\mathrm{d}t_{\mathrm{R}}$ 为

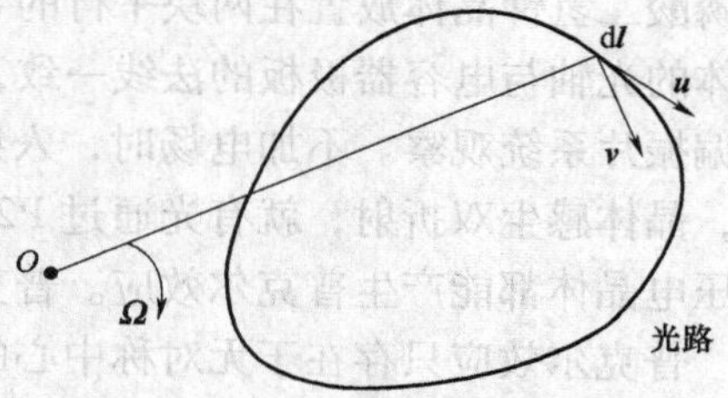

图 2-9　任意形状光路轨道赛格奈克效应

$$\mathrm{d}t_{\mathrm{R}}=\frac{\mathrm{d}l'+\nu_s\mathrm{d}t_{\mathrm{R}}}{\dfrac{c}{n}+\nu_s\left(1-\dfrac{1}{n^2}\right)} \tag{2-16}$$

考虑 $c\gg\dfrac{\nu_s}{n}$，则式（2-16）可写为

$$\mathrm{d}t_{\mathrm{R}}=\frac{n\mathrm{d}l'}{c}\left(1+\frac{\nu_s}{nc}\right) \tag{2-17}$$

将式（2-17）沿着光路积分，得到顺时针旋转所需时间为

$$t_{\mathrm{R}}=\int\mathrm{d}t_{\mathrm{R}}=\int_r\frac{n\mathrm{d}l'}{c}\left(1+\frac{\nu_s}{nc}\right)=\frac{nl'}{c}+\int_r\frac{\boldsymbol{c}\boldsymbol{u}}{c^2}\mathrm{d}l' \tag{2-18}$$

式中：l' 为单匝全光路长度。

根据 Stokes 定理，有

$$t_{\mathrm{R}}=\frac{nl'}{c}+\int_r\frac{(\boldsymbol{\Omega}+\boldsymbol{r})\,\boldsymbol{u}}{c^2}\mathrm{d}l'=\frac{nl'}{c}+\frac{2}{c^2}\Omega S \tag{2-19}$$

式中：S 为闭合光路包围的面积。

求得的是对应顺时针方向 CW 光的情况，对于逆时针方向 CCW 光，利用类似方法可求得时间为

$$t_{\mathrm{L}}=\frac{nl'}{c}-\frac{2}{c^2}\Omega S \tag{2-20}$$

综合式（2-19）和式（2-20）可求得相位差为

$$\Delta\theta=\omega\Delta t=\frac{8\pi\Omega S}{c\lambda} \tag{2-21}$$

对于 N 匝回路有

$$\Delta\theta=\frac{8\pi N\Omega S}{c\lambda} \tag{2-22}$$

由此可见，塞格奈克效应原理具有以下特点：① 相位差 $\Delta\theta$ 与光路轨道形状、旋转中心位置，以及折射率 n 无关；② 相位差 $\Delta\theta$ 只与光路轨道的几何参数有关。

3. 普克尔效应原理

电光效应是将物质置于电场中时，物质的光学性质发生变化的现象。某些各向同性的透明物质在电场作用下显示出光学各向异性，物质的折射率因外加电场而发生变化。电光效应包括普克尔效应和克尔（Kerr）效应。

普克尔效应 1893 年由德国物理学家 F. C. A. 普克尔发现。一些晶体在纵向电场（电场方向与光的传播方向一致）作用下会改变其各向异性性质，产生附加的双折射效应。例如

把磷酸二氢钾晶体放置在两块平行的导电玻璃之间，导电玻璃板构成能产生电场的电容器，晶体的光轴与电容器极板的法线一致，入射光沿晶体光轴入射。与观察克尔效应一样，用正交偏振片系统观察。不加电场时，入射光在晶体内不发生双折射，光不能通过 P2。加电场后，晶体感生双折射，就有光通过 P2。普克尔效应与所加电场强度的一次方成正比。大多数压电晶体都能产生普克尔效应。普克尔效应常用于光闸、激光器的 Q 开关和光波调制等。

普克尔效应只存在于无对称中心的晶体中，有两种工作方式：一种是通光方向与被测电场方向重合，称为纵向普克尔效应；另一种是通光方向与被测电场方向垂直，称为横向普克尔效应。作为光学电场测量应用最为普遍的有以下两种电光晶体：① BGO 晶体。其特点是随温度形变小，均匀性好，无自然双折射效应和热电效应，但是电场调制时感生光轴发生旋转，加工工艺要求高，测量电场灵敏度不如 LN 晶体高。适用于高压强电场的测量。② LN 晶体。其特点是随温度形变较大，存在自然双折射效应，电场调制时光轴不发生旋转，加工方便，晶体半波电压低，测量灵敏度高。适用于空间和弱电场的测量。

(1) 纵向普克尔效应。当一束线偏光沿与外加电场 E 平行的方向入射处于此电场中的电光晶体时，由于普克尔效应使线偏光入射晶体后产生双折射，于是从晶体出射的两双折射光束就产生了相位差，该相位差与外加电场的强度成正比，利用检偏器等光学元件将相位变化转换为光强变化，即可实现对外加电场（或电压）的测量。其表达式为

$$\delta=\frac{2\pi}{\lambda_0}n_0^3\gamma Ed=\frac{2\pi}{\lambda_0}n_0^3U \tag{2-23}$$

式中：δ 为由普克尔效应引起的双折射的两束光的相位差；E 为外加电场强度；λ_0为通过晶体的光波长；n_0为晶体的折射率；γ 为晶体的线性电光系数，m/V；d 为晶体沿施加电压方向的厚度，m；U 为晶体上的外加电压，V。

从式（2-23）可以看到，该相位差正比于加在晶体上的电压，与晶体厚度即与晶体的外形尺寸无关。

(2) 横向普克尔效应。当外加电场 E 与晶体的通光方向垂直时，两双折射光束产生的相位差为

$$\delta=\frac{2\pi}{\lambda_0}n_0^3\gamma\frac{l}{d}U \tag{2-24}$$

式中：l 为晶体通光方向的长度。

从式（2-24）可以看出，横向普克尔效应的相位差与晶体尺寸有关。对横向调制的 OVT，被测电压一般沿晶体的<100>方向施压，且使光沿晶体为<011>方向通过，可获得最大测量灵敏度。

(3) 两种不同调制方式的基本特点。纵向普克尔效应的外加电场与通光方向平行，其引起的总普克尔效应是由晶体中沿光束方向上各处电场所引起的普克尔效应累积。由于任意两点间的电压差就等于这两点间电场沿任一路径的积分，而该积分与两点间的电场分布无关。纵向普克尔效应实现了对直接施加于晶体两端电压的测量，因而，测量时不受邻相电场或其他干扰电场的影响。但由于线偏振光沿与外加电场 E 平行的方向入射处于此电场中的电光晶体，因此，要求电极既透明让光束通过，又导电以施加外电场，这给实际制作 OVT 带来较大的困难。

横向普克尔效应有自然双折射引起的相位延迟，这个附加的相位差易受外加温度变化的

影响。为克服这一缺点，常常需要两块晶体进行补偿，以消除自然双折射，这对晶体加工及装配工艺都提出了较高的要求。纵向普克尔效应则没有自然双折射引起的相位延迟。

纵向普克尔效应其半波电压只与晶体的电光性能有关，而与晶体的尺寸无关。当晶体选定后，半波电压恒定。以 BOG 晶体为例，其晶体纵向调制的半波电压为 $U(\pi)=46.52\text{kV}$，要使电压互感器工作于线性区（非线性误差小于 0.1%），则要求加至 OVT 上的最大电压 $U<0.024\text{V}$。此时，测量的线性范围较小，当用于高电压测量时，不能直接将被测电压加至纵向普克尔效应测量器件上测量。这就要求电容分压器的准确度高，且不受温度影响。

而横向效应的半波电压，可通过改变晶体的几何尺寸（纵横比）进行调节。因此，在大多数情况下，被测电压可以直接加至横向普克尔器件上进行测量。利用横向普克尔效应制作 OVT 相对简单、方便。因此，在现有制作的 OVT 中，以基于横向普克尔效应的 OVT 居多。但是，横向普克尔效应受邻相电场以及其他干扰电场的影响较大。普克尔效应电压互感器工作原理见图 2-10。

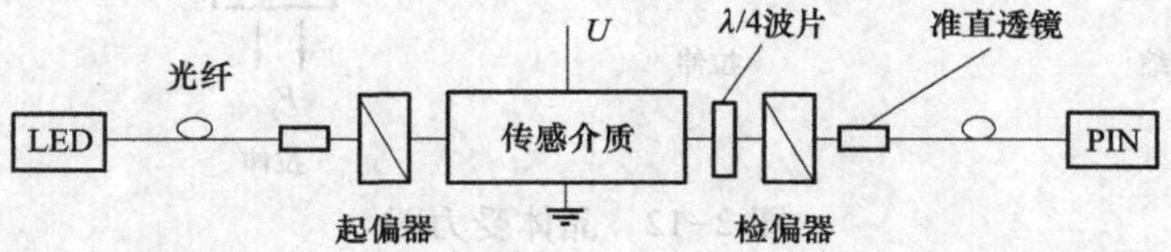

图 2-10　普克尔效应电压互感器的工作原理

4. 压电效应

（1）正压电效应。当压电晶体受到外力而发生形变时，在它的某些表面上出现与外力成线性比例的电荷积累，这个现象称为压电效应。现以 α—石英晶体为例来说明压电效应。α—石英晶体在 1880 年就发现了压电效应，是最早发现的压电晶体，也是目前应用最好的和最重要的压电晶体之一。该晶体的最大特点是性能稳定，频率温度系数低（可以做到频率温度系数接近于零），在通信技术中有广泛地应用。

α—石英晶体属于六角晶系 32 点群，它的坐标系如图 2-11（a）所示。z 轴与天然石英晶体的上、下顶角连线重合（即与晶体的 C 轴重合）。因为光线沿 z 轴通过石英晶体时不产生双折射，故称 z 轴为石英晶体的光轴。x 轴与石英晶体横截面上的对角线重合（即与晶体的 a

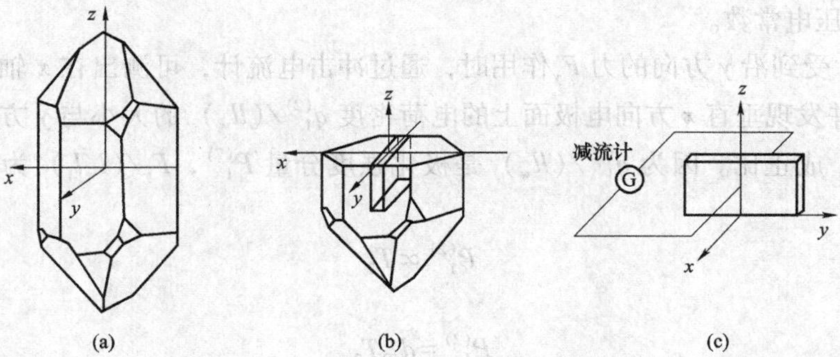

图 2-11　石英晶片

（a）外形及坐标轴；（b）石英晶体的 x 切割；（c）石英晶片测试示意图

轴重合)，因为沿 x 方向对晶体施加压力时，产生的压电效应最显著，故常称 x 轴为石英晶体的电轴。x 轴与 z 轴的方向规定后，y 轴方向也就定了，如图 2-11（a）所示。y 轴与石英晶体横截面对边的中点连线重合，常称为机械轴。

在石英晶体垂直 x 轴的方向上，切下一块薄晶片，晶片面与 x 轴垂直，如图 2-11（b）所示。这种切割方式称为 x 切割。如果晶片的厚度沿 x 轴方向，长度沿 y 方向，则称为 xy 切割。该晶片的长度为 l，宽度为 l_w，厚度为 l_t，与 x 轴垂直的两个晶面上涂上电极，并与冲击电流计连接（测量电荷量用），如图 2-11（c）所示。现分别进行如下实验（如图 2-12 所示）。

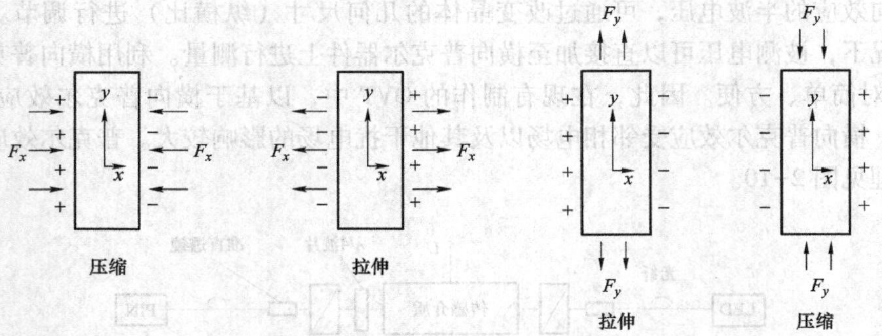

图 2-12　晶体受力图

1）当晶片受到沿 x 轴方向的力 F_x 作用时，通过冲击电流计，可测出在垂直 x 轴方向电极面上的电荷 $q_1^{(1)}$。并发现垂直 x 轴方向电极面上的电荷密度的大小与 x 轴方向单位面积上的力成正比，即

$$\frac{q_1^{(1)}}{ll_w} \propto \frac{F_x}{ll_w}$$

因为 $q_1^{(1)}/ll_w$ 是极化强度分量 $P_1^{(1)}$；F_x/ll_w 为 x 方向的应力 T_1，于是得到

$$P_1^{(1)} \propto T_1$$

即

$$P_1^{(1)} = d_{11} T_1 \tag{2-25}$$

式中：$P_1^{(1)}$ 表示为晶片只受到沿 x 方向的应力 T_1 作用时，在垂直 x 轴的晶面上产生的极化强度分量；d_{11} 为压电常数。

2）当晶片受到沿 y 方向的力 F_y 作用时，通过冲击电流计，可测出在 x 轴方向电极面上的电荷 $q_1^{(2)}$，并发现垂直 x 方向电极面上的电荷密度 $q_1^{(2)}/(ll_w)$ 的大小与 y 方向单位面积上的力 $F_x/(l_w l_t)$ 成正比。因为 $q_1^{(2)}/(ll_w)$ 是极化强度分量 $P_1^{(2)}$，$F_y/(l_w l_t)$ 为 y 方向的应力 T_2，于是有

$$P_1^{(2)} \propto T_2$$

即

$$P_1^{(2)} = d_{12} T_2 \tag{2-26}$$

式中：$P_1^{(2)}$ 为晶片只受到 y 方向的应力 T_1 作用时，在垂直 x 轴方向产生的极化强度分量；d_{12} 为压电常数。

实验上还发现当 $T_1=T_2$时，存在 $P_1^{(2)}=-P_1^{(1)}$，由此可得 $d_{11}=-d_{12}$，即石英晶体的压电常数 d_{12}的大小等于压电常数 d_{11}的负值。

3）当晶片受到沿 z 方向的力 F_z作用时，通过冲击电流计，并发现在垂直于 x 方向的电极面上不产生电荷。即有

$$P_1^{(3)}=d_{13}T_3=0 \tag{2-27}$$

因为 $T_3\neq 0$，故压电常数 $d_{13}=0$。由此可见，对于 x 切割的石英晶片，当 z 方向受到应力 T_3 的作用时，在 x 方向并不出现压电效应。

4）当晶片受到切应力 T_4作用时（如图 2-13 所示），通过冲击电流计，可测出在垂直 x 方向电极面上的面电荷密度 $q_1^{(4)}/(ll_w)=P_1^{(4)}$，并发现 $P_1^{(4)}$ 与 T_2成正比，于是有

$$P_1^{(4)}=d_{14}T_4 \tag{2-28}$$

式中：$P_1^{(4)}$ 为晶片只受到切应力 T_4作用时，在 x 方向产生的极化强度分量；d_{14}为压电常数。

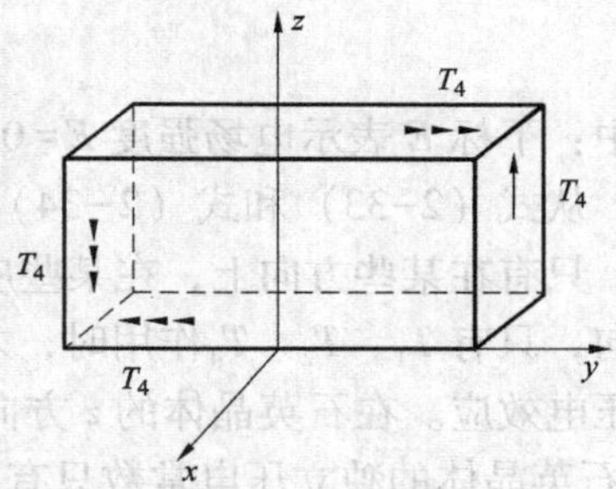

图 2-13　晶体 T_4方向受力图

5）当晶片受到切应力 T_5或 T_6作用时，通过冲击电流计，并发现垂直 x 方向电极面上不产生电荷，于是有

$$P_1^{(5)}=d_{15}T_5=0$$

$$P_1^{(6)}=d_{16}T_6=0 \tag{2-29}$$

因为 $T_5\neq 0$，$T_6\neq 0$，故压电常数 $d_{15}=0$，$d_{16}=0$，由此可见，对于 x 切割的石英晶片，当受到切应力 T_5 或 T_6 的作用时，在 x 方向并不产生压电效应。

综合上述实验结果得到，选垂直于 x 方向的晶面为电极面，当电场 $E=0$ 时，应力张量 T 对 x 方向的极化强度分量 P_1 的贡献为

$$P_1\big|_{E=0}=d_{11}T_1-d_{11}T_2+d_{14}T_4 \tag{2-30}$$

选 y 方向为电极面，重复上述实验，当电场 $E=0$ 时，应力张量 T 对 y 方向的极化强度分量 P_2的贡献为

$$P_2\big|_{E=0}=d_{25}T_5+d_{26}T_6=-d_{14}T_5-2d_{11}T_6 \tag{2-31}$$

即石英晶体的压电常数 $d_{25}=-d_{14}$，$d_{26}=-2d_{11}$。

选 z 方向为电极面，重复上述实验，当电场 $E=0$ 时，应力张量 T 对 z 方向的极化强度分量 P_3的贡献为

$$P_3\big|_{E=0}=0 \tag{2-32}$$

根据式（2-30）、式（2-31），以及式（2-32）的结果，可得到石英晶体的正向压电效应可以用矩阵的形式表示为

$$\begin{pmatrix}P_1\\P_2\\P_3\end{pmatrix}=\begin{pmatrix}d_{11}&-d_{11}&0&d_{14}&0&0\\0&0&0&0&-d_{14}&-2d_{11}\\0&0&0&0&0&0\end{pmatrix}\begin{pmatrix}T_1\\T_2\\T_3\\T_4\\T_5\\T_6\end{pmatrix} \tag{2-33}$$

在压电物理中常用电位移 D 代替极化强度 P，当电场 $E=0$ 时，$D=\varepsilon_0 E+P=P$，电位移的三个分量为 $D_1=P_1$，$D_2=P_2$，$D_3=P_3$。将这些关系代入式（2-33），即得到用电位移分量与应力分量表示的石英晶体正向压电效应的表达式为

$$\begin{pmatrix} D_1 \\ D_2 \\ D_3 \end{pmatrix}_E = \begin{pmatrix} d_{11} & -d_{11} & 0 & d_{14} & 0 & 0 \\ 0 & 0 & 0 & 0 & -d_{14} & -2d_{11} \\ 0 & 0 & 0 & 0 & 0 & 0 \end{pmatrix} \begin{pmatrix} T_1 \\ T_2 \\ T_3 \\ T_4 \\ T_5 \\ T_6 \end{pmatrix} \tag{2-34}$$

式中：下标 E 表示电场强度 $E=0$。

从式（2-33）和式（2-34）可以看出：① 石英晶体不是在任何方向上都存在压电效应，只有在某些方向上，在某些应力的作用下，才能出现正压电效应。例如，在石英晶体 x 方向，只有 T_1、T_2、T_4 作用时，才能在 x 方向产生压电效应，而 T_3、T_5、T_6 不能在 x 方向产生压电效应。在石英晶体的 z 方向，不论在什么方向作用多大的力，都不能产生压电效应。② 石英晶体的独立压电常数只有 d_{11} 与 d_{14} 两个，$d_{11}=-2.31\times10^{-12}$ C/N，$d_{14}=0.73\times10^{-12}$ C/N。对于一般情况，独立的压电常数共有 18 个，用矩阵表示为

$$d=\begin{pmatrix} d_{11} & d_{12} & d_{13} & d_{14} & d_{15} & d_{16} \\ d_{21} & d_{22} & d_{23} & d_{24} & d_{25} & d_{26} \\ d_{31} & d_{32} & d_{33} & d_{34} & d_{35} & d_{36} \end{pmatrix}$$

可见压电常数 d 的矩阵形式是一个三行六列矩阵，即 d 是一个三级张量。因此一般情况下正压电效应的表达式为

$$\begin{pmatrix} D_1 \\ D_2 \\ D_3 \end{pmatrix} = \begin{pmatrix} d_{11} & d_{12} & d_{13} & d_{14} & d_{15} & d_{16} \\ d_{21} & d_{22} & d_{23} & d_{24} & d_{25} & d_{26} \\ d_{31} & d_{32} & d_{33} & d_{34} & d_{35} & d_{36} \end{pmatrix} \begin{pmatrix} T_1 \\ T_2 \\ T_3 \\ T_4 \\ T_5 \\ T_6 \end{pmatrix} \tag{2-35}$$

或简写为

$$D|_E=dT \tag{2-36}$$

或

$$D_m|_E = \sum_{j=1}^{6} d_{mj}T_j \qquad (m=1,2,3) \tag{2-37}$$

（2）逆压电效应。当晶体受到电场 E 的作用时，晶体产生与电场强度呈线性关系的机械形变，这个现象称为逆压电效应。逆压电效应的产生是由于压电晶体受到电场的作用时，在晶体内部产生应力，这个应力常称为压电应力。通过压电应力的作用，产生压电形变。以石英晶体为例说明如下。

1）选用石英晶体的 x 切割晶片，以垂直 x 轴的晶面为电极面。当晶片只受到 x 方向的电场分量 E_1 作用（外加应力张量 $T=0$）时，分别在 x 方向和 y 方向产生应变 S_1 和 S_2，以及

切应变 S_4，这些应变都与 E_1 成正比，即

$$S_1|_T = d_{11}E_1$$
$$S_2|_T = d_{12}E_2 = -d_{11}E_1$$
$$S_4|_T = d_{14}E_1$$

其中下标 T 表示应力张量 $T=0$。

2）以 y 面为电极面，当晶片只受到 y 方向的电场分量 E_2 作用时，分别产生切应变 S_5 和 S_6，这些应变都与 E_2 正比，即

$$S_5|_T = d_{25}E_2 = -d_{14}E_2$$
$$S_6|_T = d_{26}E_2 = -2d_{11}E_1$$

3）以 z 面为电极面，当晶片只受到 z 方向的电场分量 E_3 作用时，晶片不产生任何形变。

综合上述结果，得到描写石英晶体的逆压电效应的矩阵形式为

$$\begin{pmatrix} S_1 \\ S_2 \\ S_3 \\ S_4 \\ S_5 \\ S_6 \end{pmatrix} = \begin{pmatrix} d_{11} & 0 & 0 \\ -d_{11} & 0 & 0 \\ 0 & 0 & 0 \\ d_{14} & 0 & 0 \\ 0 & -d_{14} & 0 \\ 0 & -2d_{11} & 0 \end{pmatrix} \begin{pmatrix} E_1 \\ E_2 \\ E_3 \end{pmatrix} \tag{2-38}$$

从式（2-38）可以看出：① 石英晶体不是在任何方向上都存在逆压电效应，只有在某些方向，在某些电场作用下，才能产生逆压电效应。例如，当 x 方向电场分量 E_1 作用时，可产生压电形变 S_1 和 S_2 以及压电切应变 S_4。又如当 z 方向电场分量 E_3 作用时，晶体不会产生任何形变。② 逆压电常数与正压电常数相同，并且一一对应。③ 有正压电效应即有相应的逆压电效应。晶体中那个方向上有正压电效应，则此方向上一定存在逆压电效应。对于一般的情况，例如三斜晶系中的压电晶体，它的逆压电效应用矩阵表示为

$$\begin{pmatrix} S_1 \\ S_2 \\ S_3 \\ S_4 \\ S_5 \\ S_6 \end{pmatrix} = \begin{pmatrix} d_{11} & d_{21} & d_{31} \\ d_{12} & d_{22} & d_{32} \\ d_{13} & d_{23} & d_{32} \\ d_{14} & d_{24} & d_{34} \\ d_{15} & d_{25} & d_{35} \\ d_{16} & d_{26} & d_{36} \end{pmatrix} \begin{pmatrix} E_1 \\ E_2 \\ E_3 \end{pmatrix} \tag{2-39}$$

将式（2-38）与式（2-39）比较，可见逆压电效应表示式中，压电常数矩阵是正压电常数矩阵 d 的转置矩阵，常用表示为 d_t。d_t 是一个六行三列的矩阵，于是式（2-39）可简写为

$$S|_T = d_t E \tag{2-40}$$

或

$$S_i|_T = \sum_{n=1}^{3} d_{ni}E_n \quad (i=1,2,3,4,5,6) \tag{2-41}$$

压电常数 d_{ni} 的物理意义。压电晶体与其他晶体的主要区别在于压电晶体的介电性质与弹性性质之间存在耦合关系，而压电常数就是反映这种耦合关系的物理量。由式（2-41）

可得，$d_{ni}=(S_i/E_n)T$，即应力 T 为零时（或 T 为恒定常数时），由于电场强度分量 E_n 的改变引起应变分量 S_i 的改变与电场强度分量 E_n 的改变之比。或者说 d_{ni} 为应力为零或不变时，压电晶体的应变分量 S_i 随电场强度分量 E_n 的变化率。由式（2-37）可得，$d_{mj}=(D_m/T_j)E$，为电场强度为零时（或 E 为恒定常数时），由于应力分量 T_j 的改变引起电位移分量 D_m 的改变与应力分量 T_j 的改变之比。或者说 d_{mj} 为电场强度为零或者恒定不变时，压电晶体的电位移分量 D_m 随应力分量 T_j 的变化率。实验上通常根据 $d_{mj}=(D_m/T_j)E$ 来测量压电晶体的压电常数 d_{mj}。

第二节　电子式电流/电压互感器

一、电子式电流互感器

电子式电流互感器的通用框图如图 2-14 所示。

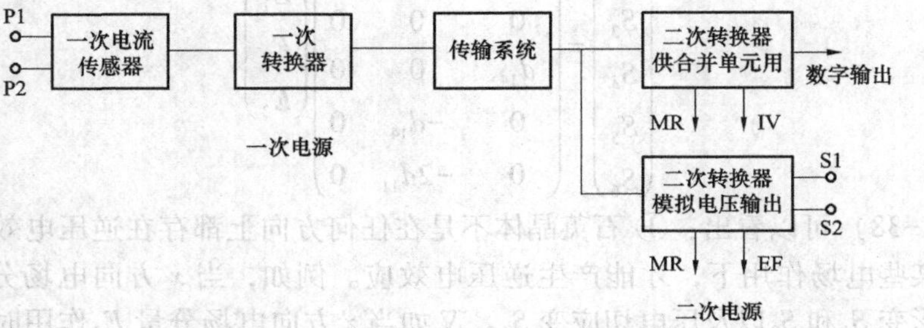

图 2-14　单相电子式电流互感器的通用框图

IV—输出无效；P1、P2——一次电流端；EF—设备故障；S1、S2—二次电压端；MR—维修申请

图 2-14 所示为 GB/T 20840. 7—2007《互感器　第 7 部分：电子式电压互感器》中依据所采用的技术确定电子式电流互感器所用部件，并非所有列出的部件都是必需的。

图中一次端子指被测电流通过的端子；一次电流传感器指电气、电子、光学或其他装置，产生与一次端子通过电流相对应的信号，直接或经过一次转换器传送给二次转换器。例如，一次电流传感器可能是罗氏线圈或磁光玻璃传感元件。一次转换器可将来自一个或多个一次电流传感器的信号转换成适合于传输系统的信号。例如，一次电流传感器为罗氏线圈时，一次转换器为积分器和电光转换器。传输系统是一次部件和二次部件之间传输信号的短距或长距耦合装置，依据所采用的技术，传输系统也可用于传送功率，如光纤光缆。一次电源指一次转换器和（或）一次电流传感器的电源（可以与二次电源合并）。二次转换器可将传输系统传来的信号转换为供给测量仪器、仪表和继电保护或控制装置的量，该量与一次端子电流成正比。对于模拟量输出型的电子式电流互感器，二次转换器直接供给测量仪器、仪表和继电保护或控制装置。对于数字量输出型的电子式电流互感器，二次转换器通常接至合并单元后再接二次设备。维修申请（MR）是指设备需要维修的信息。二次电源是一次转换器的电源（可以与一次电源合并，或与其他互感器的电源合并）。

AIS 独立式电子电流互感器由位于室外的传感头部件、信号柱、光缆，以及位于控制室的合并单元构成。如图 2-15 所示。

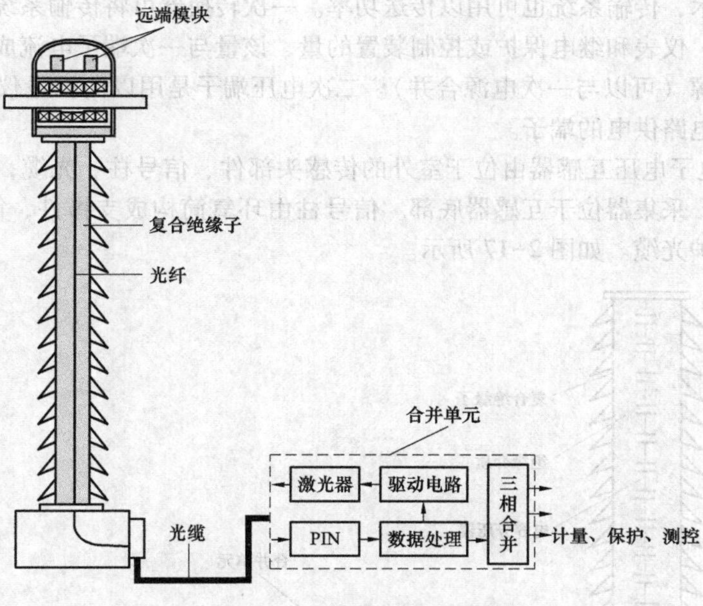

图 2-15　电子式电流互感器结构示意图

传感头部件由电流传感器、采集器单元（PSSU）、取能线圈、光电转换单元、屏蔽环、铝铸件等构成。信号柱由环氧筒构成支撑件，筒内填充绝缘脂，以增强绝缘并保护光缆。

互感器输出的数字信号通过合并单元送至数字化计量、测控、保护装置使用。

电子式电流互感器使用罗氏线圈来进行保护电流的测量，使用低功率铁芯线圈 LPCT 实现测量电流的测量。电流互感器采用 LPCT 传感测量电流，采用罗氏空芯线圈传感保护电流，这样可使电流互感器具有较高的测量准确度、较大的动态范围及较好的暂态特性。

二、电子式电压互感器

电子式电压互感器的通用框图如图 2-16 所示。GB/T 20840. 7—2007 中一次电压传感器（包括端子在内的所有零部件）皆按额定绝缘水平对地绝缘。依据所采用的技术确定电子式电压互感器所用部件，并非所有列出的部件都是必需的。

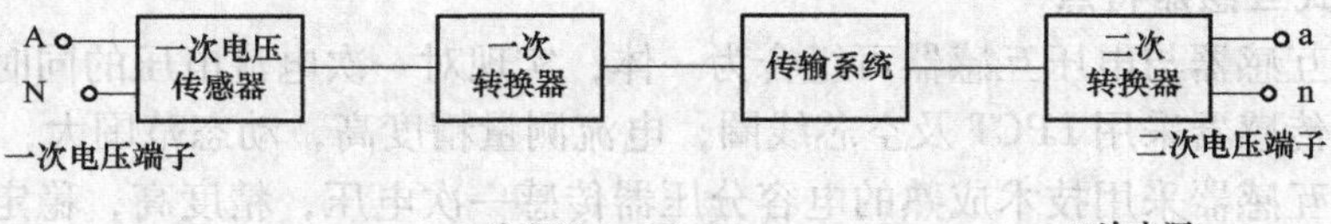

图 2-16　单相电子式电压互感器通用框图

图中一次电压端子指用于将一次电压施加到电子式电压互感器的端子。一次电压传感器是一种电气、电子、光学或其他装置，产生与一次电压端子通过电压相对应的信号，直接或经过一次转换器传送给二次设备。一次转换器可将来自一个或多个一次电压传感器的信号转换成适合于传输系统的信号。一次电源是一次转换器和（或）一次电压传感器的电源（可与二次电源合并）。传输系统是一次部件和二次部件之间传输信号的短距或长距耦合装置，依据所采用的技术，传输系统也可用以传送功率。一次转换器可将传输系统传来的信号转换为供给测量仪器、仪表和继电保护或控制装置的量，该量与一次端子电流成正比。二次电源是二次转换器电源（可以与一次电源合并）。二次电压端子是用以向测量仪表和继电保护或控制装置的电压电路供电的端子。

AIS 独立式电子电压互感器由位于室外的传感头部件、信号柱、光缆，以及位于控制室的合并单元构成。采集器位于互感器底部。信号柱由环氧筒构成支撑件，筒内填充绝缘脂，以增强绝缘并保护光缆。如图 2-17 所示。

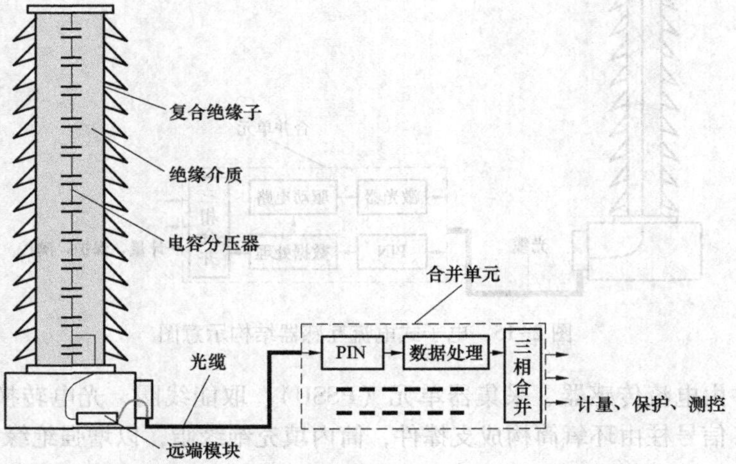

图 2-17　电子式电压互感器结构示意图

互感器输出的数字信号通过合并单元送给数字化计量、测控、保护装置使用。

电压互感器采用同介质的电容分压器传感被测电压，这样准确度高、受环境影响小。电子式互感器的远端电子模块及合并单元均采用双重化冗余配置，保证了互感器的可靠性。

电容分压器用于传感一次被测电压，要求其具有较好的精度（0.2/3P）、温度稳定性及暂态特性。

AIS 电子式互感器采用性能稳定可靠的电容分压器将一次高压分压为小电压信号，经隔离变压器后送远端模块进行处理。

三、电子式互感器特点

（1）电流互感器与电压互感器可组合为一体，实现对一次电流电压的同时测量。

（2）电流传感器采用 LPCT 及空芯线圈，电流测量精度高，动态范围大，暂态特性好。

（3）电压互感器采用技术成熟的电容分压器传感一次电压，精度高，稳定性好。

（4）远端模块双套冗余配置，可靠性高。

（5）每个远端模块双 A/D 采样，并有多项自检功能，进一步提高可靠性。

（6）采用激光供能与母线取能相结合的方法为远端模块供电，可靠性高。

第三节　光电式电流/电压互感器

一、磁光式电流互感器

磁光电流互感器由传感头、光路部分（光源、光纤准直透镜、起偏器、检偏器、耦合透镜和传输系统—光纤合成绝缘子)、检测系统、信号处理系统等组成，如图 2-18 所示。

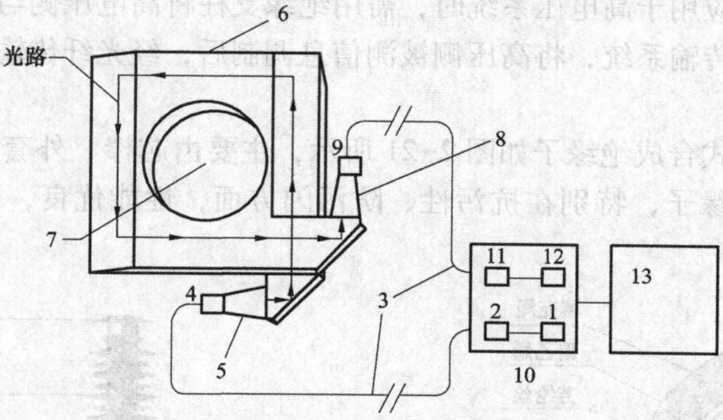

图 2-18　磁光电流互感器原理框图

1—LED 光源驱动及温度控制；2—LED；3—传输光纤；4—准直透镜（自聚焦透镜）；
5—偏振棱镜（起偏器）；6—光学传感头；7—载流导线；8—偏振棱镜（检偏器）；
9—耦合透镜；10—二次转换器；11—光电探测器；12—解调电路；13—合并单元

由恒流电源驱动一只中心波长为 850mm 的发光二极管（LED），提供一个恒定的光源。光通过光缆中的一根光纤从控制室传输到现场高压区，经过准直透镜准直后成为平行光束，再经起偏器变为线偏振光入射进传感头。光在传感头内绕导体一圈，在电流磁场作用下，光的偏振面将发生旋转，出射光经检偏器检偏后再经耦合光路透镜耦合进入光缆中的另一根光纤传输至二次转换器，再连接合并单元，合并单元的数字输出口可接计量、保护自动装置等。

（一）传感头结构

目前，常用的磁光电流互感器传感头如图 2-19 所示，完全由磁光材料构成，由块状玻璃制成，又称光学玻璃电流互感器。

图 2-19 所示传感头要让线偏振光在块状材料中形成封闭的环路，并能进行测量，必须借助全反射。而线偏振光经全反射后，其正交分量之间要产生相位差，变为椭偏振光，从而降低测量的灵敏度。

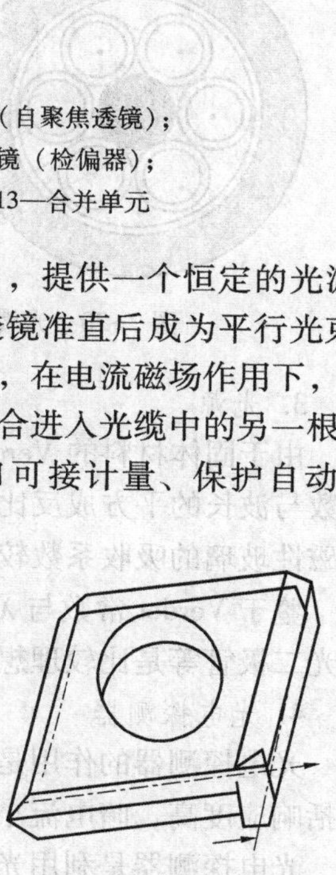

图 2-19　磁光电流互感器传感头

（二）磁光电流互感器的传输系统

1. 光纤、光缆

磁光电流互感器的传输系统是由光纤、光纤合成绝缘子及光缆组成的，其作用是将传感头输出的被调制信号传输至二次转换器。光纤合成绝缘子由光纤和绝缘体组成，在现场将信号从高压侧传至低压侧，光缆是将光纤合成绝缘子输出的信号从现场传至控制室，两者的核心均是光纤。

（1）光纤。对光纤的要求是传输功率大，便于耦合。光纤有单模与多模之分，单模光纤芯径为 5～10μm，而多模光纤芯径粗，一般在 50μm 以上，光纤包层直径为 100～200μm。光纤纤芯大，传输功率大，但纤芯太大，光易发散。为使光纤传输功率大且便于耦合，磁光电流互感器选择光纤纤芯为 62.5μm 的多模光纤作传输信号的光纤。

（2）光缆。为提高机械性能和化学性能（防水、防潮），把若干根光纤集束，其上被覆塑料层和尼龙外层而成光缆，如图 2-20 所示。

2. 光纤合成绝缘子

磁光电流互感器应用于高电压系统时，需用绝缘支柱将高电压侧与低电压侧绝缘。绝缘体内需通过光纤作为传输系统，将高压侧被测信息调制后，经光纤传输至低压侧的二次转换器进行解调。

目前，常用的柱式合成绝缘子如图 2-21 所示，主要由芯棒、外套及端头附件三部分组成。其性能优于瓷绝缘子，特别在抗污性、防污闪方面，性能优良，体积小，质量轻（是瓷绝缘子的 1/10）。

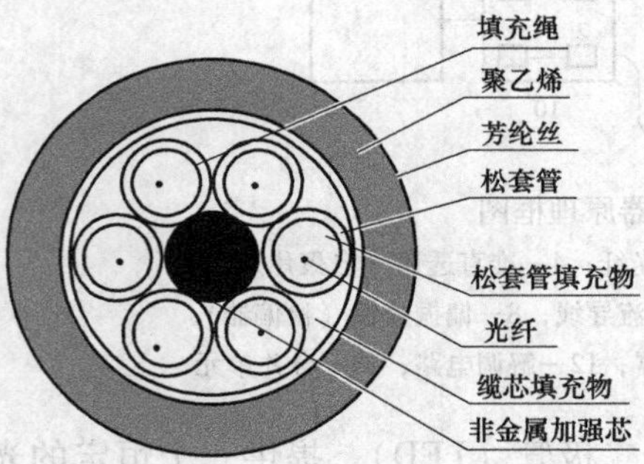

图 2-20 光缆结构图

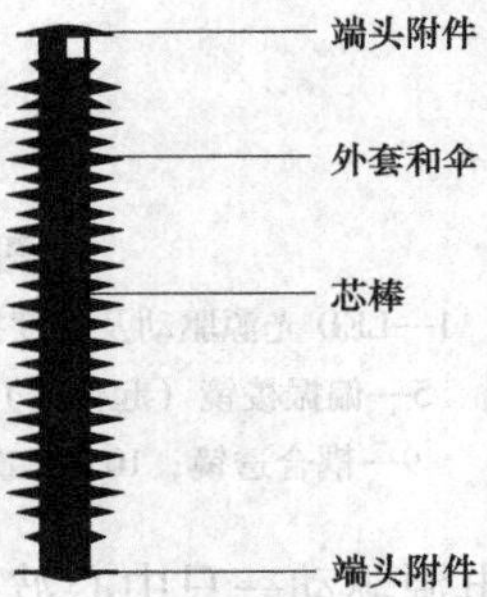

图 2-21 柱式合成绝缘子

3. 光源

由于固体材料的 Verdet 常数是色散的，并且服从柯西（Cauchy）经验公式，即 Verdet 常数与波长的平方成反比，Verdet 常数随着波长的增大而减小。另外，当波长 $\lambda<0.5\mu m$ 时，抗磁性玻璃的吸收系数较大，因而选择 0.55～0.9μm 的波长范围是比较合适的。

鉴于 Verdet 常数与 λ 的关系，应采用窄光谱范围的光源。因此，He-Ne 激光器、LED、激光二极管等是比较理想的光源。从提高测量灵敏度出发，选取光源的波长 $\lambda=850mm$。

4. 光电探测器

光电探测器的作用是将光信号转换为电信号，磁光电流互感器对光电探测器的要求主要包括响应度高，暗电流小，线性度好。

光电探测器是利用光电效应，在物质吸收光辐射能量后，其电学性质发生改变来对辐射能流进行检测的。实际中，采用 PIN 光电探测器，PIN 硅光电二极管的结构及管内电场分布如图 2-22 所示。

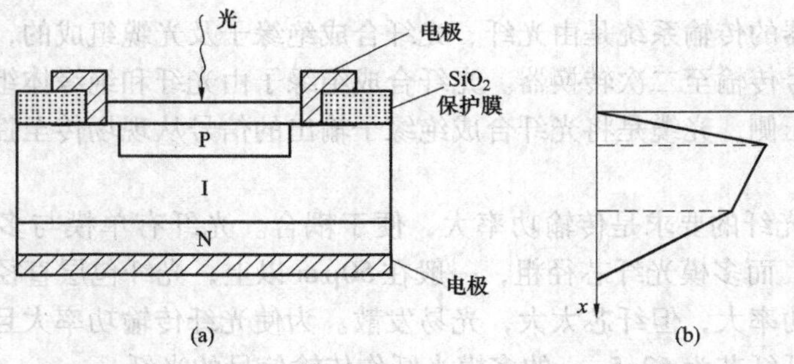

图 2-22 PIN 硅光电二极管的结构及管内电场分布

（a）PIN 硅光电二极管管心结构；（b）电场分布

5. 准直透镜及耦合透镜

准直透镜的作用是将光纤输入的光束变为准直平行光束，耦合透镜的作用是将从偏振棱镜出射的光耦合到输出光纤中去。

目前，用于光纤系统的透镜主要有两种，即普通的球透镜与梯度折射率透镜。

（1）准直透镜。当需要将光纤发出的发散光束变换为平行光束时，可以通过在光纤输出端加一准直透镜来实现。

（2）耦合透镜。当需要将光源（如 LED 或另一光纤输出光）功率有效地耦合进光纤时，可利用自聚焦透镜作为耦合透镜。

6. 偏振棱镜

偏振棱镜在磁光电流互感器中被用作起偏器和检偏器，分别用来产生和检测线偏振光。起偏器可以作为检偏器，检偏器也可作为起偏器，选择偏振器的原则应使其通光孔径大于光束的光斑直径，消光比低，透过率高，同时通光面与光束垂直，便于耦合和黏结。

（三）磁光电流互感器的信号处理

电子式互感器的二次转换器需将被测电流的光信号转换为电信号，经放大、滤波后将信号输至合并单元。二次转换器又称信号处理电路。光学电流互感器信号处理电路的基本功能是将检测出法拉第偏转角大小的被调制的光信号变为电信号，补偿光源光强涨落对输出信号的影响。电路中带通滤波及放大器可提高系统输出信噪比，并将输出信号放大到规定的幅值。

将光强信号转化为被测电流的电信号的方法包括：① 单光路交直流相除法。这种方法的噪声与光强有关，应用很少。② 双光路检测法。可采用沃拉斯顿棱镜作检偏器，也可用一般镀膜偏振器，将被调制的光分两束，分别用两个 PIN 探测它们的输出光强，将两路光强相减除以两路光强相加$\left(\dfrac{J_1-J_2}{J_1+J_2}\right)$。这种方法的噪声虽比单光路交直流相除法少，但要求两路完全对称，而长期保持两路光强不变很难做到，因此，这种方法基本不用。③ 双光路探测法。有研究人员提出对两路检测信号中的每一路都先做“去直流后再除以直流”的处理，将上述差除和信号处理方案改进为

$$U_o=\frac{J_s-J_{s,a}}{J_{s,a}}-\frac{J_p-J_{p,a}}{J_{p,a}}$$

式中：U_o为信号处理电路的输出信号；J为光电探测器的输出信号，脚标 s、p 分别表示输出线偏振光的两个分量，脚标 a 表示经平均处理的信号，即直流分量。

该方案可抑制光电共模噪声，补偿光强漂移与法拉第漂移，其原理框图如图 2-23 所示，具体结构如图 2-24 所示。

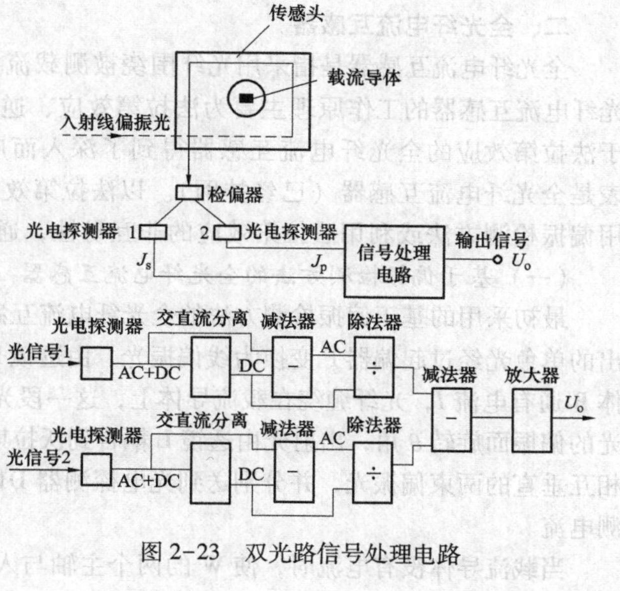

图 2-23　双光路信号处理电路

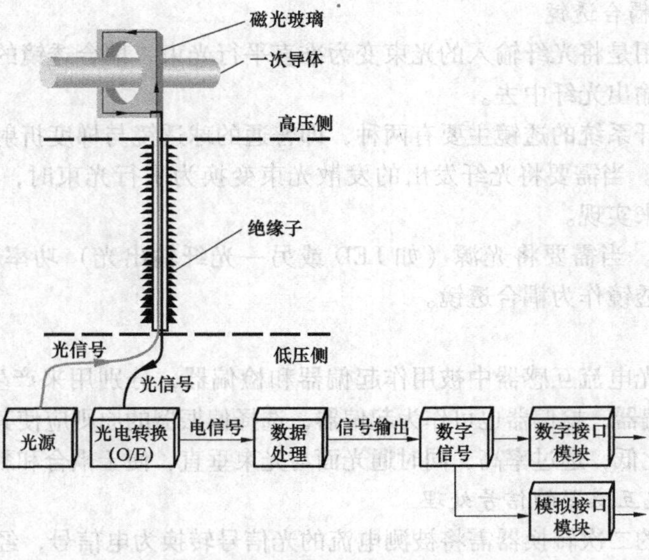

图 2-24　磁光电流互感器结构示意图

（四）磁光电流互感器的特性

（1）由磁光电流互感器的传感器结构可知，磁光电流互感器与被测电流无电接触，高压侧不需电源，因此，磁光电流互感器工作时不影响电力系统运行。

（2）由于磁光电流互感器应用光信号传输，所以比传统电流互感器绝缘简单，并且用光缆取代信号电缆，既经济又无电磁兼容的问题。

（3）磁光电流互感器的传感材料是光学材料，无磁饱和，便于暂态保护，可提高各类保护质量，使故障测量的准确性大为提高。

（4）进出磁光电流互感器的都是光信号，二次电路开路不产生危险的高电压。

（5）动态范围宽，频响范围宽。

二、全光纤电流互感器

全光纤电流互感器是指采用光纤围绕被测载流导线 N 圈作为电流敏感单元。常见的全光纤电流互感器的工作原理主要为法拉第效应、逆压电效应和磁致伸缩效应等。其中，基于法拉第效应的全光纤电流互感器得到了深入而广泛的研究，已取得显著进展，典型代表是全光纤电流互感器（已经挂网）。以法拉第效应为工作原理的全光纤电流互感器常采用偏振检测方法或利用法拉第效应的非互易性，通过干涉仪实现检测。

（一）基于偏振检测方法的全光纤电流互感器

最初采用的基于偏振检测方法的全光纤电流互感器结构如图 2-25 所示。激光二极管发出的单色光经过起偏器 F 变换为线偏振光，由透镜 L 将光波耦合到单模光纤中。高压载流导体 B 通有电流 I，光纤缠绕在载流导体上，这一段光纤将产生磁光效应。这时，光纤中偏振光的偏振面旋转 θ 角，出射光由透镜 L 耦合到沃拉斯顿棱镜 W，棱镜将输入光分成振动方向相互垂直的两束偏振光，并分别送到光电探测器 D1、D2，经过信号处理，即能获得外界被测电流。

当载流导体没有电流时，使 W 的两个主轴与入射光纤的线偏振光的偏振方向成 ±45°，可获得最大灵敏度。

在全光纤电流互感器中，由于光纤内存在的线性双折射对温度与振动等环境因素变化十分敏感，而双折射会造成偏振光偏振态输出的不稳定，影响测量的准确度，因此，利用各种方法降低双折射是全光纤电流互感器实用化过程中需要解决的关键问题。采用保偏光纤是最主要的技术手段。保偏光纤是利用光纤的双折射特性，对传输的偏振光的偏振态加以保持并传输的光纤。

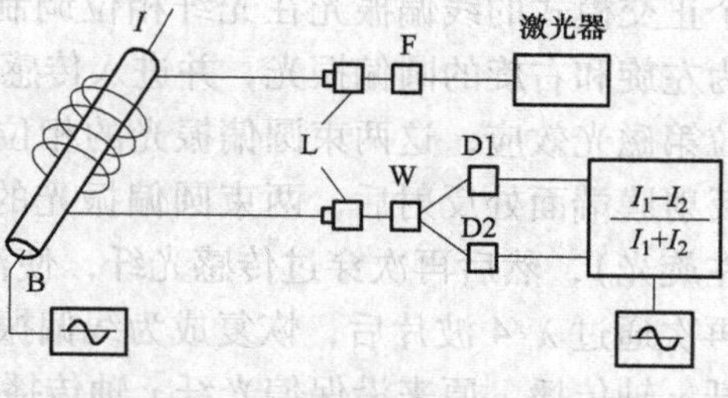

图 2-25　基于偏振检测方法的全光纤电流互感器原理图

（二）基于干涉检测方法的全光纤电流互感器

基于干涉检测方法的全光纤电流互感器并不是直接检测光的偏振面的旋转角度，而是通过受法拉第效应作用的两束偏振光的干涉，并检测其相位差的变化来测量电流。从结构上看，基于干涉检测方法的全光纤电流互感器主要可以分为塞格奈克环形结构（也称 loop 结构）和反射结构（也称 in-line 结构）。

1. 基于塞格奈克环形结构的全光纤电流互感器

图 2-26 所示为塞格奈克环形结构的原理图，其光路结构为互易性光路。光源发出的光经过光纤偏振器起偏为线偏振光，通过耦合器分成两路，分别被 $\lambda/4$ 波片转换成圆偏振光沿相反方向进入光纤传感环路，法拉第效应使其两束圆偏振光的偏振面发生旋转，然后再次经过另一个 $\lambda/4$ 波片重新转换成线偏振光返回偏振器进行干涉。由于干涉的两束光偏振面旋转的角度大小相等、方向相反，因此，其相位差为两倍的法拉第相移，即 $\Delta\varphi=2VNI$，所以相同圈数的传感光纤的灵敏度为偏振旋转方案的两倍。另外，由于采用了调制器，只需检测输出光的相位差就能得到待测电流，因此，功率波动对系统的影响比偏振旋转方案小，即系统稳定性优于偏振旋转方案。

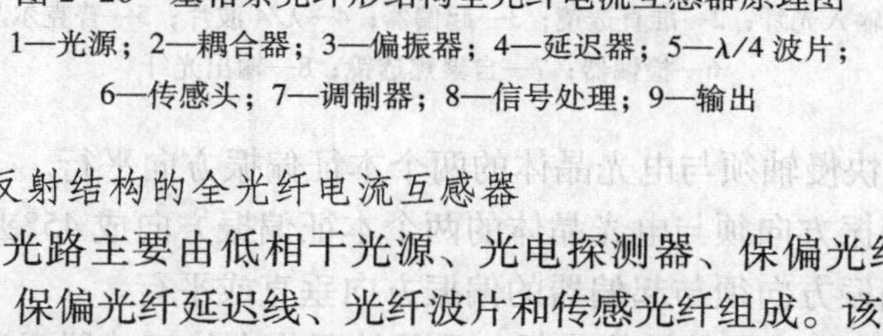

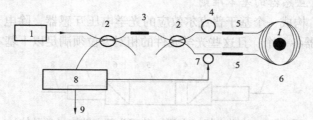

图 2-26　塞格奈克环形结构全光纤电流互感器原理图

1—光源；2—耦合器；3—偏振器；4—延迟器；5—$\lambda/4$ 波片；6—传感头；7—调制器；8—信号处理；9—输出

2. 基于塞格奈克反射结构的全光纤电流互感器

如图 2-27 所示，光路主要由低相干光源、光电探测器、保偏光纤耦合器、光纤起偏器、光纤相位调制器、保偏光纤延迟线、光纤波片和传感光纤组成。该结构的本质是利用两束光干涉的原理测量电流。由光源发出的光经过保偏光纤耦合器后由光纤起偏器起偏变成线偏振光，恰在保偏光纤的光轴上的光能保持这种偏振状态，然后经过一个 45°熔接进入第二段保偏光纤，因此，在这段光纤两个光轴上的电场矢量的分量相等。这两个分量成为分别在两个光轴上互相垂直（x 和 y 轴）的两个线偏振光，分别沿保偏光纤的 x 轴和 y 轴传输。这两个正交模式的线偏振光在光纤相位调制器处受到相位调制，而后经过 $\lambda/4$ 波片，分别转变为左旋和右旋的圆偏振光，并进入传感光纤。由于被测电流会产生磁场及在传感光纤中的法拉第磁光效应，这两束圆偏振光的相位会发生变化（$\Delta\theta=2VNI$），并以不同的速度传输，在反射膜端面处反射后，两束圆偏振光的偏振模式互换（即左旋光变为右旋光，右旋光变为左旋光），然后再次穿过传感光纤，使法拉第效应产生的相位加倍（$\Delta\varphi=4VNI$）。在两束光再次通过 $\lambda/4$ 波片后，恢复成为线偏振光，并且原来沿保偏光纤 x 轴传播的光变为沿保偏光纤 y 轴传播，原来沿保偏光纤 y 轴传播的光变为沿保偏光纤 x 轴传播。分别沿保偏光纤 x 轴、y 轴传播的光在光纤偏振器处发生干涉。通过测量相干的两束偏振光的非互易位相差，就可以间接地测量出导线中的电流值。

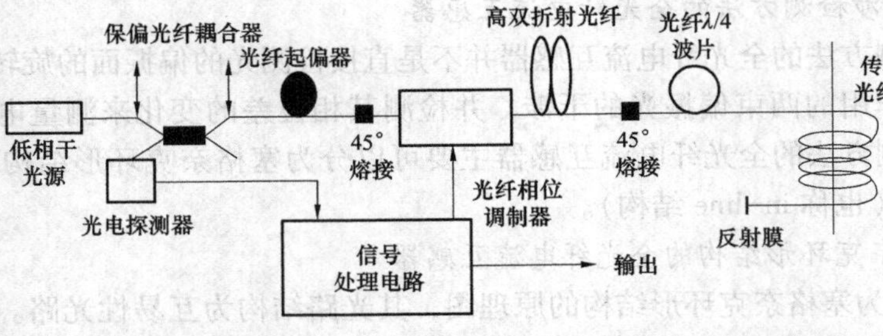

图 2-27　塞格奈克反射结构全光纤电流互感器原理图

全光纤电流互感器技术含量高，是未来光学电流互感器的发展方向。

三、光学电压互感器

光学电压互感器有基于电光普克尔效应、基于电光科尔效应、基于逆压电效应的互感器。目前，电子式电压互感器大多是基于电光普克尔效应构成的。

（一）普克尔效应电场（电压）传感头基本结构

1. 构成光学电压互感器的基本准则

由图 2-28 可知，构成一个基于普克尔效应的光学电压互感器，除电光晶体外，还需起偏器、$\lambda/4$ 波片和检偏器各一个，且这些光学元件的相对方位须满足以下基本准则。

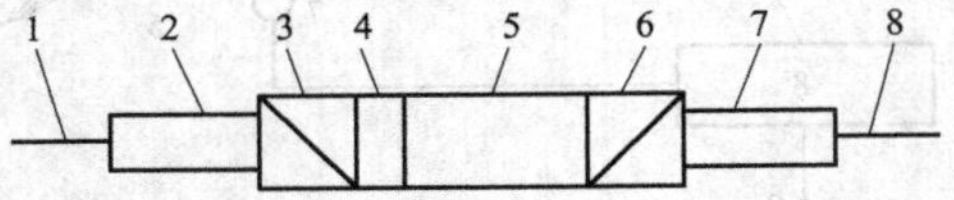

图 2-28　光学电场（电压）传感头基本结构（单晶体）
1—输入光纤；2—准直透镜；3—起偏器；4—$\lambda/4$ 波片；5—普克尔晶体；
6—检偏器；7—自聚焦透镜；8—输出光纤

（1）$\lambda/4$ 波片的快慢轴须与电光晶体的两个本征偏振方向平行。

（2）起偏器的偏振方向须与电光晶体的两个本征偏振方向成 45°夹角。

（3）检偏器的偏振方向须与起偏器的偏振方向垂直或平行。

偏离上述原则会使互感器的性能降低，最差情况将会使互感器无调制信号输出。据以上原则，基于石 3m 点群晶体的横向调制光学电压互感器和纵向调制光学电压互感器的基本结构如图 2-29 所示。

晶体置于两个正交偏振器之间，在晶体与起偏器之间插入一块 $\lambda/4$ 波片。光在晶体<

110>方向传播，因这一取向的普克尔效应最大。从控制室中光源发出的光经多模光纤传送至传感头，由准直透镜将光准直至起偏器变成线偏振光，再经 λ/4 波片变成圆偏振光，进入到晶体中。当不施加电场（电压）时，只有 50% 的光透过检偏器。当有电场（电压）施加在晶体上时，普克尔晶体中的光产生双折射，使入射的圆偏振光变成椭偏振光，然后经过检偏器检偏后，变成光强度受电场调制的线偏振光。输出光强度便随着交变电场（电压）调制信号的变化而变化，最后经自聚焦透镜耦合进输出光纤中，送至控制室中的光电探测器。

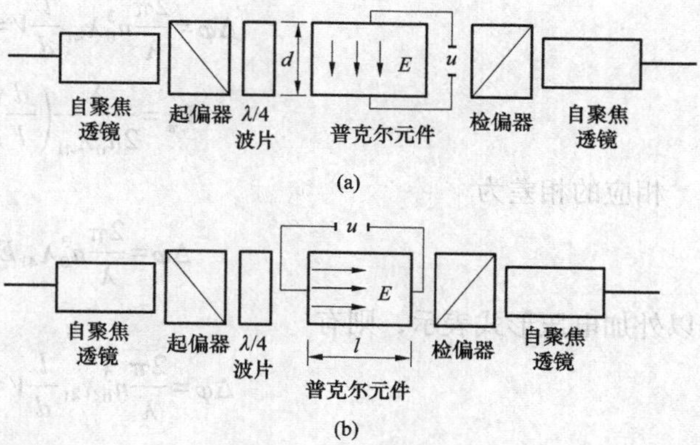

图 2-29　横向电光调制和纵向电光调制

（a）横向；（b）纵向

2. 横向电光调制与纵向电光调制比较

如图 2-29（a）所示，横向电光调制是指外加电场（电压）的方向垂直于通光方向；如图 2-29（b）所示，纵向电光调制是指外加电场（电压）方向平行于通光方向。

在纵向电光调制情况下，根据下式

$$\Delta\varphi=\frac{2\pi}{\lambda}bx'_3l=\frac{2\pi}{\lambda}n_0^3\gamma_{41}El=\frac{2\pi}{\lambda}n_0^3\gamma_{41}V=\frac{\pi V}{V_\pi}$$

$$V_\pi=\frac{\lambda}{2n_0^3\gamma_{41}}$$

相应的相位差为

$$\Delta\varphi=\frac{2\pi}{\lambda}n_0^3\gamma_{41}El=\frac{\pi E}{E_\pi}$$

若以外加电压 V 形式表示，则有

$$\Delta\varphi=\frac{2\pi}{\lambda}n_0^3\gamma_{41}V=\frac{\pi V}{V_\pi}$$

半波电压为

$$V_\pi=\frac{\lambda}{2n_0^3\gamma_{41}}$$

可见，这时半波电压只与晶体的电光性能有关，而与晶体的尺寸无关。增加晶体的长度虽可增加相互作用长度，从该意义上增强了电光效应，但由于晶体长度的增加削弱了电场，导致电光效应减小，结果彼此抵消了。而且，在纵向电光效应中，若电压直接施加在晶体端面上，施加电场的方向也就是光的传播方向，因此，要求电极既能通光又能导电。在实践中，常用透明电极（导电玻璃）或侧面环形电极。但是，在通光方向的晶体的两个端面上蒸涂透明电极不仅增加了工艺的复杂性和生产成本，而且增加了光学损耗，降低了灵敏度，侧面环形电极又不能保证电场的均匀性。在横向电光效应中不存在这一困难。

在横向电光调制情况下，根据下式

$$\Delta\varphi=\frac{2\pi}{\lambda}n_0^3\lambda_{41}\frac{l}{d}V=\frac{\pi V}{V_\pi}$$

$$V_\pi=\frac{\lambda}{2n_0^3\lambda_{41}}\left(\frac{d}{l}\right)$$

相应的相差为

$$\Delta\varphi=\frac{2\pi}{\lambda}n_0^3\lambda_{41}El$$

若以外加电压形式表示，则有

$$\Delta\varphi=\frac{2\pi}{\lambda}n_0^3\lambda_{41}\frac{l}{d}V=\frac{\pi V}{V_\pi}$$

半波电压为

$$V_\pi=\frac{\lambda}{2\pi n_0^3\lambda_{41}}\frac{d}{l}$$

可见，在横向电光效应中，可以用增大光在晶体中通过的长度 l、减小晶体在电场方向的厚度 d 的方法来降低半波电压，并提高灵敏度。

横向效应的半波电压可通过改变晶片的几何尺寸（纵横比 l/d）进行调节，这是它的优点。

横向效应有自然双折射引起的位相延迟，这个附加的位相差易受外界温度变化的影响。纵向效应没有自然双折射引起的位相延迟，且纵向效应测的是电压值，不受外电场干扰。

横向效应所加电场的方向与通光方向垂直，使用方便。但横向效应是通过测电场来测电压，易受外电场干扰，需采取措施克服外电场影响。

（二）普克尔效应电压互感器电压信号获取方式

1. 普克尔效应测量电压

（1）普克尔效应测量电压的范围。偏光干涉强度与外加电压关系为

$$I=I_0\sin^2\frac{\Delta\varphi}{2}=I_0\sin^2\left(\frac{\pi V}{2V_\pi}\right)$$

$V=0$，$I=0$ 为最小；当 $V=V_\pi$ 时，I 达最大值。因此，V_π 是电压传感头测量的最大值，$0\sim V_\pi$ 为普克尔效应测量电压的范围。

（2）普克尔效应测量值与准确度的关系。由线性响应可知，传感头加 $\lambda/4$ 波片后，有

$$I=\frac{1}{2}I_0\left(1+\sin^2\frac{\pi V}{V_\pi}\right)$$

令

$$m=\frac{\pi V}{V_\pi}$$

当 $m\ll1$ 时，$\sin m\approx m$。作近似计算，有 $I=\frac{1}{2}I_0\left(1+\frac{\pi V}{V_\pi}\right)=\frac{1}{2}I_0$（$1+m$）。这里引入了误差，其相对误差为

$$R=\left|\frac{m-\sin m}{m}\right|<\frac{m^2}{6}=\frac{1}{6}\left(\frac{\pi V}{V_\pi}\right)^2$$

由上式可知，光学电压互感器的准确度与被测电压的大小有关。若 BGO 晶体的 $l=d$，

入射光波长 $\lambda=0.85\mu m$，则 BGO 晶体的半波电压 $V_\pi=46.52kV$。当要求互感器的测量准确度为 0.1%时，上式计算可知被测电压不能大于 1.147kV。

2. 电压信号获取方式

（1）直接获取电压信号。被测电压直接加在晶体上，被测电压所加方向与通光方向一致，即纵向电光调制方式获取电压信号。该方式需要很长的晶体，制造上有困难，有的研究者用许多晶体黏结而成（如图 2-30 所示）。

由于结构存在加工及黏结的复杂性，互感器性能难以保证，且晶体较贵，成本高，目前应用较少。采用纵向电光调制的另一个问题是被测电压必须小于半波电压。对 BGO 晶体而言，要使互感器工作于线性区（非线性误差小于 0.1%），则要求加至光学电压互感器的最大电压 $V_m<0.024V_\pi$。

但纵向电光调制方案也有以下优点：

1）不需要采用任何形式的分压器分压被测电压。

2）测量结果与传感头中电场的分布无关。

由式 $U_{ab}=\int_a^b E\mathrm{d}l$ 可知，被测电压直接加在晶体两端，该积分与路径无关，即与 a、b 两点间的电场分布无关。U_{ab}一定，电场分布的不同及外界电场的干扰都不会影响电压的测量，降低了设计传感头的难度。

（2）采用获取电场强度信号的方式获得电压信号。通过测电场强度求电压，被测电压所加方向与通光方向垂直，即横向电光调制方式获取电压信号。互感器可放于绝缘体上部或中部获取电压信号，可采用如图 2-31 所示方式获取信号。

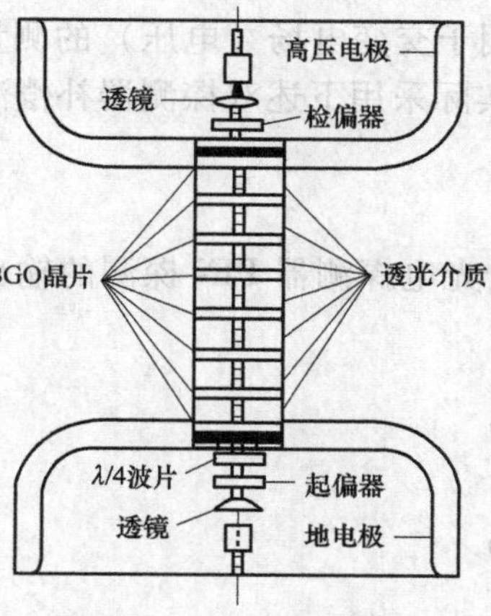

图 2-30　多片普克尔效应调制器

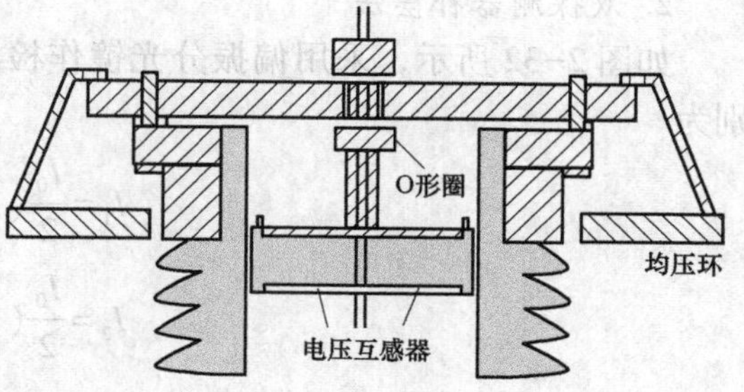

图 2-31　OVT 传感头

电压互感器通过整体浇注在一个上盖板为平板金属电极、下盖板为平板绝缘木的圆柱体内，然后固定在磁套管的上电极极板上。传感器上引光纤，全浇注在金属管内，下引光纤盘绕在磁套管内的硅橡胶绝缘子上。传感器及磁套管内为传输信号的光纤，具有良好的绝缘性能。电压互感器的上极板、磁套管的金属端部和均压环在一个平面上，保证了测试的准确度。

横向电光调制方式，被测电压最大值也在半波电压之内，但横向效应的半波电压，可通过改变晶片的几何尺寸（纵横比 l/d），改变电极与晶体之间距离进行调节，电压测量范围不受限制，可通过定标方式确定其准确度。但该测量电场的方式，被测电压受邻相电场影响和外界干扰大，设计传感头结构及放置位置均需特别注意。

(三) 普克尔效应电压互感器的信号处理

信号处理系统的作用是将在传感头中被电场（电压）调制过的光信号变换为被测电场（电压）的大小，具有光电转换、放大、滤波、数据采集、计算、显示、量程切换等基本功能，还可具有打印、与上位机通信等附加功能。对信号处理系统的主要要求为：① 确定被测电场（电压）的大小。② 使测量信号与初始光强无关，以消除输入光强波动的影响。③ 具有高灵敏度和信噪比，稳定可靠。

1. 单光路交直流相除法

检偏器为单光束输出型，仅用一只 PIN 探测器。从检偏器出射的一束光被光纤传输至 PIN 转变成电流信号，I/U 变换器将电流信号转换成放大了的电压信号。输出光信号的强度调制为

$$I_{DC}=\frac{1}{2}I_0$$

$$I_{AC}=\frac{1}{2}I_0\frac{\pi}{V_\pi}V_m\sin\omega t$$

用除法器将 I_{AC} 除以 I_{DC}，于是有

$$S=\frac{\pi}{V_\pi}V_m\sin\omega t$$

可见，输出信号与 I_0 无关。因此，来自光源、光电探测器的能量涨落及系统中光纤、光纤耦合连接的损耗变动均可得到消除。但该方法仅可用于交变电场（电压）的测量，且在信号处理系统中无法对温度的影响进行补偿，因此，实际采用下述双探测器补偿法作信号处理。

2. 双探测器补偿法

如图 2-32 所示，采用偏振分光镜作检测器，两个光电探测器 PIN 探测的输出光强分别为

$$I_1=\frac{I_0}{2}(1+m_{\perp}\sin\omega t)$$

$$I_2=\frac{I_0}{2}(1-m_{\Pi}\sin\omega t)$$

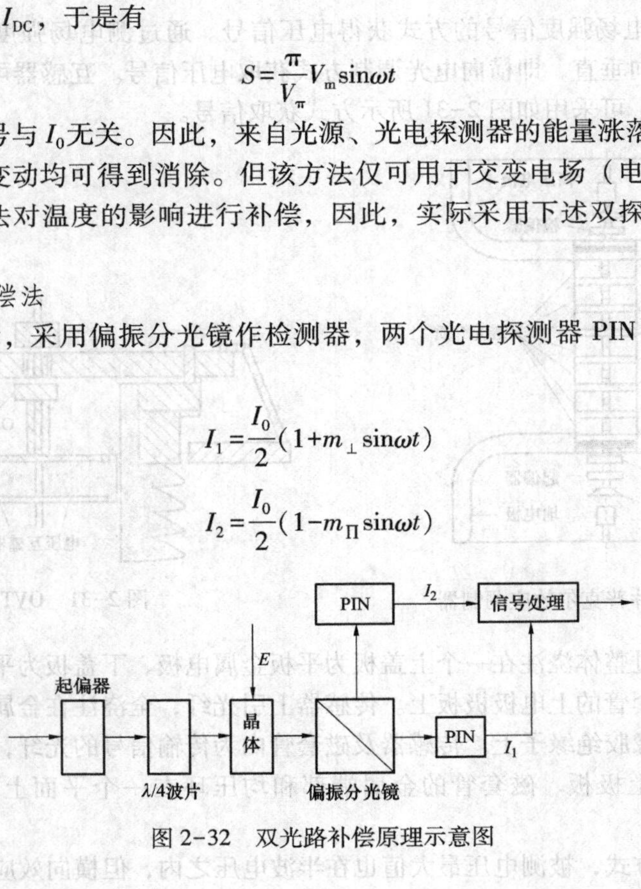

图 2-32　双光路补偿原理示意图

式中：ω 为电网的频率；I_0为输入光强；$m_{\perp}$ 为垂直偏振器出来的垂直调制度；m_{Π}为平行偏振器出来的平行调制度。

$$m_{\Pi}=\frac{m}{1-\sum_{k=1}^{k}\Delta\varphi_k\sin2\delta_k}$$

$$m_{\perp}=\frac{m}{1+\sum_{k=1}^{k}\Delta\varphi_k\sin2\delta_k}$$

式中：$\Delta\varphi_k$ 为由第 k 种线性双折射引起的相位差；δ_k 为由第 k 种线性双折射的慢轴方位角；普克尔线性电光效应引起的调制度为

$$m=\frac{2\pi}{\lambda}n^3\gamma_{41}E_{\mathrm{m}}l$$

式中：E_{m}为外加电场的最大值，$E=E_{\mathrm{m}}\sin\omega t$。

经分析，m_{Π}和 $m_{\perp}$随温度的变化趋势是相反的，通过 m_{Π}和 $m_{\perp}$之和的平均值计算法可消除部分温度、压力等环境因素对传感头灵敏度的影响。因此，在信号处理电路中，采用双光电探测器 PIN 分别探测出 m_{Π}和 $m_{\perp}$，求出它们的平均值，得到被测电压信号的大小，即双探测器补偿法。调制度随温度变化的误差可减小为单光路探测法的 1/10。光学电压互感器结构如图 2-33 所示。

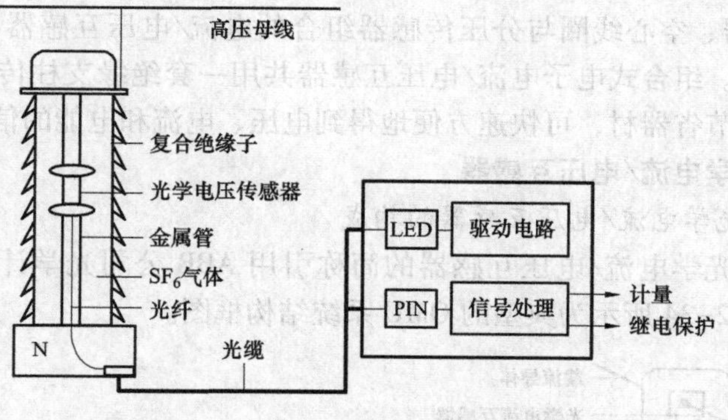

图 2-33　光学电压互感器结构示意图

四、电子式互感器的特点

1. 优良的绝缘性能及便宜的价格

光学互感器所用材料为光纤，玻璃等绝缘材料来传输信息，所以绝缘结构简单，在电压等级为 220kV 以上时，光学互感器的绝缘成本大大降低。

2. 不含铁芯

光学互感器不使用铁芯，不存在磁饱和及铁磁共振和磁滞效应等问题。

3. 抗电磁干扰性能好

光学互感器的高压边与低压边之间只存在光纤联系，而光纤具有良好的绝缘性能，可保证高压回路与二次回路在电气上完全隔离，低压边无开路高压危险，免除电磁干扰。

4. 动态范围大、测量精度高

光学互感器不存在磁饱和问题，有很宽的动态范围，额定电流可测几十安培到几千安培，过电流范围可达几万安培；一个光学互感器可同时满足计量和继电保护的需要，可免除多个互感器的冗余需求。

5. 频率响应范围宽

传感头部分的频率响应取决于光纤在传感头上的渡越时间，实际能测量的频率范围主要取决于电子线路部分。光学互感器已被证明可以测出高压电力线上的谐波，还可进行电网暂态电流、高频大电流与直流的测量。

6. 没有因存油而产生的易燃、易爆等危险

光学电流互感器绝缘结构简单，可以不采用油绝缘，在结构上可避免这方面的危险。

7. 体积小、质量轻、节约空间

光学电流互感器传感头本身的重量一般很小，这给运输和安装带来了很大的方便。

8. 适应电力计量和保护数字化、微机化和自动化发展的潮流

电磁感应式电流互感器的 5A 或 1A 输出规范必须采用光转换技术才能与计算机接口，而光学互感器本身就是利用光电技术的数字化设备，可直接输出给计算机，避免中间环节。

第四节　组合式电子电流/电压互感器

GB 17201—2007《组合互感器》中定义组合互感器是由电压互感器和电流互感器组成并装在同一外壳内的互感器。目前，组合式电子电流/电压互感器的典型形式有：组合式光学电流/电压互感器、空心线圈与分压传感器组合的电流/电压互感器、GIS 中电子式电流/电压互感器的组合。组合式电子电流/电压互感器共用一套绝缘支柱传输被测电压和电流信息，占地面积小，节省器材，可快速方便地得到电压、电流和电能的信息。

一、组合式光学电流/电压互感器

（一）组合式光学电流/电压互感器的构成

本书中组合式光学电流/电压互感器的简称引用 ABB 公司光学计量单元 OMU（optical metering unit），图 2-34 所示为典型的 OMU 系统结构框图。

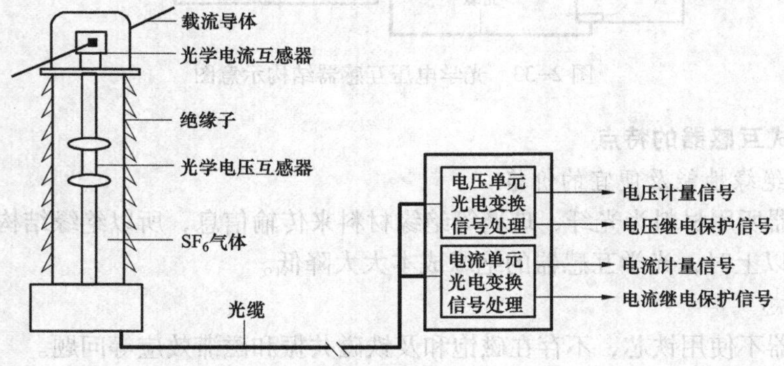

图 2-34　OMU 系统结构框图

OMU 由三个主要部分构成：① 绝缘支柱。一般由充以 SF_6 气体的瓷绝缘子或硅橡胶复合绝缘子构成，用以保证互感器具有相应电压等级的绝缘水平。② 光学电压互感器和光学电流互感器。它们是 OMU 的核心部分，将被测电压/电流进行调制，并将载有被测电压及电

流信息的调制光信号通过光缆送至控制室。③ 光电变换及信号处理电路。用以发送直流光信号，并对由传感器送来的调制光信号进行光电变换及相应的信号处理，最后输出供计量和继电保护用的模拟或数字信号。

（二）OMU 的分类

绝缘支柱与光学互感器结合在一起构成 OMU 的一次部分。绝缘支柱的作用主要有两个方面：一方面是保证互感器具备相应电压等级的绝缘水平；另一方面是固定光学电压互感器和光学电流互感器，并以适当方式将被测电流/电压加至光学电流/电压互感器上。目前，常见的 OMU 主要有电容分压器型 OMU 和无电容分压器型 OMU 两种结构形式。

1. 有电容分压器型 OMU

图 2-35 所示为有电容分压器型 OMU 的结构。光学电流互感器置于绝缘支柱的顶部，高压电流母线从其中心穿过。被测高电压经电容分压器后加至光学电压互感器上。有两种分取电压的方式：一种为从电容分压器的高压端取电压，如图 2-35（a）所示；另一种为从电容分压器的低压端取电压，如图 2-35（b）所示。

2. 无电容分压器型 OMU

图 2-36 所示为无电容分压器型 OMU 的结构。光学电流互感器亦置于绝缘支柱的顶部。互感器中无电容分压器，固定光学电压互感器的方式有两种：一种为光学电压互感器通过上下金属管固定于绝缘支柱的中部，被测高电压直接加至光学电压互感器上，如图 2-36（a）所示；另一种为光学电压互感器置于绝缘支柱内靠近电压的部位，如图 2-36（b）所示。两种方式均通过测量电场来实现对电压的测量。

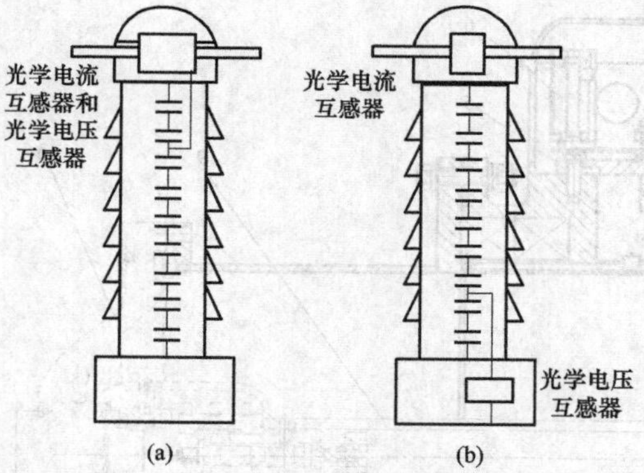

图 2-35　有电容分压器型 OMU 的结构
（a）高压端取电压；（b）低压端取电压

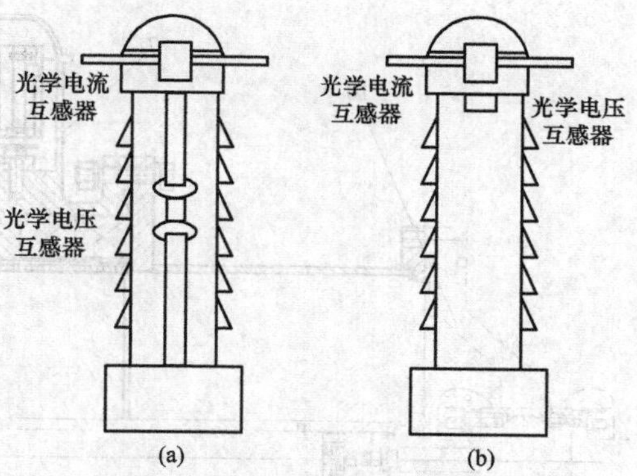

图 2-36　无电容分压器型 OMU 的结构
（a）电压加至光学电压互感器；（b）光学电压互感器置于绝缘支柱内侧

有电容分压器型 OMU 易于根据光学电压互感器的要求为其提供适宜数值的电压。但由于采用了电容分压器，一方面没能充分体现光学传感的优越性，另一方面，电容分压器长期运行，其分压比随环境温度等因素的变化会影响电压的测量准确度。图 2-36（b）所示无电容分压器型 OMU 绝缘结构较简单，但光学电压互感器所在处的电场会受到环境因素（如外绝缘脏污程度、温度、绝缘支柱形变等）的影响，使电压的测量准确度受到影响。图 2-36（a）所示无电容分压器型 OMU 结构紧凑，克服了有电容分压器型 OMU 及图 2-36（b）所示无电容分压器型 OMU 的缺点，但对光学电压互感器的要求较高。

二、GIS 中电子式电流/电压互感器

（一）GIS、PASS

GIS 是 SF_6 金属封闭式组合电器，由若干个相互直接连接在一起的单独元件构成，将断路器、隔离开关、接地开关、母线、互感器、避雷器等主要元件装入密封的金属容器内，其间充 SF_6 气体作为绝缘及灭弧介质。与传统的敞开式高压配电装置相比，由于其具有占地面积小、不受外界环境影响、运行安全可靠性高、安装工作量小及维护简单和检修周期长等优点，因而近 20 年来得到了迅速发展。

PASS 是新型 GIS—插接式智能组合电器。主要由三部分组成：① 设备本体。通常包括复合绝缘套管、隔离开关及接地开关、SF_6 断路器与电子式光学电流/电压互感器等部件。② 插接式复合光纤电缆。主要用于传输电子式光学电流/电压互感器的测量结果及传送来自就地保护、测控柜的直流电源。③ 就地保护、测控柜。能对光纤传送过来的信号进行处理，并将处理结果送入相应的测量及保护设备。PASS 的优点在于采用模块化的设计思路，可根据不同要求灵活地组成不同接线形式的高压配电装置。因此，PASS 的运行可靠性与智能化程度都有很大提高。

（二）GIS 中电子式电流/电压互感器结构

1. GIS 中电子式电流/电压互感器结构

GIS 中电子式电流互感器传感头有空芯线圈、光学的传感器、铁芯线圈式低功率电流互感器等；电子式电压互感器有光学的、分压式的等。

GIS 用电子式电流电压互感器主要由以下三部分组成（如图 2-37 所示）。

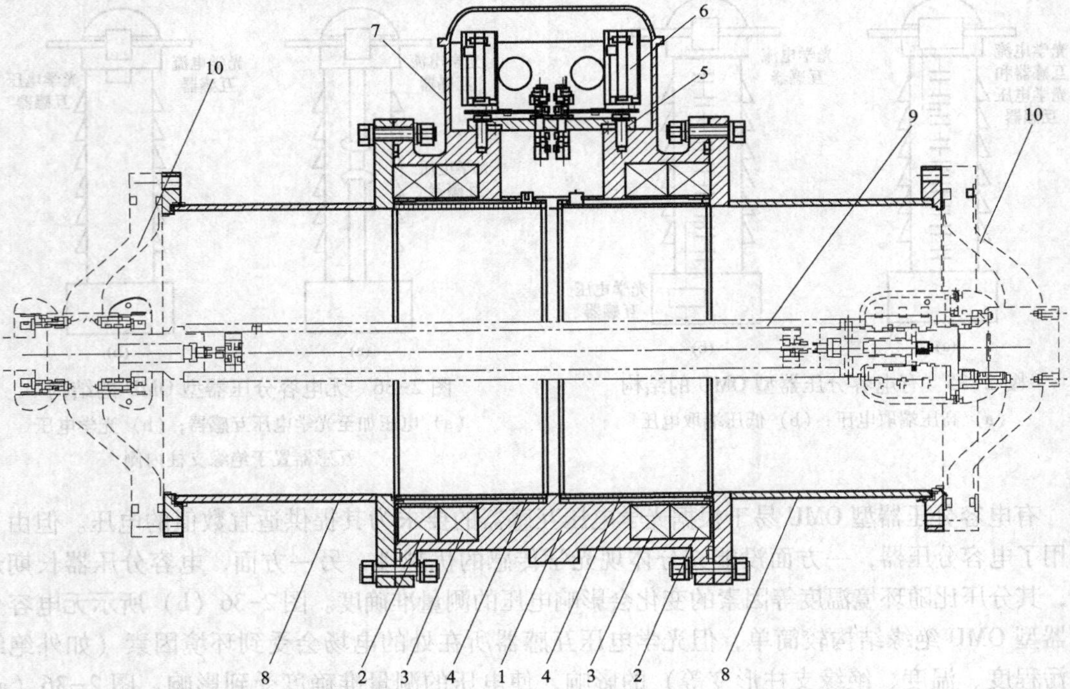

图 2-37　GIS 电子式电流电压互感器结构示意图

1—罐体；2—空芯线圈；3—LPCT（低功率电流互感器）；4—电容分压环；5—密封端子板；6—远端模块；7—屏蔽箱体；8—转接法兰；9—一次导体；10—盆式绝缘子

（1）一次结构主体。包括互感器罐体、变径法兰、绝缘盆子、一次导体等。互感器罐体接地，内装电流电压传感器等部件；变径法兰的主要作用是使电子式互感器能够适用于不同厂家的 GIS；一次导体固定于绝缘盆子上，一次导体与互感器罐体间充 SF_6 绝缘气体。

（2）一次传感器。包括两套完全相同的传感元件，每套传感元件包括一个低功率 TA（LPCT）、一个空芯线圈、一个同轴电容分压器。低功率 TA 用于传感测量用电流信号，空芯线圈用于传感保护用电流信号，电容分压器用于传感电压信号。

（3）远端模块，也称一次转换器。GIS 用电子式互感器有两个完全相同远端模块，两个远端模块互为备用，保证电子式互感器具有较高的可靠性。远端模块接收并处理低功率 TA、空芯线圈及电容分压器的输出信号，输出的数字信号由光缆传送至合并单元。远端模块的工作电源由 GIS 汇控柜内的 DC 220V（或 DC 110V）提供。一次传感器及远端模块均位于低压侧，双重化冗余配置。110kV GIS 用电子式互感器为三相共箱结构，220kV 及以上则采用三相分箱结构。

2. PASS 中电子式光学电流/电压互感器结构

PASS 中应用的电子式光学电流/电压互感器结构如图 2-38 所示，其由电流互感器、电压互感器及信号处理单元组成。

电流/电压互感器中采用罗氏线圈结构的电流互感器，质量轻，且无磁饱和现象，在很宽的频带（0.1～1MHz）内都有很好的线性度。电压互感器以电容环为高压臂电容制成阻容分压器，可大幅减小体积、质量，还可消除电压互感器固有的铁磁谐振问题。

图 2-38 中，高压导体通过电流时，在罗氏线圈两端感生出电动势，经信号线引出至信号处理盒内。取导体环与高压侧导体之间的分布电容为高压臂电容，再串联一取信号电阻 Rd，电阻上的电压信号经电缆线传送至信号处理盒内，经其输出端子输出。信号处理盒内装有对两路信号进行积分等处理的电子线路，电源由接线端子引入。

PASS 中电压互感器的设计采用电容分压的思路，将柱状电容环套在导电线路上以实现电压测量（如图 2-38 所示），其等效工作电路如图 2-39 所示。

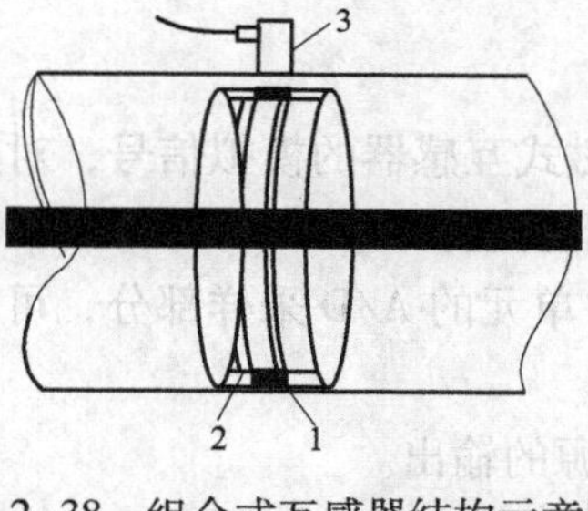

图 2-38　组合式互感器结构示意图

1—电流互感器；2—电压互感器；3—信号处理单元

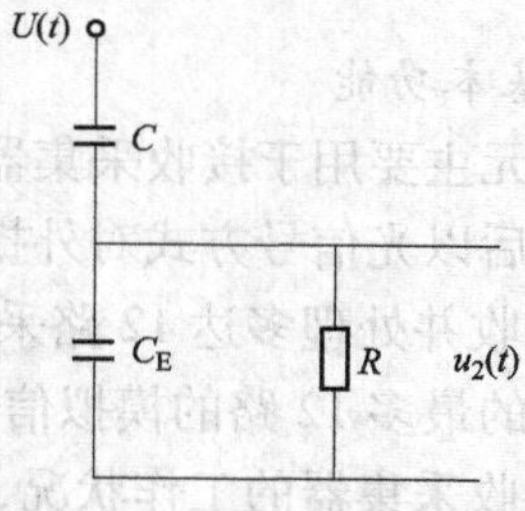

图 2-39　电压互感器等效电路图

首先可得柱状电容环的等效电容为

$$C=\frac{2\pi\varepsilon_0\varepsilon_r b}{I_{\mathrm{m}}(D/d)}$$

式中：b 为电容环高度；D 为电容环的直径；d 为导电杆的直径。

考虑到系统短路后柱状电容环的接地电容 C_E 上积聚的电荷若在重合闸时还没有完全释放，将在系统工作电压上叠加一个误差分量，严重时将影响到测量结果的正确性及继电保护装置的正确动作，且长期工作时 C_E 将由于温度等因素的影响而变得不够稳定。因此，宜选取一个小电阻 R 以消除这些因素的影响（如图 2-39 所示），电阻 R 上的电压 $u_2(t)$ 为

$$u_2(t)=RC\frac{\mathrm{d}U(t)}{\mathrm{d}t}$$

可见，$u_2(t)$ 与系统电压 $U(t)$ 的时间导数成正比，此后也应对 $u_2(t)$ 进行数字积分。

第五节 电子式互感器的数据接口

一、合并单元 MU

（一）概述

合并单元是用以对来自二次转换器的电流和/或电压数据进行时间相关组合的物理单元。合并单元可以是互感器的一个组成件，也可以是一个分立单元。其功能是同步采集多路电子式互感器输出的信号后按照标准规定的格式发送给保护、测控设备。电子式互感器数字接口框图如图 2-40 所示。

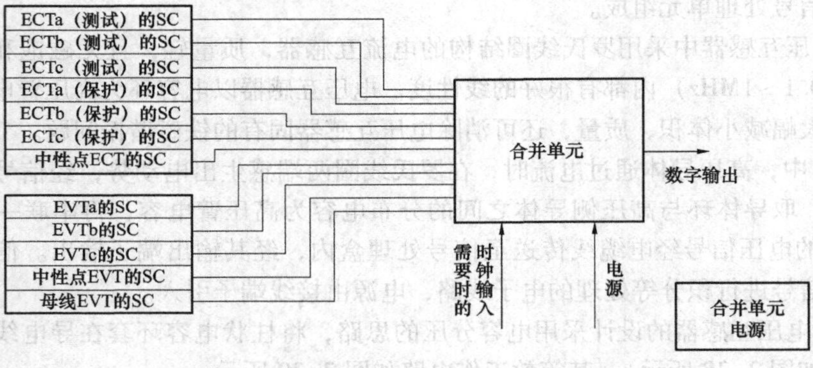

图 2-40 电子式互感器数字接口框图

（二）基本功能

合并单元主要用于接收采集器的数字信号和来自电磁式互感器的模拟信号，对这些信号合并、处理后以光信号方式对外提供数据。主要提供以下功能：

（1）接收并处理多达 12 路采集器传来的数据。合并单元的 A/D 采样部分，可以采样交流模件输出的最多 12 路的模拟信号。

（2）接收采集器的工作状况，根据需要调节激光电源的输出。

（3）接收站端同步信号。

（4）接收其他合并单元输出的 FT3 报文。

（5）合并处理所采集的数据后，按照 IEC 61850-9 标准要求，以 100Mbit/s 光纤以太网方式输出数据，还可以用 FT3 格式输出 IEC 60044-8 规定格式的报文。

（6）合并处理还可以通过 100Mbit/s 光纤以太网接入过程层 GOOSE（generic object oriented substation event）网络，接收断路器位置信号用于 TV 并列或切换。

（三）装置硬件构成

合并单元的硬件结构如图 2-41 所示。

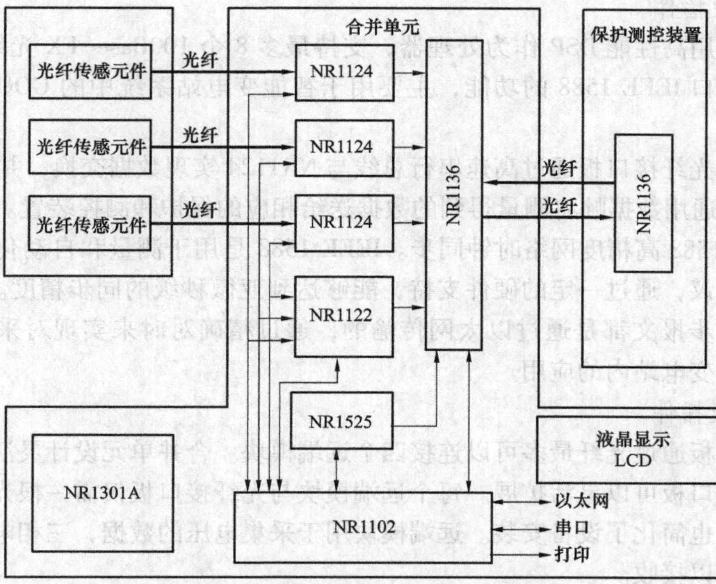

图 2-41　合并单元的硬件结构图

组成装置的插件有电源插件 NR1301A、CPU 插件 NR1102I、电流测量板插件 NR1124、光纤接口板插件 NR1136A、光纤接口板插件 NR1122A、开入开出插件 NR1525A、显示面板 LCD。

1. 电源插件

合并单元电源板卡采用直流电源 220V/110V。直流 220/110V 输入电源经电源板卡面板电源开关、扼流圈送至内部 DC/DC 转换器。电源板卡输出+5V 电源给合并单元其他插件供电，还输出一组±24V 的光耦电源。

电源板卡额定输入电源电压同时兼容 220V 和 110V 两种。电源插件面板四个指示灯定义如下：

（1）“5V”灯为绿色，装置+5V 正常供电点亮。

（2）“BJ”灯为黄色，装置+5V 供电异常点亮。

（3）“BJJ”灯为红色，装置报警点亮。

（4）“BSJ”灯为红色，装置闭锁点亮。

2. CPU 插件

CPU 插件由高性能嵌入式 POWERPC 处理器、现场可编程门阵列（FPGA）、PCI 以太网控制器及其他外设组成，实现装置管理、通信、录波等功能。

CPU 插件通过高速串行总线与装置内其他插件实现数据同步和高速数据交换，通过 CAN 总线与装置内其他插件实现一般数据交换，通过 RS-485 总线实现显示和调试数据通信。该插件具有多路 RS-485 外部通信接口、差分对时接口和 RS-232 打印机接口，由 POWERPC 处理器内嵌的以太网控制器和外挂 PCI 以太网控制器实现双以太网通信接口。同时插件具有大容量非易失性存储器，可以存储大量录波数据。

合并单元支持 B 码和 IEEE 1588 对时功能，外接对时差分信号接到 CPU 插件中。

3. 光纤接口板插件

光纤接口板采用高性能 DSP 作为处理器，支持最多 8 个 100Base-FX 光纤以太网接口，并支持最大两个网口 IEEE 1588 的功能，主要用于智能变电站系统中的 GOOSE、网络对时等应用场合。

在该装置中，光纤接口板通过高速串行总线与 NR1124 实现数据交换，并以 IEC 61850-9-1/2 标准定义的通用数据帧将测量得到的数据送给相应的保护和测控装置。同时，光纤接口板能实现 IEEE 1588 高精度网络时钟同步。IEEE 1588 是用于测量和自动化系统中的高精度网络时钟同步协议，通过一定的硬件支持，能够达到亚微秒级的同步精度。IEEE 1588 协议中定义的各类同步报文都是通过以太网传输的，通过精确对时来实现对采样值的同步处理，非常适合智能变电站内的应用。

4. 光纤接口板插件

一块光纤接口板通过光纤最多可以连接四个远端模块。合并单元设计灵活，在多节点密集采集时，光纤接口板可以灵活扩展。每个远端模块与光纤接口板仅需一根光纤连接，这在节约成本的同时，也简化了设备安装。远端模块用于采集电压的数据，三相电压只需要一块光纤接口板卡就可以接收。

光纤接口板通过高速串行总线与电流测量板实现数据交换，得到电流的采集数据，然后与其接收到的电压采集数据合并，以 IEC 60044-8 标准定义的 FT3 格式通用数据帧将采样数据送给相应的保护和测控装置。光纤接口板可以灵活扩展，因此采集的所有电气量既可以送给线路保护装置，也可以送给测控装置等，真正实现采样数据的多装置共享。

5. 电流测量板插件

电流测量板插件用于实现对一次被测电流的测量，每个插件对应一相被测电流。每个插件与一根光纤连接，这根光纤的另一端和位于一次侧的光纤传感测量元件连接，形成完整的光路系统。电流测量板与光纤接口板插件进行数据交换，由光纤接口板插件将电流测量板的测量结果发送给保护和测控装置。

6. 开入/开出插件

开入/开出插件使用了开入功能，用于读取屏柜上检修压板、风扇状态相关的开入信号。

7. 显示面板 LCD

显示面板单设一个单片机，负责汉字液晶显示、键盘处理，通过串口与 CPU 交换数据。

二、数据接口

（一）通信接口

一般装置提供的通信接口包括四个 10Base-T/100Base-TX 以太网接口，两个为电口，两个为光口。两个电口采用 IEC 60870-5-103 南瑞公司网络版规约与变电站自动化系统相连，可以向变电站自动化系统提供装置的状态、报警信息等。

另外，还有一个打印接口和一个用于调试的 RS-232 接口。

（二）光纤接口

合并单元与二次设备均通过多模光纤连接，光纤接口一般位于光纤接口板和 CPU 插件板卡的背面，光纤采用多模方式。

根据电子式互感器国际标准 IEC 60044-7/8，电子式互感器有两种输出方式：① 模拟信号输出，ECT/EVT 模拟输出的额定值为 4V（测量）及 200mV（保护）。② 数字信号输出，数字输出的额定值为 2D41H（测量）及 01CFH（保护）。

IEC 60044-8 标准的点对点连接概念也已经被 TC57、WG12 的 IEC 61850-9-1 标准所采纳。虽然 IEC 61850-9-1 使用了与 IEC 60044-8 标准相同的数据流和应用层，但是为了保证与 TC57 定义的以后的过程总线的兼容性，允许用以太网来进行数据传输，IEC 60044-8 定义了一个特殊接口来允许对采样数据的修改配置。

实现电子式互感器与二次设备的接口主要有两种方式：一种是将电子式互感器的输出信号转化为低压模拟量，此时二次设备无需改动，其 A/D 转换器依旧保留；另一种是将数字化输出的电子式互感器直接与数字式二次设备相连，此时二次设备上的隔离变压器和 A/D 转换器均可省略。无论从系统可靠性或技术发展角度考虑，第二种方式都更具优势和革新意义。

IEC 61850 标准将覆盖变电站内的所有通信接口，但标准没有涉及对电网控制中心或者是对其他站的接口。站总线会处理变电站层和间隔层的装置之间的通信，过程总线处理间隔层装置和智能一次设备，如断路器、变压器和互感器之间的通信。

过程总线最终将用来取代间隔层的过程和保护、控制装置之间的点对点的通信连接，通信主要是基于和站总线相同的服务。过程总线还有另外两种服务：① 保护装置和断路器之间跳闸命令的快速、可靠传输。② 对电子传感器瞬时数据的传输。这两种服务对通信栈提出了很高的要求，也促使选择快速的以太网来作为过程总线的基本技术。所有站总线和过程总线上的公共服务可以用同一种方式来映射。在 IEC 61850-9-2 中只详细描述了附加的过程总线服务。由于跳闸命令的高性能要求和循环瞬时数据的传输，所以不能采用 MMS (manufacturing message specification)。基于这个原因，这些服务被直接映射到以太网上以实现传输的最大性能和控制要求。

第六节　电子式互感器的测试

IEC 60044-8 定义了三种输出：① 数字信号输出。② 低能量的模拟信号输出 LEA，即 4V 表示额定电流。③ 高能量的模拟信号输出 HEA，即 1A 表示额定电流。每种不同的输出需要采取不同的方式进行测试，对于不同的电流输出信号所采用的试验方式是有所差异的。

一、一般试验项目

使用电子式互感器后由于新增加了合并器单元，因此需要进行一些合并器装置的试验。电子式互感器的一般试验项目如下：

（1）激光电源模块测试。将采集器激光电源输入端与合并器激光电源模块相连接，通过采集器是否正常工作来判断激光电源模块是否完好。

（2）合并器输入光纤接口调试。通过将合并器输入光纤接口与采集器输出光纤接口相互连接以判断合并器输入光纤接口是否正常工作。

（3）合并器输出光纤接口调试。通过将合并单元输出光纤接口与保护装置输入光纤接口连接，观察合并单元和保护装置能否正常通信来判断合并单元输出光纤接口是否完好无损。

（4）合并单元 RJ45 以太网接口调试。通过将合并单元输出 RJ45 以太网接口与保护装置输入 RJ45 以太网接口连接，观察合并单元和保护装置能否正常通信来判断合并单元输出

RJ45 以太网接口是否完好无损。

（5）采集器调试及交流模拟量采样精度检查。通过外加标准信号源的方式，检查保护装置的采样值，两者相互比较，以判断采集器的采样精度是否满足要求。

（6）对保护装置内部性能及逻辑的检查。该部分工作量与过去基本相同，主要的区别在于，过去直接将模拟量输入保护装置来进行测试，现在需要将模拟量信号经专用的设备转换成数字信号后再输入保护装置进行测试。

二、典型试验接线

图 2-42 所示为电子式互感器的典型试验接线图，这里主要讨论低能量的模拟信号输出 LEA 的互感器试验方式，数字信号输出的互感器试验方式类同。

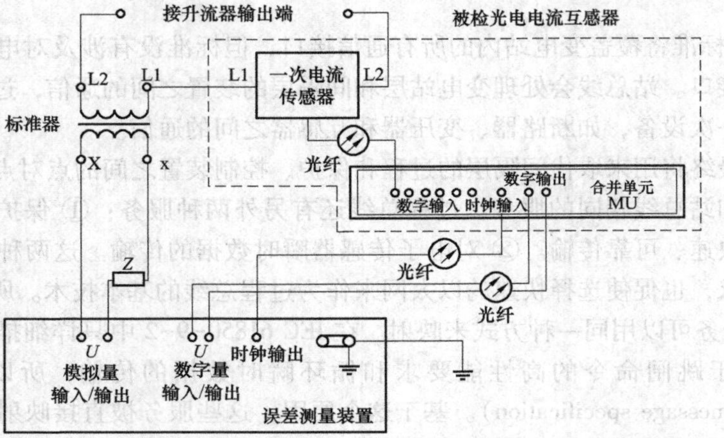

图 2-42　光电互感器试验接线回路

图 2-43 所示为低能量的模拟信号的试验接线，这里先建立以下两个基本概念：

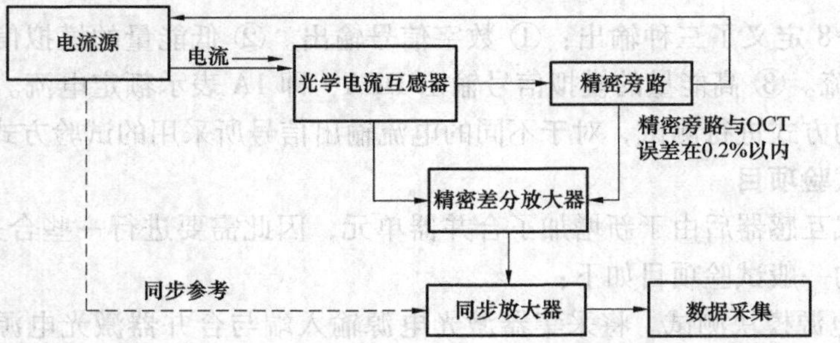

图 2-43　电流小于 100A 的低能量电子式互感器试验示意图

（1）“锁定方式”的检测。电子式互感器必须考虑如何消除输出端的“白噪声”影响，这种白噪声主要来源于光电检测器件，具有高斯分布特性，在一次输入电流较小的情况下引起传感器的输出信号“模糊”。白噪声的大小与传感器的设计有关，由于白噪声与信号无关，因此可以通过滤波器的设计来消除任意水平的白噪声。得到高量测精度的信号记录时间取决于信噪比。如对于输出为 30mA/Hz 的白噪声，为了获得 1mA 的分辨率（0. 1A% 的精度，一次输入电流为 1A），需要 1/900Hz 的检测带宽，或 450s 输入量的记录时间。

（2）传感器的低能量输出 LEA 作为实际转换器，一次电流转换为电压，调整传感器的输入量可以获取转换器的电压。因此，可以将传感器的输出与标准的参考量进行比较，电流可以同时通过传感器和校准后的精密转换器，输出的电压量同时送到精密的差分放大器，“锁定方式”检测放大器检测到电压差，并进行数据记录。该方式的误差取决于以下方面：

1）精密转换器的精度。

2）差分放大器的输出小于 0.2% 的输入信号。

3）差分放大器的共模干扰。由于高质量的差分放大器很容易获得，如一个 100dB 的 CMRR（误差为 10×10^{-6}），因此，精度主要取决于精密转换器。校正误差一般为 152×10^{-6}。

简单地将转换器方案应用到低能量输出 LEA 传感器的大电流校正是不合适的。采用 1000∶1 的高精度 TA，从精密电流互感器可以获得 100～5000A 的电流，误差 200×10^{-6}，降低二次侧的电流，并用电力系统分析器进行分析比较，分析精度 500×10^{-6}。由于大电流时白噪声的影响有限，因此，不需要长时间的积分和“锁定方式”的检测。采用 1000∶1 的高精度 TA 后可以一定程度上改善性能，精密电流互感器和电力系统分析器的综合误差一般为 538×10^{-6}。图 2-44 所示电流为 100～3600A 的低能量电子式互感器的试验示意图。

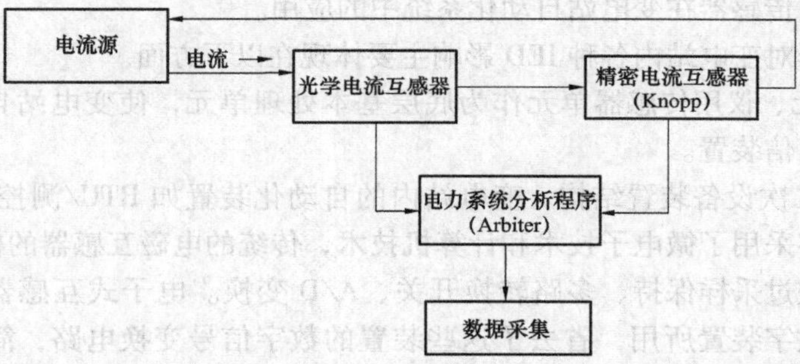

图 2-44 电流 100～3600A 的低能量电子式互感器试验示意图

第七节 电子式互感器对二次系统的影响

采用电子式互感器后，变电站内二次系统中 IED（intelligent electronic device）的连接通过合并单元实现，电子式互感器的信号通过光纤传输到一个合并单元，合并单元对信号进行初步处理，然后以 IEC 61850 标准将数据传送到控制保护及计量等系统。这些传送的信号量是数字方式，对于控制保护设备来说，只要通过一个网络接口就可以收集多个通道的信号。

与光纤通信技术和计算机技术结合组成光纤局域网应用于电力系统将是变电站自动化技术的发展方向，电子式互感器与传统互感器的最大区别在于能够直接提供数字信号，使得二次系统技术逐步与一次系统技术融合，正是这个区别将会对变电站综合自动化系统产生深刻的影响。电子式互感器与电子式仪器仪表、传统的测量和保护装置之间的接口标准问题会逐渐凸显出来，同时也产生了常规变电站自动化应用技术如何适应新技术的应用等一系列问题，主要体现在装置的数据采集环节、试验方式、信息传输模式等方面。

一、对 IED 的影响

（1）简化了 IED 的结构。电子式互感器送出的是数字信号，可以直接为数字装置所用，省去了这些装置的数字信号变换电路。

(2) 消除了电气测量数据传输过程中的系统误差。不受负载影响，系统误差仅存在于传感头自身。

(3) 一、二次完全隔离，开关场经传导、感应及电容耦合等途径对于二次设备的各种电磁干扰将大为降低，可大大提高设备运行的安全性。

(4) 一次变换设备的负载不再是设计中需要考虑的因素，由负载引起的信号畸变等问题也将成为历史。

(5) 数字式电气量测系统具有较大的动态测量范围，采用电子式互感器可实现装置集成化应用。

电子式互感器通过合并单元将输出的瞬时数字信号填入到同一个数据帧中，体现了数字信号的优越性。数字输出的光电式互感器与变电站监控、计量和保护装置的通信通过合并单元实现，将接收到的互感器信号转换为标准输出，同时接收同步信号，给二次设备提供一组时间一致的电压、电流值。ITU 可实现与间隔层设备的点对点和过程总线通信，并可方便地升级到 IEC 61850-9-2 标准通信协议。以 ITU 为底层基本处理单元，取代传统互感器和二次电缆，可实现光电传感器在变电站自动化系统中的应用。

电子式互感器对变电站内各种 IED 影响主要体现在以下方面。

(1) 合并单元、仪用传感器单元作为底层基本处理单元，使变电站自动化系统出现了一种全新的数字通信装置。

(2) 简化了二次设备装置结构。变电站内的自动化装置如 RTU/测控元件、保护装置、故障录波器等大多采用了微电子技术和计算机技术，传统的电磁互感器的模拟输出信号到这些数字装置需要经过采样保持、多路转换开关、A/D 变换。电子式互感器送出的是数字信号，可以直接为数字装置所用，省去了这些装置的数字信号变换电路，简化了 IED 的硬件结构。

(3) 消除电气测量数据传输过程中的系统误差。电磁式互感器电气量信号通过交流电缆传输至二次设备，其误差随二次回路负荷变化而变化，电子式互感器传送的是数字信号，不受负载影响，系统误差仅存在于传感头自身。

(4) 由于一、二次完全隔离，开关场经传导、感应及电容耦合等途径对于二次设备的各种电磁干扰将大为降低，可大大提高设备运行的安全性。

(5) 采用就地数字化信号技术后，一次变换设备的负载不再是设计中需要考虑的因素，而由负载引起的信号畸变等问题也将成为历史。使用光导纤维彻底摆脱了电磁兼容的难题；尤其是利用光技术来传输能量技术的应用，从根本上实现了一次设备和二次系统之间电气隔离。

(6) 以往因常规互感器不能同时满足小量程和故障时大电流精度要求，造成测控单元与保护装置分离，以及作为电网动态记录的相角测量系统 PMU 与故障录波器系统 DFR 装置分离。由于数字式电气量测系统具有较大的动态测量范围，所以采用电子式互感器可实现装置集成化应用。

(7) 完全的分布式布置。在应用电子式传感器以前，分布式方案就是将屏柜放在主设备的边上。应用电子互感器后，可将这种就地数字化技术应用到所有一次设备上，二次设备大大简化将有利于分布式布置方案。

（8）原有间隔层的IED完成的模拟输入模块、低通滤波模块、数据采样及A/D转换等功能现下放到过程层中，由电子式互感器数字信号处理单元完成。其输出为数字信号，省略IED的电压形成回路、采样保持（S/H）和模/数（A/D）转换，与IED的接口变得更为简单，如图2-45所示。

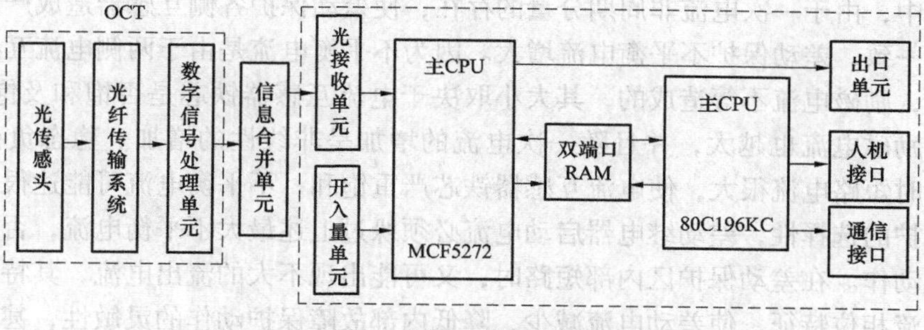

图2-45 光电互感器与IED数据接口示意图

二、对二次回路的影响

使用传统互感器时需要大量的二次电缆组成完整的变电站二次系统，主要有来自开关场的交流电缆传输交流电气量信号，控制和信号电缆连接不同设备。电子式互感器直接采用光缆传输电气量信号，对于二次回路的影响主要体现在以下几个方面：

（1）光缆本身不存在极性问题，因此无需校验电流或电压互感器的极性，极性仅仅由安装位置决定。

（2）不存在绝缘电阻问题，无需测试回路的绝缘电阻。

（3）传统互感器采用的是电信号传输方式，任何电路的交叉或错接将使保护装置无法正常工作。采用电子式互感器后，数据的传输均带有标记，确保不会使用错误的数据，无需进行二次回路接线检查，减少了原来繁重的查线工作。

（4）由于取消了电通道信号传输，整个二次光缆传输回路是完全绝缘的，没有接地的要求，减少了现场查接地的工作量。

（5）传统的互感器受容量限制。采用电子式互感器后，合并单元是分别输出信号给不同的装置的，只要合并单元的输出接口数量足够，即可满足使用需求，不存在容量要求限制。

（6）电子式互感器不存在TA饱和及断线问题，而原来的保护装置对于TA断线和饱和均有不同的检测原理和相应的闭锁逻辑，该部分程序内容可以省略，也就减少了现场针对TA断线和饱和的试验项目。

三、对保护实现原理的影响

（1）促进保护新原理的研究。传统的TV由于频响范围较窄而不能完全再现一次电流波形，然而OCT测量的频响范围宽，能够真实地反映一些高频信号，可以为暂态量保护提供可靠的数据，从而促进其发展。

（2）提高继电保护的可靠性。TV饱和一直是影响保护正确动作的重要因素。由于OCT不含铁芯，它在一次大电流下不会饱和，在大的动态范围内能保持良好的线性，因而其二次侧能正确地反映一次电流的值。

（3）为保护提供新的功能。由于OCT的动态范围大，正常和故障时均可较准确反映一次大电流的值，因此许多测量的功能可在保护中实现。

（4）提高现场的安全性。进出 OCT 的都是光信号，因此二次侧开路时不会产生危险的高电压，保证了现场人员的安全和设备的可靠性。

基于常规 TA 的差动保护不正确动作很大程度上与常规 TA 的饱和特性有关，在外部短路故障过程中，由于一次电流非周期分量的存在，使差动保护各侧互感器造成严重的非线性饱和特性不一致，差动保护不平衡电流增大。因为不平衡电流是由于两侧电流互感器的磁化特性不一致，励磁电流不等造成的，其大小取决于电流互感器铁芯是否饱和及饱和的程度。铁芯饱和则励磁电流也越大，并且随一次电流的增加呈非线性的增加。稳态负荷时其值较小，而短路时短路电流很大，使电流互感器铁芯严重饱和，不平衡电流可能达很大数值。为保证差动保护的选择性，差动继电器启动电流必须躲过上述最大不平衡电流，否则，将引起差动保护误动作。在差动保护区内部短路时，又可能出现不大的流出电流，其特点呈现出外部短路的电流相位特征，使差动电流减少，降低内部故障保护动作的灵敏性，甚至引起保护拒动。

为了保证差动保护的正确动作，通常根据电流互感器的10%误差曲线来选择电流互感器的型号。根据区外故障最大短路电流在10%误差曲线中找出相应的二次负载阻抗值，如果实际的负载阻抗小于这个数值，二次电流的误差就一定小于10%，否则，要选择容量更大的电流互感器。所以电流互感器可能的最大误差就是10%。铁芯饱和还与一次电流的频率有关。频率越低，铁芯越易饱和，由此产生的非周期分量引起的误差称为电流互感器的暂态误差。

（一）母线保护

当母线区外短路时，连接母线故障支路的互感器发生饱和时会造成母线保护误动。为解决这一问题，有些母线保护通过提高保护的动作速度，以便于在互感器饱和之前正确判别出是否为区内故障。但电磁型互感器对各种频率分量的传变特性并不一致，特别是不能有效传变非周期分量，而当铁芯磁饱和时，也不能有效传变周期分量，故在实际应用中，该方法并不能有效解决上述问题。

电子式互感器的高保真传变特性为瞬时值母线差动保护提供了基础，可有效提高保护的可靠性及快速性，也使母差保护的判据大为简化。同时，由于电子式互感器不会饱和，没有励磁电流引起的不平衡现象，不需要采用常规母差保护的多折线特性，因此，可以简化母差保护的实现原理、增加动作区、减少制动区、提高母差保护的动作灵敏度。同样，利用线路保护对于故障电流的方向判别性能，可以实现新型母差保护的应用。

（二）变压器保护

正确识别励磁涌流与故障电流及防止外部短路时暂态不平衡电流造成差动保护误动是保证变压器差动保护正确工作的两个关键问题，利用电子式互感器可使这两个问题得到很好的解决。

（1）防止变压器差动保护因励磁涌流发生误判。变压器差动保护的一个难题就是正确区分励磁涌流与故障电流，励磁涌流中含有较大成分的非周期分量，而电磁式互感器不能有效传变非周期分量，从而使二次侧电流所表现的涌流特性有所变化，可能造成保护的误判。目前的变压器差动保护都是采用工频分量法，将直流分量和高频分量滤掉。利用光电型互感器的高保真传变直流和高频分量的特性，根据励磁涌流发生时电流的非周期分量大而故障时非周期分量小的特点，可提出正确区分励磁涌流与故障电流的新判据，从而有效防止变压器差动保护出现误动。

（2）提高了变压器内部匝间短路保护的灵敏度。变压器各侧电磁式互感器的暂态特性误差不一致，增大了变压器差动保护的暂态不平衡电流，目前的解决办法是通过提高保护的动作电流值（整定值）来防止误动，这必然影响匝间短路时保护的灵敏度。采用电子式互感器后，各个互感器的暂态误差仅为0.2%，这使得各侧互感器的二次暂态电流高度一致，可以将匝间短路的灵敏度提高10倍以上，显著增加了变压器匝间保护动作的有效性。

（三）线路保护

（1）线路分相电流差动保护。电磁式互感器的饱和问题一直是引起线路分相电流差动保护误动的主要原因之一，电子式互感器的无饱和特性将从根本上解决这一难题。

（2）距离保护。距离保护判据中电流含有非周期分量，而电磁式互感器不能有效地转变非周期分量，这将使故障测距产生较大误差。现有的解决方法是通过增大数据窗来减小误差，而这必然影响距离保护的快速性。电子式互感器的应用可使基于微分方程原理的阻抗算法缩短数据窗，从而提高距离保护的动作速度。

（3）过流保护。电磁式互感器的饱和对过电流保护，特别是对反时限过电流保护的动作时间有较大影响，使保护动作时间延迟。方向过电流保护的选择性取决于相角的精确测定。电磁式互感器的饱和使二次电流波形畸变，难以精确测定相角。过电流保护结构简单，但由于电磁式互感器饱和的影响，其不正确动作率也较高，采用无饱和特性的电子式互感器可以有效解决该问题。

（四）故障测距

电磁式电压互感器TV的测量误差是造成故障测距不正确的一个重要原因，电子式互感器的稳态精度和暂态精度都能达到0.2级，可明显提高故障测距的精度。同时，电子式互感器的宽频带特别适用于行波保护及行波测距。

四、对计量系统的影响

电子式互感器二次采用数字输出，把电流、电压采样信号用数据包的方式发送到二次表计，这种传感方式不是实时的，暂不符合目前实时电能计量方式，需要进行一些基础研究工作才能使用。例如要解决使用数据包计算电能、研制数字电能表、编写数字电能表国家标准等。

电子式电能表的核心计量芯片按工作原理可分为两种：① 采用DSP技术、以数字乘法器为核心的数字式计量芯片，这种实现原理运用了高精度快速A/D转换器、可编程增益控制等最新技术。② 以模拟乘法器为核心的模拟计量芯片。

这两种芯片的基本工作原理有根本不同，在计量精度、线性度、稳定性、抗干扰性、温度漂移和时间漂移等方面，数字式芯片远远优于模拟式芯片，数字式电能表取代模拟式电能表是一种发展趋势。

五、对网络通信的影响

变电站自动化通信系统包括变电站系统内部的通信和自动化系统与电网调度通信两部分，这里主要讨论电子式互感器的应用对变电站内部通信系统的影响。变电站内部主要解决过程层、间隔层和站控层之间数据通信和信息交换问题。对于集中组屏的自动化系统来说，实际是在主控室内部；对于分布式布置的自动化系统，其通信范围扩大到站控层与过程层，通信方式有并行、串行、局域网和现场总线等多种方式。随着电子式互感器、智能化断路器设备等面向智能一次设备日趋成熟，改变变电站目前监视、控制、保护和计量装置与系统分隔的状态提供了资源整合和系统集成的技术基础。

电子式互感器的应用对通信系统的影响和改进主要体现在以下几方面：

（1）信息通信方式的改变。使得间隔层和过程层的连接方式更加开放和灵活。由于传统电磁式互感器传送的是模拟信号，当多个不同装置需要同一个互感器的信号时，就需要进行复杂的二次接线。而电子式互感器输出的数字信号可以很方便地进行数据通信，可以将电子式互感器以及需要取用互感器信号的装置构成一个现场总线网络，实现数据共享，节省大量的二次电缆；同时，光纤传感器和光纤通信网固有的抗电磁干扰性能，在恶劣的电站环境中更是显示其独特的优越性，光纤系统取代传统的电气量系统是未来电站建设与改造的必然趋势。

电子式互感器具有数字输出、接口方便、通信能力强的特性，其应用将直接改变变电站通信系统的通信方式，特别是过程层一次设备与间隔层二次设备间的通信方式。传统的信号都是以模拟量的形式传送到间隔层，同一个 TA/TV 可能会连接到多个不同的设备，造成二次接线复杂，互感器负载重等问题。利用电子传感器输出的数字信号，使用现场总线技术实现对等通信方式，或过程总线通信方式，将完全取代大量的二次电缆线，彻底解决二次接线复杂的问题，可实现真正意义上的信息共享。并且光电传感器的接口设计方便，利用模块化和面向对象技术实现硬件、软件的标准化设计，以满足不同传输介质和各种通信协议和标准的需要，具有灵活的扩展性和自适应性，而这是传统互感器所不可能具备的特性。

（2）对通信系统结构的影响。IEC 61850 标准系列将变电站通信体系分为站控层、间隔层、过程层三层。站控层总线处理变电站层和间隔层的通信，过程层总线处理间隔层和过程层的通信，以及合并单元与二次设备之间的串行单向多点通信。

由于通信方式的改变加上智能断路器技术，电子开关装置等智能电子设备 IED 的采用，使得变电站自动化系统功能不断下放，变电站自动化系统由两层结构变为三层结构。过程层主要包括电子式互感器、仪用传感器单元、开关电子装置模块、断路器智能控制模块等部件，可以完成电力运行的实时电气量检测、运行设备的状态参数检测、操作控制执行与驱动等功能。间隔层有保护和间隔测控单元，主要功能有汇集该间隔过程层实时数据信息，实施对一次设备保护控制功能，实施该间隔操作闭锁功能，实施同期操作及其他控制功能，对数据采集、统计运算及控制命令的发出具有优先级别的控制，承上启下的通信功能等。

目前，比较先进的变电站自动化系统都采用分层分布式结构，应用电子式互感器和光纤网络后的变电站自动化系统结构如图 2-46 所示。

随着技术的发展，现场过程总线和站级总线合二为一，最大程度地实现信息共享和系统集成，变电站通信系统最终将成为如图 2-47 所示的结构。

（3）对通信网络要求的提高。变电站自动化系统各层之间有大量的数据需要交换；其中间隔层和过程层需要交换的数据有互感器的电流、电压采样实时数据、对设备的控制命令，以及对设备的监测和诊断数据。这两层之间的数据通信特点是通信频繁，每次传送的报文短，但是通信量大，而且对实时性要求严格，为了保证数据的实时传输，必须采用通信速率较高的现场总线网络。

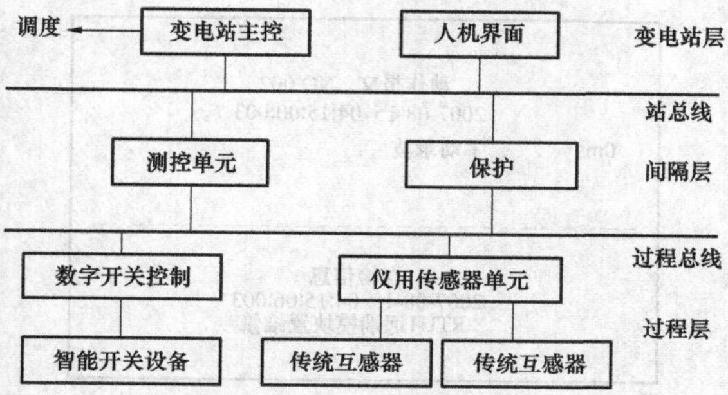

图 2-46　变电站自动化系统结构

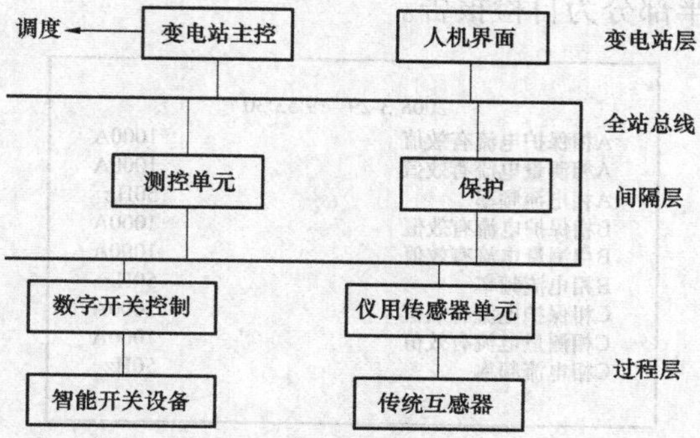

图 2-47　统一总线的通信系统结构示意图

电子式互感器技术发展将促进通信网络的不断升级，基本可分三个阶段：

（1）兼容传统互感器，点对点通信和过程总线相结合阶段。电子式互感器的测量数据通过点对点连接，直接传送到保护装置，同时仪用传感器单元将实时测量值通过过程总线传送到间隔层测控单元，过程总线负责监控开关控制命令的传送，过程总线标准建议采用 IEC 61850-9-1，实施中采用以太网技术。

（2）过程总线共享传感器数据阶段。原来分开传送的测量数据和控制数据将通过过程总线合二为一，简化了间隔单元复杂的接线状况。但同时由于测控单元和保护设备的实时测量数据、控制命令都是通过过程总线传送的，过程总线的传输速度和响应能力比前一阶段要求更高，过程总线标准可采用 IEC 61850-9-2，实施中可以考虑高速以太网。

（3）过程总线和站级总线统一，全站共享数据阶段。随着快速以太网技术和现代网络交换技术的发展，使得连接站级总线和下面的过程层总线成为可能，在网络通信应用层中统一使用 MMS 协议标准的基础上，将保证通信系统的实时响应等性能指标不受影响。统一总线的优点首先是信息的完全共享、统一的访问和存储方式，间隔层的设备只需要一个通信接口，将大大降低设备和变电站运行和维护费用，该阶段的实现有赖于分等级的快速以太网技术的成熟和变电站通信协议的完善。

第八节　运行与维护

一、合并单元使用方法

1. 指示灯说明

“运行”灯为绿色，装置正常运行时点亮；“报警”灯为黄色，装置自检异常时点亮；“光纤通道”灯为黄色，当光纤通道光强弱检测越限时点亮。装置正常运行时，“运行”灯（绿灯）应亮，所有告警指示灯（黄灯）应不亮。

2. 液晶显示说明

（1）运行时液晶显示说明。装置上电后，正常运行时液晶屏幕将显示主画面，格式如图 2-48 所示。

（2）有报文时液晶显示说明。该装置最多能存储 256 次动作报告，64 次故障录波报告和 256 次装置自检报告，当产生报文事件时，液晶屏幕自动显示最新一次报文。动作报告和自检报告同时存在，液晶显示界面如图 2-49 所示。图 2-49 中，上半部分为动作报文，下半部分为自检报告。

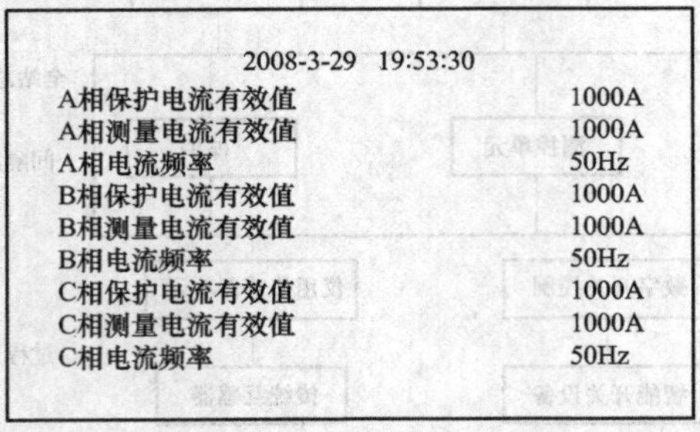

2008-3-29 19:53:30
A相保护电流有效值 1000A
A相测量电流有效值 1000A
A相电流频率 50Hz
B相保护电流有效值 1000A
B相测量电流有效值 1000A
B相电流频率 50Hz
C相保护电流有效值 1000A
C相测量电流有效值 1000A
C相电流频率 50Hz

图 2-48 合并单元正常显示界面

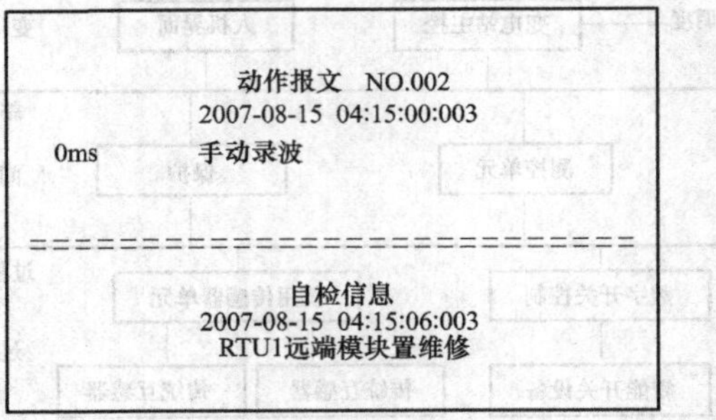

图 2-49 合并单元有报文的显示界面

按屏上复归按钮，或同时按“确认”、“取消”键，或进入菜单本地命令→信号复归，可切换显示动作报告、自检报告和装置正常运行状态。

3. 命令菜单使用说明

在主画面状态下，按“↑”键可进入主菜单，通过“↑”、“↓”、“确认”和“取消”键选择子菜单。命令菜单采用如下的树形目录结构如图 2-50 所示。

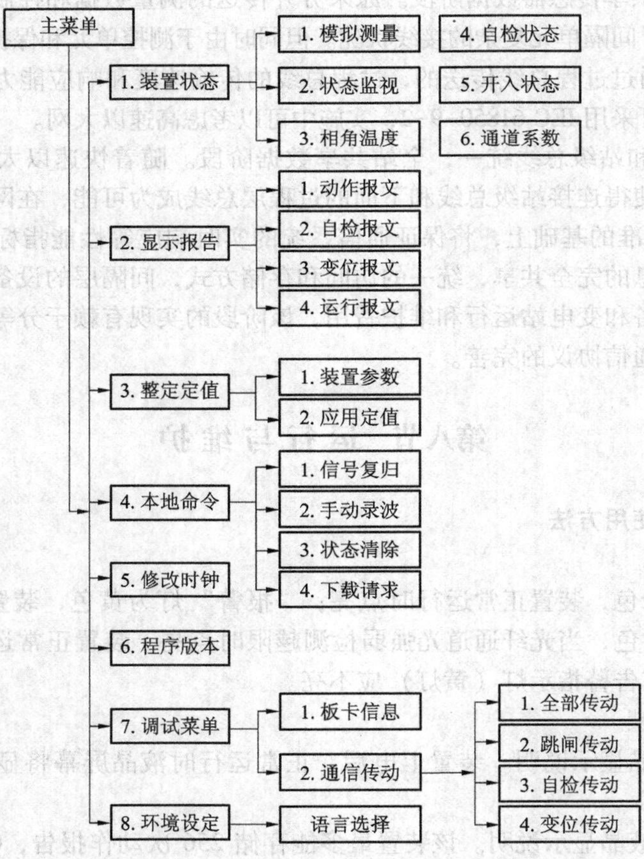

图 2-50 合并单元命令菜单结构图

（1）装置状态。该菜单的设置主要用来显示被测电流的有效值和频率、装置中插件的温度和插件的运行状态信息。它全面反映了该装置运行的环境和运行状态，只要这些量的显示值与实际运行情况一致，则基本上保护能正常运行了。该菜单的设置为现场人员的调试与维护提供了极大的方便。

（2）显示报告。该菜单显示动作报告、异常记录报告、开入变位报告及运行报告。装置不管断电与否，都能存储相关报告，所有报告可以保存 256 次。

按键“↑”和“↓”用来上下滚动，选择要显示的报告，按键“ENT”显示选择的报告。首先显示最新的一条报告，按键“-”，显示前一个报告；按键“+”，显示后一个报告。若一条报告一屏显示不下，则通过键“↑”和“↓”上下滚动。按键“ESC”退出至上一级菜单。

（3）本地命令。信号复归用于复归装置信号灯及 LCD 显示。手动录波则用于正常运行情况下录取当前装置采集到的波形数据，以用于后台上送。状态清除是将调试菜单中的状态出错次数清零。下载请求在下载程序前必须予以确认。

（4）整定定值。该菜单包含装置参数定值、应用定值，以及进入某一个子菜单整定相应的定值。

按键“↑”、“↓”用来滚动选择要修改的定值，按键“←”、“→”用来将光标移到要修改的那一位，“+”和“-”用来修改数据，按键“ESC”为不修改返回，按“ENT”键液晶显示屏提示输入确认密码，按次序键入“+←↑-”，完成定值整定后返回。

（5）修改时钟。液晶显示当前的日期和时间。

按键“↑”，“↓”用来选择要修改的那一单元，“+”和“-”用来修改。按键“ESC”为不修改返回，“ENT”为修改后返回。

（6）程序版本。液晶显示装置中各个智能插件的程序版本以及程序生成时间等信息。

（7）调试菜单。

1）板卡信息。用于监视当前各个智能插件的工作状态。

2）通信传动。在不加任何输入的情况下，用于产生各种报文，以上送后台，便于现场通信调试。

（8）环境设定。语言选择可用于设定液晶显示中文还是英文。

二、合并单元的维护

合并单元的维护主要是进行软件的配置工作，以某站合并单元配置为例，需按照以下步骤进行：

（1）建立连接。合并单元的 NET 端口为配置用通信端口，使用双绞网络线和 PC 建立物理连接。双击 NetConfig. exe，运行配置软件，修改该机 IP 地址为 192. 168. 0. 130，点击工具栏的“通信连接”项，进入通信连接对话框。点击“连接服务器”按钮，如连接成功，连接信息栏可报“连接建立”信息；如因为其他因素（如网线不对、PC 网口损坏、NET 端口损坏、口配置错误）不能建立连接，连接信息栏可报“连接失败”提示信息。如图 2-51 所示。

（2）读取配置。在确认连接建立后，一般情况下，需要先点击通信连接对话框的“读取定值”按钮，读取合并单元目前在用的配置信息。配置信息是以文件的形式被读取的，不直接体现在主窗口中，所以需要指定该配置文件的存储位置和文件名称，如图 2-52 所示。

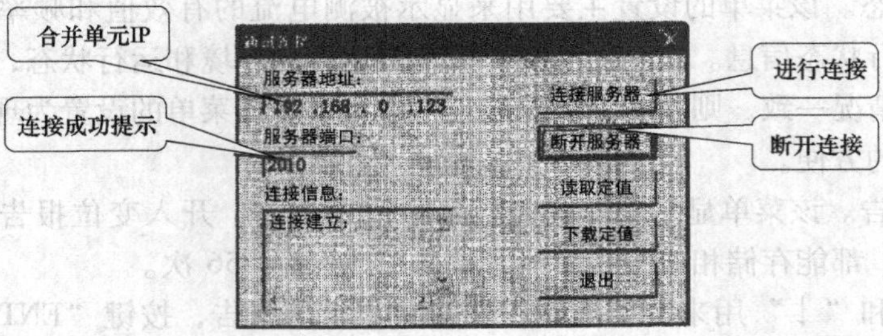

图 2-51　合并单元的网络连接管理

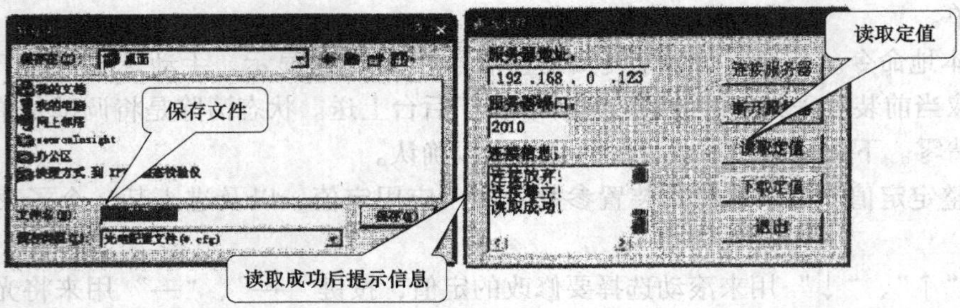

图 2-52　读取配置文件

（3）打开配置文件。配置文件读取后，点击工具栏上的“打开”项，打开该配置文件，此时，该合并单元的正在使用的配置信息就完全体现在窗口中，如图 2-53 所示。

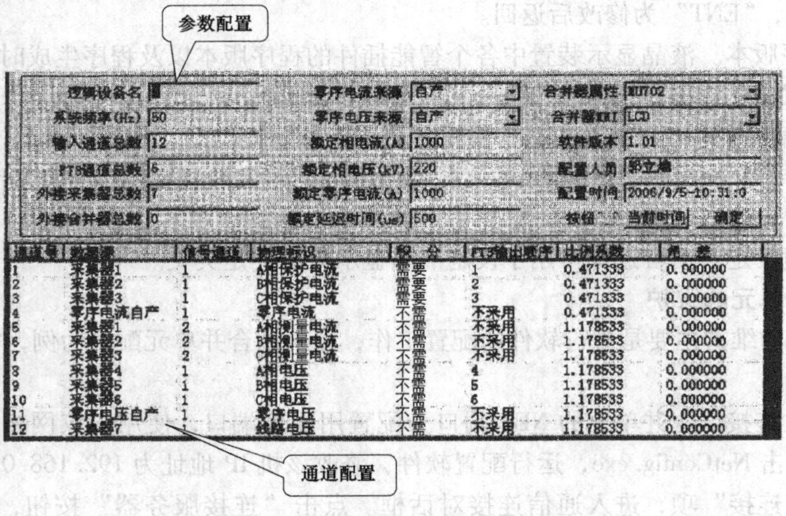

图 2-53　配置文件信息显示

（4）修改配置。配置分为两个部分，上部分为参数配置，下部分为输入通道配置。参数配置主要针对合并单元总体情况，输入通道配置主要针对合并单元接入的数据源情况，如图 2-54 所示。

1）参数配置。“逻辑设备名”“系统频率”“额定零序电流”“额定延迟时间”“软件版本”目前使用缺省配置即可，不需要进行修改。

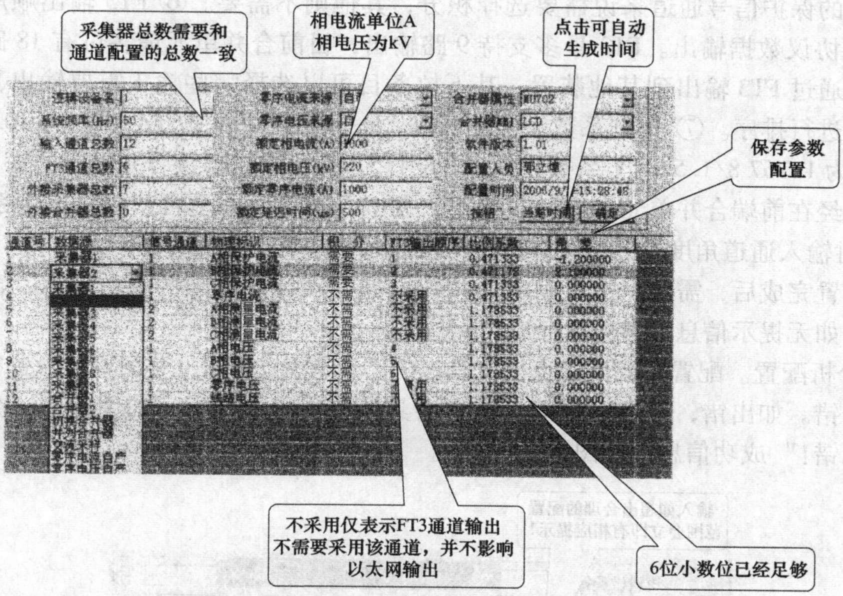

图 2-54　配置文件信息修改

“输入通道总数”指该合并单元一共有多少个通道输入，而不是指以太网输出通道（该输出通道根据标准已固定在 12 个），通道输入可有 0～18 个。“FT3 通道总数”指该合并单元向其他装置（合并单元、备自投等）通过 FT3 协议输送数据，输出通道范围为 0～9 个。“外接采集器总数”指该合并单元接入的光电互感器数目，一般情况下数目为 0～6 个，在有些情况下比如作为差动合并单元，数目最大可到 9 个。“外接合并单元总数”指该合并单元接入的前端合并单元数目，数目为 0～2 个。“零序电流来源”“零序电压来源”指该合并单元有无输出零序电流或电压，如有零序电流或电压的产生方式。选项有三种：① 自产—合并单元自产零序电流或电压。② 外接—零序电流或电压直接来自外部输入。③ 无—合并单元不自产和外接零序电流或电压，如差动合并单元。需要注意的是零序电流如果配置为“零序电流自产”，那么实际通道中其具体配置只能出现在第 4 通道，零序电压配置为“零序电压自产”那么也只能配置在第 11 通道。“额定相电流”“额定相电压”指该合并单元接入的互感器额定一次值，该参数一般只对电能表有意义。“合并单元属性”指该合并单元的型号，可在下拉条目中选择。“合并单元 MMI”指该合并单元显示方式，带液晶的面板即“LCD”，只带灯板的即“LED”。“配置人员”主要为记录用，可输入名字，中英文皆可。“配置时间”主要为记录用，可点击“当前时间”自动输入。

2）输入通道配置。① 通道号。输入的通道顺序，为自动编号型，可击右键添加或删除。② 数据源。输入的数据源，数据源有“交流采样”“合并单元 1”“合并单元 2”“并列合并单元”“切换合并单元”“零序电流自产”“零序电压自产”等。根据各工程接线图示，可进行相应选择。③ 信号通道。输入数据源的具体通道。一个数据源有多个信号通道，比如一个采集器数据源有两个信号通道可选用，数据源如果来自前端合并单元，则可能最多有 9 个信号通道可选用，数据源如果来自交流插件，最多可有 12 个信号通道选择。④ 物理标识。该通道的相别名称，主要体现在液晶的显示上。⑤ 积分。是否进行软件积分，对于采集器数据源的保护信号通道来说需要选择积分，其他则不需要。⑥ FT3 输出顺序。该合并单元的 FT3 协议数据输出。FT3 最多支持 9 路输出，目前合并单元最多可有 18 路输入，有些输入需要通过 FT3 输出到其他装置，其下拉条目可以选择哪些输入需要输出，也可以对输出的顺序进行排序。⑦ 比例系数。根据标准，一般情况下保护 TA 系数为 70. 7/150，测量 TA 系数为 1. 767 8/1. 5，TV 系数为 1. 767 8/1. 5。对于来自外接合并单元的输入通道，由于该通道已经在前端合并单元中进行了修正，在本合并单元中不再修正，比例系数为 1. 0。⑧ 角差。对输入通道角度进行修正，单位为度。超前为负，滞后为正。

参数配置完成后，需要点击“确定”按钮，如有不符合要求的参数输入，窗口会弹出提示信息，如无提示信息，参数保存成功。

（5）分析配置。配置完成后需点击工具栏的“合理化分析”，对配置信息进行合理化分析，防止出错。如出错，窗口下方消息框中会具体报出出错原因；如无错误，会报出“检测通过，无错！”成功信息，如图 2-55 所示。

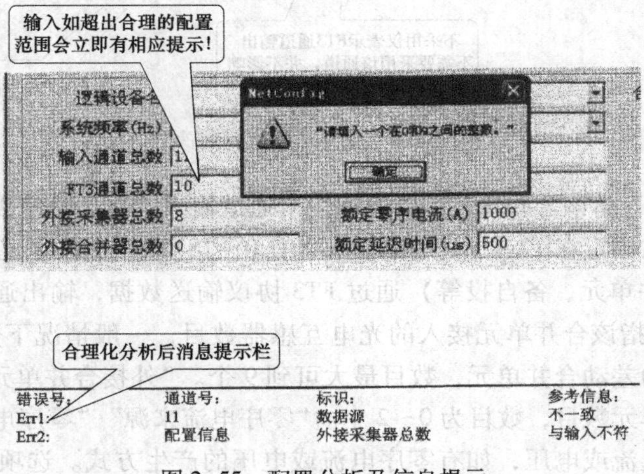

图 2-55　配置分析及信息提示

（6）保存配置。分析配置完成后需要点击工具栏上的“保存”或“另存为”保存为文件，下载也是以文件的形式进行的，如图 2-56 所示。

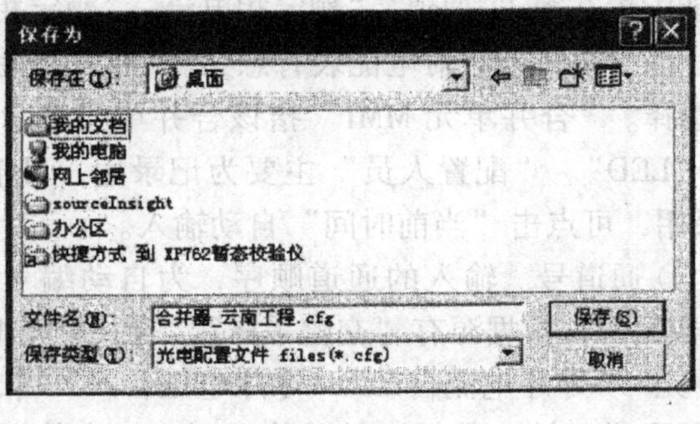

图 2-56　配置保存

（7）下载配置。点击工具栏上的“调试模式”按钮，输入安全密码。点击工具栏上的“通信连接”按钮，再次与合并单元进行连接，连接成功后点击通信连接对话框中的“下载定值”，选择配置文件进行下载，下载成功后对话框消息栏会报“下载成功”，如图 2-57 所示。

（8）校验配置。下载成功后等待一定时间（合并单元自动重启时间）后可再次点击“读取定值”按钮，对已经下载的定值进行确认。

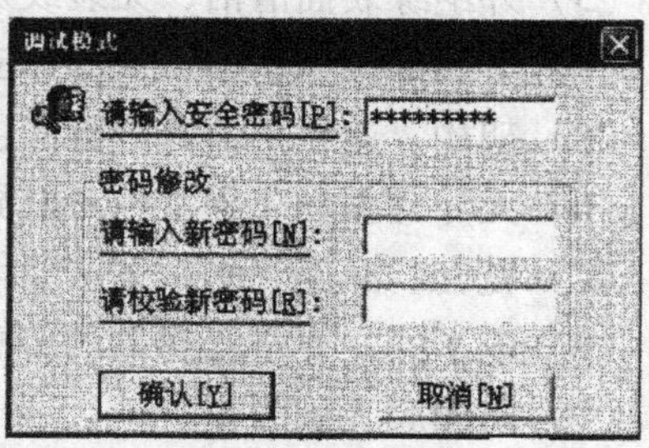

图 2-57　配置下载

三、合并单元运行维护

（一）正常巡视

（1）各指示灯指示正常，检修运行灯、对时同步灯、GOOSE 通信灯、各通道灯均常亮绿灯，远方就地灯常亮红灯，开关位置灯指示正确，其他灯都熄灭。

（2）当合并单元失步时，同步灯熄灭，但不告警，要检查本屏的交换机是否失电，保证交换机工作正常。否则要看其他同网的合并单元是否也同时失步，如果都同时失步，要马上检查主干交换机和主时钟是否失电，保证主干交换机和主时钟工作正常。如果均正常，则通知相关调度和部门进行处理。

（3）当告警点亮和采集灯闪烁时，要重新插拔相应采集光纤，如果仍然告警，则要通知相关调度和保护人员。

（4）正常运行时，应检查合并单元检修硬连接片在退出位置，只有该间隔停运检修时才可以根据需要投入该连接片。

（5）当合并单元与交换机的光纤中断时，间隔保护测控上会报出“SMV 通道异常”或“采样数据异常”，需要马上通知相关调度和保护人员处理。

（二）定期巡视

定期巡视除完成上述日常巡视项目外，还应完成下列巡视内容。

（1）端子箱内光纤连接无异常，光纤盒无松动。

（2）合并单元供电电源接线是否完好，无松动。

（3）端子箱内密封应良好，应保持干燥清洁。

（三）特殊巡视

（1）设备有缺陷时。

（2）异常运行（过电压或过负荷）时。

（3）天气异常或雷雨后。

（四）合并单元的巡视和检查

（1）设备外观完整无损。

（2）装置面板指示灯指示正常，无异常和报警灯指示。

（3）装置电源正常投入，无跳闸现象。

（4）光纤接口无松动、脱落现象，光纤转弯平缓无折角，外绝缘无破损和脏污。

四、互感器运行维护

（一）巡视和检查

（1）设备外观完整无损。

（2）一次引线接触良好，接头无过热，引线无发热、变色。

（3）外绝缘表面清洁，无裂纹及放电现象。

（4）金属部位无锈蚀，底座、支架牢固，无倾斜变形。

（5）架构、遮栏、器身外涂漆层清洁，无爆皮掉漆。

（6）无异常振动、异常声音及异味。

（7）瓷套、底座、阀门和法兰等部位应无渗漏油现象。

（8）电子式、光学互感器的传感元件控制电源空气开关投入正常。

（9）防爆膜无破裂。

（10）接地可靠。

（11）安装有在线监测的设备应有维护人员每周对在线监测数据查看一次，及时掌握互感器的运行状况。

（二）投运前和校验后的验收

1. 互感器投运前的验收内容

（1）构架基础符合相关基建要求。

（2）设备外观清洁完整无缺损。

（3）一、二次接线端子应连接牢固，接触良好。

（4）互感器无漏气，压力指示与规定相符。

（5）极性关系正确。

（6）三相相序标志正确，接线端子标志清晰，运行编号完备。

（7）互感器需要接地的各部位应接地良好。

（8）反事故措施符合相关要求。

（9）保护间隙的距离应符合规定。

（10）油漆应完整，相色应正确。

（11）验收时应移交详细技术资料和文件。

（12）变更设计的证明文件。

（13）制造厂提供的产品说明书、试验记录、合格证件及安装图纸等技术文件。

（14）安装技术记录、器身检查记录、干燥记录。

（15）竣工图纸完备。

（16）试验报告并且试验结果合格。

2. 合并单元投运前的验收内容

（1）设备外观清洁完整无缺损。

（2）二次接线端子应连接牢固，接触良好。

（3）光纤接口安装规范，弯角适度。

（4）验收时应移交详细技术资料和文件。

（5）变更设计的证明文件。

（6）制造厂提供的产品说明书、试验记录、合格证件及安装图纸等技术文件。

（7）安装技术记录、器身检查记录、干燥记录。

（8）竣工图纸完备。

（9）具备试验报告并且试验结果合格。

3. 互感器检修后的验收

（1）所有缺陷已消除并验收合格。

（2）一、二次接线端子应连接牢固，接触良好。

（3）互感器无漏气，压力指示与规定相符。

（4）极性关系正确，电流比换接位置符合运行要求。

（5）三相相序标志正确，接线端子标志清晰，运行编号完备。

（6）互感器需要接地的各部位应接地良好。

（7）金属部件油漆完整，整体擦洗干净。

（8）预防事故措施符合相关要求。

4. 合并单元检修后的验收

（1）设备外观清洁完整无缺损。

（2）所有缺陷已消除并验收合格。

（3）光纤接口正常，光纤外观和弯角符合要求。

（4）装置采样数据准确。

（5）具备试验报告并且试验结果合格。

（三）运行和操作

（1）严禁使用隔离开关或摘下熔断器的方法拉开有故障的电压互感器。

（2）停用电压互感器前应注意防止对继电保护和自动装置的影响，防止误动、拒动。

（3）新更换或检修后至互感器投运前，应进行下列检查。

1）检查接线相序、极性是否正确，如发现接线错误，可通过调整传感元件接线实现。

2）测量熔断器是否良好。

3）检查光纤传输通道有无异常。

（4）电子式、光学互感器送电前，其合并单元及远端模块电源应送上，并检查合并单元运行正常无告警。开关停电时，合并单元及远端模块电源开关可不停用。

（四）异常及事故处理

（1）合并单元采样值明显降低处理。可能是互感器内部发生严重故障，应尽快汇报调度，采取停电措施。未停电前，不得靠近异常互感器。

（2）合并单元采样值三相不平衡处理（排除电网异常原因）。

1）如互感器传感元件发生故障，应尽快汇报调度，停用可能误动、拒动的继电保护和自动装置后，将互感器停电处理。

2）如互感器的光纤传输通道异常，应尽快汇报调度，停用可能误动、拒动的继电保护和自动装置后，排除光纤传输通道的异常。

（3）合并单元发 GOOSE 断链信号处理。

1）应尽快汇报调度，停用可能误动、拒动的继电保护和自动装置。

2）立即检查互感器传感元件至合并单元的光纤通道有无异常。

3）检查合并单元装置的光纤接口是否正常，必要时更换备用接口。

4）排除相应的光纤传输通道是否异常，尽快更换破损的光纤。

5）检查互感器传感元件，如故障，更换传感元件。

6）检查互感器，如故障，更换互感器。

（4）若互感器出现下述情况，应进行更换。

1）瓷套出现裂纹或破损。

2）互感器有严重放电，已威胁安全运行时。

3）互感器内部有异常响声、异味、冒烟或着火。

4）经红外测温检查发现内部有过热现象。

（5）若合并单元出现下述情况，应进行更换。

1）装置电源跳闸，且试送不成功。

2）装置内部有放电、打火现象。

3）装置内部有异常响声、异味、冒烟或着火。

4）经红外测温检查发现内部有过热现象。

五、站控层系统日常维护

智能变电站站控层系统日常维护需遵循以下原则：

（1）站控层系统运行的操作系统、数据库、应用软件等属于变电站内运行设备的一部分，所有人员不得随意进入、退出或者启动、停运监控软件或进程，不得随意拷贝、删除文件，不得在站控层软件系统上从事与后台维护或操作无关的工作。

（2）用户只能在自己的使用权限范围内进行工作，不得越权操作。

（3）用户对密码必须严格保密，防止泄露，密码应定期更换。

（4）运行中变电站站控层系统的实时告警事件、历史事件、报表为设备运行的重要信息记录，所有人员不得随意对其进行修改和删除。

（5）每年必须对站控层系统保存的历史事件和报表进行备份及清理。

（6）停用（关闭）站控层系统所有服务器、工作站的软驱、光驱及所有未使用的USB接口，除系统管理员、维护员外，禁止其他用户启用上述设备或接口。

（7）系统管理员、维护员使用软盘、光盘、优盘等外接设备时，必须经最新版本的杀毒软件查毒，确认无病毒后方可使用，严防站控层软件系统感染病毒。

（8）定期对站控层系统的运行状况进行巡视、检查、记录、杀毒，发现异常情况及时处理。

（9）作好设备缺陷、测试数据的记录，对所辖设备作月度运行统计和分析。

（10）不得在站控层系统安装、拷贝、使用与运行无关的软件，严禁随意通过后台删除、拷贝、拷入文件，以免造成系统运行异常。

（11）严禁使用非专用的变电站自动化系统维护计算机对站控层系统进行维护。

（12）凡进行软件的修改和升级时必须经过技术论证，制订实施方案并经过相关部门批准后方可实施。

（13）对运行中的站控层系统进行维护、检修工作时，必须严格遵守电力安全工作规程和变电站现场安全生产管理规定。

（14）施工单位使用站控层系统时办理工作票必须双签发。

（15）系统运行时，严禁随意敲打计算机显示器、机箱等部分，严禁随意用手触摸显示器屏幕；严禁将工作站的键盘及鼠标等部件进行热拔插，防止对系统产生严重影响；计算机机箱、音箱、显示器等应定期进行清洁工作，运行人员应按照站内设备维护的有关规定执行。

（16）在进行可能影响设备正常运行或数据准确性的维护、测试工作前，应先征得变电站运行人员、相关各级调度部门同意后方可进行。

（17）定期对站控层系统电源等辅助设备进行巡视、检查，发现异常及时处理。对于具体站的日常维护，还有以下特殊的项目需要用户操作或者注意。

1）自动开机设置。为使计算机启动后直接进入后台监控系统，可通过以下方式进行设置：① 以 Administrator 身份登录 Windows 系统。Administrator 的密码设置为空。② 打开注册表编辑器（“开始”菜单→“运行”→输入“regedit”命令）。③ 在“HKEY_LOCAL_MACHINE”主键下，选择 SOFTWARE→MicroSoft→Windows NT→CurrentVersion→Winlogon。④ 找到“AutoAdminLogon”，将其键值设置为“1”，若未发现“AutoAdminLogon”，可通过“编辑→新建→字串值”的方式添加。⑤ 选择“开始”菜单→“设置”→“任务栏和开始菜单”。⑥ 在“高级”属性页中，点击“添加”按钮，选择把后台监控系统运行的主程序（bin 目录下的 RcsCons. exe）放入启动栏内。

2）系统目录结构。站控层软件系统的运行目录由安装程序在用户指定的路径下自动生成。

第三章

智 能 终 端

国际电工委员会（IEC ）制定的变电站通信网络和系统国际标准（IEC 61850 标准）为变电站的技术发展与模式变革指明了方向。IEC 61850 标准运用了全新的网络通信和信息建模技术，将变电站设备依据所处地位划分为站控层、间隔层和过程层 3 个层次，首次将以太网通信引入过程层，提出了依靠网络通信传输采样值及开入/开出信息，整体描绘出未来变电站从一次设备到二次设备数字化的发展模式。智能变电站将彻底取消一、二次设备间大量的电缆，实现变电站过程层设备的数字化，完成交流信息采样、开关量信息采集和控制的数字化传输，保护和测控等间隔层设备将依靠过程层总线获取电流/电压数据，以光缆取代电缆，以数字量代替模拟量，这将大幅度简化各类装置的结构和外部连接，解决现阶段电缆连接无法自检等问题，最终向智能化方向发展，实现真正的智能一次设备、在线检测、状态检修、智能操作、二次设备一体化的智能变电站。

第一节　智能终端结构原理

一、概述

目前，基于微处理器和以太网通信的综合自动化系统已完全替代“继电器+RTU”的传统模式，成为我国变电站的主要模式，使得变电站远动通信、测量控制、继电保护等功能微机化，从而实现变电站间隔层和站控层设备的数字化，提高了变电站的运行可靠性，并简化了二次设备间的连线。随着微机保护装置的数字化程度不断提高、网络通信技术的不断完善，对断路器的智能化程度要求也越来越高。当前一次设备的智能化程度还比较低，智能终端作为一次设备的代理设备，实现了一次设备的数字化接口，成为智能变电站现阶段必备的重要设备。

智能变电站采用智能一次设备，通过智能终端实现了一次设备的数字化接口，由于一次设备与间隔层设备之间采用光纤相连，实现光电隔离可以减少危险系数。2006 年 1 月 15 日，南方电网云南曲靖 110kV 翠峰变电站顺利投入运行。该变电站首次在过程层使用了智能终端设备，通过过程层 GOOSE 交换机使间隔层保护测控装置与过程层智能终端通过光纤相连，用网络的方式实现了开关量的数字化采集，此变电站的投入运行正式拉开了变电站自动化技术向全数字化智能变电站技术迈进的技术革命的序幕。

二、智能终端的概念及结构原理

（一）智能终端的概念

智能变电站继电保护技术规范将智能终端定义为：智能终端（Smart Terminal），一种智能组件，与一次设备采用电缆连接，与保护、测控等二次设备采用光纤连接，实现对一次设备（如断路器、刀闸、主变压器等）的测量、控制等功能。由此可以看出，智能终端作为现阶段数字化变电站过程层设备，主要完成一次设备断路器、主变压器的数字化接口改造，可实现一次设备信息的就地采集和上传，并接受下传命令完成对一次设备执行机构的驱动，装置一般就地安装于开关场地或主变压器旁的户外智能终端柜中，兼有传统操作箱功能和部分测控功能。

（二）智能终端的主要功能特点及结构原理

目前生产智能终端的厂家较多，装置型号也较多，但其功能是一样的，下面以北京四方的 CSD-601 型智能终端举例说明。

1. CSD-601 型系列智能终端的主要功能及特点

CSD-601 智能终端主要用于数字化及智能化变电站系统，属于过程层设备，完成所在间隔的信息采集、控制及部分保护功能，包括断路器、隔离开关、接地开关的监视和控制。

（1）主要功能。

1）装置显示：装置采用基于 PC 的以太网外接显示软件作为调试手段，同时装置面板具备 LED 指示灯。

2）遥信：每组开入可以定义成多种输入类型，如状态输入（重要信号可双位置输入）、告警输入、事件顺序记录（SOE）、主变压器分接头输入等。

3）保护跳合闸：可接收保护装置下发的跳闸、重合闸命令，完成保护跳合闸。

4）控制命令：接收测控装置转发的主站遥控命令，完成对断路器及其相关开关的控制。

5）温度采集：装置可采集多种直流量，如 DC 0～5V、DC 4～20mA 等，能完成主变压器温度的采集上送。

（2）主要特点。

1）支持 IEC 61850 标准：装置支持 IEC 61850 标准，发布/订阅面向通用对象的变电站事件（GOOSE）报文。通过 100Mbit/s 以太网接口完成与间隔层保护、测控装置的通信，可提供符合 IEC 61850 标准的模型。

2）完整的事件记录：装置配有大容量 Flash 芯片，可保存相关操作及事故记录、SOE 记录、告警记录、GOOSE 录波报告，掉电数据不丢失，便于事故原因分析。

3）自动检测：装置各插件出厂前经过专用设备的自动检测，无人工干预，可靠性高。

4）自我诊断：装置具有完善的自诊断功能，运行过程中如果某块插件工作异常，能立即通知运行人员，并指明故障位置。装置能够监视每一个开出节点的动作情况。

5）结构特点：构成原理为微机型，安装方式为嵌入安装，结构形式为插入式，接线方式为后接线方式，各插件之间用母板印制板连接，输入激励量类型为交流、直流。

2. 智能终端的硬件

（1）CPU 插件。

1）主 CPU。主 CPU 插件具有 6 个光以太网口及 1 个 IRIG-B 接收口。其中，IRIG-B 用于接收 B 码对时信号。以太网口 ETH1～ETH6 主要用于收发 GOOSE、更新主 DSP 程序、更新 FPGA 程序和传输调试信息。

主 CPU 板上还有 9 个指示灯，其中，LED1～LED6 闪烁表示在通信状态，LED7 闪烁表示 B 码对时信号，LED8 闪烁表示主 DSP 工作状态，LED9 闪烁表示从 DSP 工作状态（单 DSP 时由 FPGA 驱动）。

2）从 CPU 插件。从 CPU 插件具有 7 个光以太网口，用于收发 GOOSE。

（2）直流测量插件。直流测量插件包括直流测量插件 G1 和直流测量插件 G2。其中，G1 支持 8 路直流信号测量，G2 支持 4 路直流信号测量，在实际工程中可以灵活配置。两者的区别在于 G2 只有通道 1～4，而通道 5～8 对应的端子无功能。其中：电流输入接 CHn-1，电流输出接 CHn-2；电压正端接 CHn-1，电压负端接 CHn-2；热电阻二线制接 CHn-1 和 CHn-2，三线制接 CHn-1、CHn-2 和 CHn-3，四线制接 CHn-1、CHn-2、CHn-3 和 CHn-4。

（3）开入插件（DI）。开入插件有 3 个指示灯，其中：LED1 是电源指示灯（常亮），LED2 是程序运行指示灯，正常运行时处于闪烁状态；LED3 是告警指示灯，有告警信号时灯光闪烁。

CSD-601 最多可配置 3 块开入插件，每块开入插件有 24 路开入。其中，1～8 路为断路器分合位开入，9～16 路为隔离开关分合位开入，17～24 路为接地隔离开关分合闸位置开入。

（4）开出插件（DO）。开出插件有 3 个指示灯，其中：LED1 是电源指示灯（常亮），LED2 是程序运行指示灯，正常运行时处于闪烁状态；LED3 是告警指示灯，有告警信号时灯光闪烁。

开出插件包括开出 DO 插件和开出 DOB 插件。其中，开出 DO 插件提供 16 路非保持开出，开出 DOB 插件提供 16 路磁保持型开出，两种插件在实际工程中可以灵活配置。

（5）DIO 插件。DIO 插件有 3 个指示灯，其中：LED1 是电源指示灯（常亮），LED2 是程序运行指示灯，正常运行时处于闪烁状态；LED3 备用。

CSD-601 配置了一块 DIO 插件，具有 14 路开入和 7 路开出，具体定义如表 3-1 和表 3-2 所示。

表 3-1　DIO 板开入端子定义

序号	CSD-601A（分相）	CSD-601B（三相）	CSD-601C（本体）	端子号
开入 1	检修状态	检修状态	检修状态	a18
开入 2	就地复归	就地复归	就地复归	a20
开入 3	外接三相不一致	外接三相不一致	备用	a22
开入 4	压力低闭锁重合闸（常开）	压力低闭锁重合闸（常开）	备用	a24
开入 5	压力低闭锁重合闸（常闭）	压力低闭锁重合闸（常闭）	备用	a26
开入 6	闭锁重合闸开入	闭锁重合闸开入	备用	a28
开入 7	手跳开入	手跳开入	备用	a30
开入 8	手合开入	手合开入	备用	c18
开入 9	备用	备用	备用	c20

续表

序号	CSD-601A（分相）	CSD-601B（三相）	CSD-601C（本体）	端子号
开入 10	备用	备用	备用	c22
开入 11	备用	备用	备用	c24
开入 12	另一套智能终端运行异常	另一套智能终端运行异常	备用	c26
开入 13	另一套智能终端故障	另一套智能终端故障	备用	c28
开入 14	备用	备用	备用	c30

表 3-2　　DIO 板开出端子定义

序号	功能定义	说明		端子号
开出 1	闭锁调压（DO1）	（1 常开、1 常闭）闭锁调压出口节点，DO1-1 与 DOCOM1 为常开节点，DO1-2 与 DOCOM2 为常闭节点	DO1-1（常开）	a4-a2（常开）
			DO1-2（常闭）	c4-c2（常闭）
开出 2	启动通风（DO2）	（2 常开）启动通风开出节点，DO2-1 与 DOCOM1、DO2-2 与 DOCOM2 两个常开节点	DO2-1（常开）	a6-a2（常开）
			DO2-2（常开）	c6-c2（常开）
开出 3	手跳（DO3）	手跳输出节点，用于双套智能终端配合，DO3 与 DOCOM1 为常开节点	DO3	a8-a2（常开）
开出 4	手合（DO4）	手合输出节点，用于双套智能终端配合，DO4 与 DOCOM2 为常开节点	DO4	c8-c2（常开）
开出 5	告警开出（DO5）	（2 常开）装置出现告警故障时输出，DO5-1 与 DOCOM3、DO5-2 与 DOCOM4 两节点	DO5-1	a12-a10（常开）
			DO5-2	c12-c10（常开）
开出 6	闭锁开出（DO6）	（2 常开磁保持节点，掉电保持）装置出现闭锁故障时输出，DO6-1 与 DOCOM3、DO6-2 与 DOCOM4 两节点	DO6-1	a14-a10（常开）
			DO6-2	c14-c10（常开）
开出 7	闭锁重合闸（DO7）	（1 常开）闭锁重合闸，输出节点闭锁另一套保护的重合闸功能	DO7	c16-a16（常开）

（6）DIO 扩展插件（操作插件）。操作插件有 3 个指示灯，其中 LED1-3 指示分合闸。DIO 扩展插件即操作插件，分为 3 个插件：合闸插件、跳闸 Ⅰ 插件、跳闸 Ⅱ 插件。

（7）面板。CSD-601 的 MMI 插件配有 1 个电以太网口，可作为调试口使用。

装置面板共有 36 个 LED 灯，每个灯有红、绿两种颜色，每种颜色有灭、亮、闪 3 种状态。两种颜色的各种状态可根据配置文件随意组合，不同智能终端的指示灯的定义不同，如表 3-3～表 3-5 所示。

表 3-3　　分相智能终端（CSD-601A）面板指示灯

运行	对时异常	G1 合位	GD1 合位
检修	备用 1	G1 分位	GD1 分位
总告警	A 相合位	G2 合位	GD2 合位
GO A/B 告警	A 相分位	G2 分位	GD2 分位
动作	B 相合位	G3 合位	GD3 合位

续表

运行	对时异常	G1 合位	GD1 合位
跳 A	B 相分位	G3 分位	GD3 分位
跳 B	C 相合位	G4 合位	GD4 合位
跳 C	C 相分位	G4 分位	GD4 分位
合闸	控制回路断线	备用 2	备用 3

表 3-4　　三相智能终端（CSD-601B）面板指示灯

运行	对时异常	G1 合位	GD1 合位
检修	备用 3	G1 分位	GD1 分位
总告警	断路器合位	G2 合位	GD2 合位
GO A/B 告警	断路器分位	G2 分位	GD2 分位
动作	备用 4	G3 合位	GD3 合位
跳闸	备用 5	G3 分位	GD3 分位
备用 1	备用 6	G4 合位	GD4 合位
备用 2	备用 7	G4 分位	GD4 分位
合闸	控制回路断线	备用 8	备用 9

表 3-5　　本体智能终端（CSD-601C）面板指示灯

运行	对时异常	非电量 1	非电量 10
检修	GD1 合位	非电量 2	非电量 11
总告警	GD1 分位	非电量 3	非电量 12
GO A/B 告警	GD2 合位	非电量 4	非电量 13
非电量跳闸	GD2 分位	非电量 5	非电量 14
非电量发信	GD3 合位	非电量 6	备用 2
备用延时 1	GD3 分位	非电量 7	备用 3
备用延时 2	GD4 合位	非电量 8	备用 4
备用 1	GD4 分位	非电量 9	备用 5

3. 逻辑运算功能

软件内部具备固定组合逻辑运算功能，运算结果通过 GOOSE 报文的保护用数据集输出。逻辑中的断路器位置均指从开入插件接入的断路器位置。软件内部的固定组合逻辑描述如下。

（1）三相不一致（作为保护功能出口时经开入“外接三相不一致”闭锁）逻辑，如图 3-1 所示。

（2）手合逻辑，如图 3-2 所示。

（3）手跳逻辑，如图 3-3 所示。

（4）合后状态逻辑，如图 3-4、图 3-5 所示。

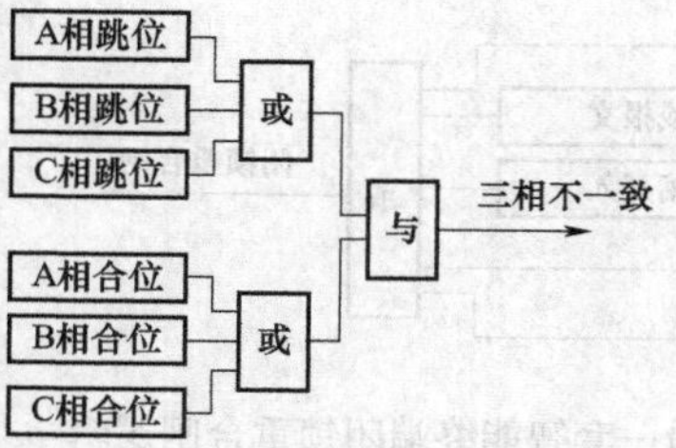

图 3-1　三相不一致逻辑

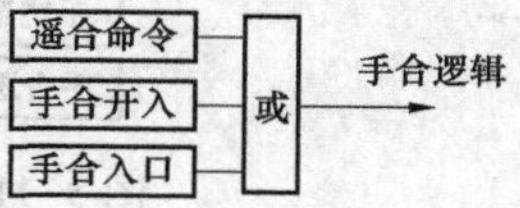

图 3-2　手合逻辑

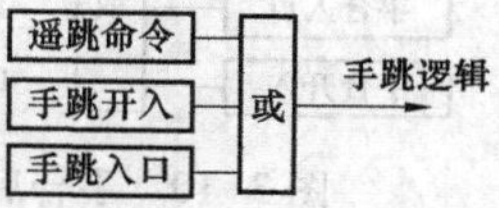

图 3-3　手跳逻辑

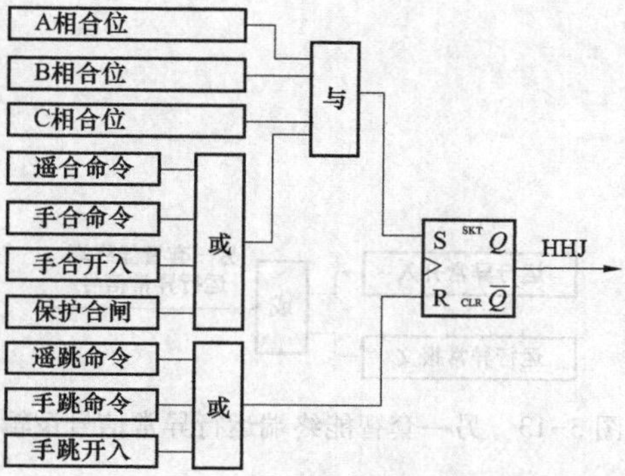

图 3-4　合后状态逻辑（分相）

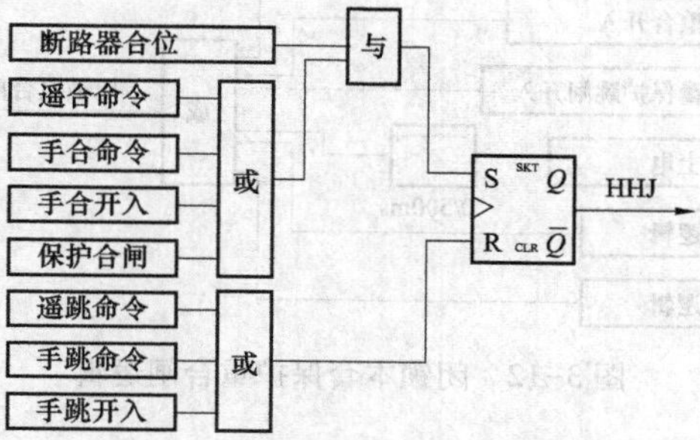

图 3-5　合后状态逻辑（三相）

（5）控制回路断线逻辑，如图 3-6 和图 3-7 所示。

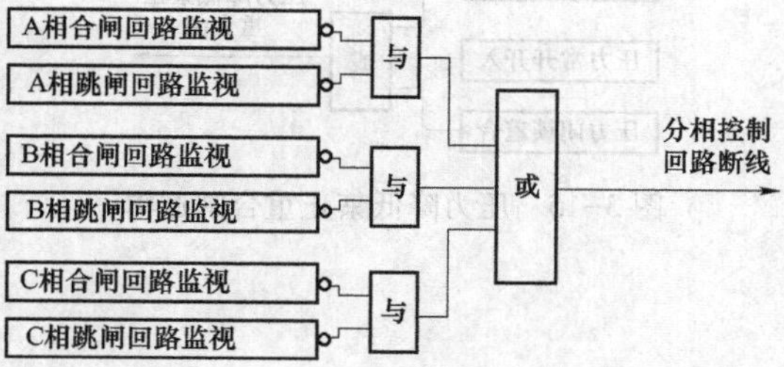

图 3-6　控制回路断线逻辑（分相）

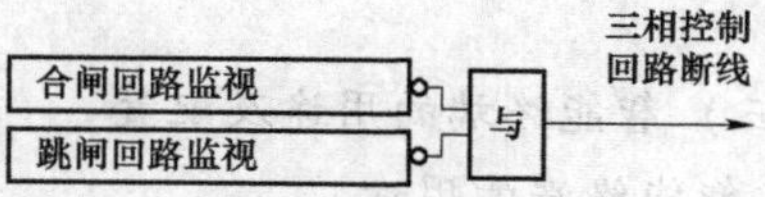

图 3-7　控制回路断线逻辑（三相）

（6）位置不对应逻辑，如图 3-8 和图 3-9 所示。

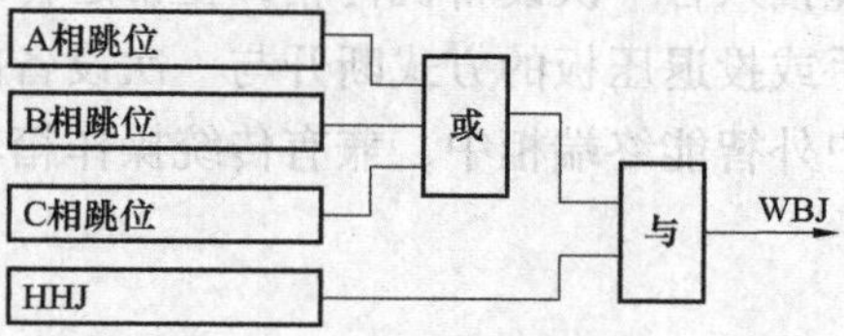

图 3-8　位置不对应逻辑（分相）

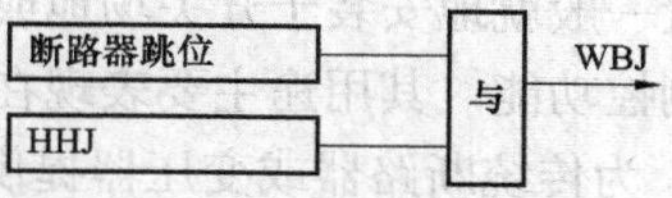

图 3-9　位置不对应逻辑（三相）

（7）手合后加速逻辑，如图 3-10 所示。

（8）至另一套智能终端闭锁重合闸逻辑，如图 3-11 所示。

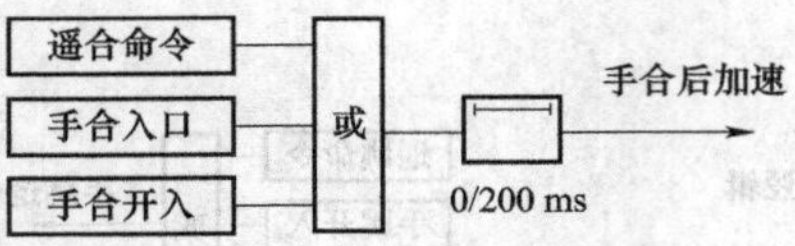

图 3-10　手合后加速逻辑

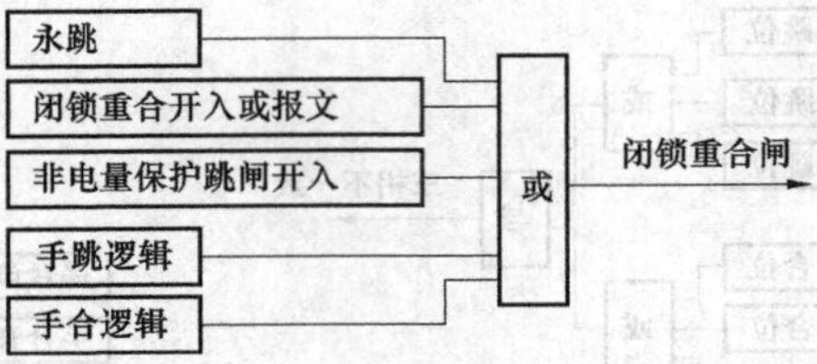

图 3-11　至另一套智能终端闭锁重合闸逻辑

（9）闭锁本套保护重合闸逻辑，如图 3-12 所示。

（10）另一套智能终端运行异常信号逻辑，如图 3-13 所示。

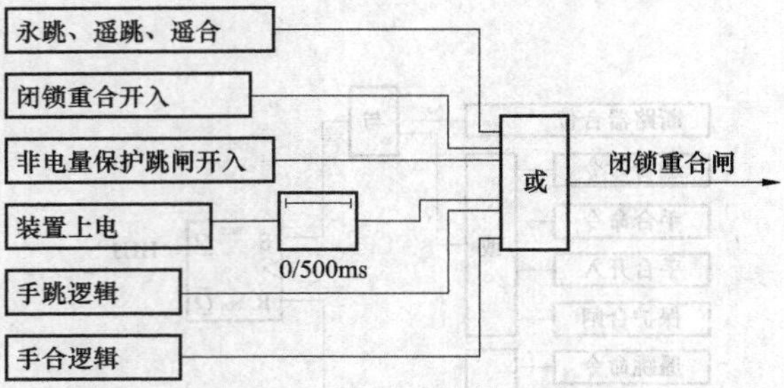

图 3-12　闭锁本套保护重合闸逻辑

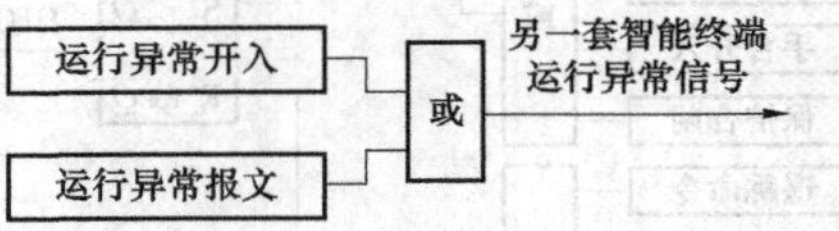

图 3-13　另一套智能终端运行异常信号逻辑

（11）另一套智能终端装置故障信号逻辑，如图 3-14 所示。

（12）压力降低禁止重合闸逻辑，如图 3-15 所示。

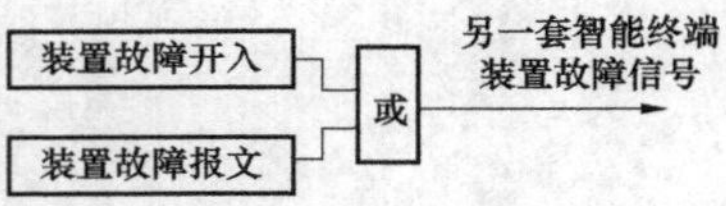

图 3-14　另一套智能终端装置故障信号逻辑

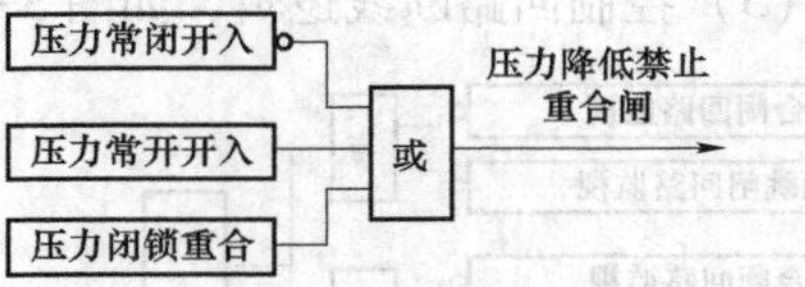

图 3-15　压力降低禁止重合闸逻辑

（三）智能终端的用途及配置

1. 智能终端的用途

断路器、隔离开关、接地开关等一次设备的位置信号、异常告警信号等硬接点信号通过电缆就地接入智能终端。智能终端与测控装置、保护装置通过过程层交换机连接，完成测控或保护装置发出的遥控指令；控制指令通过控制电缆接入各一次设备机构箱，正常运行时可对设备进行控制操作，试验或检修时可通过切换把手或投退压板的方式断开与一次设备的联系。装置一般就地安装于开关场地或主变压器旁的户外智能终端柜中，兼有传统操作箱功能和部分测控功能。其用途主要表现在以下几方面。

（1）为传统断路器或变压器提供数字化接口。

（2）在开关端子箱安装智能终端，对开关等进行状态采集和控制，具有就地操作箱功能。

（3）在变压器端子箱安装智能终端，实现变压器本体保护和变压器测控功能，采集温度、档位、非电量、中性点接地开关等状态，以及控制风扇和档位。

（4）对时、事件记录功能。

（5）变压器本体保护可以和本体智能终端合一，也可以分开。其中，主变压器本体端子箱内设置单套智能单元，其具有如下功能：① 采集主变压器本体非电量信号，接收主变压器油中溶解气体采集器提供的状态监测信号，经数字化处理后以 GOOSE 报文（其余非电量信号）上传；② 主变压器非电量保护功能，保护跳闸通过控制电缆直跳方式实现；③ 风冷控制、档位调节等控制功能。

2. 智能终端的配置

（1）智能终端配置原则。

1）750kV 变电站：

a. 330（220）～750kV 除母线外智能终端宜冗余配置；

b. 66kV 及以下配电装置采用户内开关柜布置时宜不配置智能终端，采用户外敞开式布置时宜配置单套智能终端；

c. 主变压器高中低压侧智能终端宜冗余配置，主变压器本体智能终端宜单套配置；

d. 每段母线智能终端宜单套配置，66kV 及以下配电装置采用户内开关柜布置时母线宜不配置智能终端；

e. 智能终端宜分散布置于配电装置场地。

2）500kV 变电站：

a. 220～500kV 除母线外智能终端宜冗余配置；

b. 66kV（35kV）及以下配电装置采用户内开关柜布置时宜不配置智能终端，采用户外敞开式布置时宜配置单套智能终端；

c. 主变压器高中低压侧智能终端宜冗余配置，主变压器本体智能终端宜单套配置；

d. 每段母线智能终端宜单套配置，66kV（35kV）及以下配电装置采用户内开关柜布置时母线宜不配置智能终端；

e. 智能终端宜分散布置于配电装置场地。

3）330kV 变电站：

a. 330kV 除母线外智能终端宜冗余配置；

b. 110kV 智能终端宜单套配置；

c. 35kV 及以下配电装置采用户内开关柜布置时宜不配置智能终端，采用户外敞开式布置时宜配置单套智能终端；

d. 主变压器高中低压侧智能终端宜冗余配置，主变压器本体智能终端宜单套配置；

e. 每段母线智能终端宜单套配置，35kV 及以下配电装置采用户内开关柜布置时母线宜不配置智能终端；

f. 智能终端宜分散布置于配电装置场地。

4）220kV 变电站：

a. 220kV（除母线外）智能终端宜冗余配置，220kV 母线智能终端宜单套配置；

b. 110kV（66kV）智能终端宜单套配置；

c. 35kV 及以下（主变压器间隔除外）采用户内开关柜保护测控下放布置时可不配置智能终端，采用户外敞开式配电装置保护测控集中布置时宜配置单套智能终端；

d. 主变压器高中低压侧智能终端宜冗余配置，主变压器本体智能终端宜单套配置；

e. 智能终端宜分散布置于配电装置场地。

5）110kV 及以下变电站：

a. 110kV（66kV）智能终端宜单套配置；

b. 35kV 及以下（主变压器间隔除外）采用户内开关柜保护测控下放布置时可不配置智能终端，采用户外敞开式配电装置保护测控集中布置时宜配置单套智能终端；

c. 主变压器高中低压侧智能终端宜冗余配置，主变压器本体智能终端宜单套配置；

d. 智能终端宜分散布置于配电装置场地。

（2）智能终端配置方案。

1）3/2 接线线路智能终端配置方案如图 3-16 所示。

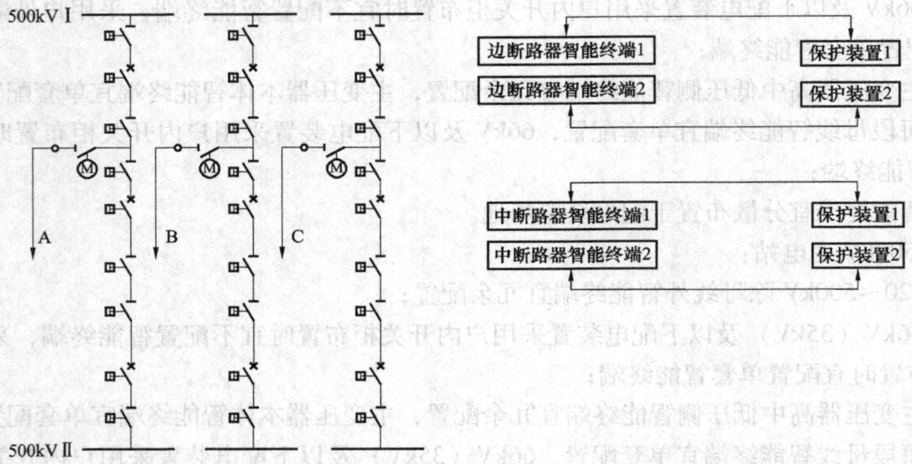

图 3-16　3/2 接线线路智能终端配置方案

2）双母线接线智能终端配置方案如图 3-17 所示。

智能终端的检验可以和间隔层设备及站控层监控后台同时进行，主要检验保护和测控装置的出口、遥控是否快速且正确，通过监控系统检验开关量信号返回、上传是否快速且准确。

（四）智能终端的文件配置

1. IEC 61850 的配置过程

配置工具分为系统配置工具和装置配置工具。配置工具应能对导入/导出的配置文件进行合法性检查，生成的配置文件应能通过 SCL 的 Schema 验证，并生成和维护配置文件的版本号和修订版本号。

系统配置工具是系统级配置工具，独立于 IED。它支持生成或导入 SSD 文件和 ICD 文件，具有 GOOSE 配置的能力，负责生成和维护 SCD 文件，导出全站 SCD 配置文件，提供给客户端及装置配置工具使用。

装置配置工具负责生成和维护装置 ICD 文件，并支持导入 SCD 文件以提取需要的装置实例配置信息，完成装置配置并下装配置数据到装置。工程配置流程如图 3-18 所示。

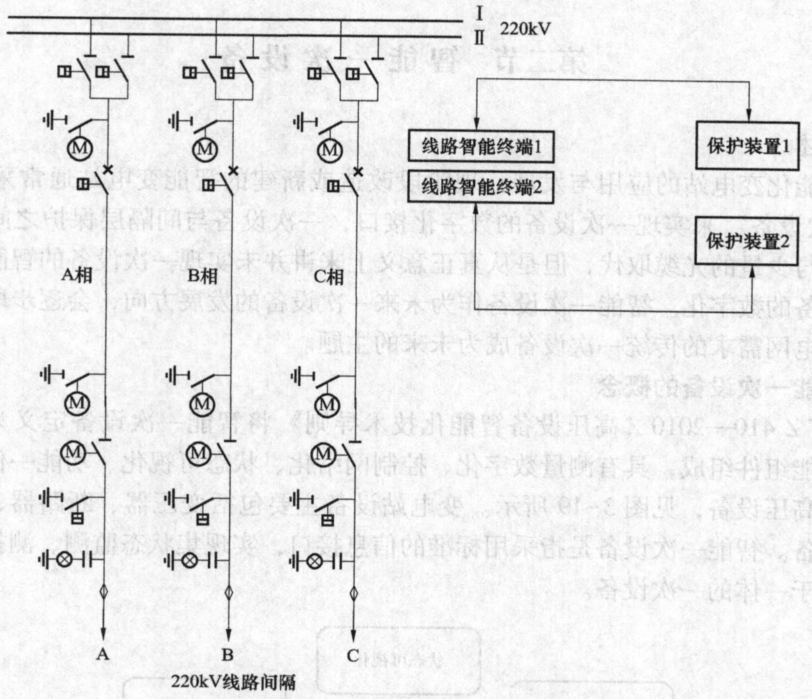

图 3-17　双母线接线智能终端配置方案

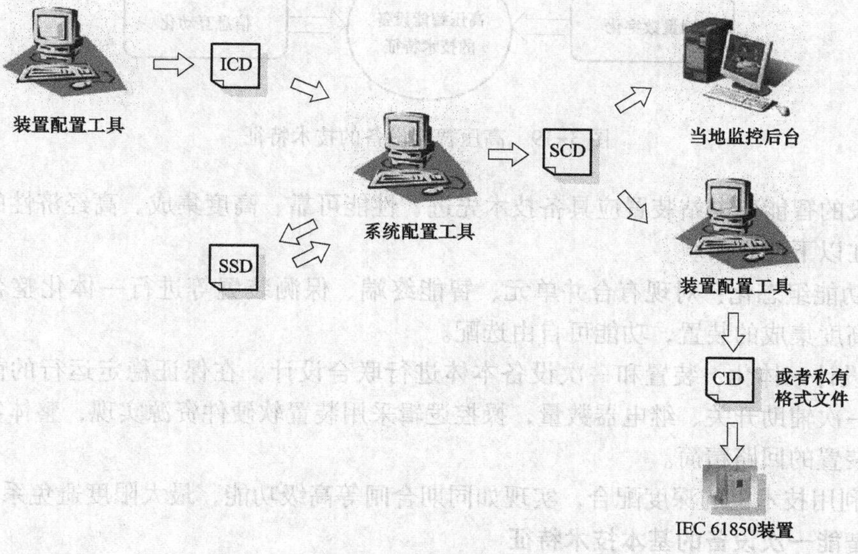

图 3-18　工程配置流程

2. 智能终端的配置过程

智能终端的配置工具用于完成智能终端的功能配置，同时可以输出符合 IEC 61850 标准的 ICD 文件。系统配置器输入智能终端和保护装置的 ICD 文件，完成 GOOSE 发布和订阅的配置后，输出 SCD 文件。智能终端配置工具导入 SCD 文件以提取需要的装置实例配置信息，完成装置配置、导出 CID 文件，并下装配置数据到装置。

第二节　智能一次设备

一、概述

随着智能化变电站的应用与发展，现阶段改造或新建的智能变电站通常采用“智能终端+传统一次设备”来实现一次设备的数字化接口，一次设备与间隔层保护之间的大量长电缆被短电缆与少量的光缆取代，但是从真正意义上来讲并未实现一次设备的智能化，仅仅实现了一次设备的数字化。智能一次设备作为未来一次设备的发展方向，会逐步取代现有的不能满足智能电网需求的传统一次设备成为未来的主题。

二、智能一次设备的概念

Q/GDW Z 410—2010《高压设备智能化技术导则》将智能一次设备定义为：由高压设备本体和智能组件组成，具有测量数字化、控制网络化、状态可视化、功能一体化和信息互动化特征的高压设备，见图 3-19 所示。变电站设备主要包括变压器、断路器、互感器、母线等一次设备。智能一次设备是指采用标准的信息接口，实现集状态监测、测控保护、信息通信等技术于一体的一次设备。

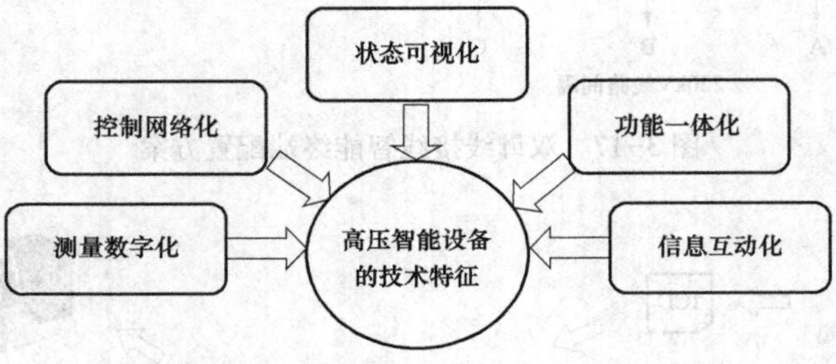

图 3-19　高压智能设备的技术特征

现阶段的智能变电站装置应具备技术先进、性能可靠、高度集成、高经济性的特点，其主要体现在以下几方面。

（1）功能组态化：对现有合并单元、智能终端、保测装置等进行一体化整合，对外体现为功能高度集成的装置，功能可自由选配。

（2）设计一体化：装置和一次设备本体进行联合设计，在保证稳定运行的前提下，适度地减少一次辅助开关、继电器数量，操控逻辑采用装置软硬件资源实现，整体实现一次设备和二次装置的回路精简。

（3）利用技术上的深度配合，实现如同期合闸等高级功能，最大限度避免系统扰动。

三、智能一次设备的基本技术特征

1. 测量数字化

对高压设备或其部件的相关参量进行就地数字化测量，测量结果可根据需要发送至站控层网络或过程层网络，用于高压设备或其部件的运行与控制。所属参量包括变压器油温、有载分接开关分接位置，以及开关设备分、合闸位置等。

2. 控制网络化

对有控制需求的高压设备或其部件实现基于网络的控制，如变压器冷却装置、有载分接开关、开关设备的操作机构等。控制方式包括：

（1）高压设备或其部件自有控制器就地控制；

（2）智能组件通过就地控制器或执行器控制；

（3）站控层设备通过智能组件控制（如需要）。

正常运行情况下，网络化控制的优先顺序是站控层设备、智能组件、就地控制器。

3. 状态可视化

基于自监测信息和经由信息互动获得的高压设备其他状态信息，通过智能组件的自诊断，以智能电网其他相关系统可辨识的方式表述自诊断结果，使高压设备状态在电网中是可观测的。

4. 功能一体化

在满足相关标准要求的情况下，可进行功能一体化设计，包括以下3个方面：

（1）将传感器/执行器与高压设备或其部件进行一体化设计，以达到特定的监测/控制目的。

（2）将互感器与变压器、断路器等高压设备进行一体化设计，以减少变电站占地面积。

（3）在智能组件中，将相关测量、控制、计量、监测、保护进行一体化设计。

5. 信息互动化

信息互动化包括以下两个方面：

（1）与调度系统交互。智能化一次设备将其自诊断结果报送（包括主动和应约）到调度系统，使其成为调度决策和高压设备事故预案制定的基础信息之一。

（2）与设备运行管理系统互动。包括智能组件自主从设备运行管理系统获取宿主设备其他状态信息，以及将自诊断结果报送到设备运行管理系统。

四、智能一次设备的组成架构

智能一次设备在组成架构上包括以下3个部分：

（1）高压设备。

（2）传感器/执行器，内置或外置于高压设备或其部件。

（3）智能组件，通过传感器/执行器，与高压设备形成有机整体，实现与宿主设备相关的测量、控制、计量、监测、保护等全部或部分功能。

根据高压设备的类别和现场实际情况，智能组件与执行器之间由模拟信号电缆或光纤网络连接，传感器与智能组件之间通常由模拟信号电缆连接。图3-20和图3-21分别为智能化高压设备的组成架构示意图。

五、智能组件及智能断路器

（一）智能组件的概念

GB/T 30155—2013《智能变电站技术导则》中将智能组件的概念定义为：由若干智能电子装置集合组成，承担宿主设备的测量、控制和监测等基本功能，在满足相关标准要求时，智能组件还可承担相关计量、保护等功能。智能组件可包括测量、控制、状态监测、计量、保护等全部或部分装置。智能组件的3个属性：① 一个物理设备；② 宿主高压设备的一部分；③ 由一个以上的智能电子装置组成。

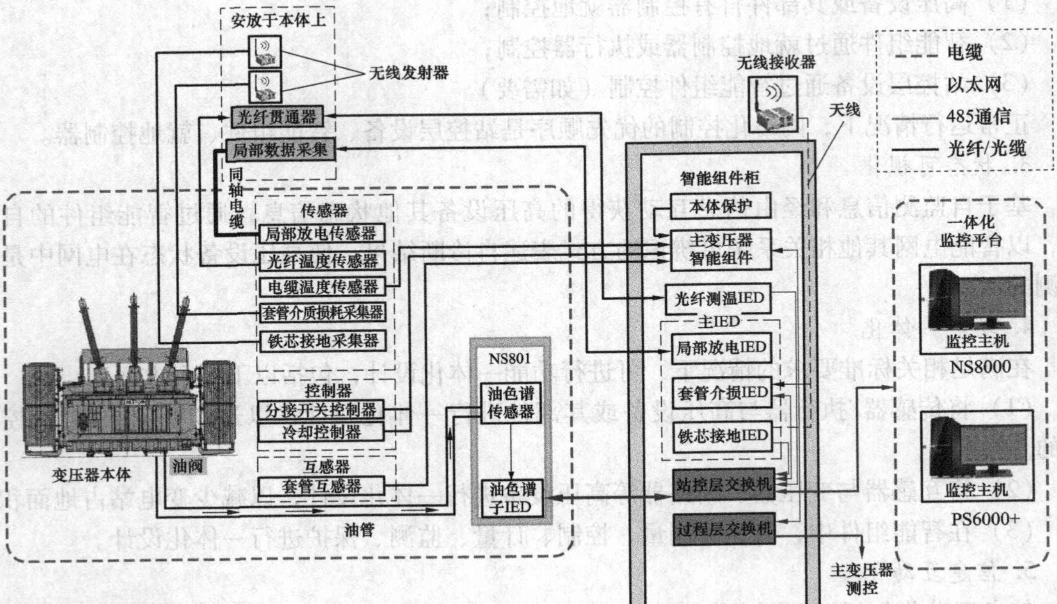

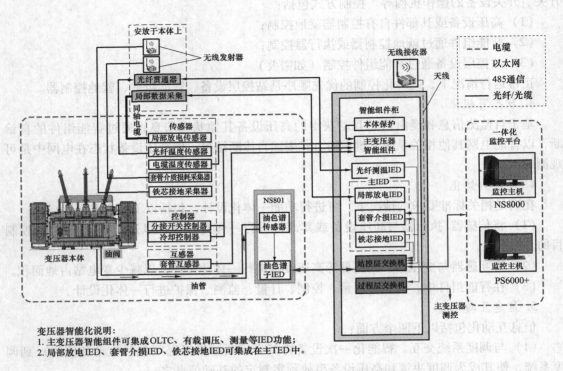

变压器智能化说明：
1. 主变压器智能组件可集成OLTC、有载调压、测量等IED功能；
2. 局部放电IED、套管介损IED、铁芯接地IED可集成在主TED中。

图 3-20　油浸式电力变压器智能化示意图

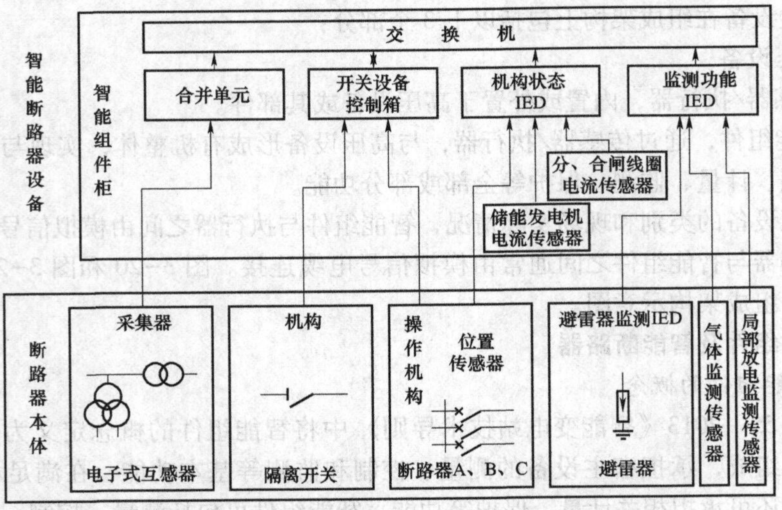

图 3-21　高压组合电器智能化示意图

（二）智能断路器简介

1. 断路器的特点

断路器机械开关器件的“操作”按 IEV（International Electechnical Vocabulary，国际电工词汇）的定义是：“动触头从一个位置到另一个位置的转换”。所谓智能操作就是“动触头从一个位置到另一个位置的自适应控制的转换”。断路器的智能化操作则可根据电网所发出的不同开断信息，自动调整操动机构和选择灭弧室的工作条件，从而改变现有断路器的单一空载分闸特性。例如，断路器在无载时以较低的分闸速度断开，而在系统故障时又以较高的分闸速度开断等，以自动获得实际开断时电气性能和机械性能上的最佳开断效果。

2. 智能断路器的类型

（1）集成式智能隔离断路器。集成式智能隔离断路器是在隔离断路器的基础上，再集成智能组件、接地开关、电子式电流互感器、电子式电压互感器等部件形成的，能够实现在线检测、就地控制与智能操作等功能，系统维护量少。集成式智能隔离断路器将测量、检测、保护、控制等功能统一集成到间隔智能组件柜中，其智能化与一体化水平较高。

（2）智能气体绝缘金属封闭开关（GIS）。智能 GIS 采用先进的电力电子技术、微电子技术、传感技术、数字处理技术、计算机技术、控制技术，集监测、测量、控制、保护和录波等功能于一体，对 GIS 的运行状态进行实时监测。

GIS 在一次设备上安装了各种传感器和数字化装置，通过智能电子设备来完成信息的采集、计量、控制、保护、监测及自诊断等功能，目前已经实现了对局部放电、触头温度、SF_6气体密度及压力、触头行程、储能电机电流、分/合闸线圈电流的在线监测。GIS 能够根据电网运行状态进行智能控制和保护，并具有预警及自诊断功能。GIS 设备结构紧凑合理，绝缘可靠。

3. 智能断路器的工作特性

智能断路器在现有断路器的基础上引入智能控制单元，由数据采集、智能识别和调节装置 3 个基本模块构成。智能断路器的工作原理如图 3-22 所示，在图 3-22 中，实线部分为现有断路器和变电站的有关结构和相互关联。智能识别模块是智能控制单元的核心；由微处理器构成的微机控制系统能根据操作前所采集到的电网信息和主控制室发出的操作信号，自动地识别当次操作时断路器所处的电网工作状态，根据对断路器仿真分析的结果决定合适的分合闸运动特性，并对执行机构发出调节信息，待调节完成后再发出分合闸信号；数据采集模块主要由新型传感器组成，随时把电网的数据以数字信号的形式提供给智能识别模块，以进行处理分析；执行机构由能接收定量控制信息的部件和驱动执行器组成，用来调整操动机构的参数，以便改变每次操作时的运动特性。

智能操作断路器的工作过程：当系统故障，继电保护装置发出分闸信号或由操作人员发出操作信号后，首先启动智能识别模块工作，判断当前断路器所处的工作条件，对调节装置发出不同的定量控制信息而自动调整操动机构的参数，以获得与当前系统工作状态相适应的运动特性，然后使断路器动作。

智能断路器的一个重要功能是实现重合闸的智能操作，根据监测系统的信息判断故障是永久性的还是瞬时性的，确定断路器是否重合，提高重合闸的成功率，减少对断路器的短路合闸冲击和对电网的冲击。

智能断路器的另一个重要功能是分合闸相角控制，实现断路器选相合闸和同步分断。

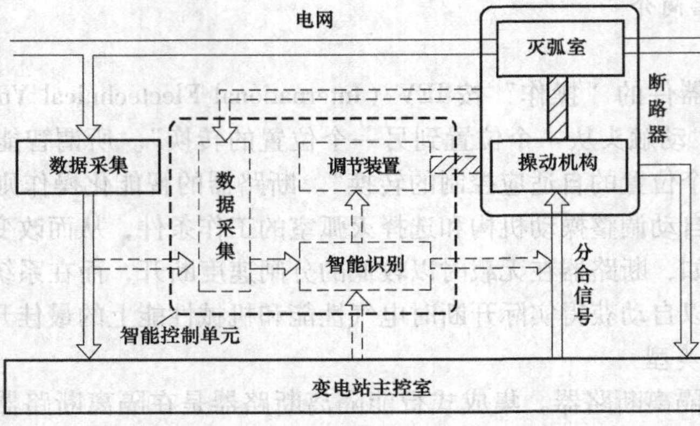

图 3-22　智能断路器的工作原理

第三节　智能终端的调试、运行与维护

一、概述

智能变电站的建设正在不断发展的过程中，各地区智能变电站的运行及设备维护正处在不断摸索并逐渐积累丰富经验的阶段，以北京四方继保自动化股份有限公司（以下简称北京四方公司）的 CSD-601 型智能终端为例说明智能终端装置的调试方法及运行维护的注意事项。

二、智能终端的调试方法

（一）调试用相关文件

调试相关文件如下：

（1）CSD-601　智能终端原理图；

（2）CSD-601　智能终端说明书；

（3）QB/SF 14.002—2001　印制板锡钎焊焊点评定准则；

（4）QB/SF 40.002—2001　开关电源通用技术要求；

（5）QB/SF 11.031—2013　调试方法的编制与实施。

（二）检测项目

检测项目如下：

（1）外观检查；

（2）插件跳线检查；

（3）电源插件检查；

（4）绝缘电阻及工频耐压试验；

（5）程序版本校验；

（6）开入检测；

（7）开出检测；

（8）合闸/跳闸插件测试；

（9）直流插件测试；

（10）光纤通道和通信接口测试；

（11）高温连续通电试验。

（三）一般性检查

1. 外观检查

通电前仔细检查：装置结构紧凑，表面无机械损伤，面板无机械损伤，按钮操作灵活、有弹性，装置型号、额定参数、出厂年月及编号等标注齐全、正确。

2. 电源插件检查

（1）接通额定直流电源，失电告警继电器应可靠吸合，电源插件的两对接点应可靠断开。

（2）检查电源的自启动性能：当外加试验直流电源由零缓慢调至80%额定值时，监视失电告警继电器接点应为从闭合到断开。拉合一次直流电源，万用表应有同样反应。

（3）检查输出电压值及稳定性：给电源插件输入额定电压 U_N，检查各级输出电压值应保持稳定，误差在允许范围。

（四）程序版本检查

打开CSD 600调试工具软件，进入“调试→装置信息”子菜单，在“插件选择”下拉菜单中选择板子，单击“召唤版本号”按钮，读取并记录各插件的软件版本信息和CRC校验码，并检查其与有效版本是否一致，参见版本控制表。程序版本检查见图3-23。

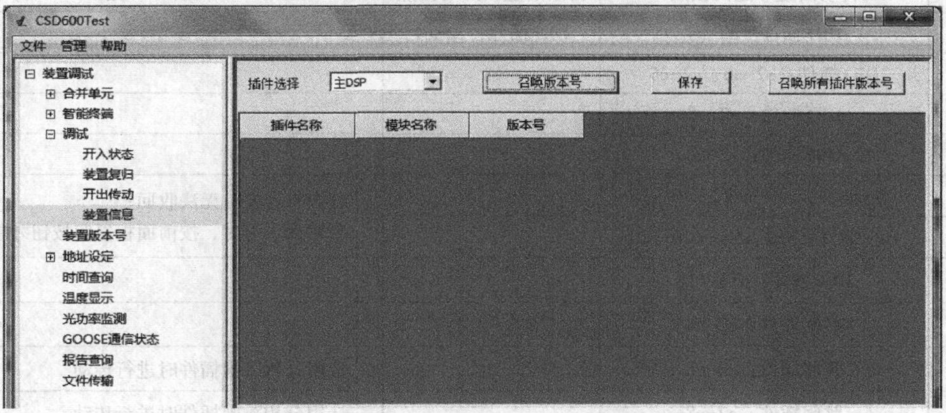

图3-23 程序版本检查

（五）装置基本功能检查

1. 开入检测

打开CSD 600调试工具软件，进入“调试→开入状态”子菜单，插件选择“开入板1”，然后单击“周期召唤”按钮。将DC220V/110V（所加电压以装置额定参数为准）电源负极连接开入板1的开入公共端COM1（a28），电源正极轮流连接至开入板1的开入1～开入12（a4～a26），同时观察工具软件中读取到的对应开入状态是否正确变化。

将DC220V/110V（所加电压以装置额定参数为准）电源负极连接开入板1的开入公共端COM2（c28），电源正极轮流连接至开入板1的开入13～开入24（c4～c26），同时观察工具软件中读取到的对应开入状态是否正确变化。

其余开入板的测试方法与开入板1相同，所有开入端子都应检测一遍。

各开入板都测试完后，插件选择“开入 DIO”，然后单击“周期召唤”按钮。将DC220V/110V 电源负极连接 DIO 插件的开入公共端 D1COM（a32），电源正极轮流连接至DIO 插件的开入 1～开入 7（a18～a30），同时观察工具软件中读取到的对应开入状态是否正确变化。

将 DC220V/110V 电源负极连接 DIO 插件的开入公共端 D2COM（c32），电源正极轮流连接至 DIO 插件的开入 8～开入 14（c18～c30），同时观察工具软件中读取到的对应开入状态是否正确变化。

2. 开出检测

打开 CSD 600 调试工具软件，进入“调试→开出传动”子菜单，插件选择“开出插件1”，开出端子选择“1”，然后单击“开出传动”按钮，用万用表检查开出插件 1 对应的继电器接点（a2-c2）应导通；单击“开出收回”按钮，对应的继电器接点（a2-c2）应断开。用同样的方法测试开出端子 2～16。开出端子 1～16 对应的继电器接点依次为 a2-c2～a32-c32。

其余开出插件的测试方法与开出插件 1 相同，所有开出端子都应检测一遍。

各开出插件都测试完后，插件选择“开出 DIO”，依次传动表 3-6 中的各开出端子。

表 3-6　　DIO 插件开出传动测试

开出端子	传动后应导通的接点	传动后应断开的接点	备　注
1	DIO 插件：a2-a4	DIO 插件：c2-c4	
2	DIO 插件：a2-a6、c2-c6		
3	DIO 插件：a2-a8		
4	DIO 插件：c2-c8		
5	DIO 插件：a10-a12、c10-c12		装置有告警时无法收回； 装置无告警时，按前面板复归按钮才能收回
6	DIO 插件：a10-a14、c10-c14		
7	DIO 插件：a16-c16		
9	跳闸插件：c2-c4		
10	跳闸插件：c2-c6		选用分相跳闸插件时进行传动
11	跳闸插件：c2-c8		选用分相跳闸插件时进行传动
14	合闸插件：c2-c4、c6-c8		

3. 合闸/跳闸插件测试

（1）测试前的接线。

将合闸插件的合闸电源+（a2）接 DC220V/110V 电源正极（以装置额定参数为准，下同），合闸电源-（c32）接电源负极。将跳闸插件的跳闸电源+（a2）接 DC220V/110V 电源正极，跳闸电源-（c32）接电源负极。

将合闸插件的至 A 相合圈（a18）、至 B 相合圈（a20）、至 C 相合圈（a22）分别接到模拟断路器合闸线圈的合 A、合 B、合 C，合闸电源-（c32）接模拟断路器的合闸线圈公共端。将 A 相合闸位置（c18）、B 相合闸位置（c20）、C 相合闸位置（c22）分别接到模拟断路器位置接点的 A 合、B 合、C 合，合闸电源+（a2）接模拟断路器位置接点公共端。

将跳闸插件的至A相跳圈（a18）、至B相跳圈（a20）、至C相跳圈（a22）分别接到模拟断路器跳闸线圈的跳A、跳B、跳C，跳闸电源-（c32）接模拟断路器跳闸线圈公共端。

注：这里及下面的接线都是按照分相合闸插件、分相跳闸插件进行说明的。对于三相合闸插件、三相跳闸插件，则只接对应的A相即可。

（2）合闸/跳闸回路测试。

将合闸插件的合闸入口（a12）接DC220V/110V电源正极，合闸继电器应动作，同时模拟断路器指示灯A合、B合、C合亮。同样地，将手合入口（a10）接DC220V/110V电源正极，合闸继电器应动作，同时模拟断路器指示灯A合、B合、C合亮。

将跳闸插件的跳A入口（a4）接DC220V/110V电源正极，跳闸继电器应动作，同时模拟断路器指示灯A跳亮。同样地，将跳B入口（a6）接DC220V/110V电源正极，跳闸继电器应动作，同时模拟断路器指示灯B跳亮。将跳C入口（a8）接DC220V/110V电源正极，跳闸继电器应动作，同时模拟断路器指示灯C跳亮。

将手跳入口（a10）接DC220V/110V电源正极，跳闸继电器应动作，同时模拟断路器指示灯A跳、B跳、C跳亮。分别将非电量入口（a12）、永跳入口（a14）接DC220V/110V电源正极，现象应相同。

（3）合闸/跳闸监视回路测试。

将合闸插件的合闸监视+（c10）接DC220V/110V电源正极，A相合闸监视-（c12）接电源负极，打开CSD600调试工具，进入“调试→开入状态”子菜单，插件选择“开入DIO”，单击“手动召唤”或“周期召唤”按钮，观察“A相合闸回路监视”应变位。同样地，将合闸监视+（c10）接DC220V/110V电源正极，B相合闸监视-（c14）接电源负极，则“B相合闸回路监视”应变位；将合闸监视+（c10）接DC220V/110V电源正极，C相合闸监视-（c16）接电源负极，则“C相合闸回路监视”应变位。

将跳闸插件的跳闸监视+（c10）接DC220V/110V电源正极，A相跳闸监视-（c12）接电源负极，打开CSD 600调试工具，进入“调试→开入状态”子菜单，插件选择“开入DIO”，单击“手动召唤”或“周期召唤”按钮，观察“A相跳闸1监视”应变位。同样地，将跳闸监视+（c10）接DC220V/110V电源正极，B相跳闸监视-（c14）接电源负极，则“B相跳闸1监视”应变位；将跳闸监视+（c10）接DC220V/110V电源正极，C相跳闸监视-（c16）接电源负极，则“C相跳闸1监视”应变位。

（4）压力闭锁回路测试。

注：板号为6SF. 007. 227. 1～6的合闸/跳闸插件具有压力闭锁回路，测试时注意不要短接Ja跳线，若短接则取消压力闭锁功能。板号为6SF. 007. 227. 7～12的合闸/跳闸插件没有压力闭锁回路，未装焊压力闭锁继电器，Ja跳线已经短接无须设置，故此项测试略。

将合闸插件、跳闸插件的压力电源+（a26）接DC220V/110V电源正极、压力电源-（a32）接电源负极（注意：必须是同一组电源）。将跳闸插件的“至压力闭锁合闸”（a24）连接至合闸插件的“压力闭锁合闸”（a30）。

先让模拟断路器处于跳闸状态（按模拟断路器手动跳闸按钮），然后将合闸插件的压力闭锁重合（a28）接DC220V/110V电源正极，再将合闸入口（a12）接DC220V/110V电源正极，此时模拟断路器应不合闸。同样地，先将压力闭锁合闸（a30）接DC220V/110V电源正极，再将合闸入口（a12）接 DC220V/110V 电源正极，此时模拟断路器应不合闸。

先让模拟断路器处于合闸状态（按模拟断路器手动合闸按钮），然后将跳闸插件的压力闭锁跳闸（a28）接 DC220V/110V 电源正极，再将跳 A 入口（a4）、跳 B 入口（a6）、跳 C 入口（a8）轮流接 DC220V/110V 电源正极，此时模拟断路器均应不跳闸。

将跳闸插件的压力禁止操作（a30）接 DC220V/110V 电源正极，再将合闸插件的合闸入口（a12）、跳闸插件的跳 A 入口（a4）、跳 B 入口（a6）、跳 C 入口（a8）轮流接 DC220V/110V 电源正极，模拟断路器均应不动作。

（5）防跳回路测试。

将合闸插件的 A 相防跳-（c26）、B 相防跳-（c28）、C 相防跳-（c30）接合闸电源-（c32）。

先将合闸插件的手合入口（a10）接 DC220V/110V 电源正极并保持，模拟断路器应合闸；再将跳闸插件的手跳入口（a10）接 DC220V/110V 电源正极，模拟断路器应跳闸且不再合闸。如果模拟断路器反复跳闸、合闸，则表示没有防跳回路，或防跳回路故障。

注意：测试过程中，合闸插件的各相合闸位置应与模拟断路器的位置接点保持连接。

4. 直流插件测试

如果直流插件已经按单板自动测试软件要求进行了零漂、刻度校正，则在装置调试时只需进行基本误差试验，否则需要进行零漂、刻度校正。

（1）零漂校正、刻度校正。

将直流信号源连接到直流插件 1 的通道 1（DC1-1、DC1-2），其中 DC1-1（a2）接电流输入或电压正端，DC1-2（c2）接电流输出或电压负端。如果通道 1 的输入类型为电流型（或电压型），则调整信号源输出 4mA 电流（或 0V 电压）。打开 CSD 600 调试工具软件，进入“智能终端→直流插件通道校正→零漂校正”子菜单，插件选择“直流板 1”，然后单击“读取”按钮。再选中通道 1，单击“调整”按钮，就完成了通道 1 的零漂校正，同时下方信息栏提示校正成功。

调整信号源输出 20mA 电流（或 5V 电压），进入“智能终端→直流插件通道校正→刻度校正”子菜单，插件选择“直流板 1”，然后单击“读取”按钮。再选中通道 1，单击“调整”按钮，就完成了通道 1 的刻度校正，同时下方信息栏提示校正成功。

用同样的方法校正其余各通道的零漂和刻度。

（2）基本误差试验。

将直流信号源连接直流插件的待测输入通道，打开 CSD 600 调试工具软件，进入“智能终端→直流量查看”子菜单，选择待测输入通道所在的直流板，然后单击“周期召唤”按钮。改变信号源输出的电流（或电压）为最大量程 20mA（或 5V）的 20 %、50 %、80 %、100 %，同时记录工具软件中该通道的显示值，计算误差。直流插件各通道的误差结果都应满足：直流误差<±0.5%。

（六）光纤通道和通信接口测试

1. 前面板以太网口测试

将计算机通过网线连接装置前面板的以太网口，打开 CSD 600 调试工具软件，进入“调试→装置信息”子菜单，召唤各插件的版本号，检查能否读取到各插件的软件版本信息（版本信息无须记录）。

2. 主 CPU 插件通信口测试

将光电转换器的光口 TX、RX 分别通过光纤连接到装置主 CPU 插件 ETH1 的 RX、TX，使用“ping 192. 168. 130. 44” 命令对 ETH1 进行测试（测试前需要给计算机添加同一网段的 IP 地址）。

用同样的方法测试其余各以太网口。以太网口 ETH1～ETH6 的 IP 地址如下：

ETH1-IP [1] = [192. 168. 130. 44]

ETH2-IP [2] = [192. 158. 130. 44]

ETH3-IP [3] = [192. 148. 130. 44]

ETH4-IP [4] = [192. 138. 130. 44]

ETH5-IP [5] = [192. 128. 130. 44]

ETH6-IP [6] = [192. 118. 130. 44]

3. 从 GOOSE 插件通信口测试

如果选配从 GOOSE 插件，则进行从 GOOSE 插件通信口测试，测试方法与主 CPU 插件相同。

将光电转换器依次连接到从 GOOSE 插件的 ETH1～ETH7，使用 ping 命令对各以太网口进行测试，各网口的 IP 地址与主 CPU 插件相同，ETH7 的 IP 地址为 192. 108. 130. 44。

4. 时钟功能检查

将主 CPU 插件的光 B 码输入端口（IRIG-B）用光纤连接至 CSC-196 时间同步装置的光输出端口，装置前面板的“对时异常”指示灯应熄灭。打开 CSD 600 调试工具软件，进入“时间查询”子菜单，单击“周期读取”按钮，装置时间应能正常显示，并且对时状态栏显示“同步状态，信号正常”，如图 3-24 所示。

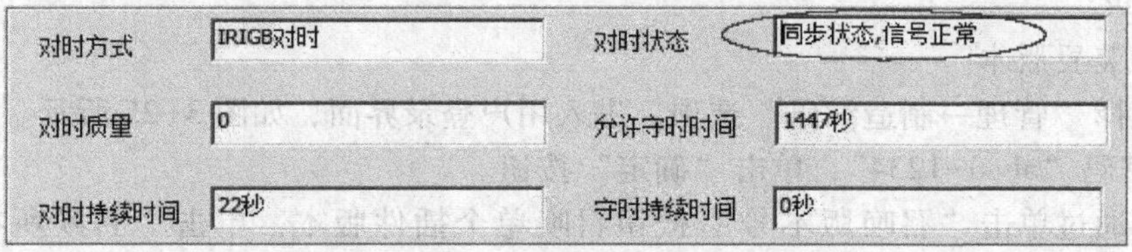

图 3-24　时钟功能检查

对时成功后，拔掉光 B 码对时光纤，装置电源断电 10s，然后上电，再次读取装置时间，检查装置时间栏中的日期和时间。在断电期间内，装置时钟应保持运行，并走时准确。

三、智能终端的使用方法

1. 装置面板说明

CSD- 601 的面板配有 1 个电以太网口，可作为调试口使用，其 IP 地址为 192. 178. 111. 1。

装置面板共有 36 个 LED 灯，每个灯有红、绿两种颜色，每种颜色有灭、亮、闪 3 种状态。两种颜色的各种状态可根据配置文件随意组合，不同智能终端的指示灯的定义不同，见本章表 3-3 和表 3-4。

面板灯说明：

1）运行：装置上电正常为绿灯常亮，装置死机或面板异常则红灯常亮。

2）检修：检修压板投入时，红灯常亮，否则熄灭。

3）总告警：装置正常时熄灭；装置异常或装置故障时，红灯常亮，点亮后如告警消失需手动复归。

4）GO A/B 告警：GOOSE 订阅异常时，红灯常亮；GOOSE 订阅恢复正常，熄灭；

5）动作：外接三相不一致保护动作时点亮。CSD-601 系列目前只能输出三相不一致逻辑，无出口节点，此灯不使用。

6）跳 A/B/C：接收到保护 GOOSE 跳令时点亮，红灯常亮，跳令消失后需手动复归后熄灭，适用于 CSD-601A。

7）跳闸：接收到保护 GOOSE 跳令时点亮，红灯常亮，跳令消失后需手动复归后熄灭，适用于 CSD-601B。

8）合闸：接收到保护重合闸命令时点亮，红灯常亮，重合闸命令消失后需手动复归后熄灭。

9）对时异常：对时信号异常时，红灯常亮，否则熄灭。

10）控制回路断线：控制回路断线逻辑输出时，红灯常亮，否则熄灭。

11）A/B/C 相分/合位：位置对应开入有强电输入时点亮，合位为红色，分位为绿色，否则熄灭，适用于 CSD-601A。

12）断路器分/合位：位置对应开入有强电输入时点亮，合位为红色，分位为绿色，否则熄灭，适用于 CSD-601B。

13）G1/2/3/4 分/合位：位置对应开入有强电输入时点亮，合位为红色，分位为绿色，否则熄灭。

14）GD1/2/3/4 分/合位：位置对应开入有强电输入时点亮，合位为红色，分位为绿色，否则熄灭。

2. 查看装置版本

（1）选择“管理→制造编码”选项，进入用户登录界面，如图 3-25 所示。输入用户名“sifang”，密码“abcd-1234”，单击“确定”按钮。

（2）可通过单击“召唤版本号”按钮召唤单个插件版本，单击“召唤所有插件版本号”按钮召唤装置各插件使用版本，单击“保存”按钮进行版本备份，如图 3-26 所示。

召唤到所有插件版本号后，对照“新六统一有效版本信息”中“CSD-601 系列装置软硬件版本控制表”核对装置版本是否最新有效，或咨询技术支持产品专责核实版本是否需要升级。

3. 调试工具其他菜单的使用

（1）选择“装置复归”菜单，单击“复归”按钮，选择“事件告警信息”选项卡，则告警窗显示装置所有告警信息，见图 3-27。

（2）选择“开入状态”菜单，通过“插件选择”下拉菜单选择需要查看插件的开入状态（见图 3-28），单击“手动召唤”按钮，即可查看插件的开入状态。

（3）选择“开出传动”菜单，在“插件选择”下拉菜单选择待开出传动插件，在“开出端子”下拉菜单选择待开出传动节点端子，单击“开出传动”按钮（见图 3-29），验证后单击“开出收回”按钮或“批量收回”按钮。

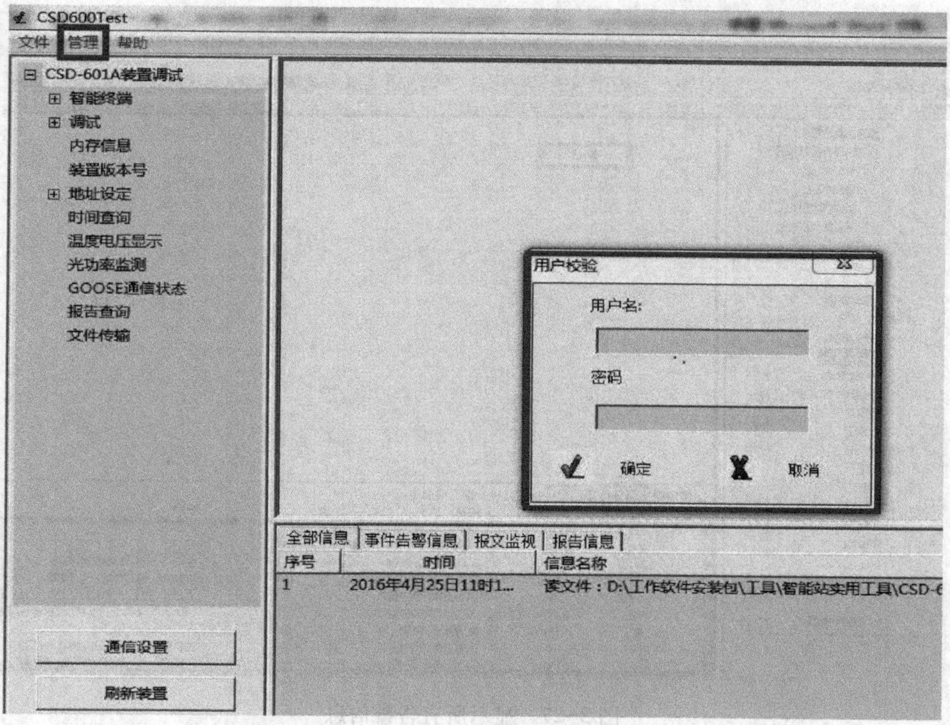

图 3-25 用户登录界面

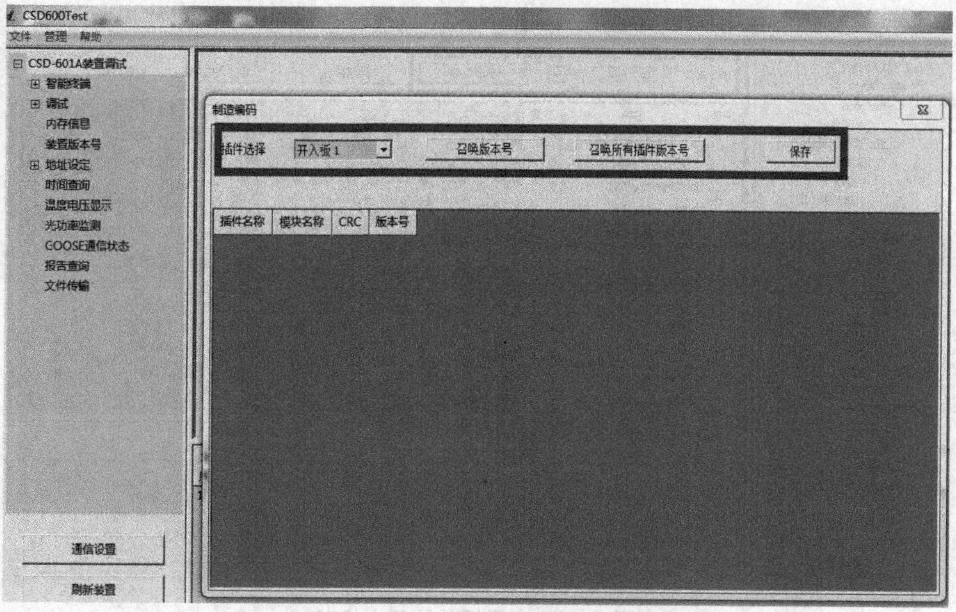

图 3-26 召唤版本界面

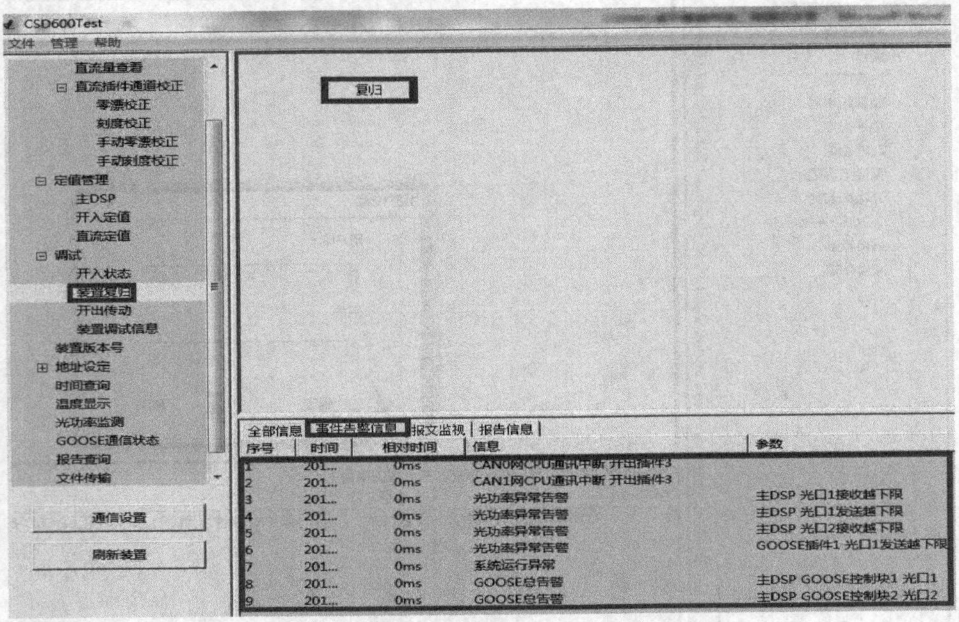

图 3-27　显示所有告警信息

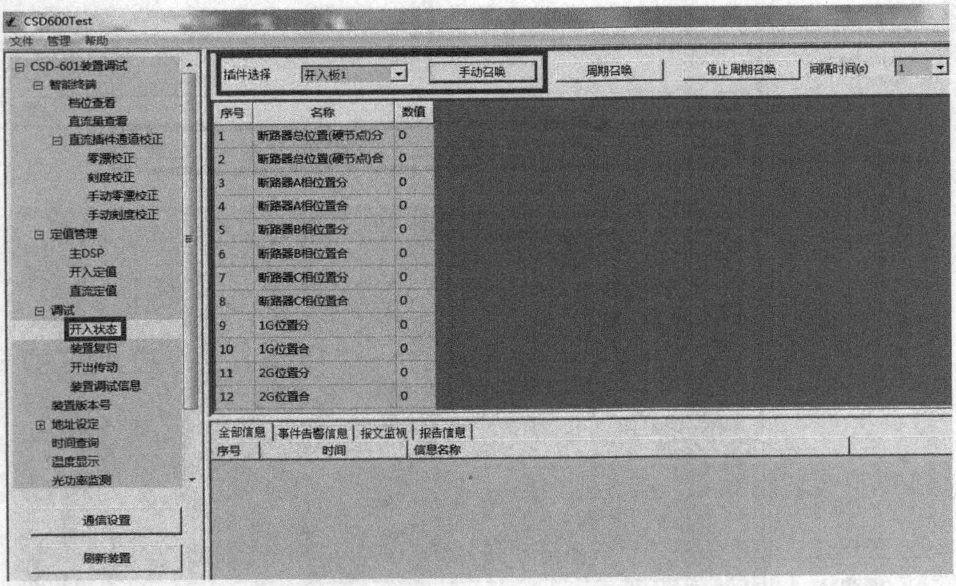

图 3-28　查看插件的开入状态

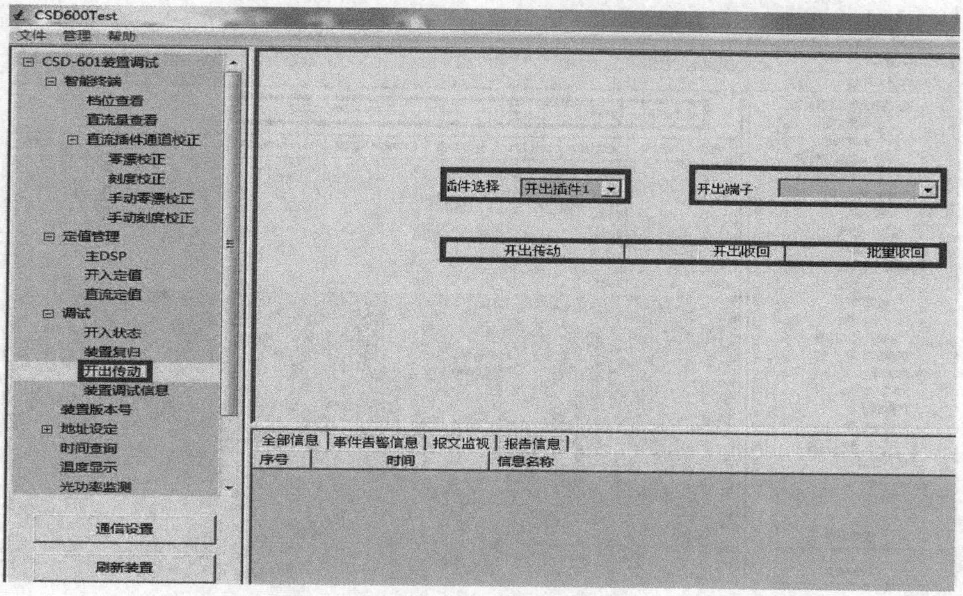

图 3-29 开出传动

（4）选择“装置调试信息”菜单，单击“组合逻辑”按钮，则显示所有逻辑输出状态，见图 3-30。

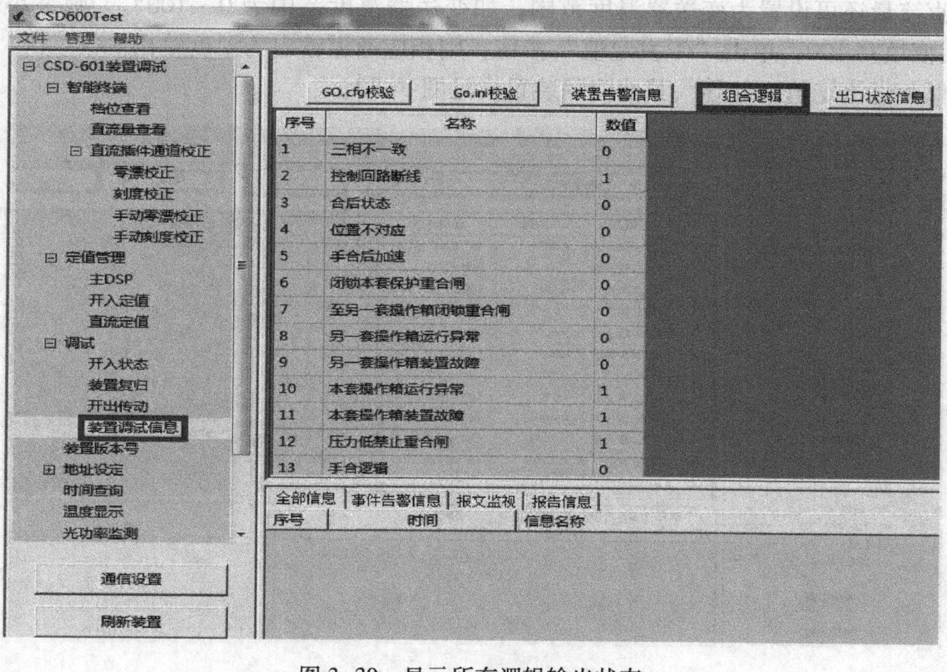

图 3-30 显示所有逻辑输出状态

（5）选择“GOOSE 通信信息”菜单，在“插件选择”下拉菜单选择待查看通信状态插件，单击“召唤 GOOSE 通信状态”按钮，则显示 GOOSE 订阅参数是否有不匹配信息，见

图 3-31。

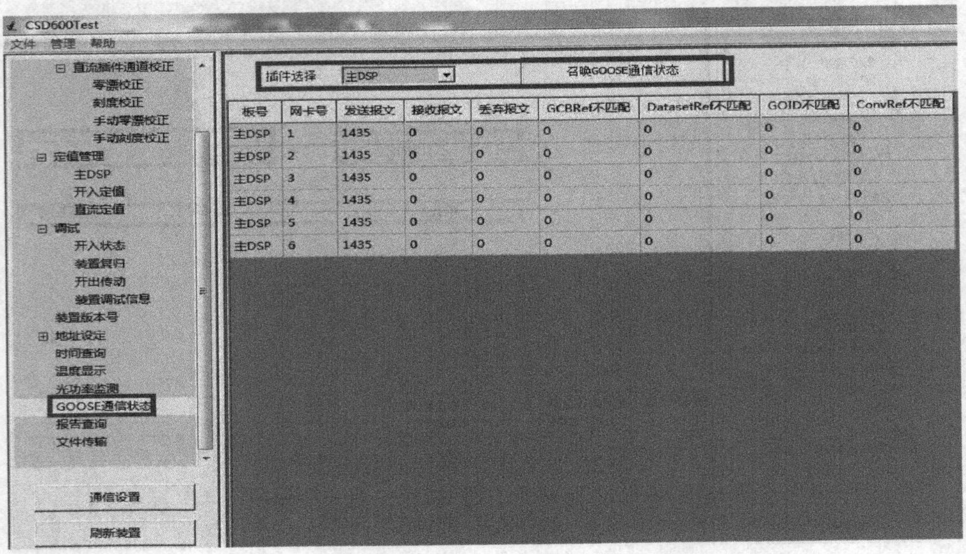

图 3-31　GOOSE 通信信息

（6）选择“直流定值”菜单，单击“召唤定值”按钮，设置直流 1 最小值为 4.000，设置直流 1 最大值为 20.000，定义直流板第一通道输出为电流输出，范围为 4～20mA。

各直流量还可设置为变送器温度范围，如变送器温度范围为 0～100℃，则最小值填写 0，最大值填写 100，单击“下发定值”按钮，则相应通道输出为温度输出。

可保存直流定值，并导入其他间隔装置，见图 3-32。

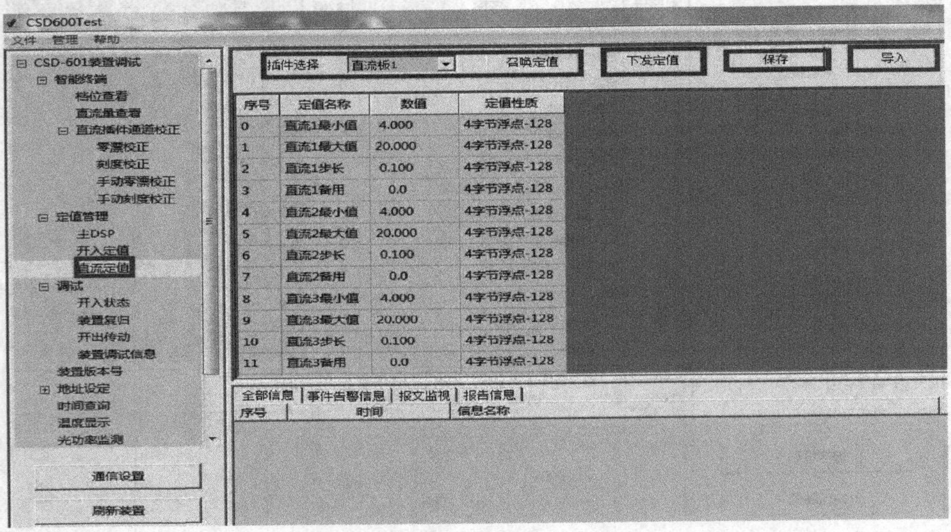

图 3-32　直流定值

（7）选择“直流量查看”菜单，单击“手动召唤”按钮，可查看各通道采样输出，见图 3-33。

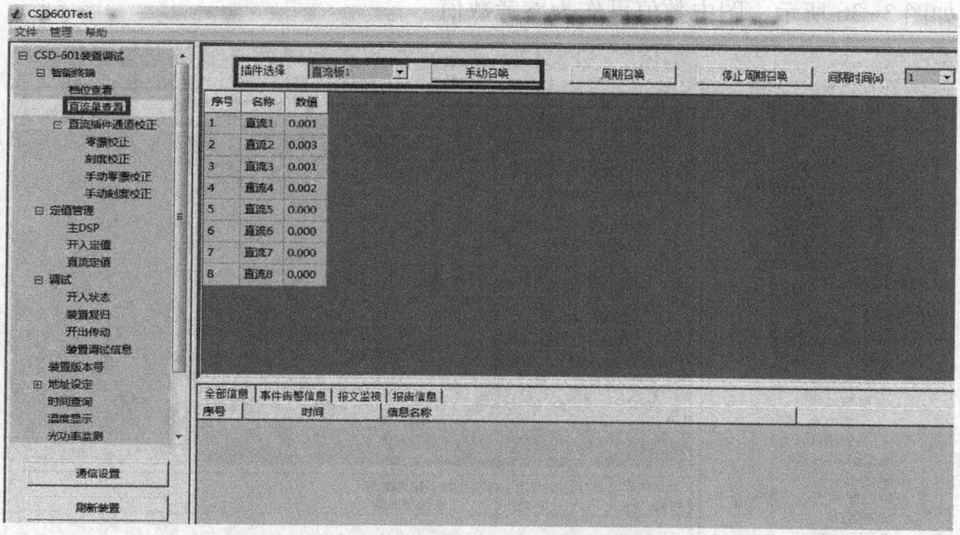

图 3-33 直流量查看

（8）选择“开入定值”菜单，在“插件选择”下拉菜单选择插件，单击“召唤定值”按钮，可查看相应开入通道对应数值，此值为防抖延时，默认为5ms，见图3-34。

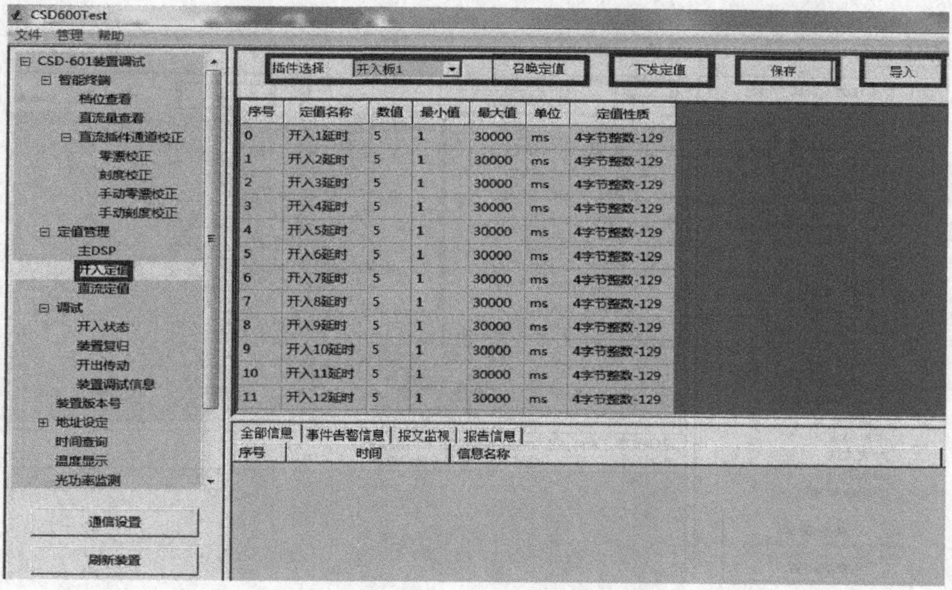

图 3-34 开入定值

（9）选择“手动零漂校正”菜单，单击“读取”按钮，可查看各通道对应数值。如某一通道零漂不准确，可在对应通道是否调整处选中复选框，输入正确数值，单击“调整”按钮，如图3-35所示，图中数值可作为参考。

（10）选择“手动刻度校正”菜单，单击“读取”按钮，可查看各通道对应数值。如某一通道刻度不准确，可在对应通道是否调整处选中复选框，输入正确数值，单击“调整”

按钮，如图 3-36 所示，图中数值可作为参考数值。

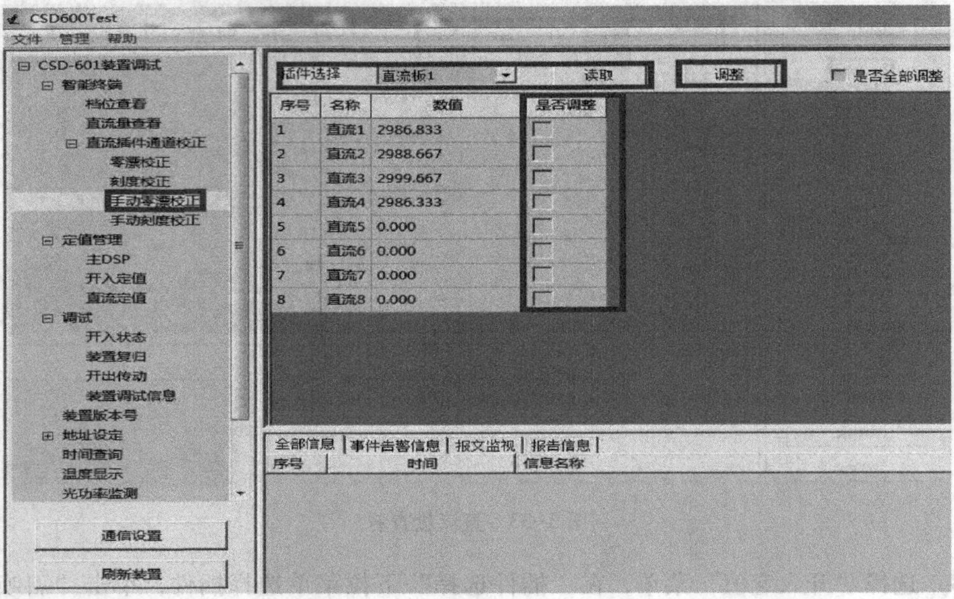

图 3-35 手动零漂校正

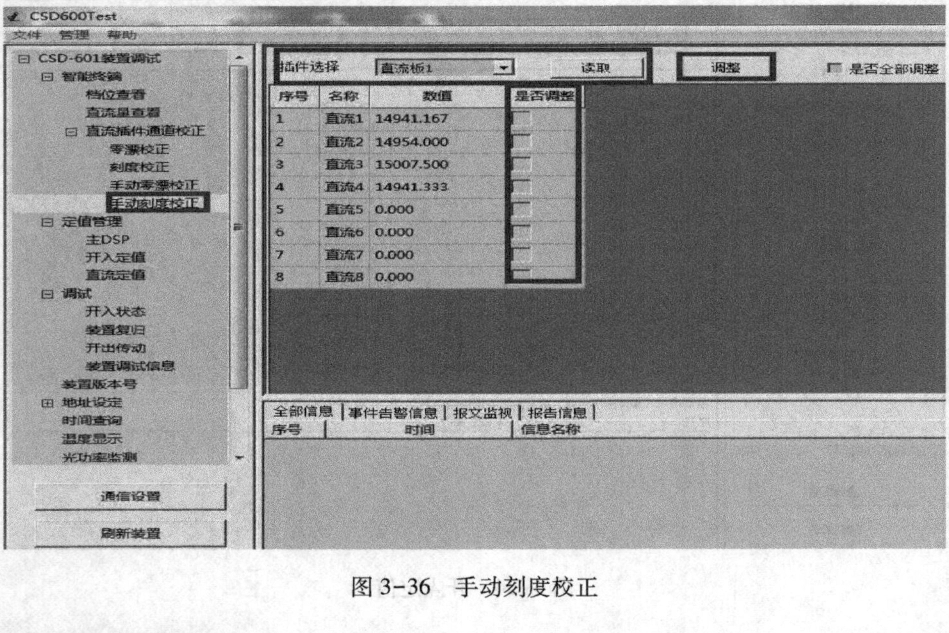

图 3-36 手动刻度校正

四、装置故障及处理方法

（一）插件更换后处理

1. 更换软件或 CPU 板

设备需更换软件或在运行中出现不能处理的问题须更换 CPU 板时：

（1）检查 CPU 板为更换装置使用。

（2）检查 CPU 板使用软件版本号及检验码。

（3）将原装置使用的配置文件下发到新 CPU 板。

（4）重启装置。

（5）按现场运行规程由运维人员做投运行前的其他相应试验。

2. 更换开入或开出插件

若需要更换开入或开出插件，首先检查插件地址跳线是否正确。更换后，查看插件版本。对于开入插件，测试其开入是否正常，对于开出插件，做相应开出传动试验，一切检查正常后方可投运。

3. 更换 DIO 插件

若需要更换 DIO 插件，首先检查地址跳线是否正确。更换后，查看插件版本、DIO 插件 LED 灯显示状态，检查开入状态及开出传动，一切检查正常后方可投运。

4. 更换直流插件

若需要更换直流插件，首先检查地址跳线是否正确。更换后，查看插件版本、直流插件 LED 灯显示状态、装置直流量采集状态，一切检查正常后方可投运。

5. 更换跳闸、合闸插件

若需要更换跳闸、合闸插件，更换后验证跳闸、合闸回路，一切检查正常后方可投运。

6. 更换电源插件

如需要更换电源插件，更换后查看电源插件背板 LED 灯应常亮，装置其他插件上电正常，一切检查正常后方可投运。

（二）软硬报文说明

1. GOOSE 告警报文输出解析

GOOSE 告警报文输出解析如表 3-7 所示。

表 3-7　GOOSE 告警报文输出解析

虚端子编号	虚端子定义	注释
GOOUT17	三相不一致	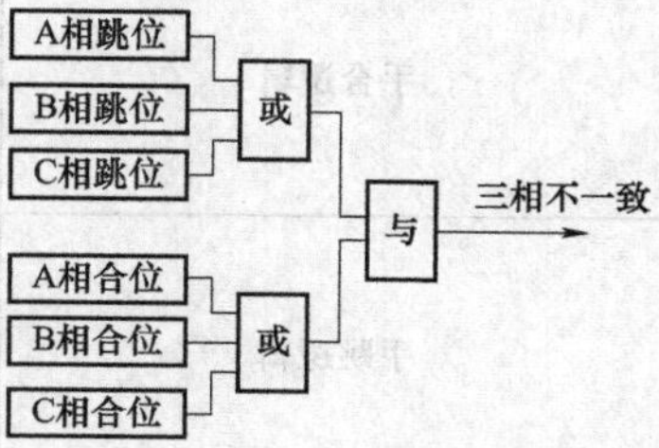
GOOUT18	控制回路断线	合闸回路监视与跳闸回路监视均无
GOOUT19	合后状态	手合、遥合、保护合闸的或与合位
GOOUT20	位置不对应	合后状态与跳位
GOOUT21	手合后加速	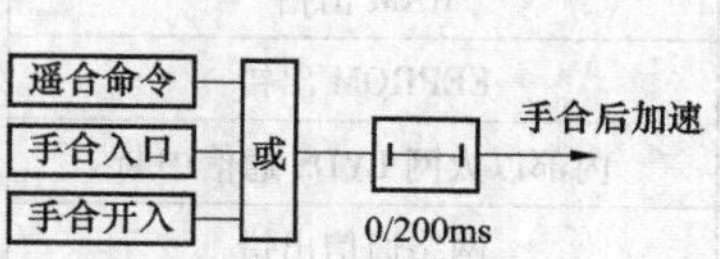

续表

<table>
<tr><th>虚端子编号</th><th>虚端子定义</th><th>注释</th></tr>
<tr><td>GOOUT22</td><td>闭锁本套保护重合闸</td><td>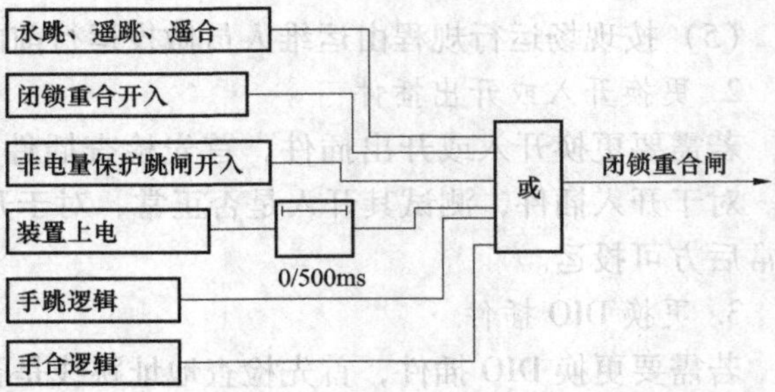
</td></tr>
<tr><td>GOOUT23</td><td>至另一套操作箱闭锁重合闸</td><td>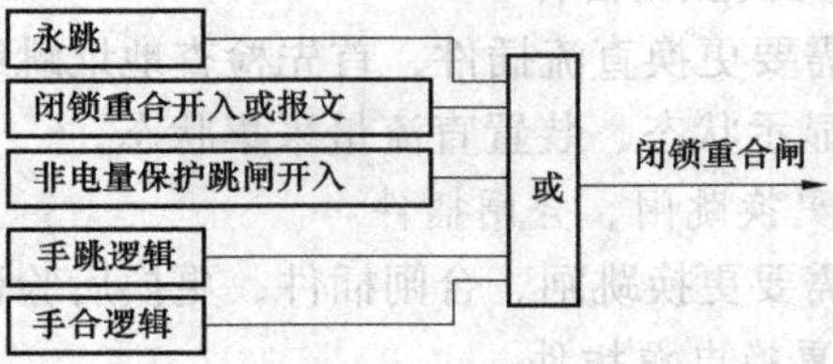
</td></tr>
<tr><td>GOOUT24</td><td>运行异常</td><td></td></tr>
<tr><td>GOOUT25</td><td>装置故障</td><td></td></tr>
<tr><td>GOOUT26</td><td>压力降低禁止重合闸逻辑</td><td>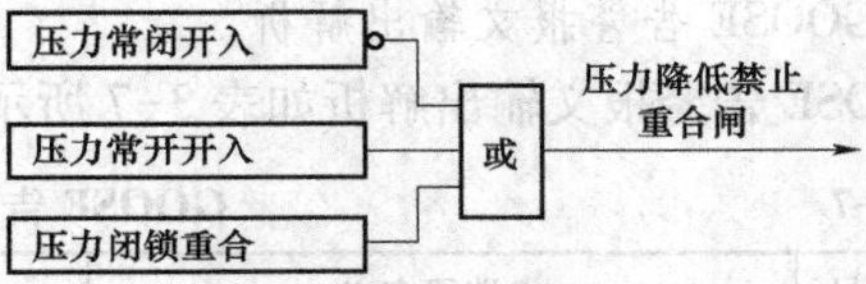
</td></tr>
<tr><td>GOOUT27</td><td>手合逻辑</td><td>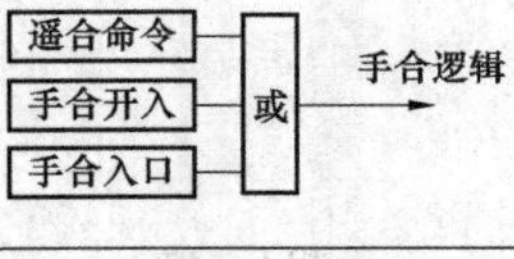
</td></tr>
<tr><td>GOOUT28</td><td>手跳逻辑</td><td>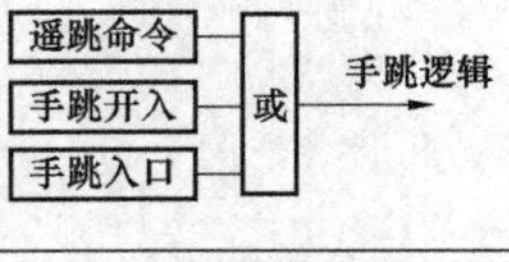
</td></tr>
<tr><td>GOOUT126</td><td>直流板采样出错</td><td rowspan="7">装置异常，告警节点闭合</td></tr>
<tr><td>GOOUT127</td><td>ROM 出错</td></tr>
<tr><td>GOOUT128</td><td>定值出错</td></tr>
<tr><td>GOOUT129</td><td>RAM 出错</td></tr>
<tr><td>GOOUT130</td><td>EEPROM 出错</td></tr>
<tr><td>GOOUT131</td><td>内部以太网 LVDS 通信中断</td></tr>
<tr><td>GOOUT132</td><td>网络通信出错</td></tr>
</table>

续表

虚端子编号	虚端子定义	注释
GOOUT133	CAN0 网 CPU 通信中断	装置故障，闭锁节点闭合
GOOUT134	CAN1 网 CPU 通信中断	
GOOUT135	CAN2 网 CPU 通信中断	
GOOUT136	FPGA 通信异常	
GOOUT137	开出检验出错	
GOOUT138	对时异常	对时信号异常
GOOUT140	GCB1 A 网（网口 1）通信中断	组网口接收的控制块异常，具体 1、2、3……的顺序需与 G1. i 中接收配置对应
GOOUT141	GCB1 B 网（网口 2）通信中断	
GOOUT142	GCB1 接收配置错	
GOOUT143	GCB2 A 网（网口 1）通信中断	
GOOUT144	GCB2 B 网（网口 2）通信中断	
GOOUT145	GCB2 接收配置错	
GOOUT146	GCB3 A 网（网口 1）通信中断	
GOOUT147	GCB3 B 网（网口 2）通信中断	
GOOUT148	GCB3 接收配置错	
GOOUT149	GCB4 A 网（网口 1）通信中断	
GOOUT150	GCB4 B 网（网口 2）通信中断	
GOOUT151	GCB4 接收配置错	
GOOUT152	GCB5 A 网（网口 1）通信中断	
GOOUT153	GCB5 B 网（网口 2）通信中断	
GOOUT154	GCB5 接收配置错	
GOOUT155	GCB6 A 网（网口 1）通信中断	
GOOUT156	GCB6 B 网（网口 2）通信中断	
GOOUT157	GCB6 接收配置错	
GOOUT158	GCB7 A 网（网口 1）通信中断	
GOOUT159	GCB7 B 网（网口 2）通信中断	
GOOUT160	GCB7 接收配置错	
GOOUT161	GCB8 A 网（网口 1）通信中断	
GOOUT162	GCB8 B 网（网口 2）通信中断	
GOOUT163	GCB8 接收配置错	
GOOUT164	GCB9 A 网（网口 1）通信中断	
GOOUT165	GCB9 B 网（网口 2）通信中断	
GOOUT166	GCB9 接收配置错	
GOOUT167	GCB10 A 网（网口 1）通信中断	
GOOUT168	GCB10 B 网（网口 2）通信中断	
GOOUT169	GCB10 接收配置错	

续表

虚端子编号	虚端子定义	注释
GOOUT169	直跳（网口2）GO 通信中断	直跳（网口）2 接收异常
GOOUT170	直跳（网口2）GO 接收配置错	
GOOUT171	直跳（网口3）GO 通信中断	直跳（网口）3 接收异常
GOOUT172	直跳（网口3）GO 接收配置错	
GOOUT173	直跳（网口4）GO 通信中断	直跳（网口）4 接收异常
GOOUT174	直跳（网口4）GO 接收配置错	
GOOUT175	直跳（网口5）GO 通信中断	直跳（网口）5 接收异常
GOOUT176	直跳（网口5）GO 接收配置错	
GOOUT177	直跳（网口6）GO 通信中断	直跳（网口）6 接收异常
GOOUT178	直跳（网口6）GO 接收配置错	

2. 硬接点开出告警

DIO 插件的 a10-a12、c10-c12：告警输出节点，当装置有告警时节点闭合。

DIO 插件的 a10-a14、c10-c14：闭锁输出节点，装置出现闭锁故障时节点闭合。

（三）压板说明

检修压板：正常运行时退出此压板。

出口压板：正常运行时投入此压板。

（四）装置告警处理措施

（1）硬件缺陷、光口损坏、装置电源失电等故障，建议联系生产厂家处理。

（2）内部操作回路损坏，表现为继电器拒动、抖动、遥信丢失等。首先检查开入/开出量是否正确，检查装置接受发送的 GOOSE 报文是否正确，装置 CPU 运行是否正常。排除以上情况，如确定为内部元器件损坏，建议联系生产厂家处理。

（3）CPU 插件、液晶面板（如有）等功能器件不正常工作，表现为运行指示灯不正常、面板显示内容异常或黑屏/白屏等，建议直接联系厂家，更换功能插件。

装置运行中常见故障及处理方法如表 3-8 所示。

表 3-8　　装置运行中常见故障及处理方法

序号	告警报文名称	告警报文含义	建议采取措施
1	CAN0/1 网 CPU 通信中断开入插件 3	含义如报文所示	1）地址跳线没有跳对； 2）出厂调试配置文件中配置了开入 3，但实际硬件没有配置开入 3 板； 3）插件与后背板松动，重新插拔插件； 4）插件故障
2	CAN0/1 网 CPU 通信中断开出插件 2	含义如报文所示	1）地址跳线没有跳对； 2）出厂调试配置文件中配置了开出 2，但实际硬件没有配置开出 2 板； 3）插件与后背板松动，重新插拔插件； 4）插件故障

续表

序号	告警报文名称	告警报文含义	建议采取措施
3	光功率异常告警——光口1、3、4、5、6发送越下限	光口发送越下限	规范要求装置发送功率范围为-20～-14dBm，发送越下限告警常见为装置对应光口未插光模块。光功率告警不会置总告警
4	光功率异常告警——光口1/2接收越下限	光口接收越下限	规范要求装置接收功功率范围为-31～-14dBm，常见接收越下限原因是对应光口未与订阅装置建立通信连接
5	GOOSE总告警："主DSP GOOSE控制块1光口1"	光口1GOOSE接收通信中断	CPU板1口SUB1接收通信中断。可通过调试工具界面"GOOSE通信状态"菜单查看是否为通信参数问题导致告警

五、智能终端柜的运行维护和操作

1. 智能终端柜的运行维护

（1）智能终端柜长期在室外运行，在人员查看后，必须将门锁好，以防淋雨和雾气进去，影响设备运行。

（2）要保护智能终端柜，防止其他物体撞击。

（3）要保证智能终端柜内的温湿度控制仪常年工作在运行状态。冬天时加热器在加热状态，风扇停止工作；夏天时加热器停止，风扇工作。要保证柜内温度在5～30℃，相对湿度在80%以下。

（4）智能终端柜的所有直流和交流空气开关都在投入位置，即各个智能终端柜内的各个电源供应正常，只有在检修某一设备时，才将其对应的空气开关断开。

2. 智能终端柜的操作投运

（1）智能终端柜的操作。当需要就地操作开关时，要解除五防闭锁后进行分合，操作完成后要将操作把手打在远方位置；在各个间隔停运解备后，根据检修人员的要求退出硬压板和断开背面各个电源空气开关。

（2）智能终端柜的投运。在投运前检查所有空气开关位置均在合位，运行指示灯亮，其余指示灯灭；其他位置指示灯指示的相应开关位置与实际位置一致正确，开关位置指示正确。复归装置信号，根据调度令检查并投退硬压板，核定定值清单，无误后存档；如果某装置告警灯无法复归，则应通知相关部门处理，告警灯全部熄灭后才能进行投运。

3. 其他注意事项

（1）运行中不允许不按操作程序随意按动面板上的键盘。

（2）特别不允许随意操作如下命令：

1）开出传动；

2）修改定值、固化定值；

3）设置运行CPU；

4）改变本装置在通信网中的地址。

（3）当保护动作跳闸后，要检查智能终端柜内智能终端装置点亮的红灯和保护动作情况、断路器箱上指示的开关位置是否正确，压板投入是否正确。待跳闸问题查清后，将相应装置复归一次。

（4）智能终端装置上告警灯和网络异常灯点亮时，说明智能接口到室内该间隔相关装置的光纤网络有断开点，此时会影响对一次设备的操作和保护，问题比较严重，应查看该间隔所有设备是否有失电情况，如果复归不了，则应通知相关调度和检修部门进行处理。开关箱上告警灯亮时，说明开关箱内部电路有问题，已经不能分合开关，但不影响保护跳开关，此时应同时联系相关部门进行处理。在断路器箱上，当分合闸位置指示灯全亮或者指示灯全部熄灭时，说明控制回路断线，如果伴随着相应电源指示灯熄灭，说明该段直流电源消失，要及时恢复直流电源。如控制回路仍然断线，则要通知相关部门进行处理。

第四章

智能变电站继电保护

第一节　智能变电站继电保护概述

一、继电保护概述

在电力系统中，除应采取各项积极措施消除或减少发生故障的可能性以外，一旦发生故障，必须迅速而有选择性地切除故障元件，这是保证电力系统安全运行的有效方法之一。切除故障的时间常常要求小到十分之几甚至百分之几秒，实践证明只有装设在每个电气元件上的保护装置才有可能满足这个要求。直到目前为止，这种保护装置大多是由单个继电器或继电器与其附属设备的组合构成的，故称为继电保护装置。在电力式静态保护装置和数字式保护装置出现以后，虽然继电器已被电力元件计算机所代替，但仍沿用此名称。在电业部门常用继电保护一词泛指继电保护技术或由各种继电保护装置组成的继电保护系统。继电保护装置一词则指各种具体的装置。

继电保护装置是一种能反应电力系统中电气元件发生故障或不正常运行状态，并动作于断路器跳闸或发出信号的自动装置。它的基本任务如下：

（1）自动、迅速、有选择性地将故障元件从电力系统中切除，使故障元件免于继续遭到破坏，保证其他无故障部分迅速恢复正常运行。

（2）反应电气元件的不正常运行状态，并根据运行维护的条件（如有无经常值班人员），而动作于发出信号、减负荷或跳闸。此时一般不要求保护迅速动作，而是根据对电力系统及其元件的危害程度规定一定的延时，以免不必要的动作和由于扰而引起的误动作。

适用于智能变电站的保护和测控装置与传统装置相比，主要区别在于这些智能化二次设备配置了能够接收电流/电压数字信号的光纤接口和（或）能够通过 GOOSE 网络交换开关信号的光纤以太网接口，其他功能变化不大。

二、智能变电站对继电保护的影响

智能变电站可分为过程层、间隔层和站控层，分别实现不同的功能。过程层设备主要包括电子式电流互感器（Electronic Current Transformer，ECT）、电子式电压互感器（Electronic Voltage Transformer，EVT）、智能开关、智能变压器等智能一次设备。目前采用常规开关加智能操作箱的过渡方案也属于过程层。过程层设备具有自检测、自描述功能。通过过程层网络给间隔层设备提供一次设备信息，接受间隔层设备的控制命令。间隔层设备包括保护及测控设备、测量表计等。站控层设备包括管理机、远动工作站、监控系统等，主要功能是为变电站提供运行、管理、工程配置的界面，记录变电站内的相关信息，同时可将站内信息转化为远动和集控设备所能接受的协议规范，实现监控中心远方控制。站控层设备建立在IEC 61850的模型基础上，具有面向对象的统一数据建模。智能变电站对继电保护的影响主要体现在以下两个方面：

（1）简化二次接线设计。ECT 和 EVT 实现了数字化输出，并借助光纤传输，不仅增强了抗干扰能力，而且完全摒弃了传统互感器的二次交流回路，不再有二次回路开路及短路接地的传统概念，真正实现了一、二次系统之间的电气隔离。由于智能开关的应用，现场执行机构的控制与主控室的保护及测控设备之间已没有直接的电联系，现场的智能开关单元作为终端设备接受并执行控制命令，各单元之间界限分明，可减少现场继保工作人员误接线、误触碰等情况，同时可简化断路器控制回路的二次接线设计，减少继电保护装置的 I/O 插件。

（2）简化变电站继电保护的配置。由于 GOOSE 通信技术的应用，可以实现同一标准平台上的实时信息数据共享，从而简化了继电保护的配置。

三、智能变电站继电保护配置特点

1. 继电保护的 GOOSE 需求分析

电力系统继电保护有 4 个基本要求，即选择性、速动性、灵敏性和可靠性。其中，选择性和灵敏性与继电保护系统（包括量测和保护通信）相关，GOOSE 主要影响继电保护的速动性和可靠性。在相同的一次、二次设备条件下，与传统保护接点直接跳闸方式相比，继电保护采用 GOOSE 报文经网络发信给智能操作箱的方式增加了中间环节，保护总动作时间有所延长，关键在于这段延时能否稳定地控制在一定的时间范围内。采用 GOOSE 后，继电保护通过网络传输跳闸和相互之间的启动闭锁信号。与传统回路方式相比，可靠性主要体现在网络的可靠性、运行检修及扩建的安全性上。

2. 电子式互感器接入保护装置设计方案

以 220kV 线路保护要求双重化配置为例，即配置两套相互独立的全线速动保护，这就需要两套相互独立的合并单元为同一条线路的不同 220kV 线路保护提供电流/电压信号，并且要求两个合并单元使用不同的电流传感器及电压传感器（见图 4-1）。

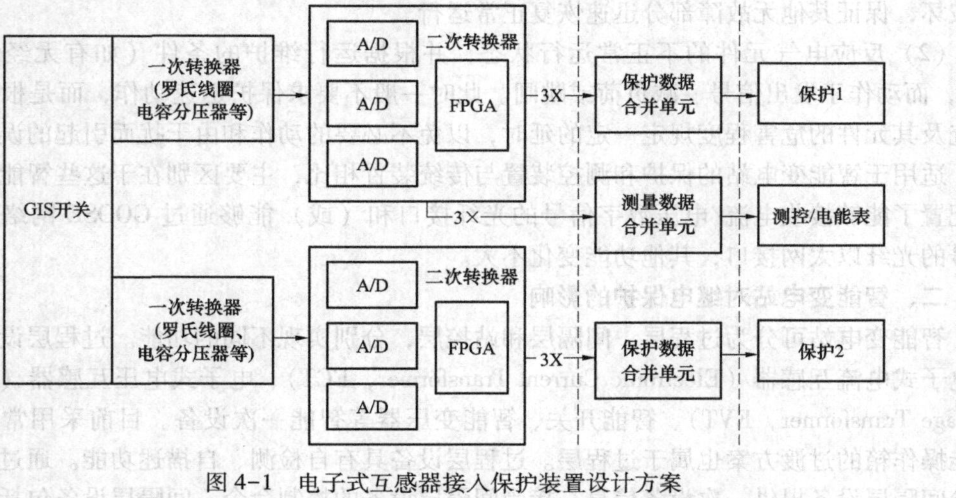

图 4-1　电子式互感器接入保护装置设计方案

四、智能变电站继电保护配置方案

智能变电站是变电站综合自动化技术的发展方向，其基本特征包括采用电子式互感器和智能开关实现设备智能化、采用光纤通信替代二次电缆实现信息传输网络化，以及按照IEC 61850标准实现信息模型、通信协议标准化。

目前的智能变电站保护配置方案可以分为常规保护配置方案和系统保护配置方案。

1. 常规保护配置方案

常规保护配置方案如图4-2所示。

（1）和采用常规互感器的保护配置一样，按对象进行配置，如主变压器保护、线路保护、母线保护、开关保护等。

（2）将原来保护装置的交流量输入插件更换为数据采集光纤通信接口，I/O接口插件换为GOOSE光纤通信接口，CPU插件模拟量处理更换为通信接口处理。

（3）原来的操作插件转移到智能操作箱上，保留部分开入作为压板投退，开出的压板投退取消或转移到智能操作箱上。

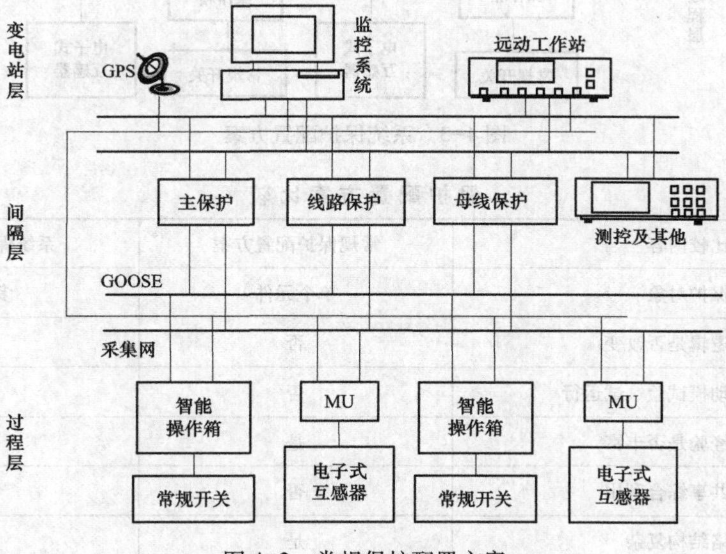

图4-2 常规保护配置方案

2. 系统保护配置方案

系统保护配置方案如图4-3所示。

（1）采用双重化配置原则，每一套系统保护装置都可以完成全站所有设备的继电保护功能，同时可以完成测控功能。

（2）每一套系统保护都包括所有主变压器、线路及母线的保护与测控等，在原理上两套保护完全一样，可互为备用，可独立投退。

3. 保护配置方案比较

与常规保护配置方案比较，系统保护配置方案可以保护多个对象元件，将信息共享综合利用，设备数量少，网络结构简单，但目前还缺少运行经验。保护配置方案如表4-1所示。

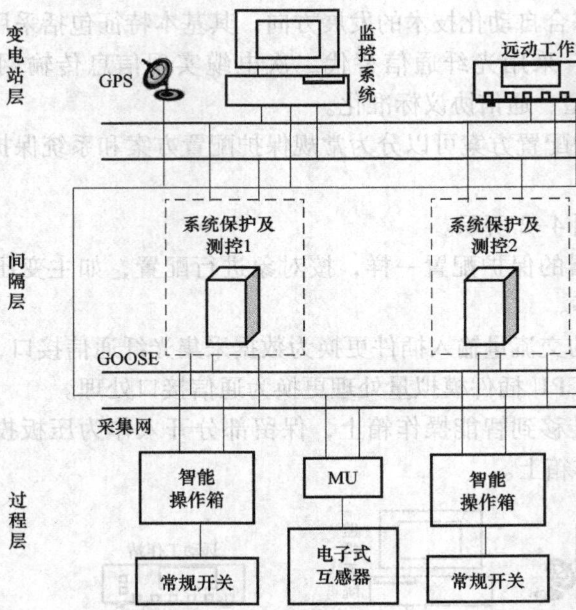

图 4-3　系统保护配置方案

表 4-1　**保护配置方案比较**

比较内容	常规保护配置方案	系统保护配置方案
保护对象	单个元件	多个元件
保护逻辑是否改变	否	是
是否需要动模试验、试运行	否	是
运行经验是否丰富	是	否
信息共享综合利用	否	是
网络结构复杂	是	否
设备数量	多	少

系统保护配置方案对保护配置进行了一次全面的改革，多套保护功能运行于一套装置内，便于系统分析故障行为及全站信息集中共享，有利于进行综合判断。该方案保护装置的数量很少，站控层的网络结构简单，但对保护装置的要求高。另外，由于运行经验少，现场运行调试人员对此方案不熟悉。简化二次接线设计和变电站继电保护的配置，继电保护应考虑如何适应这种变化，尽快实现比较合理的保护配置。常规保护配置方案和采用常规互感器时的保护配置一样，按对象进行配置，保留保护的种类与逻辑图，且有丰富的运行经验，容易被现场的继保人员掌握，是一种容易实现的过渡方案。系统保护配置方案可以减少设备数量，简化网络结构，是智能变电站继电保护发展的方向，但运行经验较少。

第二节　智能变电站继电保护及自动装置

一、数字式变压器保护装置

对于大型变压器保护，在原有的二次谐波原理、波形对称原理基础上，针对目前大型变压器采用新的铁芯材料及合闸电阻的使用给现有励磁涌流闭锁原理的研究带来了新的影响。在智能变电站，尤其在电子式互感器应用中，相比 RC 低通滤波的 AD 采样方式，保护装置的模拟量采集处理方式的励磁涌流的特征（尤其是谐波特征）更为明显，所以保护原理无须做进一步改进。对于 220kV 及以下变压器保护，逐渐采用保护测控一体装置，保护装置采用保护 CPU 和测控 CPU 分别完成相应的功能。

非电量保护仍然采用继电器回路直跳方式，但同时能够输出相应的 GOOSE 信息，即保证可靠性，并且在智能变电站中能够支持数字量接口。

在智能变电站中，变压器保护的数字量接口形式取决于过程层的组网形式。在点对点方式下，各侧合并单元和智能终端的 IEC 61850-9-2 和 GOOSE 报文与变压器保护直接相连；在过程层组网形式下，通过交换机进行数据交换。

二、数字式线路保护装置

和传统装置相比，数字式线路保护装置的开关量、模拟量均通过光纤以太网通信获得，目前采样值的光纤接口为 SV 接口，开关输入量的光纤接口为 GOOSE 接口，在装置上独立设置。跳闸输出和开关量输入共用一个 GOOSE 接口，对应的 GOOSE 输出及 GOOSE 输入无须分开。数字式线路保护装置不仅可以满足线路两端都是智能变电站的情况，而且能与传统线路保护装置配合，共同完成光纤纵差保护功能。对于传统侧与数字化侧的采样延时不一致现象，可以通过保护定值或算法完成补偿。

三、数字式母差保护装置

母差保护根据其形式可以分成集中式母差保护与分布式母差保护。

1. 集中式母差保护

集中式 220kV 和 110kV 母差保护的配置形式相接近，由数字化母差保护和各间隔合并单元、各间隔智能终端组合实现。

组网模式：各间隔智能终端提供开关位置等遥信通过 GOOSE 网络上传到母差保护装置。对于采样值组网的方式，各间隔合并单元的数据通过网络上传到母差保护装置。母差保护动作出口的 GOOSE 通过 GOOSE 网络发送给各间隔智能终端。在组网方式下，母差保护装置的容量受网络报文流量大小的限制。目前装置和交换机光纤口一般采用 100Mbit/s 流量，单口同时接入的合并单元数量建议不多于 6 个。

直采直跳模式：各间隔合并单元将数据转换成 IEC 61850-9-2 或 FT3 格式发送到母差保护装置，实现母差保护的采样。开关位置等遥信与母差保护出口都通过 GOOSE 点对点形式与各间隔智能终端进行数据交换。但在直采直跳方式下，接入一个间隔需要增加 SV 接口、GOOSE 接口两个光纤口，母差装置的容量受光纤接口数量的限制，一般建议用在 10 个间隔以下的情况。

2. 分布式母差保护

分布式母差保护按结构划分，分为有主站分布式母差保护和无主站分布式母差保护。它们的共同之处是在被保护母线所连接的每一个元件回路上装设一个母线保护单元。它们的不同点在于，有主站分布式母差保护还有一个后台主机，主机通过通信网汇总所有单元采样数据、开关状态等信息供母差保护完成功能计算，并向相关回路的母线单元发出跳闸命令，回路上装设的母线保护单元只负责采样和执行跳闸；无主站分布式母差保护无共用的后台主机，每个保护单元除了对本回路的电流进行采样外，还通过通信网络接收其他所有回路电流的采样值。在本单元内通过计算比较即可独立检测和判断母线的故障，一旦某个保护单元判断为母线故障，只将其本身回路从母线上断开，而不影响其他回路。

对于分布式母差保护，子机与过程层设备（合并单元、智能终端）直接接口，跳闸与采样由子机完成，主机与子机保持通信并进行逻辑运算等工作。分布式母差保护的子机可以就地放置，实现部分间隔的集中采样，配置灵活。分布式母差保护与直采直跳的原则并不矛盾，子机与各间隔合并单元、智能终端之间仍采用点对点的连接方式。采用分布式母差保护可以极大地提高母差保护的容量。

10kV 母差保护的配置需要与开关柜内的四合一装置（保护装置+测控装置+合并单元+智能终端）或者低压智能终端配合，当间隔多时可采用分布式母差保护。10kV 母差保护通过接收各个间隔四合一装置或低压智能终端的 IEC 61850-9-2 或 FT3 的报文来进行采样。母差保护的出口通过 GOOSE 报文传输到各个间隔四合一装置或低压智能终端进行跳闸出口。如果采用低压智能终端模式，则要配置相应的低压保护测控装置与其配合，这种方案常见于低压保护集中组屏模式。10kV 母差保护采样也可以采取单独组网的方式。

四、数字式备自投装置

随着变电站的数字化发展趋势，传统的二次电缆为网络所取代，变电站的各过程层装置、各间隔层装置可以通过网络实现信息共享，传递配置和控制命令。采用这些技术的备用电源自动投入装置（简称备自投）称为分布式备自投。分布式备自投的实现有 3 种方式：

（1）基于过程层采样值（SV）传输的分布式备自投；

（2）基于间隔层 GOOSE 报文的分布式备自投；

（3）基于监控系统的网络备自投。

1. 基于 SV 传输的分布式备自投

基于 SV 的分布式备自投的思想和传统备投方式相同，设置专门的备投装置，所以也可以称为数字化集中式备自投，装置采集信号量和交流量采样信息，同时发出控制命令。智能变电站的信号和采样信息发生重大改变，传统的备投实现方式需要进行改变。基于 SV 的分布式备自投在传统备投的基础上利用网络采集方式实现。

基于 SV 的分布式备自投采集交换机上共享的采样信息和 GOOSE 信息，并对数据进行逻辑分析，满足条件时备自投装置充电，满足备自投动作条件后备自投装置出口完成备投的功能。备自投装置出口通过向过程层网络发送 GOOSE 报文来实现跳合闸，相应间隔保护收到 GOOSE 报文后闭锁重合闸，间隔智能终端收到相应的 GOOSE 报文后出口。基于 SV 的分布式备自投的逻辑功能和传统备投相同。

2. 基于间隔层 GOOSE 报文的分布式备自投

此方案不设置专门的备自投装置，设立一个备自投逻辑单元，可以将此逻辑单元整合在分段保护或者其他保护测控装置中。

基于数字化传输网络的 GOOSE 方式网络备自投功能由不同保护对象的间隔层装置共同

完成，由进线测控装置完成进线开关位置和有流、无流判别；由分段测控装置完成分段开关位置采集；由母线测控装置完成母线有压、无压判别；将获得的信息通过网络传输给主逻辑单元（虚拟），完成运行方式识别和动作逻辑判断。逻辑输出结果以 GOOSE 方式传输给分散执行单元，完成开关的跳合。

和传统备自投方案相比较，传统备自投设置独立的备自投装置，通过交流电缆完成对母线电压、进线电流的采集；通过信号电缆完成对开关位置信息的采集。对所有信息的采集均在备自投装置中实现判别。备自投动作后以继电器接点形式，通过电缆传输给断路器完成相应的跳合闸。而分布式备自投通过相应的测控装置完成备自投功能所需的所有模拟量和开关量的采集，如果单独设立备自投，对这些量又进行了重复采集，设置较多的二次电缆，投运检修不方便，逻辑更改也不方便。而通过分布式备自投利用已有的数字化网络结构，以 GOOSE 信息方式传输给主逻辑单元，逻辑处理结果再以 GOOSE 信息形式发出，完成整个备自投功能，这种方案是智能变电站信息共享的体现，也是不重复设置装置的体现。

3. 基于监控系统的网络备自投

此方案在监控系统上专门做一个备自投的软程序，类似于 VQC，基于小电流接地选线的思想，通过测控装置上传的采样数据和开关量信息，完成逻辑运算，实现备自投功能。此方案是在监控系统平台上实现的，备自投逻辑可以在线编程，可移植性强；网络备自投借助已有的设备实现备自投功能，可以实现数据共享，减少设备投入，此方式是否满足变电站运行需求有待实际工程验证。

五、数字式故障录波装置

故障录波器从功能上主要分 5 个模块：数据采集（包括模拟量采集和开关量采集）、录波启动、波形记录、故障分析、对外通信。传统故障录波器和数字化故障录波器的主要区别是数据采集和对外通信不同：在传统故障录波器中，模拟量和开关量通过硬电缆接入装置，装置通过 A/D 采集单元和状态采集单元分别获取模拟量值和开关量状态，与监控、调度的通信采用 IEC 60870-5-103 规约；而数字化故障录波器的模拟量和开关量是直接通过网络从交换机或合并单元获取的，数据采集变成了通信获取。从 IEC 61850-9-1、IEC 61850-9-2、FT3 中解析出录波器所要录取的电压量、电流量，从 GOOSE 报文中解析出开关量状态，对外通信采用 MMS。

数字化故障录播装置的交流量采样分为两种：点对点模式、组网模式。对于开关量的采样，直接通过从网络上接收 GOOSE 报文，并对报文进行解析。

（1）点对点模式：在智能变电站中，过程层合并单元的报文进行点对点传输时，故障录波装置进行集中式录波需要配备数据集中器，将各间隔合并单元发送的报文进行重新组合后，由数据集中器发送到故障录波装置。故障录波的点对点采样值输入采用 FT3 协议。

（2）组网模式：在智能变电站中，过程层合并单元报文进行组网时，故障录波装置从过程层网络采样。直接从 IEC 61850-9-2 网络采样受网络带宽限制，故障录波装置使用千兆网口，或者分多百兆网口、多 CPU 进行采样处理。

六、数字化减载装置

1. 区域安全稳定控制

智能变电站安全稳定控制装置可采用分布式架构，用一台适用智能变电站决策主机 SSC510UX 及可接入光电互感器的 SSC510UF 前置采集装置实现。

基于智能变电站安全稳定控制装置的交流量采样模式分为两种：点对点模式、组网模式。跳闸模式采用点对点跳闸模式和 GOOSE 组网模式。目前对智能变电站安全稳定控制装置的组网模式还没有明确的规定，在需要安全稳定控制装置快速跳闸的情况下，跳闸应当采用点对点直接跳闸方式。

安全稳定装置接入间隔较多，采用分布式结构，由决策处理机和前置处理机组成，决策处理机与前置机之间采用光纤通信，协议采用 HDLC 自定义规约。前置处理机按照系统接入的规模进行灵活配置。为了方便工程实施，前置处理机可以按照电压等级进行配置，接入的模拟量的方式与母差保护相当，但是各间隔之间不需要考虑数据同步问题，如图 4-4 所示。

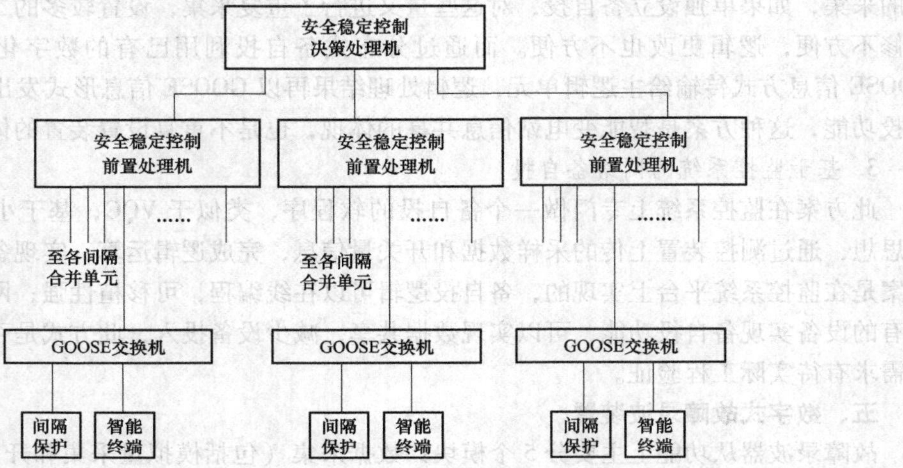

图 4-4　采样值点对点、跳闸组网方式

目前每台前置处理机考虑接入 6 个间隔的数据，即 36 路模拟量。如果接入 3/2 接线方式的间隔，则需要单独进行考虑。

2. 频率电压紧急控制装置

适用于智能变电站的频率电压紧急控制装置的类型较多，SSE520U 型号是其中一种。该装置可接入光电互感器信号。装置的主要功能为低频减负荷、低压减负荷，可以提供的出口和轮次更多，功能更全。

SSE520U 装置的主要模块：采集母线电压、计算系统频率电压、逻辑判别、跳闸切除负荷线路，装置一般不采集开入量。基于频率电压紧急控制装置的智能变电站和传统变电站的区别如表 4-2 所示。

表 4-2　基于频率电压紧急控制装置的智能变电站和传统变电站的区别

比较内容	智能变电站	传统变电站
交流采集	通过通信采集，支持 IEC 61850-9-1、IEC 61850-9-2、FT3 规约	通过 A/D 采集单元采集
跳闸模式	支持就地接点跳闸或 GOOSE 跳闸	就地接点跳闸
监控系统	支持 IEC 103、IEC 61850 规约	支持 IEC 103、IEC 61850 规约
开入量	一般不采集开入量，功能压板通过软压板设置	一般不采集开入量，功能压板通过硬、软压板设置

3. 电网解列装置

适用于智能变电站的解列装置为SSD540U失步解列装置。该装置自2008年开始研发，目前已基本研制完成，具备在现场运行的条件。该装置的主要功能是失步解列、低频低压解列等。

SSD540U装置的主要模块：采集母线电压、电流，计算系统频率电压、功率、相位角，逻辑判别，跳闸解列线路，装置一般不采集开入量。基于电网解列装置的智能变电站和传统变电站的区别如表4-3所示。

表4-3　基于电网解列装置的智能变电站和传统变电站的区别

比较内容	智能变电站	传统变电站
交流采集	通过通信采集，支持IEC 61850-9-1、IEC 61850-9-2、FT3规约	通过A/D采集单元采集
跳闸模式	支持就地接点跳闸或GOOSE组网跳闸	就地接点跳闸，支持GOOSE跳闸
监控系统	支持IEC 103、IEC 61850规约	支持IEC 103、IEC 61850规约
开入量	一般不采集开入量，功能压板通过软压板设置	一般不采集开入量，功能压板通过硬、软压板设置

七、数字式低压设备装置

开关柜内的电流互感器、电压互感器可以使用电子式互感器，输出形式可以是小信号模拟量或者数字量。通过在开关柜内安装四合一装置或者低压智能终端（合并单元+智能终端）来进行配置。四合一装置或低压智能终端提供GOOSE与数字化采样接口，与电能表、母差装置进行通信。目前四合一装置或低压智能终端的输出格式可以是IEC 61850-9-1、IEC 61850-9-2和IEC 60044-8（FT3），完全满足应用的需要。10kV母差保护装置通过接收各个间隔四合一装置或低压智能终端的IEC 61850-9-2和IEC 60044-8（FT3）的报文来进行采样。10kV母差保护装置的出口是通过GOOSE报文传输到各个间隔的四合一装置或低压智能终端来进行跳闸。如果采用低压智能终端模式，则要配置相应的低压保护测控装置与其配合，这种方案常见于低压保护集中组屏模式。低压保护测控装置网络图如图4-5所示。

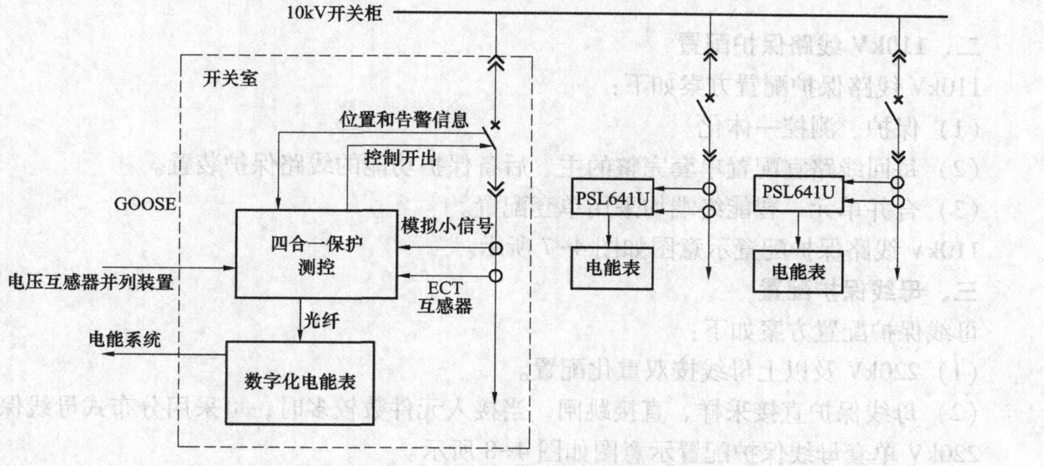

图4-5　低压保护测控装置网络图

第三节 数字式继电保护实施方案

一、220kV 线路保护配置

220kV 线路保护配置方案如下：

（1）每回线路应配置 2 套包含完整的主、后备保护功能的线路保护装置，各自独立组屏。MU、智能终端应采用双套配置，保护采用安装在线路上的组合 ECVT 获得电流、电压。

（2）线路保护应直接采样，两套保护的采样值应取自相互独立的 MU。

（3）线路间隔内采用保护装置与智能终端间的点对点直接跳闸方式，两套智能终端与断路器两套跳圈一一对应。

（4）装置间连闭锁信息、跨间隔信息（启动母差失灵功能和母差保护动作远跳功能等）采用 GOOSE 网络传输。

220kV 单套线路保护配置示意图如图 4-6 所示。

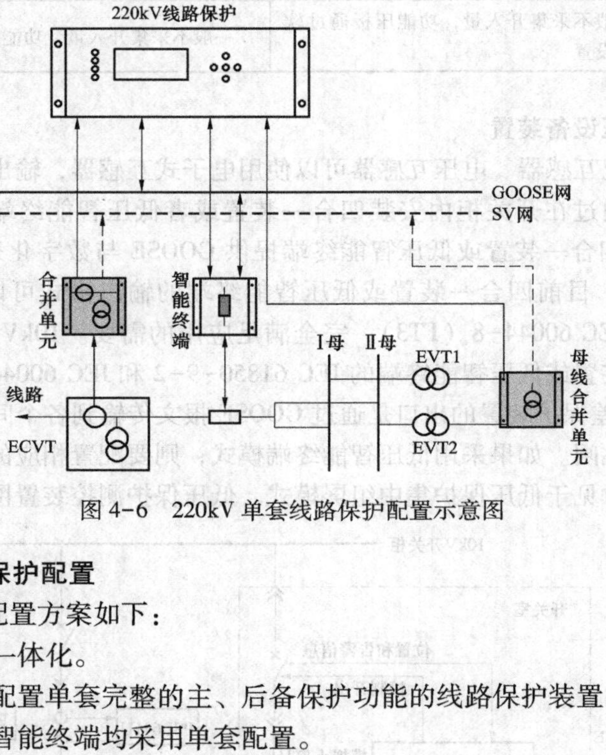

图 4-6 220kV 单套线路保护配置示意图

二、110kV 线路保护配置

110kV 线路保护配置方案如下：

（1）保护、测控一体化。

（2）每回线路宜配置单套完整的主、后备保护功能的线路保护装置。

（3）合并单元、智能终端均采用单套配置。

110kV 线路保护配置示意图如图 4-7 所示。

三、母线保护配置

母线保护配置方案如下：

（1）220kV 及以上母线按双重化配置。

（2）母线保护直接采样、直接跳闸，当接入元件数较多时，可采用分布式母线保护。

220kV 单套母线保护配置示意图如图 4-8 所示。

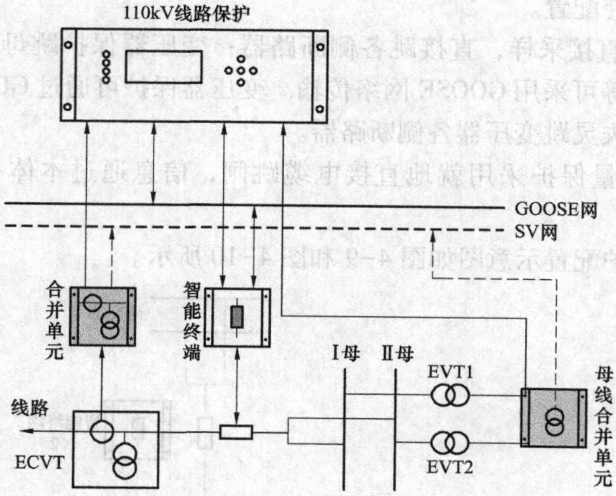

图 4-7　110kV 线路保护配置示意图

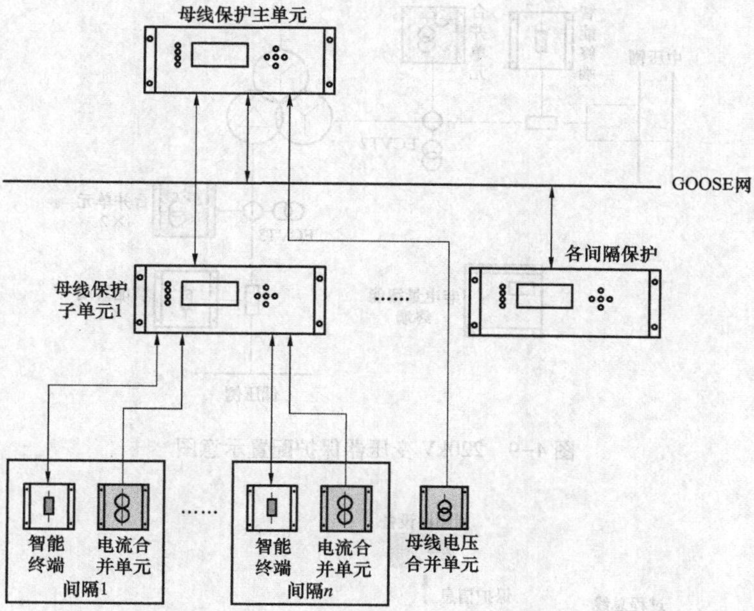

图 4-8　220kV 单套母线保护配置示意图

注：本图以一个母线保护子单元为例。

四、变压器保护配置

变压器保护配置方案如下：

（1）220kV 及以上变压器电量保护按双重化配置，每套保护包含完整的主、后备保护功能；变压器各侧及公共绕组的 MU 均按双重化配置，中性点电流、间隙电流并入相应侧 MU。

（2）110kV 变压器电量保护宜按双套配置，保护、测控功能可一体化，双套配置时应采用主、后备保护一体化配置。当保护采用双套配置时，各侧合并单元宜采用双套配置，各侧智能终端宜采用双套配置。

（3）变压器保护直接采样，直接跳各侧断路器；变压器保护跳母联、分段断路器及闭锁备自投、启动失灵等可采用 GOOSE 网络传输。变压器保护可通过 GOOSE 网络接收失灵保护跳闸命令，并实现失灵跳变压器各侧断路器。

（4）变压器非电量保护采用就地直接电缆跳闸，信息通过本体智能终端上传过程层 GOOSE 网络。

220kV 变压器保护配置示意图如图 4-9 和图 4-10 所示。

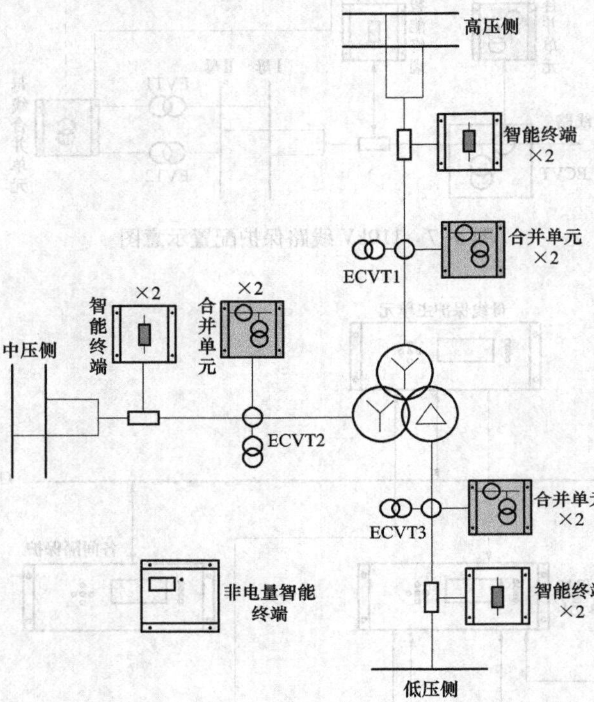

图 4-9　220kV 变压器保护配置示意图

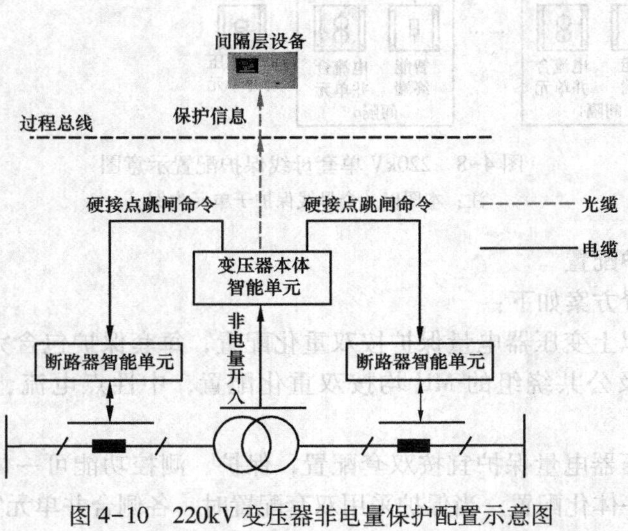

图 4-10　220kV 变压器非电量保护配置示意图

五、母联（分段）保护配置

母联（分段）保护配置方案如下。

（1）220kV 及以上母联（分段）断路器按双重化配置母联（分段）保护、合并单元、智能终端。

（2）母联（分段）保护跳母联（分段）断路器采用点对点直接跳闸方式；母联（分段）保护启动母线失灵可采用 GOOSE 网络传输。

（3）110kV 分段保护宜保护、测控一体化，按单套配置。

（4）110kV 分段保护跳闸采用点对点直跳，其他保护（主变压器保护、母差保护等）跳分段采用 GOOSE 网络方式。

（5）35kV 及以下等级的分段保护宜就地安装，保护、测控、智能终端、合并单元一体化。

220kV 单套母联保护配置示意图如图 4-11 所示。110kV 变电站分段保护配置示意图如图 4-12 所示。

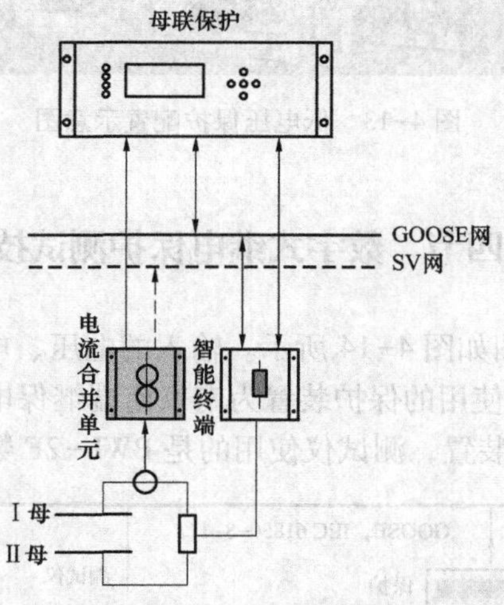

图 4-11　220kV 单套母联保护配置示意图

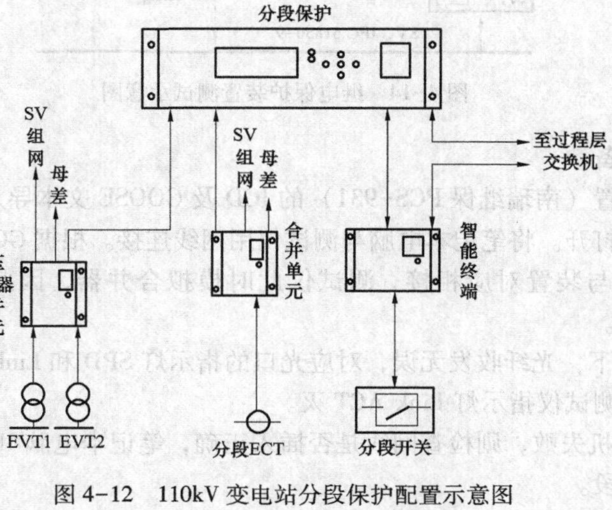

图 4-12　110kV 变电站分段保护配置示意图

六、低电保护配置

将合并单元、智能终端与保护测控装置整合在一起构成“六合一装置”（四合一+合并单元+智能终端），就地安装于开关柜中。低压保护配置示意图如图 4-13 所示。

图 4-13　低电压保护配置示意图

第四节　数字式继电保护测试技术

继电保护装置测试示意图如图 4-14 所示。输入的电压、电流为数字量，跳、合闸等状态量采用 GOOSE 传递。测试使用的保护装置为南京南瑞继保电气有限公司（简称南瑞继保公司）的 PCS-931 线路保护装置，测试仪使用的是 PWF-2F 数字式继电保护测试仪。

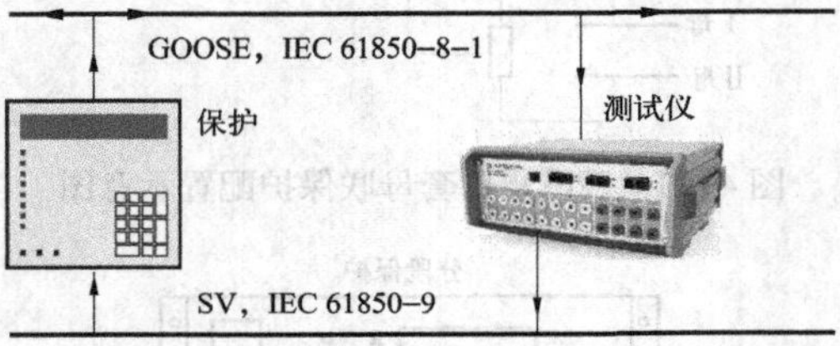

图 4-14　继电保护装置测试示意图

一、测试前准备

将待测保护装置（南瑞继保 PCS-931）的 ICD 及 GOOSE 文本导入待测装置，并将产生的 GOOSE. txt 文档打开。将笔记本电脑与测试仪用网线连接。根据 GOOSE. txt 文档中的内容确定输出光口，并与装置对应相接。测试仪此时模拟合并器，因此 MAC 地址、SVID 及 APPID 特指合并器。

（1）正常情况下，光纤收发无误，对应光口的指示灯 SPD 和 Link ACT 全亮。如果光纤收发接口插反，则测试仪指示灯 Link ACT 灭。

（2）若发现联机失败，则检查网线是否插入正确，笔记本电脑 IP 是否设置无误，是否和测试仪在一个网段。

（3）测试仪 IP 查找方法：进入测试软件界面，单击 IP 设置按钮可以看到测试仪当前 IP 地址。笔记本电脑照此网段设置。设置成功，电脑右下角会提示连接成功。

二、软件设置

1. 手动设置

双击桌面 PowerTest 图标进入 PWF-2F 测试界面。在控制中心一栏单击基本模块，选择通用试验（4V3I）。进入通用试验后，单击图标设置一栏，选择系统参数设置，在 G1 栏中，输入保护装置的电压及电流变比。选择输出一次值（适用于 IEC 61850-9-2）（不选代表输出二次值）及 IEC 62850-9-2 选项（规约选取），确定。选取什么规约，由待测装置决定。

继续单击设置一栏，选择 IEC 61850-9-2 通道设置，对照 GOOSE. txt 对通道数及通道用途进行定义，确定。对应待测装置及 GOOSE. txt 文本，对两路电流输出、两路电压输出（并非进出关系）进行设置，没有必要输出的在 GOOSE. txt 中是看不到的。

继续单击设置一栏，选择 IEC 61850-9-2 报文，对应 GOOSE. txt 中的内容，输入 MAC 地址、SVID 及 APPID。采样率一般设置成 80（1s 采样 50 个周波，50 个周波对应 4000 个点，即 1s 采样 4000 个点）

第一组数据由 A 口输出。同步方式设置为采样未同步，模拟故障时如距离保护，装置告警灯不复归。同步方式设置为采样已同步，模拟故障时如距离保护，装置告警灯复归。

2. 自动设置

试验仪自带 GOOSE（SMV）导入功能，直接将现场 GOOSE（SMV）导入试验仪，直接生成。若测试仪程序需要升级，在笔记本电脑中必须卸载原安装程序再进行升级版的安装。

三、测试开始

（1）上电前检查：外观良好，插板齐全、无松动，端子排及压板无松动。光纤自环，设置装置相关自环定值。

（2）上电后，检查液晶屏一切正常。

（3）零漂、采样值、开关量检查。测试仪输入三相额定电压及三相额定电流，对 F2 进行测试。U_A 为 57. 732V，I_A 为 1A，正相序；U_B 为 57. 732V，I_B 为 1A；U_C 为 57. 732V，I_C 为 1A。

结论：观察液晶板采样显示，正确。

输入三值不等的电压及电流。U_A为 10V，I_A为 0. 5A；U_B为 20V，I_B为 1. 0A；U_C为 30V，I_C为 1. 5A。

结论：观察液晶板采样显示，正确（注意：保护、测量及相序均看）。

（4）开入量检查：进入装置状态→开入状态菜单，进行投退压板，装置对应变化及液晶屏显示当前状态。

检修压板投退无误，保护开入待做保护时一并进行。

远跳、远传按常规方法实现。功能压板靠装置内部完成。结论：正确。

（5）开出量检查：该装置无开出功能，无对应开出继电器，故无法验证。

（6）保护定值校验。

1）差动保护启动值：定值 0. 2A，输入 0. 1A 不启动，输入 0. 3A 启动。

结论：正确（与常规装置一样）。

2）差动高值、低值暂时无法验证。待联调时结合环境验证。

3）差动动作：定值1A，三相电流均为1.2A时动作，报纵差保护动作。

试验时，试验台同时加入电流（A相0.6A，B相0.6A，C相0.6A）。

动作后，为什么报文显示最大故障电流为1.04A？用PCS-PC导出刚才设置的报文，用波形分析软件进行分析发现三相同时加量时，对称故障显示的是线电流，因此最大故障电流为1.04A，即1.04除1.732≈0.6（A）。

三相电流任意相电流为1.1A时，报纵差保护动作。

结论：正确。

试验时，出现开关1电流电路A异常。

分析：测试仪断开输出后装置接收不到数据，默认链路中断。

注意，控制字中，电流补偿控制字投退与采样栏中的通道A未补偿差流，和通道A补偿后差流的关系如下：线路投入运行时，因线路距离长，为提高电能质量线路带电抗器对电流进行补偿，此时将电流补偿控制字置1，则通道A未补偿差流，和通道A补偿后差流采样会有所偏差。当自环试验和线路距离短不需要补偿设备时，通道A未补偿差流，和通道A补偿后差流采样应该是一致的。

4）距离保护：投入保护控制字中的距离保护相关压板，重合闸压板。

a. 切换测试仪测试菜单，选择常用模块→距离保护，双击确定。进入测试页面。

b. 在整定值一栏，输入定值，方法与常规装置相同。零序补偿系数计算方式任意选一个，对装置应该无影响。下面的数值即具体值，建议装置中的零序补偿系数和测试仪零序补偿系数对应。通用参数的设置根据现场需求设定，方法与常规装置相同。在添加系列中，选择故障类型、参数、时间。建议故障角与装置正序灵敏角相同。为便于触发，短路电流自设为5A。注意：在距离保护菜单中，时间是随机生成的，即时间定值若是固定为0s，则试验时自动变为0.1s。

接地距离Ⅰ段：定值1Ω，0s，待TV断线复归，充电灯亮。

充电条件：DL合位（若不接智能终端，不带实际开关，则判定为合），无闭锁。0.95倍接地距离保护Ⅰ段动作，单跳，47ms。1.05倍保护启动，不动作。

结论：A/B/C三相动作情况正确无误，反向故障逻辑正确。

接地距离Ⅱ段：定值2Ω，0.5s，待TV断线复归，充电灯亮。0.95倍接地距离保护Ⅱ段动作，单跳，523ms。1.05倍保护启动，不动作。

结论：A/B/C三相动作情况正确无误，正确。

接地距离Ⅲ段：定值3Ω，1s，待TV断线复归，充电灯亮。0.95倍ABC接地距离保护Ⅲ段动作，三跳，1024ms。1.05倍保护启动，不动作。

结论：A/B/C三相动作情况正确无误，正确。

相间距离Ⅰ段：定值1Ω，0s，待TV断线复归，充电灯亮。0.95倍A/B/C相间距离保护Ⅰ段动作，三跳，48ms。1.05倍保护启动，不动作。

结论：AB/BC/CA动作情况正确无误，反向故障逻辑正确。

相间距离Ⅱ段：定值2Ω，0.5s，待TV断线复归，充电灯亮。0.95倍A/B/C相间距离保护Ⅱ段动作，三跳，523ms。1.05倍保护启动，不动作。

结论：AB/BC/CA动作情况正确无误，正确。

相间距离Ⅲ段：定值3Ω，1s，待TV断线复归，充电灯亮。0.95倍A/B/C相间距离保护Ⅲ段动作，永跳，1025ms。1.05倍保护启动，不动作。

结论：AB/BC/CA动作情况正确无误，正确。

5）零序保护：投入保护控制字中的零序保护相关压板，重合闸压板。

a. 切换测试仪测试菜单，选择常用模块→零序保护，双击确定。进入测试页面。

b. 在整定值一栏，输入定值，方法与常规装置相同。在通用参数一栏，设置按键触发（因习惯而定），方法与常规装置相同。在添加系列中，选择故障类型、参数、时间，方法与常规装置相同。建议阻抗角与装置中零序灵敏角相同。

零序Ⅱ段：（方向自带）定值3A，0.5s（零序模拟故障时间需自设），待TV断线复归，充电灯亮。1.05倍零序Ⅱ段保护动作，单跳，532ms。0.95倍保护启动，不动作。

结论：A/B/C三相动作情况正确无误，反向故障逻辑正确。

零序Ⅲ段：（方向可选，装置带控制字）定值2A，1s（零序模拟故障时间需自设），待TV断线复归，充电灯亮。1.05倍零序Ⅲ段保护动作，永跳，1023ms。0.95倍保护启动，不动作。

结论：A/B/C三相动作情况正确无误，反向故障逻辑正确。

6）TA断线：试验仪加正常电压，任意相电流，TA断线告警。

TA断线闭锁差动：当TA断线闭锁差动压板投入时，直接闭锁差动。

当TA断线闭锁差动压板不投时，分两种情况：TA断线时，根据TA断线差流定值，①大于TA断线差流定值动作，② 小于TA断线差流定值，但大于差动定值时不动作。

结论：正确。

7）工频变化量距离：投距离保护压板、工频变化量压板。断路器需合，跳位走手合后加速逻辑。

a. 切换测试仪测试菜单，选择常用模块→工频变化量距离，双击确定。进入测试页面。

b. 在整定值一栏，输入工频变化量定值，对应装置定值5A，正序灵敏角对应装置定值78°。短路电流7A，计算系数1.1（短路电流与计算系数是变化的）。若短路电流为10A，计算系数为1.1，则电压过大无法输出。根据以下公式：$|\Delta U_{op}|>U_N$（其中ΔU_{op}为工频变化量电压，U_N为额定电压），即工频变化量电压大于额定电压。$\Delta U_{op\Phi}=\Delta U-\Delta I(1+K)D_{zzd}$（单相）（其中$\Delta U$为相电压，$\Delta I$为相电流，$K$为零序补偿系数，$D_{zzd}$为工频变化量距离保护定值）；$\Delta U_{op\Phi\Phi}=\Delta U_{\Phi\Phi}-\Delta I_{\Phi\Phi}D_{zzd}$（相间）（其中$\Delta U_{\Phi\Phi}$为相间电压，$\Delta I_{\Phi\Phi}$为相电流差值，$D_{zzd}$为工频变化量距离保护定值，ΦΦ=AB，BC，CA）。在通用参数一栏，设置按键触发，其他方法与常规装置相同。选择$M=1.1$时，阻抗角78°，触发后，工频变化量距离动作，11ms。

结论：A/B/C动作逻辑正确无误，正确。

8）TV断线过电流：TV断线告警灯亮，即不加电压，直接加大于TV断线相过电流定值的单相电流，TV断线相过电流动作。TV断线告警灯亮，即不加电压，直接加大于TV断线零序过电流定值的单相电流，TV断线零序过电流动作。

结论：正确。

9）距离加速保护：（以距离Ⅲ段加速为例，时间0.8s）开关合位，充电灯亮。

距离保护装置输入定值为：1Ω，0s（Ⅰ段）；2Ω，0.5s（Ⅱ段）；3Ω，1s（Ⅲ段）。

状态序列参数设定：对应菜单第一组。

常态：正常电压，无电流。

故障态：降低一相电压，短路计算 1 中输入 0.95 倍的距离Ⅰ段阻抗值，即阻抗为 1 的 0.95 倍或以下，为可靠动作，可以偏大，如 0.8 倍。这样根据阻抗在电压栏对应生成一个电压值。短路电流 5A，输出时间为距离Ⅰ段触发输出时间 0.1s。

重合态：正常电压，无电流，重合闸触发输出时间 0.9s。

加速态：降低一相电压，短路计算 1 中输入 0.95 倍的距离Ⅲ段阻抗值，即阻抗为 3 的 0.95 倍或以下，为可靠动作，可以偏大，如 0.8 倍。这样根据阻抗在电压栏对应生成一个电压值。短路电流 5A，输出时间为加速段触发输出时间 0.1s。

根据重合闸方式得出试验数据如下。

距离Ⅲ段加速：投入距离Ⅲ段加速，单相重合闸方式。单重时间 0.8s。

单重方式动作报告：30ms A 相接地距离Ⅰ段动作，914ms 重合闸动作，1030ms 距离加速动作跳三相。

距离Ⅲ段加速：投入距离Ⅲ段加速，三相重合闸方式。三重时间 0.5s，状态序列设置应相应改变。

三重方式动作报告：47ms A/B/C 接地距离Ⅰ段动作，故障相 A 相，613ms 重合闸动作，734ms 距离加速动作跳三相。

距离Ⅱ段加速原理同Ⅲ段加速，故不再列出。

结论：正确。

第五节　智能变电站二次安全措施

在常规变电站，装置异常影响范围仅限于本装置，只需停用本装置即可。对于交流回路，需要在保护端子排上短接交流电流回路，断开交流电压回路；对于直流回路，需要断开出口硬压板、解除电缆接线。在智能变电站，合并单元、智能终端及交换机等公用设备异常时，影响与之相关联的设备，尤其是合并单元异常，可能需要退出与之关联的保护。

一、二次安全措施的相关要求

二次安全措施的相关要求如下。

（1）在装置校验、消缺等现场检修作业时，应隔离采样、跳闸（包括远跳）、合闸、启动失灵等与运行设备相关的联系，并保证安全措施不影响运行设备的正常运行。

（2）在单套配置的二次设备现场校验、消缺时，为了防止一次设备无保护运行，需停役相关一次设备；在双重化配置的二次设备单套设备现场校验、消缺时，视现场工作类型，可不停役一次设备；SV 采样模式的保护装置现场作业时，可不停役一次设备；电缆采样的保护装置或合并单元装置缺陷处理时，若涉及模拟量回路，需停役一次设备；智能终端现场作业，不涉及出口回路时，可不停役一次设备，若涉及出口回路，需停役一次设备。

（3）光纤接口属于易耗品，多次插拔之后对接口性能和寿命均有较大影响。断开装置光纤后，可能造成部分回路无法测试，例如，220kV 线路保护与母线保护失灵回路试验时，若断开保护组网光纤，则该回路无法测试。若可以通过退出发送和接收两侧软压板来隔离虚回路，不宜采取拔出光纤的方式隔离。例如，220kV 某线路间隔检修时，可退出母差保护中该间隔启动失灵接收软压板及线路保护启动失灵发送软压板，无须拔出线路保护或母差保护的组网光纤。

（4）对于确无法通过退检修装置发送软压板，且相关运行装置未设置接收软压板来实现安全隔离的光纤回路，可采取断开光纤的安全措施方案，但不得影响其他装置的正常运行。智能变电站装置软压板基于装置软件实现，检修压板基于装置软件及开入回路实现，在装置缺陷时，软、硬件可能失效，造成相关安全措施无法执行或者失效。例如，220kV母线保护装置缺陷时，由于智能终端未设置软压板，为了实现母线保护与智能终端的可靠隔离，可采用断开相应直跳光纤的安全措施方案，此时相应智能终端会报断链告警信号，但不影响智能终端（线路保护或主变压器保护）跳、合闸等功能。

（5）断开光纤回路前，应确认其余安全措施（如退出相关软压板、放上相关检修压板等）已做好；如在待检修装置置检修状态后发生GOOSE中断，接收装置只报具体的GOOSE中断告警，不报“装置告警（异常）”信号，“装置告警（异常）”灯不亮；拔光纤应注意核对所拔光纤的编号后再操作，如保护屏名称/保护屏号、保安措施、端口号/光缆号/回路号及功能；拔出后盖上防尘帽，还应注意光纤的弯曲程度符合相关规范要求。

（6）智能变电站虚回路安全隔离应至少采取双重安全措施，如退出相关运行装置中对应的接收软压板、退出检修装置对应的发送软压板，投入检修装置检修压板。由于装置软压板和检修压板均依赖软件实现，待检修装置软件异常时可能造成安全措施失效，在实施虚回路安全措施时需在检修设备和运行设备两侧执行，实现检修设备与运行设备的可靠隔离。例如，220kV线路间隔检修或缺陷处理时，与母差保护的安全措施：退出母差保护内对应的启动失灵接收软压板，退出线路保护对应的启动失灵发送软压板，放上线路保护检修压板。

（7）智能终端出口硬压板、装置间的光纤可实现具备明显断点的二次回路安全措施。智能变电站二次设备现场检验工作应使用标准化作业指导卡（书），对于重要和复杂保护装置或有联跳回路（以及存在跨间隔SV、GOOSE联系的虚回路）的保护装置，如母线保护、失灵保护、主变压器保护、远方跳闸、电网安全自动装置、站域保护（备自投、低周减载、单保护后备）等的现场检验工作，应编制经单位技术负责人审批的检验方案及安全措施票。例如：在与运行设备有联系的二次回路上进行涉及继电保护和电网安全自动装置的拆、接线工作，在与运行设备有联系的SV、GOOSE网络中进行涉及继电保护和电网安全自动装置的拔、插光纤工作（若遇到紧急情况或工作确实需要），开展修改、下装配置文件且涉及运行设备或运行回路的工作。

二、装置运行状态划分及要求

（1）继电保护装置有投入、退出和信号共3种状态。

1）投入状态是指装置交流采样输入回路及直流回路正常，装置SV软压板投入，主保护及后备保护功能软压板投入，跳闸、启动失灵、重合闸等GOOSE接收及发送软压板投入，检修硬压板退出。

2）退出状态是指装置交流采样输入回路及直流回路正常，装置SV软压板退出，主保护及后备保护功能软压板退出，跳闸、启动失灵、重合闸等GOOSE接收及发送软压板退出，检修硬压板投入。

3）信号状态是指装置交流采样输入回路及直流回路正常，装置SV软压板投入，主保护及后备保护功能软压板投入，跳闸、启动失灵、重合闸等GOOSE发送软压板退出，检修硬压板退出。

当装置需要进行试运行观察时，一般投信号状态。

(2) 智能终端有投入和退出两种状态。

1) 投入状态是指装置直流回路正常，跳合闸出口硬压板投入，检修硬压板退出。

2) 退出状态是指装置直流回路正常，跳合闸出口硬压板退出，检修硬压板投入。

(3) 合并单元有投入和退出两种状态。

1) 投入状态是指装置交流采样、直流回路正常，检修硬压板退出。

2) 退出状态是指装置交流采样、直流回路正常，检修硬压板投入。

(4) 运行中一般不单独退出合并单元、过程层网络交换机。必要时，根据其影响程度及范围在现场做好相关安全措施后，方可退出。

(5) 一次设备处于运行状态或热备用状态时，相关合并单元、保护装置、智能终端等设备应处于投入状态；一次设备处于冷备用状态或检修状态时，上述设备均应处于退出状态。

三、装置安全措施操作方法

继电保护和安全自动装置的安全隔离措施一般可采用投入检修压板，退出装置软压板、出口硬压板及断开装置间的连接光纤等方式，实现检修装置（新投运装置）与运行装置的安全隔离，具体说明如下：

(1) 检修压板：继电保护、安全自动装置、合并单元及智能终端均设有一块检修硬压板。装置将接收到的 GOOSE 报文 TEST 位、SV 报文数据品质 TEST 位与装置自身检修压板状态进行比较，做“异或”逻辑判断。结果一致时，信号进行处理或动作；结果不一致时则报文视为无效，不参与逻辑运算。

(2) 软压板：软压板分为发送软压板和接收软压板，用于从逻辑上隔离信号输出、输入。装置输出信号由保护输出信号和发送压板数据对象共同决定，装置输入信号由保护接收信号和接收压板数据对象共同决定。通过改变软压板数据对象的状态便可以实现某一路信号的逻辑通断。其中：

1) GOOSE 发送软压板：负责控制本装置向其他智能装置发送 GOOSE 信号。软压板退出时，不向其他装置发送相应的保护指令。

2) GOOSE 接收软压板：负责控制本装置接收来自其他智能装置的 GOOSE 信号。软压板退出时，本装置对其他装置发送来的相应 GOOSE 信号不作逻辑处理。

3) SV 软压板：负责控制本装置接收来自合并单元的采样值信息。软压板退出时，相应采样值不显示，且不参与保护逻辑运算。

(3) 智能终端出口硬压板：安装于智能终端与断路器之间的电气回路中，可作为明显断开点，实现相应二次回路的通断。出口硬压板退出时，保护装置无法通过智能终端实现对断路器的跳、合闸。

(4) 光纤：继电保护、安全自动装置和合并单元、智能终端之间的虚拟二次回路连接均通过光纤实现。通过断开装置间的光纤能够保证检修装置（新投运装置）与运行装置的可靠隔离。

四、二次设备正常检修时二次安全措施的实施

1. 线路间隔停电检修

线路间隔停电检修主要针对线路保护定期检验，所涉及二次设备有合并单元、数字线路保护装置、母差保护装置、智能终端。下面以双母线接线方式为例进行说明，二次安全措施方案如下：

（1）在两套母线保护装置处退出停电线路间隔的支路投入软压板或间隔投入压板、GOOSE 跳闸出口压板，退出失灵接收软压板；

（2）在线路保护装置处退出 GOOSE 启动失灵出口软压板；

（3）在智能终端处退出跳、合断路器的硬压板；

（4）投入线路保护装置、合并单元、智能终端检修硬压板；

（5）必要时断开与运行设备关联的通信链路（光纤）。

在执行线路保护二次安全措施时，所遵循的原则是先退出与运行设备（母差保护）相关联的软压板，再投入装置的检修硬压板，避免母差或失灵保护逻辑闭锁或者误动作的情况发生。在停电检修过程中，相应间隔合并单元同时应进行保护检验，将母差保护装置软压板中的检修间隔回路软压板退出，使检修间隔回路合并单元发送的数据不会被母差保护装置计算。将定检保护测控装置、智能终端置检修压板投入，使检验保护发出的启动失灵信号无效，在执行二次安全措施时，应防止工作过程中造成失灵保护误动。

2. 主变压器间隔停电检修

同样以双母线接线方式为例，220kV 以上电压等级的主变压器保护配置原则是双套配置，以其中一套为例，具体二次安全措施方案如下：

（1）在母线保护屏处退出主变压器各侧间隔的主变压器间隔投入软压板、解复压 GOOSE 接收软压板、主变压器间隔 SV 接收软压板；

（2）在主变压器保护屏处退出 GOOSE 启动失灵出口软压板、GOOSE 跳母联出口软压板、GOOSE 跳分段出口软压板、解复压 GOOSE 发生软压板；

（3）在智能终端处退出主变压器三侧跳开关硬压板；

（4）投入主变压器保护装置、主变压器三侧合并单元、智能终端检修压板；

（5）断开与母联（分段）保护、备自投等运行设备的光纤。

3. 母线保护检修

母线保护检修时，母线通常不停电，在一次设备不停电的情况下进行母差保护检验的二次安全措施，一是将检验的母差保护装置软压板中所有 GOOSE 跳闸软压板退出，二是投入被检验母差保护装置检修压板。这样保证了工作过程中不会误跳运行的开关，隔离措施完全针对母线保护。

（1）在母差保护装置处退出差动保护和失灵保护软压板，退出跳所有间隔的出口软压板；

（2）在主变压器保护屏处退出母差失灵联跳接收软压板；

（3）投入母线保护装置检修压板；

（4）必要时断开母线保护至中心交换机、主变压器过程层交换机光纤。

五、设备故障消缺二次安全措施的实施

1. 合并单元消缺

合并单元发生故障时，相关联保护装置会报“SV 断链”或“SV 采样异常”信号，导致相关联的母线保护、线路保护、主变压器保护、断路器保护、测控装置采样异常，测控功能无法实现，所以应停用相关联保护并切换测控，再将合并单元投入检修压板，其二次安全措施具体包括以下内容：

（1）在相对应母线保护装置处退出支路投入软压板或间隔投入软压板、GOOSE 跳闸出口压板、××间隔失灵接收软压板、××间隔 SV 接收软压板；

（2）在相对应线路保护屏处退出功能软压板和跳闸出口 GOOSE 发送软压板、重合闸 GOOSE 发送软压板、GOOSE 启动失灵出口软压板；

（3）投入合并单元检修硬压板；

（4）必要时断开合并单元的直采光纤，退出智能终端跳、合断路器的硬压板。

2. 线路保护装置消缺

线路保护装置发生异常或故障需要线路保护退出运行时，主要的二次安全措施内容包括以下几点：

（1）在线路保护屏处退出跳闸出口 GOOSE 发送软压板、重合闸 GOOSE 发送软压板、GOOSE 启动失灵出口软压板；

（2）在相对应母线保护装置处退出××间隔失灵接收软压板；

（3）投入线路保护装置检修硬压板；

（4）必要时断开网跳光纤，退出智能终端跳、合断路器的硬压板。

3. 智能终端消缺

智能终端发生异常或故障时，将导致相关联的母线保护、线路保护、主变压器保护、断路器保护无法出口、测控装置遥控功能无法实现，但是不影响保护本身功能，可不停用相关保护，因此，二次安全措施相对简单，具体如下：

（1）退出智能终端跳、合断路器的硬压板；

（2）投入智能终端检修硬压板。

六、现场操作注意事项

智能变电站保护装置、安全自动装置、合并单元、智能终端、交换机等智能设备发生故障或异常时，运维人员应及时检查现场情况，判断影响范围，根据现场需要采取变更运行方式、停役相关一次设备、投退相关继电保护等措施，并在现场运行规程中细化明确。继电保护系统、设备、功能投入运行前，运维单位应修编现场运行规程中的相关内容。现场运行规程的继电保护部分至少应包括如下内容：

（1）对继电保护系统内的各设备、回路进行监视及操作的通用条款，如继电保护装置软、硬压板的操作规定，继电保护在不同运行方式下的投退规定，以及投退保护、切换定值区、复归保护信号等的操作流程；

（2）以被保护的一次设备为单位，编写继电保护配置、组屏方式、需要现场运行人员监视及操作的设备情况等；

（3）一次设备操作过程中各继电保护装置、回路的操作规定；

（4）继电保护系统各设备、回路异常影响范围表及对应的处理方法。

1. 合并单元

合并单元作为来自二次转换器的电流和/或电压数据进行时间相关组合的物理单元，在发生异常时，需根据影响程度同步投退相关保护装置。例如：间隔合并单元、采集单元异常时，相应接入该合并单元采样值信息的保护装置应退出运行；母线合并单元、采集单元异常时，相关保护装置按照母线电压异常处理。双重化配置的合并单元、采集单元单台校验、消缺时，可不停役相关一次设备，但应退出对应的线路保护、母线保护等接入该合并单元采样值信息的保护装置。电子式互感器的合并单元、采集单元在单台校验、消缺时，可不停役相关一次设备，但相关接入该间隔采样值信息的保护需退出运行。传统互感器的合并单元、采集单元在单台校验、消缺时，原则上应停役一次设备，对于未涉及模拟量回路的现场工作，可不停役一次设备，但相关接入该间隔采样值信息的保护需退出运行。单套配置的电子式互感器/传统互感器的合并单元、采集单元校验、消缺时，为防止一次设备无保护运行，均需陪停一次设备。间隔合并单元校验、消缺时，一般需放上装置检修压板，当保护装置检修状态和合并单元上传的数据品质位中的检修状态不一致时，保护装置应报警并闭锁相关保护，因此在一次设备停役时，须退出相关保护装置的该间隔合并单元SV接收软压板。母线合并单元的主要用途：对于母线保护、主变压器保护，用于复压闭锁功能；对于线路间隔，用于重合闸检同期，或用于保护电压，取决于一次母线电压互感器、线路电压互感器的配置方式。母线电压用于重合闸检同期时，在母线合并单元异常时，线路保护视为失去检同期功能，可考虑退出重合闸功能；母线电压用于保护电压时，在母线合并单元异常时，线路保护应视为失去保护电压。单套配置的母线合并单元、采集单元异常时，原则上应停役一次设备；对于母线保护、主变压器保护，母线电压合并单元异常，视为相关电压异常处理。

2. 智能终端

双重化配置的智能终端单套装置校验、消缺时，若不涉及出口回路，可不停役一次设备，但需退出本智能终端出口硬压板及相关受影响的保护装置；若涉及出口回路，需停役一次设备；如果线路间隔第一套智能终端发生故障，还需考虑退出另一套线路保护的重合闸功能。单套配置的智能终端校验或消缺时，为了防止一次设备无保护运行，需陪停一次设备，并考虑退出相关受影响的保护装置（如备自投等装置）；110kV线路间隔智能终端消缺时，需停役110kV线路。

3. 网络交换机

直采直跳模式下，间隔保护（线路、主变压器、母差）通过点对点实现采样及跳、合闸功能，因此间隔交换机发生故障，不会影响本间隔保护功能；过程层网络交换机异常时，以220kV间隔为例，线路保护与母线保护启动失灵、远跳闭锁重合闸回路，主变压器保护与母线保护启动失灵、失灵联跳回路受影响。因此，当过程层网络交换机异常时，可考虑退出相关受影响的保护装置，并在现场运行规程内明确交换机异常影响范围及处理措施。

4. 保护装置

保护装置退出时，一般不应断开保护装置及相应合并单元、智能终端、交换机等设备的直流电源。

5. 双重化配置的智能终端

当单套智能终端退出运行时，应避免断开合闸回路直流操作电源。因工作需要确需断开合闸回路直流操作电源时，应停用该断路器重合闸。

智能变电站继电保护二次安全措施的实施是智能变电站运行维护的一个非常重要的课题。目前，智能变电站技术仍处在不断发展和完善的阶段，不同厂家保护装置的差异给现场保护人员执行二次安全措施带来了困难。传统的作业方式正面临着巨大的转变，有必要在设计、制造、施工、运行各阶段达成共识，形成统一、规范性的二次安全措施作业规范，这对保证智能变电站安全稳定运行、推进智能变电站技术的发展有着非常重要的意义。

第六节　智能变电站保护压板的投退

一、智能变电站装置压板设置

（1）保护装置设有检修硬压板、GOOSE 接收软压板、GOOSE 发送软压板、SV 软压板和保护功能软压板 5 类压板。

（2）智能终端设有检修硬压板、跳合闸出口硬压板两类压板；此外，实现变压器（电抗器）非电量保护功能的智能终端还装设了非电量保护功能硬压板。

（3）合并单元仅装设有检修硬压板。

二、压板功能

1. 硬压板

（1）检修硬压板：该压板投入后，装置处于检修状态，此时装置所发报文中的“Test 位”置“1”。装置处于投入或信号状态时，该压板应退出。

（2）跳合闸出口硬压板：该压板安装于智能终端与断路器之间的电气回路中，压板退出时，智能终端失去对断路器的跳合闸控制。装置处于投入状态时，该压板应投入。

（3）非电量保护功能硬压板：负责控制本体重瓦斯、有载重瓦斯等非电量保护跳闸功能的投退。该压板投入后，非电量保护装置同时发出信号和跳闸指令；压板退出时，保护装置仅发出信号。

2. 软压板

（1）GOOSE 接收软压板：负责控制接收来自其他智能装置的 GOOSE 信号，同时监视 GOOSE 链路的状态。该压板退出时，装置不处理其他装置发送来的相应 GOOSE 信号。该类压板应根据现场运行实际情况进行投退。

（2）GOOSE 发送软压板：负责控制本装置向其他智能装置发送 GOOSE 信号。该压板退出时，装置不向其他装置发送相应的 GOOSE 信号，即该软压板控制的保护指令不出口。该类压板应根据现场运行实际情况进行投退。

（3）SV 软压板：负责控制接收来自合并单元的采样值信息，同时监视采样链路的状态。该类压板应根据现场运行实际情况进行投退。

SV 软压板投入后，对应的合并单元采样值参与保护逻辑运算；对应的采样链路发生异常时，保护装置将闭锁相应保护功能。例如，电压采样链路异常时，将闭锁与电压采样值相关的过电压、距离等保护功能；电流采样链路异常时，将闭锁与电流采样相关的电流差动、零序电流、距离等功能。SV 软压板退出后，对应的合并单元采样值不参与保护逻辑运算；对应的采样链路异常不影响保护运行。

（4）保护功能软压板：负责装置相应保护功能的投退。

三、智能变继电保护系统检修机制

常规变电站保护装置的检修硬压板投入时，仅屏蔽保护上传监控后台的信息。智能变电站与其不同，智能变电站通过判断保护装置、合并单元、智能终端各自检修硬压板的投退状态一致性，实现特有的检修机制。

检修机制：装置检修硬压板投入时，其发出的 SV、GOOSE 报文均带有检修品质标识，接收端设备将收到的报文检修品质标识与自身检修硬压板状态进行一致性比较，仅在两者检修状态一致时，对报文做有效处理。

1. 检修机制中 SV 报文的处理方法

（1）当合并单元检修硬压板投入时，发送的 SV 报文中采样值数据品质的“Test 位”置“1”。

（2）保护装置将接收的 SV 报文中的“Test 位”与装置自身的检修硬压板状态进行比较，只有两者一致时才将该数据用于保护逻辑，否则不参与逻辑计算。

2. 检修机制中 GOOSE 报文的处理方法

（1）当装置检修硬压板投入时，装置发送的 GOOSE 报文中的“Test 位”置“1”。

（2）装置将接收的 GOOSE 报文中的“Test 位”与装置自身的检修硬压板状态进行比较，仅在两者一致时才将信号作为有效报文进行处理。

四、运行操作原则及注意事项

（1）处于投入状态的合并单元、保护装置、智能终端禁止投入检修硬压板。

1）误投合并单元检修硬压板，保护装置将闭锁相关保护功能；

2）误投智能终端检修硬压板，保护装置跳合闸命令将无法通过智能终端作用于断路器；

3）误投保护装置检修硬压板，保护装置将被闭锁。

（2）合并单元检修硬压板操作原则。

1）操作合并单元检修硬压板前，应确认所属一次设备处于检修状态或冷备用状态，且所有相关保护装置的 SV 软压板已退出，特别是仍继续运行的保护装置。

2）一次设备不停电情况下进行合并单元检修时，应在对应的所有保护装置处于退出状态后，方可投入该合并单元检修硬压板。

3）对于母线合并单元，在一次设备不停役时，应先按照母线电压异常处理，根据需要申请变更相应继电保护的运行方式后，方可投入该合并单元检修压板。

4）在一次设备停役时，操作间隔合并单元检修压板前，需确认相关保护装置的 SV 软压板已退出，特别是仍继续运行的保护装置。

（3）智能终端检修硬压板操作原则。

1）操作智能终端检修硬压板前，应确认所属断路器处于分位，且所有相关保护装置的 GOOSE 接收软压板已退出，特别是仍继续运行的保护装置。

2）一次设备不停电情况下进行智能终端检修时，应确认该智能终端跳合闸出口硬压板已退出，且同一设备的两套智能终端之间无电气联系后，方可投入该智能终端检修硬压板。

3）在一次设备不停役时，应先确认该智能终端出口硬压板已退出，并根据需要退出保护重合闸功能、投入母线保护对应隔离开关强制软压板后，方可投入该智能终端检修压板。

4）在一次设备停役时，操作智能终端检修压板前，应确认相关线路保护装置的边（中）断路器（3/2 接线）置检修软压板（若有）已投入。

（4）操作保护装置检修硬压板前，应确认保护装置处于信号状态，应确认与其相关的在运保护装置（如母差保护、安全自动装置等）所对应的二次回路的软压板 GOOSE 接收软压板、GOOSE 发送软压板、失灵启动软压板等已退出。

（5）操作保护装置、合并单元、智能终端等装置检修压板后，应查看装置指示灯、人机界面变位报文或开入变位等情况，同时核查相关运行装置是否出现非预期信号，确认正常后方可执行后续操作。

（6）检修断路器时，应退出在运保护装置中与该断路器相关的SV软压板和GOOSE接收软压板。

（7）操作保护装置SV软压板前，应确认对应的一次设备已停电或保护装置GOOSE发送软压板已退出，否则误退保护装置SV软压板，可能引起保护误动、拒动。

注意：部分厂家的保护装置SV软压板具有电流闭锁判据，当电流大于门槛值时，不允许退出SV软压板。因此，对于此类装置，在一次设备不停电情况下对保护装置或合并单元进行检修时，SV软压板可不退出。

（8）一次设备停电时，智能变电站继电保护系统退出运行宜按以下顺序进行操作：

1）退出智能终端跳合闸出口硬压板；

2）退出相关保护装置跳闸、启动失灵、重合闸等GOOSE发送软压板；

3）退出保护装置功能软压板；

4）退出相关保护装置失灵、远传等GOOSE接收软压板；

5）退出与待退出合并单元相关的所有保护装置SV软压板；

6）投入智能终端、保护装置、合并单元检修硬压板。

（9）一次设备送电时，智能变电站继电保护系统投入运行宜按以下顺序进行操作：

1）退出合并单元、保护装置、智能终端检修硬压板；

2）投入与待运行合并单元相关的所有保护装置SV软压板；

3）投入相关保护装置失灵、远传等GOOSE接收软压板；

4）投入保护装置功能软压板；

5）投入相关保护装置跳闸、启动失灵、重合闸等GOOSE发送软压板；

6）投入智能终端跳合闸出口硬压板。

（10）当单独退出保护装置的某项保护功能时，操作原则如下：

1）退出该功能独立设置的出口GOOSE发送软压板；

2）无独立设置的出口GOOSE发送软压板时，退出其功能软压板；

3）不具备单独投退该保护功能的条件时，可退出整装置。

五、典型保护装置压板说明

1. PCS-931 线路保护（3/2 接线）

PCS-931 线路保护（3/2 接线）装置压板说明如表 4-4 所示。

表 4-4　　PCS-931 线路保护（3/2 接线）装置压板说明

压板类型	压板名称	功能说明	正常运行时压板状态	误退出影响	误投入影响	备注
功能软压板	纵联差动保护	纵联差动保护功能投入	按定值单控制字投退	差动保护拒动，远传、远跳命令无法发送到对侧	—	
	远方跳闸保护	远方跳闸保护功能投入	按定值单控制字投退	远方跳闸保护功能退出	—	
	过电压保护	过电压保护功能投入	按定值单控制字投退	过电压保护功能退出	—	

续表

压板类型	压板名称	功能说明	正常运行时压板状态	误退出影响	误投入影响	备注
功能软压板	远方修改定值	软压板控制字置1时，允许远方修改定值，就地也可以修改定值；软压板控制字置0时，就地可以修改定值，但不允许远方修改定值	退出	—	监控系统可修改保护定值	建议保护装置定值修改工作在现场装置上进行
功能软压板	远方切换定值区	软压板控制字置1时，允许远方切换定值区，就地也可以修改定值；软压板控制字置0时，就地可以切换定值区，但不允许远方切换定值区	退出	—	监控系统可切换保护定值区	建议保护装置定值区修改工作在现场装置上进行
功能软压板	远方遥控软压板	软压板控制字置1时，允许远方遥控软压板，就地也可以修改软压板；软压板控制字置0时，就地可以修改软压板，但不允许远方遥控软压板	投入	远方不能遥控软压板	—	建议远方投退软压板，就地核实
GOOSE发送软压板	跳边开关出口GOOSE发送软压板	投入时开放GOOSE跳闸出口	投入	智能终端拒动	—	当接收设备处于退出状态时，该压板应退出
GOOSE发送软压板	启边开关失灵GOOSE发送软压板	投入时开放GOOSE跳闸出口	投入	无法启边，开关失灵	—	当接收设备处于退出状态时，该压板应退出
GOOSE发送软压板	跳中开关出口GOOSE发送软压板	投入时开放GOOSE跳闸出口	投入	智能终端拒动	—	当接收设备处于退出状态时，该压板应退出
GOOSE发送软压板	启中开关失灵GOOSE发送软压板	投入时开放GOOSE跳闸出口	投入	无法启中，开关失灵	—	当接收设备处于退出状态时，该压板应退出

续表

压板类型	压板名称	功能说明	正常运行时压板状态	误退出影响	误投入影响	备注
GOOSE接收软压板	边断路器智能终端GOOSE接收软压板	接收边开关位置GOOSE信号	投入	影响保护对开关位置的判断。保护记忆退出前的开关状态	—	
	中断路器智能终端GOOSE接收软压板	接收中开关位置GOOSE信号	投入	影响保护对开关位置的判断。保护记忆退出前的开关状态	—	
	边开关检修软压板	投入时，装置认为边开关处于分位	退出	—	影响装置开关位置的正确判断	3/2接线时配置
	中开关检修软压板	投入时，装置认为中开关处于分位	退出	—	影响装置开关位置的正确判断	3/2接线时配置
SV接收软压板	边开关SV接收软压板	软压板控制字置1时，装置处理接收到的采样值；软压板控制字置0时，装置不处理采样值	投入	保护可能误动（边开关处于运行状态时，误退该压板，保护不计入边开关电流，可能导致保护误动）	—	边开关处于停运状态，合并单元退出运行前，应将该压板退出
	中开关SV接收软压板	软压板控制字置1时，装置处理接收到的采样值；软压板控制字置0时，装置不处理采样值	投入	保护可能误动（中开关处于运行状态时，误退该压板，保护不计入中开关电流，可能导致保护误动）	—	中开关处于停运状态，合并单元退出运行前，应将该压板退出
	线路电压SV接收软压板	软压板控制字置1时，装置处理接收到的采样值；软压板控制字置0时，装置不处理采样值	投入	距离保护、零序方向保护功能退出，保护可能拒动	—	线路TV合并单元检修时应退出

2. PCS-931 线路保护（双母接线）

PCS-931 线路保护（双母接线）装置压板说明如表 4-5 所示。

表 4-5　PCS-931 线路保护（双母接线）装置压板说明

压板类型	压板名称	功能说明	正常运行时压板状态	误退出影响	误投入影响	备注
功能软压板	纵联差动保护	纵联差动保护功能投入	按定值单控制字投退	差动保护拒动，远传、远跳命令无法发送到对侧	—	
	远方修改定值	软压板控制字置 1 时，允许远方修改定值，就地也可以修改定值；软压板控制字置 0 时，就地可以修改定值，但不允许远方修改定值	退出	—	监控系统可修改保护定值	建议保护装置定值修改工作在现场装置上进行
	远方切换定值区	软压板控制字置 1 时，允许远方切换定值区，就地也可以修改定值；软压板控制字置 0 时，就地可以切换定值区，但不允许远方切换定值区	退出	—	监控系统可切换保护定值区	建议保护装置定值区修改工作在现场装置上进行
	远方遥控软压板	软压板控制字置 1 时，允许远方遥控软压板，就地也可以修改软压板；软压板控制字置 0 时，就地可以修改软压板，但不允许远方遥控软压板	投入	远方不能遥控软压板	—	建议远方投退软压板，就地核实
GOOSE 发送软压板	跳开关出口 GOOSE 发送软压板	投入时开放 GOOSE 跳闸出口	投入	智能终端拒动	—	当接收设备处于退出状态时，该压板应退出
	启开关失灵 GOOSE 发送软压板	投入时开放 GOOSE 跳闸出口	投入	无法启动，母线失灵	—	当接收设备处于退出状态时，该压板应退出

续表

压板类型	压板名称	功能说明	正常运行时压板状态	误退出影响	误投入影响	备注
GOOSE发送软压板	重合闸出口GOOSE发送软压板	投入时开放GOOSE重合闸出口	投入	智能终端拒动	—	当接收设备处于退出状态时，该压板应退出
GOOSE接收软压板	智能终端GOOSE接收软压板	接收开关位置GOOSE信号	投入	影响保护对开关位置的判断。保护记忆退出前的开关状态	—	
SV接收软压板	电流/电压SV接收软压板	软压板控制字置1时，装置处理接收到的采样值；软压板控制字置0时，装置不处理采样值	投入	保护可能拒动	—	开关处于停运状态，合并单元退出运行前，应将该压板退出

3. PCS-915 母线保护（3/2 接线）

PCS-915 母线保护（3/2 接线）装置压板说明如表 4-6 所示。

表 4-6　PCS-915 母线保护（3/2 接线）装置压板说明

压板类型	压板名称	功能说明	正常运行时压板状态	误退出影响	误投入影响	备注
功能软压板	差动保护	母差保护功能投入	按定值单控制字投退	差动保护拒动	—	
	失灵经母差跳闸	开关失灵经母差跳闸保护功能投入	按定值单控制字投退	开关失灵经母差跳闸功能退出	—	
	远方修改定值	软压板控制字置1时，允许远方修改定值，就地也可以修改定值；软压板控制字置0时，就地可以修改定值，但不允许远方修改定值	退出	—	监控系统可修改保护定值	建议保护装置定值修改工作在现场装置上进行
	远方切换定值区	软压板控制字置1时，允许远方切换定值区，就地也可以修改定值；软压板控制字置0时，就地可以切换定值区，但不允许远方切换定值区	退出	—	监控系统可切换保护定值区	建议保护装置定值区修改工作在现场装置上进行

续表

压板类型	压板名称	功能说明	正常运行时压板状态	误退出影响	误投入影响	备注
功能软压板	远方遥控软压板	软压板控制字置1时，允许远方遥控软压板，就地也可以修改软压板；软压板控制字置0时，就地可以修改软压板，但不允许远方遥控软压板	投入	远方不能遥控软压板	—	建议远方投退软压板，就地核实
GOOSE发送软压板	支路X跳闸GOOSE发送软压板	投入时开放GOOSE跳闸出口	投入	智能终端拒动	—	当接收设备处于退出状态时，该压板应退出
GOOSE接收软压板	支路X失灵GOOSE接收软压板	接收X支路启母线失灵GOOSE信号	投入	造成该支路保护动作后无法启动母线失灵保护	—	该开关处于冷备用、检修状态时，该压板应退出

4. PCS-915母线保护（双母接线）

PCS-915母线保护（双母接线）装置压板说明如表4-7所示。

表4-7　　PCS-915母线保护（双母接线）装置压板说明

压板类型	压板名称	功能说明	正常运行时压板状态	误退出影响	误投入影响	备注
功能软压板	母差保护	母差保护功能投入	按定值单控制字投退	差动保护拒动	—	
	失灵保护	断路器失灵保护功能投入	按定值单控制字投退	断路器失灵保护功能退出	—	
	母线互联	母联为死开关时投入，此时母线区内故障跳双母线	按定值单控制字投退	故障时一条母线选择跳闸，另一条母线可能需经失灵延时跳开	—	
	母联分列运行	母线处于分列运行时投入，用于母联死区保护功能	按定值单控制字投退	母联死区故障时分位死区无法动作	—	

续表

压板类型	压板名称	功能说明	正常运行时压板状态	误退出影响	误投入影响	备注
功能软压板	远方修改定值	软压板控制字置1时，允许远方修改定值，就地也可以修改定值；软压板控制字置0时，就地可以修改定值，但不允许远方修改定值	退出	—	监控系统可修改保护定值	建议保护装置定值修改工作在现场装置上进行
	远方切换定值区	软压板控制字置1时，允许远方切换定值区，就地也可以修改定值；软压板控制字置0时，就地可以切换定值区，但不允许远方切换定值区	退出	—	监控系统可切换保护定值区	建议保护装置定值区修改工作在现场装置上进行
	远方遥控软压板	软压板控制字置1时，允许远方遥控软压板，就地也可以修改软压板；软压板控制字置0时，就地可以修改软压板，但不允许远方遥控软压板	投入	远方不能遥控软压板	—	建议远方投退软压板，就地核实
	支路X刀闸位置强制使能	支路X强制刀闸位置的总压板	退出	—	与“支路X-1刀闸位置强制使能”和“支路X-1刀闸位置强制使能”压板配合	
	支路X-1刀闸位置强制使能	投入后该间隔运行于Ⅰ母	退出	—	该间隔可能运行于错误的母线	
	支路X-2刀闸位置强制使能	投入后该间隔运行于Ⅱ母	退出	—	该间隔可能运行于错误的母线	
	支路X间隔投入软压板	控制该间隔的合并单元和智能终端接收链路的投退，以及该间隔保护功能的投退	投入	屏蔽该间隔合并单元和智能终端接收链路报警，退出该间隔保护功能，可能导致出现差流，甚至误动	—	

续表

压板类型	压板名称	功能说明	正常运行时压板状态	误退出影响	误投入影响	备注
功能软压板	母线电压投入软压板	控制母线电压合并单元到母线保护装置的电压采样链路的投退	投入	母线电压闭锁开放	—	
GOOSE发送软压板	支路X跳闸GOOSE发送软压板	投入时开放GOOSE跳闸出口	投入	智能终端拒动	—	当接收设备处于退出状态时，该压板应退出
	支路X联跳GOOSE发送软压板	投入时开放GOOSE联跳主变压器三侧出口	投入	主变压器联跳三侧拒动	—	当接收设备处于退出状态时，该压板应退出
GOOSE接收软压板	支路XGOOSE接收软压板	接收X支路启母线失灵GOOSE信号	投入	该支路保护动作无法启动母线，失灵	—	该开关处于冷备用、检修状态时，该压板应退出

5. PCS-978 主变压器保护

PCS-978 主变压器保护装置压板说明如表4-8所示。

表4-8　PCS-978 主变压器保护装置压板说明

压板类型	压板名称	功能说明	正常运行时压板状态	误退出影响	误投入影响	备注
功能软压板	远方修改定值	软压板控制字置1时，允许远方修改定值，就地也可以修改定值；软压板控制字置0时，就地可以修改定值，但不允许远方修改定值	退出	—	监控系统可修改保护定值	建议保护装置定值修改工作在现场装置上进行
	远方切换定值区	软压板控制字置1时，允许远方切换定值区，就地也可以修改定值；软压板控制字置0时，就地可以切换定值区，但不允许远方切换定值区	退出	—	监控系统可切换保护定值区	建议保护装置定值区修改工作在现场装置上进行

续表

压板类型	压板名称	功能说明	正常运行时压板状态	误退出影响	误投入影响	备注
功能软压板	远方遥控软压板	软压板控制字置 1 时，允许远方遥控软压板，就地也可以修改软压板；软压板控制字置 0 时，就地可以修改软压板，但不允许远方遥控软压板	投入	远方不能遥控软压板	—	建议远方投退软压板，就地核实
	高压侧电压投入	置 1，高压侧电压参与后备保护运算；置 0，高压侧电压不再参与后备保护运算	投入	高压侧后备保护功能退出或影响复压闭锁元件	—	高压侧 TV 检修时退出
	中压侧电压投入	置 1，中压侧电压参与后备保护运算；置 0，中压侧电压不再参与后备保护运算	投入	中压侧后备保护功能退出或影响复压闭锁元件	—	中压侧 TV 检修时退出
	低压侧电压投入	置 1，低压侧电压参与后备保护运算；置 0，低压侧电压不再参与后备保护运算	投入	低压侧保护变位纯过电流	—	低压侧 TV 检修时退出
	主保护投入	差动保护功能投入	投入	差动保护功能退出，保护拒动	—	
	高压侧后备保护投入	高压侧后备保护投入	投入	高压侧后备保护功能退出，保护拒动	—	
	中压侧后备保护投入	中压侧后备保护投入	投入	中压侧后备保护功能退出，保护拒动	—	
	低压侧后备保护投入	低压侧后备保护投入	投入	低压侧后备保护功能退出，保护拒动	—	
	公共绕组后备保护投入	公共绕组后备保护投入	投入	功能绕组后备保护功能退出，保护拒动	—	
GOOSE 发送软压板	跳高压侧边开关 GOOSE 发送软压板	投入时开放 GOOSE 跳闸出口	投入	智能终端拒动	—	当接收设备处于退出状态时，该压板应退出

续表

压板类型	压板名称	功能说明	正常运行时压板状态	误退出影响	误投入影响	备注
GOOSE发送软压板	跳高压侧中开关GOOSE发送软压板	投入时开放GOOSE跳闸出口	投入	智能终端拒动	—	当接收设备处于退出状态时，该压板应退出
	启高压侧边开关失灵GOOSE发送软压板	投入时开放GOOSE跳闸出口	投入	无法启边开关失灵	—	当接收设备处于退出状态时，该压板应退出
	启高压侧中开关失灵GOOSE发送软压板	投入时开放GOOSE跳闸出口	投入	无法启中开关失灵	—	当接收设备处于退出状态时，该压板应退出
	跳中压侧开关GOOSE发送软压板	投入时开放GOOSE跳闸出口	投入	智能终端拒动	—	当接收设备处于退出状态时，该压板应退出
	启中压侧失灵GOOSE发送软压板	投入时开放GOOSE跳闸出口	投入	无法启动，中压侧失灵	—	当接收设备处于退出状态时，该压板应退出
	跳中压侧母联GOOSE发送软压板	投入时开放GOOSE跳闸出口	投入	智能终端拒动	—	当接收设备处于退出状态时，该压板应退出
	跳低压侧开关GOOSE发送软压板	投入时开放GOOSE跳闸出口	投入	智能终端拒动	—	当接收设备处于退出状态时，该压板应退出

续表

压板类型	压板名称	功能说明	正常运行时压板状态	误退出影响	误投入影响	备注
GOOSE接收软压板	高压侧边开关失灵联跳GOOSE接收软压板	接收高压侧边开关失灵联跳GOOSE信号	投入	高压侧边开关失灵无法启动主变压器失灵联跳	—	该开关处于冷备用、检修状态时，该压板应退出
	高压侧中开关失灵联跳GOOSE接收软压板	接收高压侧中开关失灵联跳GOOSE信号	投入	高压侧中开关失灵无法启动主变压器失灵联跳	—	该开关处于冷备用、检修状态时，该压板应退出
	中压侧失灵联跳GOOSE接收软压板	接收中压侧失灵联跳GOOSE信号	投入	中压侧开关失灵无法启动主变压器失灵联跳	—	该开关处于冷备用、检修状态时，该压板应退出
SV接收软压板	高压侧边开关电流SV接收软压板	软压板控制字置1时，装置处理接收到的采样值；软压板控制字置0时，装置不处理采样值	投入	保护可能误动（边开关处于运行状态时，误退该压板，保护不计入边开关电流，可能导致保护误动）	—	边开关处于停运状态，合并单元退出运行前，应将该压板退出
	高压侧中开关电流SV接收软压板	软压板控制字置1时，装置处理接收到的采样值；软压板控制字置0时，装置不处理采样值	投入	保护可能误动（中开关处于运行状态时，误退该压板，保护不计入中开关电流，可能导致保护误动）	—	中开关处于停运状态，合并单元退出运行前，应将该压板退出
	高压侧电压SV接收软压板	软压板控制字置1时，装置处理接收到的采样值；软压板控制字置0时，装置不处理采样值	投入	高压侧后备保护功能退出或影响复压闭锁元件	—	高压侧TV检修时退出

续表

压板类型	压板名称	功能说明	正常运行时压板状态	误退出影响	误投入影响	备注
SV 接收软压板	中压侧电流电压 SV 接收软压板	软压板控制字置 1 时，装置处理接收到的采样值；软压板控制字置 0 时，装置不处理采样值	投入	该电流电压不参与运算，可能导致差动误动，中压侧后备拒动	—	中压侧开关检修时退出
	低压侧电流电压 SV 接收软压板	软压板控制字置 1 时，装置处理接收到的采样值；软压板控制字置 0 时，装置不处理采样值	投入	该电流电压不参与运算，可能导致差动误动，低压侧后备拒动	—	低压侧开关检修时退出

第七节 智能变电站常见报警信号分析

智能变电站的保护装置、合并单元、智能终端具有较强的自检功能，可实时监视自身软硬件及通信的状态。发生异常时，装置指示灯将有相应显示，并报出告警信息。一些异常将造成保护功能闭锁。保护装置、合并单元、智能终端出现异常后，现场应立即检查并记录装置指示灯与告警信息，判断影响范围和故障部位，采取有效防范措施，及时汇报和处理。现场应重视分析和处理运行中反复出现并自行复归的异常告警信息，防止设备缺陷带来的安全隐患。

（1）当保护装置出现异常告警信息时，应检查和记录装置运行指示灯和告警报文，根据信息内容判断异常情况对保护功能的影响，必要时应退出相应保护功能。

1）保护装置报出 SV 异常等相关采样告警信息后，若失去部分或全部保护功能，现场应退出相应保护。同时，检查合并单元运行状态、合并单元至保护装置的光纤链路、保护装置光纤接口等相关部件。

2）保护装置报出 GOOSE 异常等相关告警信息后，应先检查告警装置运行状态，判断异常产生的影响，采取相应措施，再检查发送端保护装置、智能终端及 GOOSE 链路光纤等相关部件。

3）保护装置出现软、硬件异常告警时，应检查保护装置指示灯及告警报文，判断装置故障程度，若失去部分或全部保护功能，现场应退出相应保护。表 4-9 是 SV 数据无效对线路保护的影响，表 4-10 是 SV 数据失步对线路保护的影响，表 4-11 是 SV 数据无效对主变压器保护的影响，表 4-12 是 SV 数据失步对主变压器保护的影响，表 4-13 是 SV 数据无效对母线保护的影响，表 4-14 是 SV 数据失步对母线保护的影响，表 4-15 是 SV 数据无效对测控装置的影响，表 4-16 是 SV 数据失步对测控装置的影响，表 4-17 是 SV 数据检修对测控装置的影响。

表 4-9　　SV 数据无效对线路保护的影响

SV 数据无效	对线路保护的影响
保护电压数据无效	显示无效采样值，处理同保护 TV 断线，即闭锁与电压相关的保护（如距离保护），退出方向元件（如零序过电流自动退出方向），自动投入 TV 断线过电流保护等
保护电流数据无效	闭锁保护（差动、距离、零序过电流、TV 断线过电流、过负荷）
启动电流数据无效	启动板 24V 正电源开放的条件切换到保护电流通道计算的结果，即在此情况下，启动板根据保护电流通道的数据自主判断启动，这样可以有效避免保护板由于程序问题而导致的误动作。当启动电流通道数据无效或启动电流检修告警时，不影响保护板的程序，保护板的程序保持不变
启动电压数据无效	没有影响，仅用于与保护电压互校，互校不一致则闭锁全部保护
同期电压数据无效	当重合闸检定方式与同期电压无关时（如不检重合），不报同期电压数据无效。当同期电压数据无效时，闭锁与同期电压相关的重合检定方式（如检同期），即处理方式同同期 TV 断线

表 4-10　　SV 数据失步对线路保护的影响

SV 数据失步（仅对组网有影响）	对线路保护的影响
电压或电流任一失步	电压 MU 和电流 MU 任一失步，处理同保护 TV 断线，即闭锁与电压相关的保护（如距离保护），退出方向元件（如零序过电流自动退出方向），自动投入 TV 断线过电流保护
同期电压失步	当重合闸检定方式与同期电压无关时（如不检重合），不报同期电压数据失步。当同期电压数据失步时，闭锁与同期电压相关的重合检定方式（如检同期），即处理方式同同期 TV 断线

表 4-11　　SV 数据无效对主变压器保护的影响

SV 数据无效	对主变压器保护的影响
任意侧相电流数据无效	仅闭锁差动保护及本侧过电流保护，如果整定用自产零序情况下则闭锁该侧相对应零序过电流保护段
任意侧零序电流数据无效	仅闭锁该侧整定为外接零序的零序过电流保护段
任意侧间隙电流数据无效	仅该侧闭锁间隙零序过电流保护
任意侧电压数据无效	闭锁该侧零序过电压保护，该侧所有与电压相关的判据自动不满足条件，复压元件可以通过其他侧启动，方向过电流保护自动退出

表 4-12　　SV 数据失步对主变压器保护的影响

SV 数据失步	对主变压器保护的影响
任一侧相电流数据失步	闭锁差动保护，如果本侧采用和电流作为后备保护电流则同时闭锁后备保护
任意侧外接零序电流数据失步	对保护行为无影响
任意侧间隙电流数据失步	对保护行为无影响
后备保护中的电流和电压相对失步	方向元件不满足条件

表 4-13　　SV 数据无效对母线保护的影响

SV 数据无效	对母线保护的影响
母线电压数据无效	显示无效采样值，不闭锁保护并开放该段母线电压
支路电流数据无效	显示无效采样值，闭锁差动保护及相应支路的失灵保护，其他支路的失灵保护不受影响
母联支路电流通道数据无效	显示无效采样值，闭锁母联保护，母线自动置互联
母线电压数据无效	显示无效采样值，不闭锁保护并开放该段母线电压

表 4-14　　SV 数据失步对母线保护的影响

SV 数据失步	对母线保护的影响
母线电压失步	不闭锁保护并开放该段母线电压
支路电流失步	仅闭锁差动保护
母联支路电流失步	母线自动置互联

表 4-15　　SV 数据无效对测控装置的影响

SV 数据无效	对测控装置的影响
所有通道数据无效	无效数据显示 0，LCD 置无效显示，闭锁检无电压，检同期遥控
电流通道数据无效	无效数据显示 0，LCD 置无效显示，闭锁检无电压，检同期遥控
电压通道数据无效	无效数据显示 0，LCD 置无效显示，闭锁检无电压，检同期遥控
同期电压通道数据无效	无效数据显示 0，LCD 置无效显示，闭锁检无电压，检同期遥控

表 4-16　　SV 数据失步对测控装置的影响

SV 数据失步	对测控装置的影响
所有数据失步	测控装置不判断是否失步。如果电流和电压来自两个数据接收块，测控装置能同步这两个数据库，就认为都有效。如果不能同步，就认为两个都无效或其中一个无效
仅电压失步	测控装置不判断是否失步。如果电流和电压来自两个数据接收块，测控装置能同步这两个数据库，就认为都有效。如果不能同步，就认为两个都无效或其中一个无效
仅电流失步	测控装置不判断是否失步。如果电流和电压来自两个数据接收块，测控装置能同步这两个数据库，就认为都有效。如果不能同步，就认为两个都无效或其中一个无效
同期电压失步	测控装置不判断是否失步。如果电流和电压来自两个数据接收块，测控装置能同步这两个数据库，就认为都有效。如果不能同步，就认为两个都无效或其中一个无效

表 4-17　　SV 数据检修对测控装置的影响

SV 数据检修	对测控装置的影响
所有数据带检修不一致	检修 LCD 显示检修。闭锁检无电压，检同期遥控
仅电压带检修不一致	检修 LCD 显示检修。闭锁检无电压，检同期遥控
仅电流带检修不一致	检修 LCD 显示检修。闭锁检无电压，检同期遥控
同期电压带检修不一致	检修 LCD 显示检修。闭锁检无电压，检同期遥控

（2）合并单元出现异常告警信息后，应检查合并单元指示灯，判断异常对相关保护装

置的影响，必要时退出相应保护功能。

1）出现同步异常时，应重点检查站内对时系统。

2）出现采样异常时，利用网络报文记录分析装置检查合并单元发送采样值是否正常，结合相关保护装置SV告警信息进行综合判断。另外，还应检查上一级级联合并单元的运行状态。

3）出现GOOSE开入量异常告警时，应检查GOOSE链路、相关交换机、GOOSE发送端智能终端等设备。

（3）智能终端出现异常告警信息后，应检查智能终端指示灯，判断智能终端能否正常跳、合闸，根据结果采取相应措施。

1）出现GOOSE断链异常告警时，应检查GOOSE链路、相关交换机、GOOSE发送端保护装置等设备。

2）“控制回路断线”告警信息由智能终端负责上传监控平台，运行中出现此信息时，应检查跳、合闸相关二次回路，通知专业人员立即处理。

（4）光纤链路异常告警信息由接收端设备发出。光纤链路异常时，应检查告警装置对应光接口通信监视灯，再检查链路相关的合并单元、保护装置、智能终端、交换机、对时装置等设备及其光接口通信状态，综合判断链路异常的故障位置。

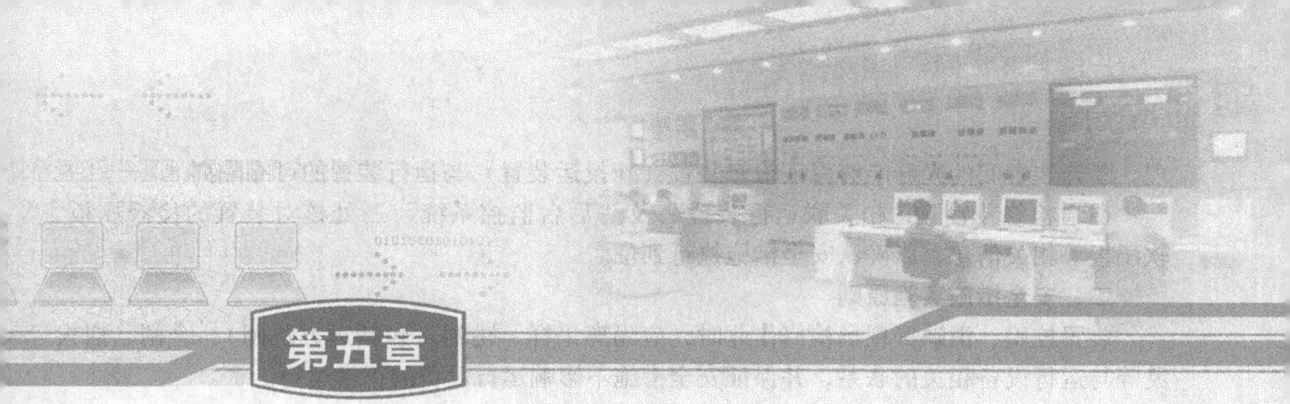

第五章

智能变电站继电保护系统操作

第一节　继电保护系统操作基本要求

一、安全措施隔离技术

继电保护和安全自动装置的安全隔离措施一般可采用投入检修压板，退出装置软压板、出口硬压板以及断开装置间的连接光纤等方式，实现检修装置（新投运装置）与运行装置的安全隔离，具体说明如下。

（一）检修压板

继电保护、安全自动装置、合并单元及智能终端均设有一块检修硬压板。装置将接收到GOOSE 报文 TEST 位、SV 报文数据品质 TEST 位与装置自身检修压板状态进行比较，做“异或”逻辑判断，两者一致时，信号进行处理或动作，两者不一致时则报文视为无效，不参与逻辑运算。

（二）软压板

软压板分为发送软压板和接收软压板，用于从逻辑上隔离信号输出、输入。装置输出信号由保护输出信号和发送压板数据对象共同决定，装置输入信号由保护接收信号和接收压板数据对象共同决定，通过改变软压板数据对象的状态便可以实现某一路信号的逻辑通断。其中：

（1）GOOSE 发送软压板：负责控制本装置向其他智能装置发送 GOOSE 信号。软压板退出时，不向其他装置发送相应的保护指令。

（2）GOOSE 接收软压板：负责控制本装置接收来自其他智能装置的 GOOSE 信号。软压板退出时，本装置对其他装置发送来的相应 GOOSE 信号不作逻辑处理。

（3）软压板：负责控制本装置接收来自合并单元的采样值信息。软压板退出时，相应采样值不显示，且不参与保护逻辑运算。

（三）智能终端出口硬压板

安装于智能终端与断路器之间的电气回路中，可作为明显断开点，实现相应二次回路的通断。出口硬压板退出时，保护装置无法通过智能终端实现对断路器的跳、合闸。

（四）光纤

继电保护、安全自动装置和合并单元、智能终端之间的虚拟二次回路连接均通过光纤实现。断开装置间的光纤能够保证检修装置（新投运装置）与运行装置的可靠隔离。

在“检修装置”“相关联运行装置”及“后台监控系统”三处核对装置的检修压板、软压板等相关信息，以确认安全措施执行到位。

二、安全措施实施原则

装置校验、消缺等现场检修作业时，应隔离采样、跳闸（包括远方跳闸）、合闸、启失灵等与运行设备相关的联系，并保证安全措施不影响运行设备的正常运行。

单套配置的装置校验、消缺等现场检修作业时，需停役相关一次设备。双重化配置的二次设备仅单套设备校验、消缺时，可不停役一次设备，但应防止一次设备无保护运行。

断开装置间光纤的安全措施存在装置光纤接口使用寿命缩减、试验功能不完整等问题，对于可通过退出发送侧和接收侧两侧软压板以隔离虚回路连接关系的光纤回路，检修作业不宜采用断开光纤的安全措施。对于确无法通过退检修装置发送软压板，且相关运行装置未设置接收软压板来实现安全隔离的光纤回路，可采取断开光纤的安全措施方案，但不得影响其他装置的正常运行。断开光纤回路前，应确认其余安全措施已做好，且对应光纤已作好标识，退出的光纤应用相应保护罩套好。

智能变电站虚回路安全隔离应至少采取双重安全措施，如退出相关运行装置中对应的接收软压板、退出检修装置对应的发送软压板，投入检修装置检修压板。智能终端出口硬压板、装置间的光纤可实现具备明显断点的二次回路安全措施。

对重要的保护装置，特别是复杂保护装置或有联跳回路（以及存在跨间隔 SV、GOOSE 联系的虚回路）的保护装置，如母线保护、失灵保护、主变保护、安全自动装置等装置的检修作业，应编制经技术负责人审批继电保护安全措施票。

三、现场操作注意事项

智能变电站保护装置、安全自动装置、合并单元、智能终端、交换机等智能设备故障或异常时，运维人员应及时检查现场情况，判断影响范围，根据现场需要采取变更运行方式、停役相关一次设备、投退相关继电保护等措施，并在现场运行规程中细化明确。

合并单元、采集单元一般不单独投退，根据影响程度确定相应保护装置的投退：

（1）双重化配置的合并单元、采集单元单台校验、消缺时，可不停役相关一次设备，但应退出对应的线路保护、母线保护等接入该合并单元采样值信息的保护装置。

（2）单套配置的合并单元、采集单元校验、消缺时，需停役相关一次设备。

（3）一次设备停役，合并单元、采集单元校验、消缺时，应退出对应的线路保护、母线保护等相关装置内该间隔的软压板（如母线保护内该间隔投入软压板、SV 软压板等）。

（4）母线合并单元、采集单元校验、消缺时，按母线电压异常处理。

智能终端可单独投退，也可根据影响程度确定相应保护装置的投退：

（1）双重化配置的智能终端单台校验、消缺时，可不停役相关一次设备，但应退出该智能终端出口压板，退出重合闸功能，同时根据需要退出受影响的相关保护装置。

（2）单套配置的智能终端校验、消缺时，需停役相关一次设备，同时根据需要退出受影响的相关保护装置。

网络交换机一般不单独投退，可根据影响程度确定相应保护装置的投退，装置检修压板操作原则：

（1）操作保护装置检修压板前，应确认保护装置处于信号状态，且与之相关的运行保护装置（如母差保护、安全自动装置等）二次回路的软压板（如失灵启动软压板等）已退出。

（2）在一次设备停役时，操作间隔合并单元检修压板前，需确认相关保护装置的 SV 软压板已退出，特别是仍继续运行的保护装置。在一次设备不停役时，应在相关保护装置处于信号或停用后，方可投入该合并单元检修压板。对于母线合并单元，在一次设备不停役时，应先按照母线电压异常处理、根据需要申请变更相应继电保护的运行方式后，方可投入该合并单元检修压板。

（3）在一次设备停役时，操作智能终端检修压板前，应确认相关线路保护装置的"边（中）断路器置检修"软压板已投入（若有）。在一次设备不停役时，应先确认该智能终端出口硬压板已退出，并根据需要退出保护重合闸功能、投入母线保护对应隔离刀闸强制软压板后，方可投入该智能终端检修压板。

（4）操作保护装置、合并单元、智能终端等装置检修压板后，应查看装置指示灯、人机界面变位报文或开入变位等情况，同时核查相关运行装置是否出现非预期信号，确认正常后方可执行后续操作。

双重化配置二次设备中，单一装置异常情况时，现场应急处置方式可参照以下执行：保护装置异常时，投入装置检修压板，重启装置一次；智能终端异常时，退出出口硬压板，投入装置检修压板，重启装置一次；间隔合并单元异常时，相关保护退出（改信号）后，投入合并单元检修压板，重启装置一次；网络交换机异常时，现场重启一次；上述装置重启后，若异常消失，将装置恢复到正常运行状态；若异常未消失，应保持该装置重启时状态，并申请停役相关二次设备，必要时申请停役一次设备。各装置操作方式及注意事项应在现场运行规程中细化明确。

一次设备停役时，若需退出继电保护系统，宜按以下顺序进行操作：

（1）退出相关运行保护装置中该间隔的 SV 软压板或间隔投入软压板；

（2）退出相关运行保护装置中该间隔的 GOOSE 接收软压板（如启动失灵等）；

（3）退出该间隔保护装置中跳闸、合闸、启失灵等 GOOSE 发送软压板；

（4）退出该间隔智能终端出口硬压板；

（5）投入该间隔保护装置、智能终端、合并单元检修压板。

一次设备复役时，继电保护系统投入运行，宜按以下顺序进行操作：

（1）退出该间隔合并单元、保护装置、智能终端检修压板；

（2）投入该间隔智能终端出口硬压板；

（3）投入该间隔保护装置跳闸、重合闸、启失灵等 GOOSE 发送软压板；

（4）投入相关运行保护装置中该间隔的 GOOSE 接收软压板（如失灵启动、间隔投入等）；

（5）投入相关运行保护装置中该间隔 SV 软压板。

第二节　750kV 变电站继电保护系统操作

一、电气主接线图

如图 5-1 所示为某 750kV 变电站电气主接线图。

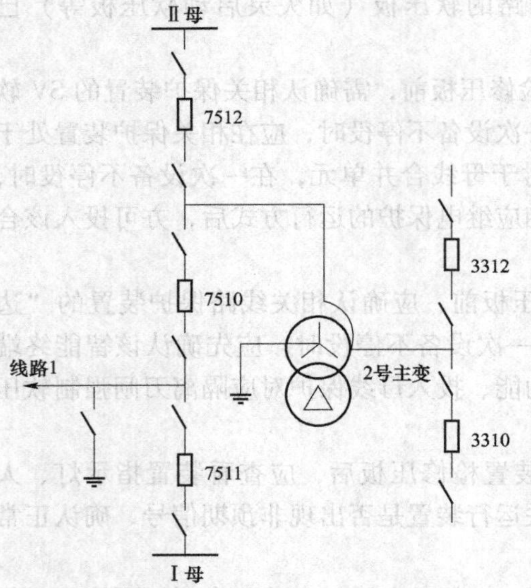

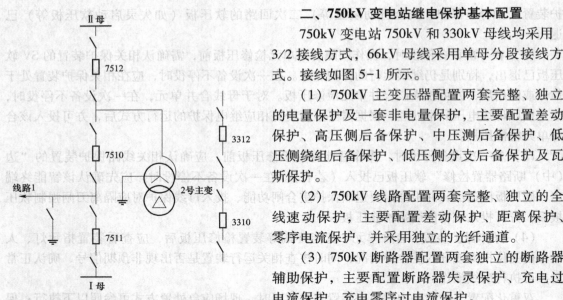

图 5-1 750kV 变电站一次系统接线示意图

二、750kV 变电站继电保护基本配置

750kV 变电站 750kV 和 330kV 母线均采用 3/2 接线方式，66kV 母线采用单母分段接线方式。接线如图 5-1 所示。

(1) 750kV 主变压器配置两套完整、独立的电量保护及一套非电量保护，主要配置差动保护、高压侧后备保护、中压测后备保护、低压侧绕组后备保护、低压侧分支后备保护及瓦斯保护。

(2) 750kV 线路配置两套完整、独立的全线速动保护，主要配置差动保护、距离保护、零序电流保护，并采用独立的光纤通道。

(3) 750kV 断路器配置两套独立的断路器辅助保护，主要配置断路器失灵保护、充电过电流保护、充电零序过电流保护。

(4) 750kV 每段母线都分别配置两套独立的母线差动保护。

(5) 750kV 高压电抗器分别配置两套独立的高抗保护，及一套非电量保护，主要配置差动保护、匝间保护、主电抗过电流过负荷保护、主电抗零序过电流保护、中性点电抗器过电流过负荷保护、瓦斯保护。

(6) 两套保护的电压、电流采样值分别取自相互独立的合并单元，两套保护的跳闸回路与两个智能终端一一对应，两个智能终端与断路器的两个跳闸线圈一一对应。

三、继电保护二次系统软压板操作

(一) 南瑞继保继电保护系统操作

1. 7510 断路器检修

(1) 7510 断路器智能终端一。

1) 退出跳 7510 A 相Ⅰ线圈压板；
2) 退出跳 7510 B 相Ⅰ线圈压板；
3) 退出跳 7510 C 相Ⅰ线圈压板；
4) 退出合 7510 A 相压板；
5) 退出合 7510 B 相压板；
6) 退出合 7510 C 相压板。

(2) 7510 断路器智能终端二。

1) 退出跳 7510 A 相Ⅱ线圈压板；
2) 退出跳 7510 B 相Ⅱ线圈压板；
3) 退出跳 7510 C 相Ⅱ线圈压板；
4) 退出合 7510 A 相压板；
5) 退出合 7510 B 相压板；
6) 退出合 7510 C 相压板。

（3）7511 断路器保护第一套保护 PCS-921 软压板。
1）退出失灵跳 7510 断路器软压板；
2）退出失灵启 7510 断路器失灵软压板。
（4）7511 断路器保护第二套保护 PCS-921 软压板。
1）退出失灵跳 7510 断路器软压板；
2）退出失灵启 7510 断路器失灵软压板。
（5）7512 断路器保护第一套保护 PCS-921 软压板。
1）退出失灵跳 7510 断路器软压板；
2）退出失灵启 7510 断路器失灵软压板。
（6）7512 断路器保护第二套保护 PCS-921 软压板。
1）退出失灵跳 7510 断路器软压板；
2）退出失灵启 7510 断路器失灵软压板。
（7）2 号主变第一套保护 PCS-978 软压板。
1）退出跳 7510 断路器软压板；
2）退出启 7510 断路器失灵软压板；
3）退出 7510 断路器保护启动失灵联跳开入软压板；
4）退出 7510 断路器电流 SV 接收软压板。
（8）2 号主变第二套保护 PCS-978 软压板。
1）退出跳 7510 断路器软压板；
2）退出启 7510 断路器失灵软压板；
3）退出 7510 断路器保护启动失灵联跳开入软压板；
4）退出 7510 断路器电流 SV 接收软压板。
（9）750kV 线路 I 线保护屏第一套保护 PCS-931 软压板。
1）退出跳 7510 断路器软压板；
2）退出启动 7510 断路器失灵软压板；
3）退出闭锁 7510 断路器重合闸软压板；
4）退出 7510 断路器电流 SV 接收软压板；
5）投入 7510 断路器强制分位软压板。
（10）750kV 线路 I 线保护屏第二套保护 PCS-931 软压板。
1）退出跳 7510 断路器软压板；
2）退出启动 7510 断路器失灵软压板；
3）退出闭锁 7510 断路器重合闸软压板；
4）退出 7510 断路器电流 SV 接收软压板；
5）投入 7510 断路器强制分位软压板。
（11）7510 断路器保护测控屏第一套保护 PCS-921 软压板。
1）退出跳 7510 断路器软压板；
2）退出闭锁重合闸软压板；
3）退出失灵跳 7512 断路器软压板；
4）退出失灵启 7512 断路器保护软压板；

5）退出失灵跳 7511 断路器软压板；
6）退出失灵启 7511 断路器保护软压板；
7）退出失灵启线路Ⅰ线远传软压板；
8）退出失灵启 2 号主变保护软压板；
9）退出电压 SV 接收软压板；
10）退出电流 SV 接收软压板。
（12）7510 断路器保护测控屏第二套保护 PCS-921 软压板。
1）退出跳 7510 断路器软压板；
2）退出闭锁重合闸软压板；
3）退出失灵跳 7512 断路器软压板；
4）退出失灵启 7512 断路器保护软压板；
5）退出失灵跳 7511 断路器软压板；
6）退出失灵启 7511 断路器保护软压板；
7）退出失灵启线路Ⅰ线远传软压板；
8）退出失灵启 2 号主变保护软压板；
9）退出电压 SV 接收软压板；
10）退出电流 SV 接收软压板。
（13）断路器保护、智能终端、合并单元检修状态压板。
1）投入 7510 智能终端一检修状态压板；
2）投入 7510 智能终端二检修状态压板；
3）投入 7510 断路器第一套保护检修状态压板；
4）投入 7510 断路器第二套保护检修状态压板；
5）投入 7510 合并单元一检修状态压板；
6）投入 7510 合并单元二检修状态压板。
2. 单套主变保护检修（PCS-921 断路器保护无接收失灵 GOOSE 接收软压板）
（1）7512 断路器保护第一套保护 PCS-921 软压板。退出失灵启 2 号主变保护软压板。
（2）7510 断路器保护第一套保护 PCS-921 软压板。退出失灵启 2 号主变保护软压板。
（3）3312 断路器保护第一套保护 PCS-921 软压板。退出失灵启 2 号主变保护软压板。
（4）3310 断路器保护第一套保护 PCS-921 软压板。退出失灵启 2 号主变保护软压板。
（5）2 号主变第一套保护 PCS-978 软压板。
1）退出主保护软压板；
2）退出高压侧后备保护软压板；
3）退出高压侧电压软压板；
4）退出中压侧后备保护软压板；
5）退出中压侧电压软压板；
6）退出低压绕组后备保护软压板；
7）退出低压 1 分支后备保护软压板；
8）退出低压 1 分支电压软压板；
9）退出公共绕组后备保护软压板；

10）退出远方投退压板软压板；
11）退出直跳高压侧 7512 断路器软压板；
12）退出失灵启 7512 断路器软压板；
13）退出直跳高压侧 7510 断路器软压板；
14）退出失灵启 7510 断路器软压板；
15）退出直跳中压侧 3312 断路器软压板；
16）退出失灵启中压 3312 断路器软压板；
17）退出直跳中压侧 3310 断路器软压板；
18）退出失灵启中压 3310 断路器软压板；
19）退出直跳低压侧 6602 断路器软压板；
20）退出 7512 断路器保护失灵联跳开入软压板；
21）退出 7510 断路器保护失灵联跳开入软压板；
22）退出 3312 断路器保护失灵联跳开入软压板；
23）退出 3310 断路器保护失灵联跳开入软压板；
24）高压侧电压 SV 接收软压板；
25）高压侧 7512 断路器电流 SV 接收软压板；
26）高压侧 7510 断路器电流 SV 接收软压板；
27）中压侧电压 SV 接收软压板；
28）中压侧 3312 断路器电流 SV 接收软压板；
29）中压侧 3310 断路器电流 SV 接收软压板；
30）低压侧 1 分支 SV 接收软压板；
31）低压侧套管/公共绕组 SV 接收软压板。
（6）投入 2 号主变第一套保护装置检修状态软压板。
3. 单套线路保护检修
（1）7511 断路器第一套保护 PCS-921 软压板。退出失灵启线路Ⅰ线远传软压板。
（2）7510 断路器保护第一套保护 PCS-921 软压板。退出失灵启线路Ⅰ线远传软压板。
（3）线路Ⅰ高抗第一套保护 PCS-917 软压板。退出启线路Ⅰ远方跳闸软压板。
（4）线路Ⅰ第一套保护 PCS-931 软压板。
1）退出通道一差动保护软压板；
2）退出通道二差动保护软压板；
3）退出零序过电流保护软压板；
4）退出距离保护软压板；
5）退出远方跳闸保护软压板；
6）退出过电压保护软压板；
7）退出跳 7510 断路器软压板；
8）退出启动 7510 断路器失灵软压板；
9）退出闭锁 7510 断路器重合闸软压板；
10）退出跳 7511 断路器软压板；
11）退出启 7511 断路器失灵软压板；

12）退出闭锁 7511 断路器重合闸软压板；

13）退出电压 SV 接收软压板；

14）退出 7510 断路器 SV 接收软压板；

15）退出 7511 断路器 SV 接收软压板。

（5）投入 PCS-931 检修状态压板。

4. 单套母线保护检修

（1）7511 断路器保护测控屏第一套保护 PCS-921 软压板。退出失灵启 750kV Ⅰ 母母差保护软压板。

（2）7521 断路器保护测控屏第一套保护 PCS-921 软压板。退出失灵启 750kV Ⅰ 母母差保护软压板。

（3）7531 断路器保护测控屏第一套保护 PCS-921 软压板。退出失灵启 750kV Ⅰ 母母差保护软压板。

（4）750kV Ⅰ 母第一套母差保护。

1）退出 7511 断路器_保护跳闸软压板；

2）退出 7521 断路器_保护跳闸软压板；

3）退出 7531 断路器_保护跳闸软压板；

4）退出差动保护软压板；

5）退出失灵经母差跳闸软压板；

6）退出 7511 断路器_失灵联跳软压板；

7）退出 7521 断路器_失灵联跳软压板；

8）退出 7531 断路器_失灵联跳软压板；

9）退出 7511 断路器电流 SV 接收软压板；

10）退出 7512 断路器电流 SV 接收软压板；

11）退出 7513 断路器电流 SV 接收软压板。

（5）投入 750kV Ⅰ 母第一套母差保护检修状态压板。

5. 单套 7510 合并单元检修

（1）2 号主变第一套保护 PCS-978 软压板。

1）退出主保护软压板；

2）退出高压侧后备保护软压板；

3）退出高压侧电压软压板；

4）退出中压侧后备保护软压板；

5）退出中压侧电压软压板；

6）退出低压绕组后备保护软压板；

7）退出低压 1 分支后备保护软压板；

8）退出低压 1 分支电压软压板；

9）退出公共绕组后备保护软压板；

10）退出远方投退压板软压板；

11）退出直跳高压侧 7512 断路器软压板；

12）退出失灵启 7512 断路器软压板；

13）退出直跳高压侧 7510 断路器软压板；
14）退出失灵启 7510 断路器软压板；
15）退出直跳中压侧 3312 断路器软压板；
16）退出失灵启中压 3312 断路器软压板；
17）退出直跳中压侧 3310 断路器软压板；
18）退出失灵启中压 3310 断路器软压板；
19）退出直跳低压侧 6602 断路器软压板；
20）退出 7512 断路器保护失灵联跳开入软压板；
21）退出 7510 断路器保护失灵联跳开入软压板；
22）退出 3312 断路器保护失灵联跳开入软压板；
23）退出 3310 断路器保护失灵联跳开入软压板；
24）高压侧电压 SV 接收软压板；
25）高压侧 7512 断路器电流 SV 接收软压板；
26）高压侧 7510 断路器电流 SV 接收软压板；
27）中压侧电压 SV 接收软压板；
28）中压侧 3312 断路器电流 SV 接收软压板；
29）中压侧 3310 断路器电流 SV 接收软压板；
30）低压侧 1 分支 SV 接收软压板；
31）低压侧套管/公共绕组 SV 接收软压板。
（2）线路Ⅰ第一套保护 PCS-931 软压板。
1）退出通道一差动保护软压板；
2）退出通道二差动保护软压板；
3）退出零序过电流保护软压板；
4）退出距离保护软压板；
5）退出远方跳闸保护软压板；
6）退出过电压保护软压板；
7）退出跳 7510 断路器软压板；
8）退出启 7510 断路器失灵软压板；
9）退出闭锁 7510 断路器重合闸软压板；
10）退出跳 7511 断路器软压板；
11）退出启动 7511 断路器失灵软压板；
12）退出闭锁 7511 断路器重合闸软压板；
13）退出电压 SV 接收软压板；
14）退出 7510 断路器 SV 接收软压板；
15）退出 7511 断路器 SV 接收软压板。
（3）7510 断路器保护测控屏第一套保护 PCS-921 软压板。
1）退出跳 7510 断路器软压板；
2）退出闭锁重合闸软压板；
3）退出失灵跳 7512 断路器软压板；

4）退出失灵启 7512 断路器保护软压板；
5）退出失灵跳 7511 断路器软压板；
6）退出失灵启 7511 断路器保护软压板；
7）退出失灵启线路Ⅰ线远传软压板；
8）退出失灵启 2 号主变保护软压板；
9）退出电压 SV 接收软压板；
10）退出电流 SV 接收软压板。
（4）投入 2 号主变第一套保护装置检修状态软压板。
（5）投入线路Ⅰ PCS-931 检修状态压板。
（6）投入 7510 断路器第一套保护检修状态压板。
（7）投入 7510 断路器合并单元投检修状态压板。

6. 单套 7511 合并单元检修

（1）750kV Ⅰ母第一套母差保护。
1）退出 7511 断路器_保护跳闸软压板；
2）退出 7521 断路器_保护跳闸软压板；
3）退出 7531 断路器_保护跳闸软压板；
4）退出差动保护软压板；
5）退出失灵经母差跳闸软压板；
6）退出 7511 断路器_失灵联跳软压板；
7）退出 7521 断路器_失灵联跳软压板；
8）退出 7531 断路器_失灵联跳软压板；
9）退出 7511 断路器电流 SV 接收软压板；
10）退出 7512 断路器电流 SV 接收软压板；
11）退出 7513 断路器电流 SV 接收软压板。
（2）线路Ⅰ第一套保护 PCS-931 软压板。
1）退出通道一差动保护软压板；
2）退出通道二差动保护软压板；
3）退出零序过电流保护软压板；
4）退出距离保护软压板；
5）退出远方跳闸保护软压板；
6）退出过电压保护软压板；
7）退出跳 7510 断路器软压板；
8）退出启动 7510 断路器失灵软压板；
9）退出闭锁 7510 断路器重合闸软压板；
10）退出跳 7511 断路器软压板；
11）退出启动 7511 断路器失灵软压板；
12）退出闭锁 7511 断路器重合闸软压板；
13）退出电压 SV 接收软压板；
14）退出 7510 断路器 SV 接收软压板；

15）退出7511断路器SV接收软压板。

（3）7511断路器保护测控屏第一套保护PCS-921软压板。

1）退出跳7551断路器软压板；

2）退出闭锁重合闸软压板；

3）退出失灵跳7550断路器软压板；

4）退出失灵启7550断路器保护软压板；

5）退出失灵启线路Ⅰ远传软压板；

6）退出失灵启Ⅰ母母差联跳软压板；

7）退出电压SV接收软压板；

8）退出电流SV接收软压板。

（4）投入750kVⅠ母第一套母差保护检修状态压板。

（5）投入线路ⅠPCS-931检修状态压板。

（6）投入7511断路器第一套保护检修状态压板。

（7）投入7511断路器合并单元投检修状态压板。

7. 单套7510智能终端检修

（1）7510断路器智能终端一。

1）退出跳7510断路器A相Ⅰ线圈压板；

2）退出跳7510断路器B相Ⅰ线圈压板；

3）退出跳7510断路器C相Ⅰ线圈压板；

4）退出合7510断路器A相压板；

5）退出合7510断路器B相压板；

6）退出合7510断路器C相压板。

（2）如合闸回路使用第一套智能终端操作电源时，应退出第二套断路器保护重合闸。

（3）投入7510断路器智能终端一投检修状态压板。

8. 单套7511智能终端检修

（1）7511断路器智能终端一。

1）退出跳7511断路器A相Ⅰ线圈压板；

2）退出跳7511断路器B相Ⅰ线圈压板；

3）退出跳7511断路器C相Ⅰ线圈压板；

4）退出合7511断路器A相压板；

5）退出合7511断路器B相压板；

6）退出合7511断路器C相压板。

（2）如合闸回路使用第一套智能终端操作电源时，应退出第二套断路器保护重合闸。

（3）投入7511断路器智能终端一投检修状态压板。

9. 单套高压电抗器保护检修

（1）线路Ⅰ线高抗第一套保护PCS-917软压板。

1）退出跳7511断路器软压板；

2）退出启7511断路器失灵软压板；

3）退出跳7510断路器软压板；

4）退出跳启7510断路器失灵软压板；
5）退出启线路Ⅰ线远方跳闸软压板；
6）退出高抗保护软压板；
7）退出电压SV接收软压板；
8）退出电流SV接收软压板。
（2）投入线路Ⅰ线高抗第一套保护PCS-917检修状态压板。

10. 单套高压电抗器合并单元检修

（1）线路Ⅰ线高抗第一套保护PCS-917软压板。
1）退出跳7511断路器软压板；
2）退出启7511断路器失灵软压板；
3）退出跳7510断路器软压板；
4）退出跳启7510断路器失灵软压板；
5）退出启线路Ⅰ线远方跳闸软压板；
6）退出高抗保护软压板；
7）退出电压SV接收软压板；
8）退出电流SV接收软压板。
（2）投入线路Ⅰ线高抗第一套保护PCS-917检修状态压板。
（3）投入线路Ⅰ线高抗第一套合并单元检修状态压板。

11. 高压电抗器智能终端检修

投入线路高抗第一套智能终端检修状态压板。

（二）国电南自继电保护系统操作

1. 7510断路器检修

（1）7510断路器智能终端一。
1）退出跳7510断路器A相Ⅰ线圈压板；
2）退出跳7510断路器B相Ⅰ线圈压板；
3）退出跳7510断路器C相Ⅰ线圈压板；
4）退出合7510断路器A相压板；
5）退出合7510断路器B相压板；
6）退出合7510断路器C相压板。
（2）7510断路器智能终端二。
1）退出跳7510断路器A相Ⅱ线圈压板；
2）退出跳7510断路器B相Ⅱ线圈压板；
3）退出跳7510断路器C相Ⅱ线圈压板；
4）退出合7510断路器A相压板；
5）退出合7510断路器B相压板；
6）退出合7510断路器C相压板。
（3）7511断路器保护第一套保护PSL-632U软压板。
1）退出失灵跳闸7510断路器软压板；
2）退出启动7510断路器失灵软压板。

（4）7511 断路器保护第二套保护 PSL-632U 软压板。
1）退出失灵跳闸 7510 断路器软压板；
2）退出启动 7510 断路器失灵软压板。
（5）7512 断路器保护第一套保护 PSL-632U 软压板。
1）退出失灵跳闸 7510 断路器软压板；
2）退出启动 7510 断路器失灵软压板。
（6）7512 断路器保护第二套保护 PSL-632U 软压板。
1）退出失灵跳闸 7510 断路器软压板；
2）退出启动 7510 断路器失灵软压板。
（7）2 号主变第一套保护 SGT-756 软压板。
1）退出跳 7510 断路器软压板；
2）退出启 7510 断路器失灵软压板；
3）退出 7510 断路器失灵联跳开入软压板；
4）退出 7510 断路器电流 SV 接收软压板。
（8）2 号主变第二套保护 SGT-756 软压板。
1）退出跳 7510 断路器软压板；
2）退出启 7510 断路器失灵软压板；
3）退出 7510 断路器失灵联跳开入软压板；
4）退出 7510 断路器电流 SV 接收软压板。
（9）750kV 线路Ⅰ线保护屏第一套保护 PSL-603U 软压板。
1）退出跳中断路器软压板；
2）退出启动中断路器失灵软压板；
3）退出中断路器永跳软压板；
4）退出中断路器电流 SV 接收软压板；
5）投入中断路器强制分位软压板。
（10）750kV 线路Ⅰ线保护屏第二套保护 PSL-603U 软压板。
1）退出跳中断路器软压板；
2）退出启动中断路器失灵软压板；
3）退出中断路器永跳软压板；
4）退出中断路器电流 SV 接收软压板；
5）投入中断路器强制分位软压板。
（11）7510 断路器保护测控屏第一套保护 PSL-632U 软压板。
1）退出跳闸软压板；
2）退出永跳软压板；
3）退出重合闸软压板；
4）退出失灵跳闸 7512 断路器软压板；
5）退出失灵启动 7512 断路器保护软压板；
6）退出失灵跳闸 7511 断路器软压板；
7）退出失灵启动 7511 断路器保护软压板；

8）退出失灵启动线路Ⅰ线远传软压板；

9）退出失灵启动 2 号主变保护软压板；

10）退出电压 SV 接收软压板；

11）退出电流 SV 接收软压板。

（12）7510 断路器保护测控屏第二套保护 PSL-632U 软压板。

1）退出跳闸软压板；

2）退出永跳软压板；

3）退出重合闸软压板；

4）退出失灵跳闸 7512 断路器软压板；

5）退出失灵启动 7512 断路器保护软压板；

6）退出失灵跳闸 7511 断路器软压板；

7）退出失灵启动 7511 断路器保护软压板；

8）退出失灵启动线路Ⅰ线远传软压板；

9）退出失灵启动 2 号主变保护软压板；

10）退出电压 SV 接收软压板；

11）退出电流 SV 接收软压板。

（13）断路器保护、智能终端、合并单元检修状态压板。

1）投入 7510 智能终端一检修状态压板；

2）投入 7510 智能终端二检修状态压板；

3）投入 7510 断路器第一套保护检修状态压板；

4）投入 7510 断路器第二套保护检修状态压板；

5）投入 7510 合并单元一检修状态压板；

6）投入 7510 合并单元二检修状态压板。

2. 单套主变保护检修（SGT-756）

（1）7512 断路器保护第一套保护 PSL-632U 软压板。退出失灵启动 2 号主变保护软压板。

（2）7510 断路器保护第一套保护 PSL-632U 软压板。退出失灵启动 2 号主变保护软压板。

（3）3312 断路器保护第一套保护 PSL-632U 软压板。退出失灵启动 2 号主变保护软压板。

（4）3310 断路器保护第一套保护 PSL-632U 软压板。退出失灵启动 2 号主变保护软压板。

（5）2 号主变第一套保护 SGT-756 软压板。

1）退出 7512 断路器失灵联跳开入软压板；

2）退出 7510 断路器失灵联跳开入软压板；

3）退出 3312 断路器失灵联跳开入软压板；

4）退出 3310 断路器失灵联跳开入软压板；

5）退出直跳高压侧 7512 断路器软压板；

6）退出失灵启 7512 断路器软压板；

7）退出直跳高压侧 7510 断路器软压板；
8）退出失灵启 7510 断路器软压板；
9）退出直跳中压侧 3312 断路器软压板；
10）退出失灵启 3312 断路器软压板；
11）退出直跳中压侧 3310 断路器软压板；
12）退出失灵启 3310 断路器软压板；
13）退出直跳低压侧 6602 断路器软压板；
14）退出主保护；
15）退出高压侧后备保护；
16）退出高压侧电压；
17）退出中压侧后备保护；
18）退出中压侧电压；
19）退出低压绕组后备保护；
20）退出低压 1 分支后备保护软压板；
21）退出低压 1 分支电压软压板；
22）退出公共绕组后备保护软压板；
23）退出远方投退压板软压板；
24）高压侧电压 SV 软压板；
25）高压侧 7512 断路器 SV 接收软压板；
26）高压侧 7510 断路器 SV 接收软压板；
27）中压侧电压 SV 软压板；
28）高压侧 7512 断路器 SV 接收软压板；
29）高压侧 7510 断路器 SV 接收软压板；
30）低压侧 SV 软压板；
31）公共绕组侧 SV 软压板。

（6）投入 2 号主变第一套保护装置检修状态软压板。

3. 单套线路保护检修（PSL-603U）

（1）7511 断路器保护第一套保护 PSL-632U 软压板。退出失灵启动线路 I 线远传软压板。

（2）7510 断路器保护第一套保护 PSL-632U 软压板。退出失灵启动线路 I 线远传软压板。

（3）线路 I 高抗第一套保护 SGR-751 软压板。退出启线路 I 远方跳闸软压板。

（4）线路 I 第一套保护 PSL-603U 软压板。

1）退出跳边断路器软压板；
2）退出启动边断路器失灵软压板；
3）退出边断路器永跳软压板；
4）退出跳中断路器软压板；
5）退出启动中断路器失灵软压板；
6）退出中断路器永跳软压板；

7）退出纵联差动保护软压板；
8）退出光纤通道一软压板；
9）退出光纤通道二软压板；
10）退出距离保护软压板；
11）退出零序过电流保护软压板；
12）退出远方跳闸保护软压板；
13）退出过电压保护软压板；
14）退出电压 SV 接收软压板；
15）退出边断路器电流 SV 接收软压板；
16）退出中断路器电流 SV 接收软压板。

（5）投入 PSL-603U 检修状态压板。

4. 单套母线保护检修（SGB-750）

（1）7511 断路器保护测控屏第一套保护 PSL-632U 软压板。退出失灵启 750kV Ⅰ母母差保护软压板。

（2）7521 断路器保护测控屏第一套保护 PSL-632U 软压板。退出失灵启 750kV Ⅰ母母差保护软压板。

（3）7531 断路器保护测控屏第一套保护 PSL-632U 软压板。退出失灵启 750kV Ⅰ母母差保护软压板。

（4）750kV Ⅰ母第一套母差保护。
1）退出 7511 断路器保护跳闸软压板；
2）退出 7521 断路器保护跳闸软压板；
3）退出 7531 断路器保护跳闸软压板；
4）退出 7511 断路器失灵联跳软压板；
5）退出 7521 断路器失灵联跳软压板；
6）退出 7531 断路器失灵联跳软压板；
7）退出差动保护软压板；
8）退出失灵经母差跳闸软压板；
9）退出 7511 断路器间隔接收软压板；
10）退出 7512 断路器间隔接收软压板；
11）退出 7513 断路器间隔接收软压板。

（5）投入 750kV Ⅰ母第一套母差保护检修状态压板。

5. 单套 7510 合并单元检修

（1）2 号主变第一套保护 SGT-756 软压板。
1）退出 7512 断路器失灵联跳开入软压板；
2）退出 7510 断路器失灵联跳开入软压板；
3）退出 3312 断路器失灵联跳开入软压板；
4）退出 3310 断路器失灵联跳开入软压板；
5）退出直跳高压侧 7512 断路器软压板；
6）退出失灵启 7512 断路器软压板；

7）退出直跳高压侧 7510 断路器软压板；
8）退出失灵启 7510 断路器软压板；
9）退出直跳中压侧 3312 断路器软压板；
10）退出失灵启 3312 断路器软压板；
11）退出直跳中压侧 3310 断路器软压板；
12）退出失灵启 3310 断路器软压板；
13）退出直跳低压侧 6602 断路器软压板；
14）退出主保护；
15）退出高压侧后备保护；
16）退出高压侧电压；
17）退出中压侧后备保护；
18）退出中压侧电压；
19）退出低压绕组后备保护；
20）退出低压 1 分支后备保护软压板；
21）退出低压 1 分支电压软压板；
22）退出公共绕组后备保护软压板；
23）退出远方投退压板软压板；
24）高压侧电压 SV 软压板；
25）高压侧 7512 断路器 SV 接收软压板；
26）高压侧 7510 断路器 SV 接收软压板；
27）中压侧电压 SV 软压板；
28）高压侧 7512 断路器 SV 接收软压板；
29）高压侧 7510 断路器 SV 接收软压板；
30）低压侧 SV 软压板；
31）公共绕组侧 SV 软压板。
（2）线路Ⅰ第一套保护 PSL-603U 软压板。
1）退出跳边断路器软压板；
2）退出启动边断路器失灵软压板；
3）退出边断路器永跳软压板；
4）退出跳中断路器软压板；
5）退出启动中断路器失灵软压板；
6）退出中断路器永跳软压板；
7）退出纵联差动保护软压板；
8）退出光纤通道一软压板；
9）退出光纤通道二软压板；
10）退出距离保护软压板；
11）退出零序过电流保护软压板；
12）退出远方跳闸保护软压板；
13）退出过电压保护软压板；

14）退出电压 SV 接收软压板；
15）退出边断路器电流 SV 接收软压板；
16）退出中断路器电流 SV 接收软压板。
（3）7510 断路器保护第一套保护 PSL-632U 软压板。
1）退出失灵跳闸 7510 断路器软压板；
2）退出启动 7510 断路器失灵软压板；
3）退出失灵跳闸 7512 断路器软压板；
4）退出失灵启动 7512 断路器保护软压板；
5）退出失灵跳闸 7511 断路器软压板；
6）退出失灵启动 7511 断路器保护软压板；
7）退出失灵启动线路Ⅰ线远传软压板；
8）退出失灵启动 2 号主变保护软压板；
9）退出跳闸软压板；
10）退出永跳软压板；
11）退出重合闸软压板；
12）退出电压 SV 接收软压板；
13）退出电流 SV 接收软压板。
（4）投入 2 号主变第一套保护装置检修状态软压板。
（5）投入线路Ⅰ PSL-603U 检修状态压板。
（6）投入 7510 断路器第一套保护检修状态压板。
（7）投入 7510 断路器合并单元投检修状态压板。
6. 单套 7511 合并单元检修
（1）线路Ⅰ第一套保护 PSL-603U 软压板。
1）退出跳边断路器软压板；
2）退出启动边断路器失灵软压板；
3）退出边断路器永跳软压板；
4）退出跳中断路器软压板；
5）退出启动中断路器失灵软压板；
6）退出中断路器永跳软压板；
7）退出纵联差动保护软压板；
8）退出光纤通道一软压板；
9）退出光纤通道二软压板；
10）退出距离保护软压板；
11）退出零序过电流保护软压板；
12）退出远方跳闸保护软压板；
13）退出过电压保护软压板；
14）退出电压 SV 接收软压板；
15）退出边断路器电流 SV 接收软压板；
16）退出中断路器电流 SV 接收软压板。

（2）750kV Ⅰ母第一套母差保护。

1）退出 7511 断路器保护跳闸软压板；

2）退出 7521 断路器保护跳闸软压板；

3）退出 7531 断路器保护跳闸软压板；

4）退出 7511 断路器失灵联跳软压板；

5）退出 7521 断路器失灵联跳软压板；

6）退出 7531 断路器失灵联跳软压板；

7）退出差动保护软压板；

8）退出失灵经母差跳闸软压板；

9）退出 7511 断路器间隔接收软压板；

10）退出 7512 断路器间隔接收软压板；

11）退出 7513 断路器间隔接收软压板。

（3）7511 断路器保护第一套保护 PSL-632U 软压板。

1）退出失灵跳闸 7511 断路器软压板；

2）退出启动 7511 断路器失灵软压板；

3）退出失灵跳闸 7510 断路器软压板；

4）退出失灵启动 7510 断路器保护软压板；

5）退出失灵启动线路Ⅰ线远传软压板；

6）退出失灵启动 750kV Ⅰ母保护软压板；

7）退出跳闸软压板；

8）退出永跳软压板；

9）退出重合闸软压板；

10）退出电压 SV 接收软压板；

11）退出电流 SV 接收软压板。

（4）投入 750kV Ⅰ母第一套母差保护检修状态压板。

（5）投入线路Ⅰ PSL-603U 检修状态压板。

（6）投入 7511 断路器第一套保护检修状态压板。

（7）投入 7511 断路器合并单元投检修状态压板。

7. 单套 7510 智能终端检修

（1）7510 断路器智能终端一。

1）退出跳 7510 断路器 A 相Ⅰ线圈压板；

2）退出跳 7510 断路器 B 相Ⅰ线圈压板；

3）退出跳 7510 断路器 C 相Ⅰ线圈压板；

4）退出合 7510 断路器 A 相压板；

5）退出合 7510 断路器 B 相压板；

6）退出合 7510 断路器 C 相压板。

（2）如合闸回路使用第一套智能终端操作电源时，应退出第二套断路器保护重合闸。

（3）投入 7510 断路器智能终端一投检修状态压板。

8. 单套 7511 智能终端检修

（1）7511 断路器智能终端一。

1）退出跳 7511 断路器 A 相Ⅰ线圈压板；

2）退出跳 7511 断路器 B 相Ⅰ线圈压板；

3）退出跳 7511 断路器 C 相Ⅰ线圈压板；

4）退出合 7511 断路器 A 相压板；

5）退出合 7511 断路器 B 相压板；

6）退出合 7511 断路器 C 相压板。

（2）如合闸回路使用第一套智能终端操作电源时，应退出第二套断路器保护重合闸。

（3）投入 7511 断路器智能终端一投检修状态压板。

9. 单套高压电抗器保护检修

（1）线路Ⅰ线高抗第一套保护 SGR-751 软压板。

1）退出直跳 7522 断路器软压板；

2）退出失灵启 7522 断路器软压板；

3）退出直跳 7520 断路器软压板；

4）退出失灵启 7520 断路器软压板；

5）退出启盘州Ⅱ线远方跳闸软压板；

6）退出高抗保护软压板；

7）退出电压 SV 接收软压板；

8）退出电流 SV 接收软压板。

（2）投入线路Ⅰ线高抗第一套保护 SGR-751 检修状态压板。

10. 单套高压电抗器合并单元检修

（1）线路Ⅰ线高抗第一套保护 SGR-751 软压板。

1）退出直跳 7522 断路器软压板；

2）退出失灵启 7522 断路器软压板；

3）退出直跳 7520 断路器软压板；

4）退出失灵启 7520 断路器软压板；

5）退出启盘州Ⅱ线远方跳闸软压板；

6）退出高抗保护软压板；

7）退出电压 SV 接收软压板；

8）退出电流 SV 接收软压板。

（2）投入线路Ⅰ线高抗第一套保护 SGR-751 检修状态压板。

（3）投入线路Ⅰ线高抗第一套合并单元检修状态压板。

11. 单套高压电抗器智能终端检修

投入线路Ⅰ线高抗第一套智能终端检修状态压板。

（三）北京四方继电保护系统操作

1. 7510 断路器检修

（1）7510 断路器智能终端一。

1）退出跳 7510 断路器 A 相Ⅰ线圈压板；

2）退出跳7510断路器B相Ⅰ线圈压板；
3）退出跳7510断路器C相Ⅰ线圈压板；
4）退出合7510断路器A相压板；
5）退出合7510断路器B相压板；
6）退出合7510断路器C相压板。
（2）7510断路器智能终端二。
1）退出跳7510断路器A相Ⅱ线圈压板；
2）退出跳7510断路器B相Ⅱ线圈压板；
3）退出跳7510断路器C相Ⅱ线圈压板；
4）退出合7510断路器A相压板；
5）退出合7510断路器B相压板；
6）退出合7510断路器C相压板。
（3）2号主变第一套保护CSC-362T7软压板。
1）退出跳7510断路器软压板；
2）退出启7510断路器失灵软压板；
3）退出7510断路器失灵联跳开入软压板；
4）退出7510断路器电流SV接收软压板。
（4）2号主变第二套保护CSC-362T7软压板。
1）退出跳7510断路器软压板；
2）退出启7510断路器失灵软压板；
3）退出7510断路器失灵联跳开入软压板；
4）退出7510断路器电流SV接收软压板。
（5）750kV线路Ⅰ线保护屏第一套保护CSC-103A软压板。
1）退出跳中断路器软压板；
2）退出启动中断路器失灵软压板；
3）退出中断路器永跳软压板；
4）退出中断路器电流SV接收软压板；
5）投入中断路器强制分位软压板。
（6）750kV线路Ⅰ线保护屏第二套保护CSC-103A软压板。
1）退出跳中断路器软压板；
2）退出启动中断路器失灵软压板；
3）退出中断路器永跳软压板；
4）退出中断路器电流SV接收软压板；
5）投入中断路器强制分位软压板。
（7）7510断路器保护测控屏第一套保护CSC-122软压板。
1）退出跳7510断路器软压板；
2）退出合7510断路器软压板；
3）退出跳7512断路器软压板；
4）退出启7512断路器失灵软压板；

5）退出跳 7511 断路器软压板；
6）退出启 7511 断路器失灵软压板；
7）退出启线路Ⅰ线远传软压板；
8）退出启 2 号主变失灵联跳软压板；
9）退出跳闸软压板；
10）退出永跳软压板；
11）退出重合闸软压板；
12）退出电压 SV 接收软压板；
13）退出电流 SV 接收软压板。

（8）7510 断路器保护测控屏第二套保护 CSC-122 软压板。

1）退出跳 7510 断路器软压板；
2）退出合 7510 断路器软压板；
3）退出跳 7512 断路器软压板；
4）退出启 7512 断路器失灵软压板；
5）退出跳 7511 断路器软压板；
6）退出启 7511 断路器失灵软压板；
7）退出启线路Ⅰ线远传软压板；
8）退出启 2 号主变失灵联跳软压板；
9）退出跳闸软压板；
10）退出永跳软压板；
11）退出重合闸软压板；
12）退出电压 SV 接收软压板；
13）退出电流 SV 接收软压板。

（9）断路器保护、智能终端、合并单元检修状态压板。

1）投入 7510 智能终端一检修状态压板；
2）投入 7510 智能终端二检修状态压板；
3）投入 7510 断路器第一套保护检修状态压板；
4）投入 7510 断路器第二套保护检修状态压板；
5）投入 7510 合并单元一检修状态压板；
6）投入 7510 合并单元二检修状态压板。

2. 单套主变保护检修

（1）7510 断路器保护测控屏第一套保护 CSC-122 软压板。退出启 2 号主变失灵联跳软压板。

（2）7512 断路器保护测控屏第一套保护 CSC-122 软压板。退出启 2 号主变失灵联跳软压板。

（3）3310 断路器保护测控屏第一套保护 CSC-122 软压板。退出启 2 号主变失灵联跳软压板。

（4）3312 断路器保护测控屏第一套保护 CSC-122 软压板。退出启 2 号主变失灵联跳软压板。

（5）2 号主变第一套保护 CSC-326T7 软压板。
1）退出跳 7510 断路器软压板；
2）退出启 7510 断路器失灵软压板；
3）退出跳 7512 断路器软压板；
4）退出启 7512 断路器失灵软压板；
5）退出跳 3310 断路器软压板；
6）退出启 3310 断路器失灵软压板；
7）退出跳 3312 断路器软压板；
8）退出启 3312 断路器失灵软压板；
9）退出 7510 断路器失灵联跳开入软压板；
10）退出 7512 断路器失灵联跳开入软压板；
11）退出 3310 断路器失灵联跳开入软压板；
12）退出 3312 断路器失灵联跳开入软压板；
13）退出主保护软压板；
14）退出高压侧后备保护软压板；
15）退出高压侧电压软压板；
16）退出中压侧后备保护软压板；
17）退出中压侧电压软压板；
18）退出低压 1 分支后备软压板；
19）退出低压 1 分支电压软压板；
20）退出公共绕组后备软压板；
21）退出高压侧电压 SV；
22）退出 7510 断路器电流 SV 接收软压板；
23）退出 7512 断路器电流 SV 接收软压板；
24）退出中压侧电压 SV；
25）退出 3310 断路器电流 SV 接收软压板；
26）退出 3312 断路器电流 SV 接收软压板；
27）退出低压 1 分支 SV；
28）退出低（公共）绕组 SV。
（6）投入 2 号主变第一套保护装置检修状态软压板。
3. 单套线路保护检修
（1）7511 断路器保护第一套保护 CSC-122 软压板。退出启线路 I 线远传软压板。
（2）7510 断路器保护第一套保护 CSC-122 软压板。退出启线路 I 线远传软压板。
（3）线路 I 高抗第一套保护 SCS-330A 软压板。退出启动远方跳闸软压板。
（4）线路 I 第一套保护 CSC-103A 软压板。
1）退出跳边断路器软压板；
2）退出启动边断路器失灵软压板；
3）退出边断路器永跳软压板；
4）退出跳中断路器软压板；

5）退出启动中断路器失灵软压板；
6）退出中断路器永跳软压板；
7）退出光纤通道一软压板；
8）退出光纤通道二软压板；
9）退出距离保护软压板；
10）退出零序过电流保护软压板；
11）退出远方跳闸保护软压板；
12）退出过电压保护软压板；
13）退出电压 SV 接收软压板；
14）退出边断路器电流 SV 接收软压板；
15）退出中断路器电流 SV 接收软压板。
（5）投入 CSC-103A 检修状态压板。

4. 单套母线保护检修

（1）7511 断路器保护第一套保护 CSC-122 软压板。退出启母差失灵软压板。
（2）7521 断路器保护第一套保护 CSC-122 软压板。退出启母差失灵软压板。
（3）7531 断路器保护第一套保护 CSC-122 软压板。退出启母差失灵软压板。
（4）750kV Ⅰ母第一套母差保护（CSC-150A）。
1）退出 7511 断路器保护跳闸软压板；
2）退出 7521 断路器保护跳闸软压板；
3）退出 7531 断路器保护跳闸软压板；
4）退出差动保护软压板；
5）退出失灵经母差跳闸软压板；
6）退出 7511 失灵联跳软压板；
7）退出 7521 失灵联跳软压板；
8）退出 7531 失灵联跳软压板；
9）退出 7511 断路器电流 SV 接收软压板；
10）退出 7512 断路器电流 SV 接收软压板；
11）退出 7513 断路器电流 SV 接收软压板。
（5）投入 750kV Ⅰ母第一套母差保护检修状态压板。

5. 单套 7510 合并单元检修

（1）线路Ⅰ第一套保护 CSC-103A 软压板。
1）退出跳边断路器软压板；
2）退出启动边断路器失灵软压板；
3）退出边断路器永跳软压板；
4）退出跳中断路器软压板；
5）退出启动中断路器失灵软压板；
6）退出中断路器永跳软压板；
7）退出光纤通道一软压板；
8）退出光纤通道二软压板；

9）退出距离保护软压板；
10）退出零序过电流保护软压板；
11）退出远方跳闸保护软压板；
12）退出过电压保护软压板；
13）退出电压 SV 接收软压板；
14）退出边断路器电流 SV 接收软压板；
15）退出中断路器电流 SV 接收软压板。
（2）2 号主变第一套保护 CSC-326T7 软压板。
1）退出跳 7510 断路器软压板；
2）退出启 7510 断路器失灵软压板；
3）退出跳 7512 断路器软压板；
4）退出启 7512 断路器失灵软压板；
5）退出跳 3310 断路器软压板；
6）退出启 3310 断路器失灵软压板；
7）退出跳 3312 断路器软压板；
8）退出启 3312 断路器失灵软压板；
9）退出 7510 断路器失灵联跳开入软压板；
10）退出 7512 断路器失灵联跳开入软压板；
11）退出 3310 断路器失灵联跳开入软压板；
12）退出 3312 断路器失灵联跳开入软压板；
13）退出主保护软压板；
14）退出高压侧后备保护软压板；
15）退出高压侧电压软压板；
16）退出中压侧后备保护软压板；
17）退出中压侧电压软压板；
18）退出低压 1 分支后备软压板；
19）退出低压 1 分支电压软压板；
20）退出公共绕组后备软压板；
21）退出高压侧电压 SV；
22）退出 7510 断路器电流 SV 接收软压板；
23）退出 7512 断路器电流 SV 接收软压板；
24）退出中压侧电压 SV；
25）退出 3310 断路器电流 SV 接收软压板；
26）退出 3312 断路器电流 SV 接收软压板；
27）退出低压 1 分支 SV；
28）退出低（公共）绕组 SV。
（3）7510 断路器保护测控屏第一套保护 CSC-122 软压板。
1）退出跳 7510 断路器软压板；
2）退出合 7510 断路器软压板；

3）退出跳 7512 断路器软压板；
4）退出启 7512 断路器失灵软压板；
5）退出跳 7511 断路器软压板；
6）退出启 7511 断路器失灵软压板；
7）退出启线路Ⅰ线远传软压板；
8）退出启 2 号主变失灵联跳软压板；
9）退出跳闸软压板；
10）退出永跳软压板；
11）退出重合闸软压板；
12）退出电压 SV 接收软压板；
13）退出电流 SV 接收软压板。
（4）投入 2 号主变第一套保护装置检修状态软压板。
（5）投入线路Ⅰ CSC-103A 检修状态压板。
（6）投入 7510 断路器第一套保护检修状态压板。
（7）投入 7510 断路器合并单元投检修状态压板。
6. 单套 7511 合并单元检修
（1）线路Ⅰ第一套保护 CSC-103A 软压板。
1）退出跳边断路器软压板；
2）退出启动边断路器失灵软压板；
3）退出边断路器永跳软压板；
4）退出跳中断路器软压板；
5）退出启动中断路器失灵软压板；
6）退出中断路器永跳软压板；
7）退出光纤通道一软压板；
8）退出光纤通道二软压板；
9）退出距离保护软压板；
10）退出零序过电流保护软压板；
11）退出远方跳闸保护软压板；
12）退出过电压保护软压板；
13）退出电压 SV 接收软压板；
14）退出边断路器电流 SV 接收软压板；
15）退出中断路器电流 SV 接收软压板。
（2）750kV Ⅰ母第一套母差保护软压板。
1）退出 7511 断路器保护跳闸软压板；
2）退出 7521 断路器保护跳闸软压板；
3）退出 7531 断路器保护跳闸软压板；
4）退出差动保护软压板；
5）退出失灵经母差跳闸软压板；
6）退出 7511 失灵联跳软压板；

7）退出 7521 失灵联跳软压板；
8）退出 7531 失灵联跳软压板；
9）退出 7511 断路器电流 SV 接收软压板；
10）退出 7512 断路器电流 SV 接收软压板；
11）退出 7513 断路器电流 SV 接收软压板。
（3）7511 断路器保护测控屏第一套保护 CSC-122 软压板。
1）退出跳 7511 断路器软压板；
2）退出合 7511 断路器软压板；
3）退出跳 7510 断路器软压板；
4）退出启 7510 断路器失灵软压板；
5）退出启线路Ⅰ线远传软压板；
6）退出启母差保护失灵联跳软压板；
7）退出跳闸软压板；
8）退出永跳软压板；
9）退出重合闸软压板；
10）退出电压 SV 接收软压板；
11）退出电流 SV 接收软压板。
（4）投入 750kV Ⅰ母第一套母差保护装置检修状态软压板。
（5）投入线路Ⅰ CSC-103A 检修状态压板。
（6）投入 7511 断路器第一套保护检修状态压板。
（7）投入 7511 断路器合并单元投检修状态压板。
7. 单套 7510 智能终端检修
（1）7510 断路器智能终端一。
1）退出跳 7510 断路器 A 相Ⅰ线圈压板；
2）退出跳 7510 断路器 B 相Ⅰ线圈压板；
3）退出跳 7510 断路器 C 相Ⅰ线圈压板；
4）退出合 7510 断路器 A 相压板；
5）退出合 7510 断路器 B 相压板；
6）退出合 7510 断路器 C 相压板。
（2）如合闸回路使用第一套智能终端操作电源时，应退出第二套断路器保护重合闸。
（3）投入 7510 断路器智能终端一投检修状态压板。
8. 单套 7511 智能终端检修
（1）7511 断路器智能终端一。
1）退出跳 7511 断路器 A 相Ⅰ线圈压板；
2）退出跳 7511 断路器 B 相Ⅰ线圈压板；
3）退出跳 7511 断路器 C 相Ⅰ线圈压板；
4）退出合 7511 断路器 A 相压板；
5）退出合 7511 断路器 B 相压板；
6）退出合 7511 断路器 C 相压板。

（2）如合闸回路使用第一套智能终端操作电源时，应退出第二套断路器保护重合闸。
（3）投入7511断路器智能终端一投检修状态压板。

9. 单套高压电抗器保护检修

（1）线路Ⅰ线高抗第一套保护CSC-330A软压板。
1）退出跳边断路器软压板；
2）退出启动边断路器失灵软压板；
3）退出跳中断路器软压板；
4）退出启动中断路器失灵软压板；
5）退出启动远方跳闸软压板；
6）退出高抗保护软压板；
7）退出电压SV接收软压板；
8）退出电流SV接收软压板。
（2）投入线路Ⅰ线高抗第一套保护CSC-330A检修状态压板。

10. 单套高压电抗器合并单元检修

（1）线路Ⅰ线高抗第一套保护CSC-330A软压板。
1）退出跳边断路器软压板；
2）退出启动边断路器失灵软压板；
3）退出跳中断路器软压板；
4）退出启动中断路器失灵软压板；
5）退出启动远方跳闸软压板；
6）退出高抗保护软压板；
7）退出电压SV接收软压板；
8）退出电流SV接收软压板。
（2）投入线路Ⅰ线高抗第一套保护CSC-330A检修状态压板。
（3）投入线路Ⅰ线高抗第一套合并单元检修状态压板。

11. 单套高压电抗器智能终端检修

投入线路Ⅰ线高抗第一套智能终端检修状态压板。

（四）许继电气继电保护系统操作

1. 7510断路器检修

（1）7510断路器智能终端一。
1）退出跳7510断路器A相Ⅰ线圈压板；
2）退出跳7510断路器B相Ⅰ线圈压板；
3）退出跳7510断路器C相Ⅰ线圈压板；
4）退出合7510断路器A相压板；
5）退出合7510断路器B相压板；
6）退出合7510断路器C相压板。
（2）7510断路器智能终端二。
1）退出跳7510断路器A相Ⅱ线圈压板；
2）退出跳7510断路器B相Ⅱ线圈压板；

3）退出跳 7510 断路器 C 相Ⅱ线圈压板；
4）退出合 7510 断路器 A 相压板；
5）退出合 7510 断路器 B 相压板；
6）退出合 7510 断路器 C 相压板。
（3）2 号主变第一套保护 WBH-801T7 软压板。
1）退出跳高压 2 侧断路器软压板；
2）退出启动高压 2 侧失灵软压板；
3）退出高压 2 侧失灵联跳开入软压板；
4）退出高压 2 侧电流 SV 接收软压板。
（4）2 号主变第二套保护 WBH-801T7 软压板。
1）退出跳高压 2 侧断路器软压板；
2）退出启动高压 2 侧失灵软压板；
3）退出高压 2 侧失灵联跳开入软压板；
4）退出高压 2 侧电流 SV 接收软压板。
（5）750kV 线路Ⅰ线保护屏第一套保护 WXH-803A 软压板。
1）退出跳中断路器软压板；
2）退出启动中断路器失灵软压板；
3）退出闭锁中断路器重合闸软压板；
4）退出中断路器电流 SV 接收软压板；
5）投入中断路器强制分位软压板。
（6）750kV 线路Ⅰ线保护屏第二套保护 WXH-803A 软压板。
1）退出跳中断路器软压板；
2）退出启动中断路器失灵软压板；
3）退出闭锁中断路器重合闸软压板；
4）退出中断路器电流 SV 接收软压板；
5）投入中断路器强制分位软压板。
（7）7511 断路器保护测控屏第一套保护 WDLK-862A 软压板。
1）退出跳 7510 断路器软压板；
2）退出启 7510 断路器失灵软压板。
（8）7511 断路器保护测控屏第二套保护 WDLK-862A 软压板。
1）退出跳 7510 断路器软压板；
2）退出启 7510 断路器失灵软压板。
（9）7512 断路器保护测控屏第一套保护 WDLK-862A 软压板。
1）退出跳 7510 断路器软压板；
2）退出启 7510 断路器失灵软压板。
（10）7512 断路器保护测控屏第二套保护 WDLK-862A 软压板。
1）退出跳 7510 断路器软压板；
2）退出启 7510 断路器失灵软压板。
（11）7510 断路器保护测控屏第一套保护 WDLK-862A 软压板。

1）退出跳 7510 断路器软压板；
2）退出闭锁重合闸软压板；
3）退出跳 7512 断路器软压板；
4）退出启 7512 断路器失灵软压板；
5）退出跳 7511 断路器软压板；
6）退出启 7511 断路器失灵软压板；
7）退出启线路Ⅰ线远传软压板；
8）退出启 2 号主变失灵联跳软压板；
9）退出停用重合闸软压板；
10）退出电压 SV 接收软压板；
11）退出电流 SV 接收软压板。

（12）7510 断路器保护测控屏第二套保护 WDLK-862A 软压板。

1）退出跳 7510 断路器软压板；
2）退出闭锁重合闸软压板；
3）退出跳 7512 断路器软压板；
4）退出启 7512 断路器失灵软压板；
5）退出跳 7511 断路器软压板；
6）退出启 7511 断路器失灵软压板；
7）退出启线路Ⅰ线远传软压板；
8）退出启 2 号主变失灵联跳软压板；
9）退出停用重合闸软压板；
10）退出电压 SV 接收软压板；
11）退出电流 SV 接收软压板。

（13）断路器保护、智能终端、合并单元检修状态压板。

1）投入 7510 智能终端一检修状态压板；
2）投入 7510 智能终端二检修状态压板；
3）投入 7510 断路器第一套保护检修状态压板；
4）投入 7510 断路器第二套保护检修状态压板；
5）投入 7510 合并单元一检修状态压板；
6）投入 7510 合并单元二检修状态压板。

2. 单套主变保护检修

（1）7510 断路器保护测控屏第一套保护 WDLK-862A 软压板。退出失灵联跳 2 号主变软压板。

（2）7512 断路器保护测控屏第一套保护 WDLK-862A 软压板。退出失灵联跳 2 号主变软压板。

（3）3310 断路器保护测控屏第一套保护 WDLK-862A 软压板。退出失灵联跳 2 号主变软压板。

（4）3312 断路器保护测控屏第一套保护 WDLK-862A 软压板。退出失灵联跳 2 号主变软压板。

（5）2 号主变第一套保护 WBH-801T7 软压板。

1）退出跳高压 1 侧断路器软压板；

2）退出启动高压 1 侧失灵软压板；

3）退出跳高压 2 侧断路器软压板；

4）退出启动高压 2 侧失灵软压板；

5）退出跳中压 1 侧断路器软压板；

6）退出启动中压 1 侧失灵软压板；

7）退出跳中压 2 侧断路器软压板；

8）退出启动中压 2 侧失灵软压板；

9）退出主保护软压板；

10）退出高压侧后备保护软压板；

11）退出高压侧电压软压板；

12）退出中压侧后备保护软压板；

13）退出中压侧电压软压板；

14）退出低压绕组后备保护软压板；

15）退出低压 1 分支后备保护软压板；

16）退出公共绕组后备保护软压板；

17）高压 1 侧失灵联跳开入软压板；

18）高压 2 侧失灵联跳开入软压板；

19）中压 1 侧失灵联跳开入软压板；

20）中压 2 侧失灵联跳开入软压板；

21）退出高压侧电压 SV；

22）退出高压 1 侧电流 SV 接收软压板；

23）退出高压 3 侧电流 SV 接收软压板；

24）退出中压侧电压 SV；

25）退出中压 1 侧电流 SV 接收软压板；

26）退出中压 2 侧电流 SV 接收软压板；

27）退出低压 1 分支 SV；

28）退出低（公共）绕组 SV。

（6）投入 2 号主变第一套保护装置检修状态软压板。

3. 单套线路保护检修

（1）7511 断路器保护第一套保护 WDLK-862A 软压板。退出启线路Ⅰ线远传软压板。

（2）7510 断路器保护第一套保护 WDLK-862A 软压板。退出启线路Ⅰ线远传软压板。

（3）线路Ⅰ高抗第一套保护 WKB-801 软压板。退出启动远方跳闸软压板。

（4）线路Ⅰ第一套保护 WXH-803A 软压板。

1）退出跳边断路器软压板；

2）退出启动边断路器失灵软压板；

3）退出闭锁边断路器重合闸软压板；

4）退出跳中断路器软压板；

5）退出启动中断路器失灵软压板；
6）退出闭锁中断路器重合闸软压板；
7）退出光纤通道一软压板；
8）退出光纤通道二软压板；
9）退出距离保护软压板；
10）退出零序过电流保护软压板；
11）退出远方跳闸保护软压板；
12）退出过电压保护软压板；
13）退出电压 SV 接收软压板；
14）退出边断路器电流 SV 接收软压板；
15）退出中断路器电流 SV 接收软压板。
（5）投入 WDLK-862A 检修状态压板。

4. 单套母线保护检修

（1）7511 断路器保护第一套保护 WDLK-862A 软压板。退出启母差失灵软压板。
（2）7521 断路器保护第一套保护 WDLK-862A 软压板。退出启母差失灵软压板。
（3）7531 断路器保护第一套保护 WDLK-862A 软压板。退出启母差失灵软压板。
（4）750kV Ⅰ母第一套母差保护（WMH-801C）。
1）退出 7511 断路器保护跳闸软压板；
2）退出 7521 断路器保护跳闸软压板；
3）退出 7531 断路器保护跳闸软压板；
4）退出差动保护软压板；
5）退出失灵经母差跳闸软压板；
6）退出 7511 失灵联跳软压板；
7）退出 7521 失灵联跳软压板；
8）退出 7531 失灵联跳软压板；
9）退出 7511 间隔接收软压板；
10）退出 7512 间隔接收软压板；
11）退出 7513 间隔接收软压板。
（5）投入 750kV Ⅰ母第一套母差保护检修状态压板。

5. 单套 7510 合并单元检修

（1）线路Ⅰ第一套保护 WXH-803A 软压板。
1）退出跳边断路器软压板；
2）退出启动边断路器失灵软压板；
3）退出闭锁边断路器重合闸软压板；
4）退出跳中断路器软压板；
5）退出启动中断路器失灵软压板；
6）退出闭锁中断路器重合闸软压板；
7）退出光纤通道一软压板；
8）退出光纤通道二软压板；

9）退出距离保护软压板；
10）退出零序过电流保护软压板；
11）退出远方跳闸保护软压板；
12）退出过电压保护软压板；
13）退出电压 SV 接收软压板；
14）退出边断路器电流 SV 接收软压板；
15）退出中断路器电流 SV 接收软压板。
（2）2 号主变第一套保护 WBH-801T7 软压板。
1）退出跳高压 1 侧断路器软压板；
2）退出启动高压 1 侧失灵软压板；
3）退出跳高压 2 侧断路器软压板；
4）退出启动高压 2 侧失灵软压板；
5）退出跳中压 1 侧断路器软压板；
6）退出启动中压 1 侧失灵软压板；
7）退出跳中压 2 侧断路器软压板；
8）退出启动中压 2 侧失灵软压板；
9）退出主保护软压板；
10）退出高压侧后备保护软压板；
11）退出高压侧电压软压板；
12）退出中压侧后备保护软压板；
13）退出中压侧电压软压板；
14）退出低压绕组后备保护软压板；
15）退出低压 1 分支后备保护软压板；
16）退出公共绕组后备保护软压板；
17）高压 1 侧失灵联跳开入软压板；
18）高压 2 侧失灵联跳开入软压板；
19）中压 1 侧失灵联跳开入软压板；
20）中压 2 侧失灵联跳开入软压板；
21）退出高压侧电压 SV；
22）退出高压 1 侧电流 SV 接收软压板；
23）退出高压 3 侧电流 SV 接收软压板；
24）退出中压侧电压 SV；
25）退出中压 1 侧电流 SV 接收软压板；
26）退出中压 2 侧电流 SV 接收软压板；
27）退出低压 1 分支 SV；
28）退出低（公共）绕组 SV。
（3）7510 断路器保护测控屏第一套保护 WDLK-862A 软压板。
1）退出跳 7510 断路器软压板；
2）退出闭锁重合闸软压板；

3）退出跳 7512 断路器软压板；
4）退出启 7512 断路器失灵软压板；
5）退出跳 7511 断路器软压板；
6）退出启 7511 断路器失灵软压板；
7）退出启线路Ⅰ线远传软压板；
8）退出启 2 号主变失灵联跳软压板；
9）退出停用重合闸软压板；
10）退出电压 SV 接收软压板；
11）退出电流 SV 接收软压板。
（4）投入 2 号主变第一套保护装置检修状态软压板。
（5）投入线路Ⅰ WXH-803A 检修状态压板。
（6）投入 7510 断路器第一套保护检修状态压板。
（7）投入 7510 断路器合并单元投检修状态压板。
6. 单套 7511 合并单元检修
（1）线路Ⅰ第一套保护 WXH-803A 软压板。
1）退出跳边断路器软压板；
2）退出启动边断路器失灵软压板；
3）退出闭锁边断路器重合闸软压板；
4）退出跳中断路器软压板；
5）退出启动中断路器失灵软压板；
6）退出闭锁中断路器重合闸软压板；
7）退出光纤通道一软压板；
8）退出光纤通道二软压板；
9）退出距离保护软压板；
10）退出零序过电流保护软压板；
11）退出远方跳闸保护软压板；
12）退出过电压保护软压板；
13）退出电压 SV 接收软压板；
14）退出边断路器电流 SV 接收软压板；
15）退出中断路器电流 SV 接收软压板。
（2）750kV Ⅰ母第一套母差保护软压板。
1）退出 7511 断路器保护跳闸软压板；
2）退出 7521 断路器保护跳闸软压板；
3）退出 7531 断路器保护跳闸软压板；
4）退出差动保护软压板；
5）退出失灵经母差跳闸软压板；
6）退出 7511 失灵联跳软压板；
7）退出 7521 失灵联跳软压板；
8）退出 7531 失灵联跳软压板；

9）退出 7511 间隔接收软压板；
10）退出 7512 间隔接收软压板；
11）退出 7513 间隔接收软压板。
（3）7510 断路器保护测控屏第一套保护 WDLK-862A 软压板。
1）退出跳 7510 断路器软压板；
2）退出闭锁重合闸软压板；
3）退出跳 7512 断路器软压板；
4）退出启 7512 断路器失灵软压板；
5）退出跳 7511 断路器软压板；
6）退出启 7511 断路器失灵软压板；
7）退出启线路Ⅰ线远传软压板；
8）退出启 2 号主变失灵联跳软压板；
9）退出停用重合闸软压板；
10）退出电压 SV 接收软压板；
11）退出电流 SV 接收软压板。
（4）投入 750kVⅠ母第一套母差保护装置检修状态软压板。
（5）投入线路ⅠWXH-803A 检修状态压板。
（6）投入 7511 断路器第一套保护检修状态压板。
（7）投入 7511 断路器合并单元投检修状态压板。
7. 单套 7510 智能终端检修
（1）7510 断路器智能终端一。
1）退出跳 7510 断路器 A 相Ⅰ线圈压板；
2）退出跳 7510 断路器 B 相Ⅰ线圈压板；
3）退出跳 7510 断路器 C 相Ⅰ线圈压板；
4）退出合 7510 断路器 A 相压板；
5）退出合 7510 断路器 B 相压板；
6）退出合 7510 断路器 C 相压板。
（2）如合闸回路使用第一套智能终端操作电源时，应退出第二套断路器保护重合闸。
（3）投入 7510 断路器智能终端一投检修状态压板。
8. 单套 7511 智能终端检修
（1）7511 断路器智能终端一。
1）退出跳 7511 断路器 A 相Ⅰ线圈压板；
2）退出跳 7511 断路器 B 相Ⅰ线圈压板；
3）退出跳 7511 断路器 C 相Ⅰ线圈压板；
4）退出合 7511 断路器 A 相压板；
5）退出合 7511 断路器 B 相压板；
6）退出合 7511 断路器 C 相压板。
（2）如合闸回路使用第一套智能终端操作电源时，应退出第二套断路器保护重合闸。
（3）投入 7511 断路器智能终端一投检修状态压板。

9. 单套高压电抗器保护检修

(1) 线路Ⅰ线高抗第一套保护 WBK-801A 软压板。

1) 退出跳边断路器软压板；

2) 退出启动边断路器失灵软压板；

3) 退出跳中断路器软压板；

4) 退出启动中断路器失灵软压板；

5) 退出启动远方跳闸软压板；

6) 退出高抗保护软压板；

7) 退出电压 SV 接收软压板；

8) 退出电流 SV 接收软压板。

(2) 投入线路Ⅰ线高抗第一套保护 WBK-801A 检修状态压板。

10. 单套高压电抗器合并单元检修

(1) 线路Ⅰ线高抗第一套保护 WBK-801A 软压板。

1) 退出跳边断路器软压板；

2) 退出启动边断路器失灵软压板；

3) 退出跳中断路器软压板；

4) 退出启动中断路器失灵软压板；

5) 退出启动远方跳闸软压板；

6) 退出高抗保护软压板；

7) 退出电压 SV 接收软压板；

8) 退出电流 SV 接收软压板。

(2) 投入线路Ⅰ线高抗第一套保护 WBK-801A 检修状态压板。

(3) 投入线路Ⅰ线高抗第一套合并单元检修状态压板。

11. 单套高压电抗器智能终端检修

投入线路Ⅰ线高抗第一套合并单元检修状态压板。

第三节　330kV 变电站继电保护系统操作

一、330kV 系统电气主接线

如图 5-2 所示为某 330kV 变电站电气主接线图。

二、保护配置情况

(1) 330kV 两组母线分别配置两套母线保护装置以及两套母线合并单元。

(2) 330kV 线路分别配置两套线路保护装置以及两套线路 TV 合并单元。

(3) 主变配置两套主变保护装置以及两套主变高压侧 TV 合并单元。

(4) 3 台断路器分别配置两套断路器保护以及两套智能终端和两套合并单元。

三、继电保护及二次系统软压板操作

(一) 南瑞继保继电保护系统操作

1. 3310 断路器检修

(1) 退出 3310 断路器智能终端出口硬压板。

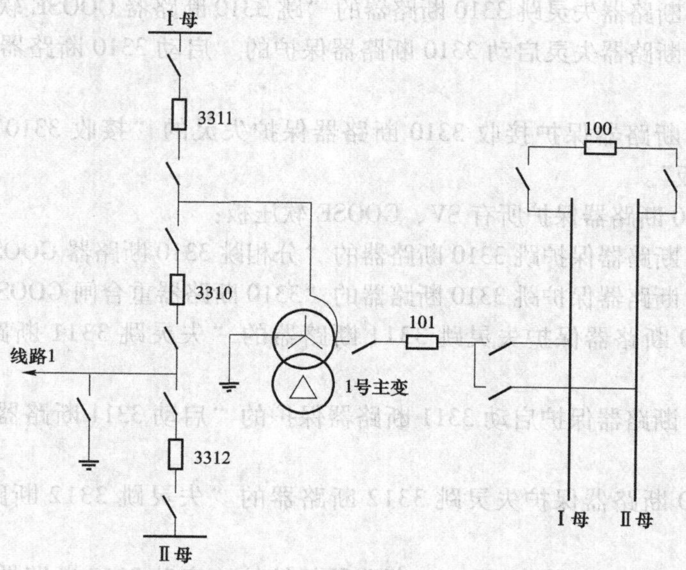

图 5-2　某 330kV 变电站电气主接线图

（2）退出 1 号主变保护装置上相关 SV、GOOSE 相关软压板：

1）退出 1 号主变保护跳 3310 断路器的“跳 3310 断路器 GOOSE 发送软压板”；

2）退出 1 号主变保护启动 3310 断路器保护的“启动 3310 断路器保护失灵 GOOSE 发送软压板”；

3）退出 1 号主变保护启动失灵联跳的“接收 3310 断路器保护失灵 GOOSE 接收软压板”；

4）退出 1 号主变保护接收 3310 断路器合并单元的“3310 电流 SV 接收软压板”。

（3）退出线路Ⅰ保护装置上相关 SV、GOOSE 相关软压板：

1）退出线路Ⅰ保护跳 3310 断路器的“跳 3310 断路器 GOOSE 发送软压板”；

2）退出线路Ⅰ保护启动 3310 断路器保护的“启动 3310 断路器保护失灵 GOOSE 发送软压板”；

3）投入线路Ⅰ保护“3310 断路器检修软压板”；

4）退出线路Ⅰ保护接收 3310 断路器位置的“接收 3310 智能终端 GOOSE 接收软压板”；

5）退出线路Ⅰ保护接收 3310 断路器保护发远传的“接收 3310 断路器保护失灵 GOOSE 接收软压板”；

6）退出线路Ⅰ保护接收 3310 断路器合并单元的“3310 电流 SV 接收软压板”。

（4）退出 3311 断路器保护装置上相关 GOOSE 软压板：

1）退出 3311 断路器失灵跳 3310 断路器的“跳 3310 断路器 GOOSE 软压板”；

2）退出 3311 断路器失灵启动 3310 断路器保护的“启动 3310 断路器保护失灵 GOOSE 软压板”；

3）退出 3311 断路器保护接收 3310 断路器保护失灵的“接收 3310 断路器保护失灵 GOOSE 接收软压板”。

（5）退出 3312 断路器保护装置上相关 GOOSE 软压板：

1）退出 3312 断路器失灵跳 3310 断路器的“跳 3310 断路器 GOOSE 软压板”；

2）退出 3312 断路器失灵启动 3310 断路器保护的“启动 3310 断路器保护失灵 GOOSE 软压板”；

3）退出 3312 断路器保护接收 3310 断路器保护失灵的“接收 3310 断路器保护失灵 GOOSE 接收软压板”。

（6）退出 3310 断路器保护所有 SV、GOOSE 软压板：

1）退出 3310 断路器保护跳 3310 断路器的“分相跳 3310 断路器 GOOSE 软压板”；

2）退出 3310 断路器保护跳 3310 断路器的“3310 断路器重合闸 GOOSE 软压板”；

3）退出 3310 断路器保护失灵跳 3311 断路器的“失灵跳 3311 断路器 GOOSE 发送软压板”；

4）退出 3310 断路器保护启动 3311 断路器保护的“启动 3311 断路器保护失灵 GOOSE 发送软压板”；

5）退出 3310 断路器保护失灵跳 3312 断路器的“失灵跳 3312 断路器 GOOSE 发送软压板”；

6）退出 3310 断路器保护启动 3312 断路器保护的“启动 3312 断路器保护失灵 GOOSE 发送软压板”；

7）退出 3310 断路器保护失灵启动 1 号主变保护的“启动 1 号主变联跳 GOOSE 发送软压板”；

8）退出 3310 断路器保护失灵启动线路Ⅰ保护的“启动线路Ⅰ远方跳闸 GOOSE 发送软压板”；

9）退出 3310 断路器保护相关功能软压板；

10）退出 3310 断路器保护接收 3311 断路器保护启动失灵的“接收 3311 断路器保护启动失灵 GOOSE 接收软压板”；

11）退出 3310 断路器保护接收 3312 断路器保护启动失灵的“接收 3312 断路器保护启动失灵 GOOSE 接收软压板”；

12）退出 3310 断路器保护接收 1 号主变保护启动失灵的“接收 1 号主变保护启动失灵 GOOSE 接收软压板”；

13）退出 3310 断路器保护接收线路Ⅰ保护启动失灵的“接收线路Ⅰ保护启动失灵 GOOSE 接收软压板”；

14）退出 3310 断路器保护“3310 断路器合并单元 SV 接收软压板”；

15）退出 3310 断路器保护接收三相电压与同期电压 SV 接收软压板。

（7）投入 3310 智能终端检修硬压板。

（8）投入 3310 断路器保护检修硬压板。

（9）投入 3310 合并单元检修硬压板。

2. 单套（第一套）主变保护检修

（1）退出 3311 第一套断路器保护装置上相关 GOOSE 软压板：

1）退出 3311 第一套断路器保护“启动 1 号主变失灵联跳 GOOSE 发送软压板”；

2）退出 3311 第一套断路器保护“接收 1 号主变启动失灵 GOOSE 接收软压板”。

（2）退出 3310 第一套断路器保护装置上相关 GOOSE 软压板：

1）退出3310第一套断路器保护“启动1号主变失灵联跳GOOSE发送软压板”；
2）退出3310第一套断路器保护“接收1号主变启动失灵GOOSE接收软压板”。
（3）退出110kV母差保护装置上相关GOOSE软压板。
（4）退出1号主变第一套保护装置相关SV、GOOSE、功能软压板。
1）退出1号主变第一套保护的所有GOOSE发送软压板；
2）退出1号主变第一套保护的所有功能软压板；
3）退出1号主变第一套保护的所有GOOSE接收软压板；
4）退出1号主变第一套保护的所有SV接收软压板；（如果有流闭锁无法退出SV软压板，可不操作该项）。
（5）投入1号主变第一套保护的“投检修状态”硬压板。
3. 单套（第一套）线路保护检修
（1）退出3312第一套断路器保护装置上相关GOOSE软压板：
1）退出3312第一套断路器保护“启动线路Ⅰ保护远传GOOSE发送软压板”；
2）退出3312第一套断路器保护“接收线路Ⅰ保护启动失灵GOOSE接收软压板”。
（2）退出3310第一套断路器保护装置上相关GOOSE软压板：
1）退出3310第一套断路器保护“启动线路Ⅰ保护远传GOOSE发送软压板”；
2）退出3310第一套断路器保护“接收线路Ⅰ保护启动失灵GOOSE接收软压板”。
（3）退出线路Ⅰ第一套保护相关SV、GOOSE、功能软压板：
1）退出线路Ⅰ第一套保护的所有GOOSE发送软压板；
2）退出线路Ⅰ第一套保护的所有功能软压板；
3）退出线路Ⅰ第一套保护的所有GOOSE接收软压板；
4）退出线路Ⅰ第一套保护的所有SV接收软压板。（如果有流闭锁无法退出SV软压板，可不操作该项）
（4）投入线路Ⅰ第一套保护的“投检修状态”硬压板。
4. Ⅰ母单套（第一套）母线保护检修
（1）退出3311第一套断路器保护装置上相关GOOSE软压板：
1）退出3311第一套断路器保护“启动Ⅰ母母差保护失灵GOOSE发送软压板”；
2）退出3311第一套断路器保护“接收Ⅰ母母差保护失灵GOOSE接收软压板”。
（2）参照上述步骤，退出Ⅰ母所连接的所有断路器第一套保护装置相关GOOSE软压板。
（3）退出Ⅰ母第一套母线保护相关SV、GOOSE、功能软压板：
1）退出Ⅰ母第一套母线保护的所有GOODE发送软压板；
2）退出Ⅰ母第一套母线保护的所有功能软压板；
3）退出Ⅰ母第一套母线保护的所有GOOSE接收软压板；
4）退出Ⅰ母第一套母线保护的所有间隔投入压板（SV接收软压板）。（如果有流闭锁无法退出SV软压板，可不操作该项）
（4）投入Ⅰ母第一套母线保护的“投检修状态”硬压板。
5. 单套（第一套）3311断路器合并单元检修
（1）退出1号主变第一套保护相关SV、GOOSE、功能软压板：

1）退出1号主变第一套保护的所有GOOSE发送软压板；

2）退出1号主变第一套保护的所有功能软压板；

3）退出1号主变第一套保护的所有GOOSE接收软压板；

4）退出1号主变第一套保护的所有SV接收软压板。（如果有流闭锁无法退出SV软压板，可不操作该项）

（2）退出Ⅰ母第一套母线保护相关SV、GOOSE、功能软压板：

1）退出Ⅰ母第一套母线保护的所有GOOSE发送软压板；

2）退出Ⅰ母第一套母线保护的所有功能软压板；

3）退出Ⅰ母第一套母线保护的所有GOOSE接收软压板；

4）退出Ⅰ母第一套母线保护的所有间隔投入软压板。（如果有流闭锁无法退出SV软压板，可不操作该项）

（3）退出3311断路器第一套断路器保护相关SV、GOOSE、功能软压板：

1）退出3311断路器第一套断路器保护的所有GOOSE发送软压板；

2）退出3311断路器第一套断路器保护的所有功能软压板；

3）退出3311断路器第一套断路器保护的所有GOOSE接收软压板；

4）退出3311断路器第一套断路器保护的所有SV接收软压板。（如果有流闭锁无法退出SV软压板，可不操作该项）

（4）投入1号主变第一套保护的“投检修状态”硬压板。

（5）投入Ⅰ母第一套母线保护的“投检修状态”硬压板。

（6）投入3311断路器第一套断路器保护的“投检修状态”硬压板。

（7）投入3311断路器第一套合并单元的“投检修状态”硬压板。

6. 单套（第一套）3310断路器合并单元检修

（1）退出1号主变第一套保护相关SV、GOOSE、功能软压板：

1）退出1号主变第一套保护的所有GOOSE发送软压板；

2）退出1号主变第一套保护的所有功能软压板；

3）退出1号主变第一套保护的所有GOOSE接收软压板；

4）退出1号主变第一套保护的所有SV接收软压板。（如果有流闭锁无法退出SV软压板，可不操作该项）

（2）退出线路Ⅰ第一套保护相关SV、GOOSE、功能软压板：

1）退出线路Ⅰ第一套保护的所有GOOSE发送软压板；

2）退出线路Ⅰ第一套保护的所有功能软压板：

3）退出线路Ⅰ第一套保护的所有GOOSE接收软压板；

4）退出线路Ⅰ第一套保护的所有SV接收软压板。（如果有流闭锁无法退出SV软压板，可不操作该项）

（3）退出3310断路器第一套断路器保护相关SV、GOOSE、功能软压板：

1）退出3310断路器第一套断路器保护的所有GOOSE发送软压板；

2）退出3310断路器第一套断路器保护的所有功能软压板；

3）退出3310断路器第一套断路器保护的所有GOOSE接收软压板；

4）退出3310断路器第一套断路器保护的所有SV接收软压板。（如果有流闭锁无法退

出 SV 软压板，可不操作该项）

（4）投入 1 号主变第一套保护的“投检修状态”硬压板。

（5）投入线路Ⅰ第一套保护的“投检修状态”硬压板。

（6）投入 3310 断路器第一套断路器保护的“投检修状态”硬压板。

（7）投入 3310 断路器第一套合并单元的“投检修状态”硬压板。

7. 单套（第一套）3311 断路器智能终端检修

（1）退出 3311 断路器第一套智能终端所有出口硬压板。

（2）投入 3311 断路器第一套智能终端的“投检修状态”硬压板。

8. 单套（第一套）3310 断路器智能终端检修

（1）退出 3310 断路器第一套智能终端所有出口硬压板。

（2）若合闸控制电源使用第一套智能终端操作电源，并且检修工作需断开合闸回路电源时，应停用第二套断路器保护的重合闸。

（3）投入 3310 断路器第一套智能终端的“投检修状态”硬压板。

（二）国电南自继电保护系统操作

1. 3310 断路器检修

（1）拉开 3310 断路器及两侧隔离开关，合上两侧接地开关；

（2）退出 3310 智能终端出口硬压板；

（3）退出线路Ⅰ保护上 3310 中断路器相关 GOOSE、SV 软压板；

1）退出 GOOSE 跳中断路器软压板；

2）退出 GOOSE 启动中断路器失灵软压板；

3）投入线路Ⅰ保护 3310 中断路器停用软压板；

4）退出中断路器 GOOSE 接收软压板；

5）退出中智能终端 GOOSE 接收软压板；

6）退出中断路器 SV 接收软压板；

（4）退出 1 号主变保护相关 GOOSE、SV 软压板；

1）退出 GOOSE 跳高压 2 侧软压板；（高压 2 侧即 3310 断路器）

2）退出 GOOSE 启动高压 2 侧失灵软压板；

3）退出 GOOSE 高压 2 侧失灵开入软压板；

4）退出高压 2 侧 SV 接收软压板；

（5）退出 3311 断路器保护装置上相关 GOOSE 软压板：

1）退出 3311 断路器失灵跳 3310 断路器的“GOOSE 失灵跳相关软压板”；

2）退出 3311 断路器保护接收 3310 断路器保护失灵的“GOOSE 接收软压板”；

（6）退出 3312 断路器保护装置上相关 GOOSE 软压板：

1）退出 3312 断路器失灵跳 3310 断路器的“GOOSE 失灵跳相关软压板”；

2）退出 3312 断路器保护接收 3310 断路器保护失灵的“GOOSE 接收软压板”；

（7）退出 3310 断路器保护相关 GOOSE、SV、功能软压板：

1）退出 3310 断路器保护 GOOSE 跳闸出口软压板；

2）退出 3310 断路器保护 GOOSE 重合闸软压板；

3）退出 3310 断路器保护失灵跳 3311 断路器的“失灵跳 3311 断路器 GOOSE 发送

软压板”；

4）退出 3310 断路器保护失灵跳 3312 断路器的“失灵跳 3312 断路器 GOOSE 发送软压板”；

5）退出 3310 断路器保护失灵启动 1 号主变保护的“启动 1 号主变联跳 GOOSE 发送软压板”；

6）退出 3310 断路器保护失灵启动线路Ⅰ保护的“启动线路Ⅰ远方跳闸 GOOSE 发送软压板”；

7）退出 3310 断路器保护充电过电流保护功能软压板；

8）投入 3310 断路器保护停用重合闸功能软压板；

9）退出 3310 断路器保护接收 3311 断路器保护启动失灵的“接收 3311 断路器保护启动失灵 GOOSE 接收软压板”；

10）退出 3310 断路器保护接收 3312 断路器保护启动失灵的“接收 3312 断路器保护启动失灵 GOOSE 接收软压板”；

11）退出 3310 断路器保护接收 1 号主变保护启动失灵的“接收 1 号主变保护启动失灵 GOOSE 接收软压板”；

12）退出 3310 断路器保护接收线路Ⅰ保护启动失灵的“接收线路Ⅰ保护启动失灵 GOOSE 接收软压板”；

13）退出 SV 接收软压板（电流合并单元）；

14）退出间隔投入备用 1 软压板（合并单元电压）。

（8）投入 3310 智能终端检修硬压板。

（9）投入 3310 断路器保护检修硬压板。

（10）投入 3310 合并单元检修硬压板。

2. 单套（第一套）主变保护检修

（1）退出 3310 断路器第一套断路器保护装置上相关 GOOSE 软压板：

1）退出 3310 断路器第一套断路器保护的“GOOSE 失灵跳相关（1 号主变保护）”；

2）退出 3310 断路器第一套断路器保护的“GOOSE 接收压板（1 号主变保护）”。

（2）退出 3311 断路器第一套断路器保护装置上相关 GOOSE 软压板：

1）退出 3311 断路器第一套断路器保护的“GOOSE 失灵跳相关（1 号主变保护）”；

2）退出 3311 断路器第一套断路器保护的“GOOSE 接收压板（1 号主变保护）”。

（3）退出 110kV 母差保护装置上相关 GOOSE 软压板。

（4）退出 1 号主变第一套保护所有相关 GOOSE、SV、功能软压板：

1）退出 1 号主变第一套保护所有 GOOSE 出口软压板；

2）退出 1 号主变第一套保护所有功能软压板；

3）退出 1 号主变第一套保护所有 GOOSE 接收软压板；

4）退出 1 号主变第一套保护所有 SV 接收软压板。（如果有流闭锁无法退出 SV 软压板，可不操作该项）

（5）投入 1 号主变第一套保护装置检修硬压板。

3. 单套（第一套）线路保护检修

（1）退出 3310 断路器第一套断路器保护装置上相关 GOOSE 软压板：

1）退出3310断路器第一套断路器保护的“GOOSE失灵跳相关（线路Ⅰ保护）”；

2）退出3310断路器第一套断路器保护的“GOOSE接收压板（线路Ⅰ保护）”。

（2）退出3312断路器第一套断路器保护装置上相关GOOSE软压板：

1）退出3310断路器第一套断路器保护的“GOOSE失灵跳相关（线路Ⅰ保护）”；

2）退出3310断路器第一套断路器保护的“GOOSE接收压板（线路Ⅰ保护）”。

（3）退出线路Ⅰ第一套保护所有相关GOOSE、SV、功能软压板：

1）退出线路Ⅰ第一套保护所有GOOSE出口软压板；

2）退出线路Ⅰ第一套保护所有功能软压板；

3）退出线路Ⅰ第一套保护所有GOOSE接收软压板；

4）退出线路Ⅰ第一套保护所有SV接收软压板。（如果有流闭锁无法退出SV软压板，可不操作该项）

（4）投线路Ⅰ第一套保护装置检修硬压板。

4. 单套（第一套）Ⅰ母母线保护检修

（1）依次退出Ⅰ母所连接所有断路器第一套断路器保护的GOOSE相关压板：

1）退出Ⅰ母所连接所有断路器第一套断路器保护的“GOOSE失灵跳相关（Ⅰ母母线保护）”；

2）退出Ⅰ母所连接所有断路器第一套断路器保护的“GOOSE接收压板（Ⅰ母母线保护）”。

（2）退出Ⅰ母第一套母线保护的所有相关GOOSE、SV、功能软压板：

1）退出Ⅰ母第一套母线保护的所有GOOSE出口软压板；

2）退出Ⅰ母第一套母线保护的所有功能软压板；

3）退出Ⅰ母第一套母线保护的所有GOOSE接收软压板；

4）退出Ⅰ母第一套母线保护的所有支路投入软压板（SV接收软压板）。（如果有流闭锁无法退出SV软压板，可不操作该项）

（3）投入Ⅰ母第一套母线保护装置的检修硬压板。

5. 单套（第一套）3311断路器合并单元检修

（1）退出1号主变第一套保护的所有相关GOOSE、SV、功能软压板：

1）退出1号主变第一套保护所有GOOSE出口软压板；

2）退出1号主变第一套保护所有功能软压板；

3）退出1号主变第一套保护所有GOOSE接收软压板；

4）退出1号主变第一套保护所有SV接收软压板。（如果有流闭锁无法退出SV软压板，可不操作该项）

（2）退出Ⅰ母第一套母线保护所有相关GOOSE、SV、功能软压板：

1）退出Ⅰ母第一套母线保护所有GOOSE出口软压板；

2）退出Ⅰ母第一套母线保护所有功能软压板；

3）退出Ⅰ母第一套母线保护所有GOOSE接收软压板；

4）退出Ⅰ母第一套母线保护所有支路投入软压板（SV接收软压板）。（如果有流闭锁无法退出SV软压板，可不操作该项）

（3）退出3311断路器第一套断路器保护所有相关GOOSE、SV、功能软压板：

1）退出 3311 断路器第一套断路器保护所有 GOOSE 出口软压板；

2）退出 3311 断路器第一套断路器保护所有功能软压板；

3）退出 3311 断路器第一套断路器保护所有 GOOSE 接收软压板；

4）退出 3311 断路器第一套断路器保护所有 SV 接收软压板。（如果有流闭锁无法退出 SV 软压板，可不操作该项）

（4）投入 1 号主变第一套保护检修硬压板。

（5）投入 I 母第一套母线保护检修硬压板。

（6）投入 3311 断路器第一套断路器保护检修硬压板。

（7）投入 3311 断路器第一套合并单元检修硬压板。

6. 单套（第一套）3310 断路器合并单元检修

（1）退出 1 号主变第一套保护的所有相关 GOOSE、SV、功能软压板：

1）退出 1 号主变第一套保护所有 GOOSE 出口软压板；

2）退出 1 号主变第一套保护所有功能软压板；

3）退出 1 号主变第一套保护所有 GOOSE 接收软压板；

4）退出 1 号主变第一套保护所有 SV 接收软压板。（如果有流闭锁无法退出 SV 软压板，可不操作该项）

（2）退出线路 I 第一套保护所有相关 GOOSE、SV、功能软压板：

1）退出线路 I 第一套保护所有 GOOSE 出口软压板；

2）退出线路 I 第一套保护所有功能软压板；

3）退出线路 I 第一套保护所有 GOOSE 接收软压板；

4）退出线路 I 第一套保护所有 SV 接收软压板。（如果有流闭锁无法退出 SV 软压板，可不操作该项）

（3）退出 3310 断路器第一套断路器保护所有相关 GOOSE、SV、功能软压板：

1）退出 3310 断路器第一套断路器保护所有 GOOSE 出口软压板；

2）退出 3310 断路器第一套断路器保护所有功能软压板；

3）退出 3310 断路器第一套断路器保护所有 GOOSE 接收软压板；

4）退出 3310 断路器第一套断路器保护所有 SV 接收软压板。（如果有流闭锁无法退出 SV 软压板，可不操作该项）

（4）投入 1 号主变第一套保护检修硬压板。

（5）投入线路 I 第一套保护检修硬压板。

（6）投入 3310 断路器第一套断路器保护检修硬压板。

（7）投入 3310 断路器第一套合并单元检修硬压板。

7. 单套（第一套）3311 断路器智能终端检修

（1）退出 3311 断路器第一套智能终端所有出口硬压板。

（2）投入 3311 断路器第一套智能终端检修硬压板。

8. 单套（第一套）3310 断路器智能终端检修

（1）退出 3310 断路器第一套智能终端所有出口硬压板。

（2）当合闸回路操作电源使用第一套智能终端的电源时，且检修工作需断开合闸回路电源时，应停运第二套断路器保护的重合闸。

（3）投入 3310 断路器第一套智能终端检修硬压板。

（三）北京四方继电保护系统操作

1. 3310 断路器检修

（1）拉开 3310 断路器及两侧隔离开关，合上两侧接地开关。

（2）退出 3310 智能终端出口硬压板。

（3）退出 1 号主变保护装置上相关 GOOSE、SV 软压板：

1）退出 1 号主变保护 GOOSE 发布软压板“跳 3310 断路器”；

2）退出 1 号主变保护 GOOSE 发布软压板“启 3310 失灵”；

3）退出 1 号主变保护 GOOSE 接收软压板“接收 3310 失灵联跳”；

4）确认 1 号主变保护装置中 3310 断路器无电流后，退出主变保护 MU 压板“3310MU 压板”。

（4）退出线路 I 保护装置上相关 GOOSE、SV 软压板：

1）退出线路 I 保护 GOOSE 发布软压板“跳 3310 断路器”；

2）退出线路 I 保护 GOOSE 发布软压板“启 3310 失灵”；

3）退出线路 I 保护 GOOSE 发布软压板“启 3310 失灵闭重”；

4）投入线路 I 保护“3310 中断路器检修”软压板；

5）确认线路 I 保护装置中 3310 中断路器无电流后，退出线路保护 MU 压板“3310MU 压板”。

（5）退出 3310 断路器保护装置上相关 GOOSE、SV 软压板：

1）退出 3310 断路器保护 GOOSE 发布软压板“跳 3310 断路器”；

2）退出 3310 断路器保护 GOOSE 发布软压板“合 3310 断路器”；

3）退出 3310 断路器保护 GOOSE 发布软压板“跳 3311 断路器”；

4）退出 3310 断路器保护 GOOSE 发布软压板“跳 3312 断路器”；

5）退出 3310 断路器保护 GOOSE 发布软压板“启 3311 失灵”；

6）退出 3310 断路器保护 GOOSE 发布软压板“启 3312 失灵”；

7）退出 3310 断路器保护 GOOSE 发布软压板“启 1 号主变失灵联跳”；

8）退出 3310 断路器保护 GOOSE 发布软压板“启线路 I 远传”；

9）退出 3310 断路器保护装置中所有保护功能软压板；

10）核实 3310 断路器保护装置中 3310 断路器无电流后，退出断路器保护 MU 压板“3310 MU 压板”。

（6）投入 3310 智能终端检修硬压板。

（7）投入 3310 断路器保护检修硬压板。

（8）投入 3310 合并单元检修硬压板。

2. 单套（第一套）主变保护检修

（1）退出 3311 边断路器第一套断路器保护 GOOSE 发布软压板“启 1 号主变失灵联跳”。

（2）退出 3310 中断路器第一套断路器保护 GOOSE 发布软压板“启 1 号主变失灵联跳”。

（3）退出 110kV 母差保护装置上相关 GOOSE 软压板。

（4）退出 1 号主变第一套保护装置上相关 SV、GOOSE 软压板：

1）退出 1 号主变第一套保护装置中所有 GOOSE 发布软压板；

2）退出1号主变第一套保护装置中所有保护功能压板；

3）退出1号主变第一套保护装置中GOOSE接收失灵压板；

4）退出1号主变第一套保护装置中所有MU压板。（如果有流闭锁无法退出SV软压板，可不操作该项）

（5）投入1号主变第一套保护检修硬压板。

3. 单套（第一套）线路保护检修

（1）退出3310断路器第一套断路器保护GOOSE发布软压板“启线路Ⅰ远传”；

（2）退出3312断路器第一套断路器保护GOOSE发布软压板“启线路Ⅰ远传”；

（3）退出线路Ⅰ第一套保护装置上相关SV、GOOSE软压板；

（4）退出线路Ⅰ第一套保护所有GOOSE发布软压板；

（5）退出线路Ⅰ第一套保护所有保护功能压板；

（6）退出线路Ⅰ第一套保护所有GOOSE接收软压板；

（7）退出线路Ⅰ第一套保护所有MU压板；（如果有流闭锁无法退出SV软压板，可不操作该项）

（8）投入线路Ⅰ第一套保护检修硬压板。

4. Ⅰ母（第一套）母线保护检修

（1）退出3311断路器第一套断路器保护GOOSE发布软压板“启母差失灵”。

（2）参照3311退出Ⅰ母接所有断路器第一套断路器保护GOOSE发布软压板“启母差失灵”。

（3）退出Ⅰ母第一套母线保护装置上相关SV、GOOSE软压板：

1）退出Ⅰ母第一套母线保护所有GOOSE发布软压板；

2）退出Ⅰ母第一套母线保护所有保护功能压板；

3）退出Ⅰ母第一套母线保护所有GOOSE接收软压板；

4）退出Ⅰ母第一套母线保护所有MU压板。（如果有流闭锁无法退出SV软压板，可不操作该项）

（4）投入Ⅰ母第一套母线保护检修硬压板。

5. 3311断路器（第一套）合并单元检修

（1）退出Ⅰ母第一套母线保护装置上相关SV、GOOSE软压板：

1）退出Ⅰ母第一套母线保护所有GOOSE发布软压板；

2）退出Ⅰ母第一套母线保护所有保护功能压板；

3）退出Ⅰ母第一套母线保护所有GOOSE接收软压板；

4）退出Ⅰ母第一套母线保护所有MU压板。（如果有流闭锁无法退出SV软压板，可不操作该项）

（2）退出1号主变第一套保护装置上相关SV、GOOSE软压板：

1）退出1号主变第一套保护所有GOOSE发布软压板；

2）退出1号主变第一套保护所有保护功能压板；

3）退出1号主变第一套保护GOOSE接收失灵压板；

4）退出1号主变第一套保护所有MU压板。（如果有流闭锁无法退出SV软压板，可不操作该项）

（3）退出 3311 断路器第一套断路器保护装置上相关 SV、GOOSE 软压板：

1）退出 3311 断路器第一套断路器保护所有 GOOSE 发布软压板；

2）退出 3311 断路器第一套断路器保护所有保护功能压板；

3）退出 3311 断路器第一套断路器保护所有 MU 压板。（如果有流闭锁无法退出 SV 软压板，可不操作该项）

（4）投入Ⅰ母第一套母线保护检修硬压板。

（5）投入线路Ⅰ第一套保护检修硬压板。

（6）投入 3311 断路器第一套断路器保护检修硬压板。

（7）投入 3311 断路器第一套合并单元检修硬压板。

6. 3310 断路器（第一套）合并单元检修

（1）退出 1 号主变第一套保护装置上相关 SV、GOOSE 软压板：

1）退出 1 号主变第一套保护所有 GOOSE 发布软压板；

2）退出 1 号主变第一套保护所有保护功能压板；

3）退出 1 号主变第一套保护所有 GOOSE 接收软压板；

4）退出 1 号主变第一套保护所有 MU 压板。（如果有流闭锁无法退出 SV 软压板，可不操作该项）

（2）退出线路Ⅰ第一套保护装置上相关 SV、GOOSE 软压板：

1）退出线路Ⅰ第一套保护所有 GOOSE 发布软压板；

2）退出线路Ⅰ第一套保护所有保护功能压板；

3）退出线路Ⅰ第一套保护所有 GOOSE 接收软压板；

4）退出线路Ⅰ第一套保护所有 MU 压板。（如果有流闭锁无法退出 SV 软压板，可不操作该项）

（3）退出 3310 断路器第一套断路器保护装置上相关 SV、GOOSE 软压板：

1）退出 3310 断路器第一套断路器保护所有 GOOSE 发布软压板；

2）退出 3310 断路器第一套断路器保护所有保护功能压板；

3）退出 3310 断路器第一套断路器保护所有 MU 压板。（如果有流闭锁无法退出 SV 软压板，可不操作该项）

（4）投入 1 号主变第一套保护检修硬压板。

（5）投入线路Ⅰ第一套保护检修硬压板。

（6）投入 3310 断路器第一套断路器保护检修硬压板。

（7）投入 3310 断路器第一套合并单元检修硬压板。

7. 3311 断路器第一套智能终端检修

（1）退出 3311 断路器第一套智能终端所有出口硬压板；

（2）当合闸操作电源使用第一套智能终端操作电源，且检修工作需断开合闸回路操作电源时，应停用第二套断路器保护的重合闸；

（3）投入 3311 断路器第一套智能终端检修硬压板。

8. 3310 断路器第一套智能终端检修

（1）退出 3310 断路器第一套智能终端所有出口硬压板；

（2）当合闸操作电源使用第一套智能终端操作电源，且检修工作需断开合闸回路操作电源时，应停用第二套断路器保护的重合闸；

（3）投入 3310 断路器第一套智能终端检修硬压板。

（四）许继电气继电保护系统操作

1. 3310 断路器检修

（1）拉开 3310 断路器及两侧隔离开关，合上两侧接地开关。

（2）退出 3310 智能终端出口硬压板。

（3）退出 1 号主变保护装置上相关 SV、GOOSE 软压板：

1）退出 1 号主变保护跳 3310 断路器的"跳高压 2 侧断路器"GOOSE 出口软压板；

2）退出 1 号主变保护启动 3310 断路器保护的"启动高压 2 侧断路器失灵"GOOSE 发送软压板；

3）退出 1 号主变保护接收 3310 断路器保护的"高压 2 侧失灵联跳开入"GOOSE 接收软压板；

4）退出 1 号主变保护接收 3310 合并单元的"高压 2 侧电流 SV 接收"软压板。

（4）退出线路Ⅰ保护装置上相关 SV、GOOSE 软压板：

1）退出线路Ⅰ保护跳 3310 断路器的"第二组跳闸出口"软压板；

2）退出线路Ⅰ保护启动 3310 断路器保护失灵的"第二组启失灵出口压板"GOOSE 出口软压板；

3）退出线路Ⅰ保护接收 3310 断路器保护发远传的"远传接收"软压板；

4）退出线路Ⅰ保护接收 3310 合并单元的"中电流 MU 投入"软压板。

（5）退出 3311 断路器保护装置上相关 GOOSE 软压板：

1）退出 3311 断路器失灵跳 3310 断路器的"跳 3310 断路器"GOOSE 软压板；

2）退出 3311 断路器失灵启动 3310 断路器保护的"启动 3310 断路器保护失灵"GOOSE 软压板。

（6）退出 3312 断路器保护装置上相关 GOOSE 软压板：

1）退出 3312 断路器失灵跳 3310 断路器的"跳 3310 断路器"GOOSE 软压板；

2）退出 3312 断路器失灵启动 3310 断路器保护的"启动 3310 断路器保护失灵"GOOSE 软压板。

（7）退出 3310 断路器保护所有 SV、GOOSE 软压板：

1）退出 3310 断路器保护跳 3310 断路器的"3310 跳闸出口"软压板；

2）退出 3310 断路器保护跳 3310 断路器的"3310 永跳出口"软压板；

3）退出 3310 断路器保护合 3310 断路器的"3310 重合闸出口"软压板；

4）退出 3310 断路器保护失灵启动 1 号主变保护的"失灵联跳 1 号主变三侧"GOOSE 出口软压板；

5）退出 3310 断路器保护失灵启动线路Ⅰ保护的"3310 失灵远传"GOOSE 出口软压板；

6）退出 3310 断路器保护跳 3311 断路器的"失灵出口 X"GOOSE 出口软压板；

7）退出 3310 断路器保护启动 3311 断路器保护的"启 3311 断路器失灵及闭重"GOOSE 出口软压板；

8）退出 3310 断路器保护跳 3312 断路器的"失灵出口 Y"GOOSE 出口软压板；

9）退出 3310 断路器保护启动 3312 断路器保护的“启 3312 断路器失灵及闭重”GOOSE 出口软压板；

10）退出 3310 断路器保护相关功能软压板；

11）退出 3310 断路器保护相关电压、电流“MU 投入”软压板。

（8）投入 3310 智能终端检修硬压板。

（9）投入 3310 断路器保护检修硬压板。

（10）投入 3310 合并单元检修硬压板。

2. 第一套主变保护检修

（1）退出 3310 断路器第一套断路器保护的“失灵联跳 1 号主变出口”软压板。

（2）退出 3311 断路器第一套断路器保护的“失灵联跳 1 号主变出口”软压板。

（3）退出 110kV 母差保护装置上相关 GOOSE 软压板。

（4）退出 1 号主变第一套保护的所有软压板：

1）退出 1 号主变第一套保护的所有出口软压板；

2）退出 1 号主变第一套保护的保护功能压板；

3）退出 1 号主变第一套保护所有 GOOSE 接收软压板；

4）退出 1 号主变第一套保护所有 SV 接收软压板。（如果有流闭锁无法退出 SV 软压板，可不操作该项）

（5）投入 1 号主变第一套保护检修硬压板。

3. 第一套线路保护检修

（1）退出 3312 断路器第一套断路器保护装置上相关 GOOSE 软压板：

1）退出 3312 断路器第一套断路器保护“启动线路Ⅰ第一套保护远传 GOOSE 发送”软压板；

2）退出 3312 断路器第一套断路器保护“接收线路Ⅰ第一套保护启动失灵 GOOSE 接收”软压板。

（2）退出 3310 断路器第一套断路器保护装置上相关 GOOSE 软压板：

1）退出 3312 断路器第一套断路器保护“启动线路Ⅰ第一套保护远传 GOOSE 发送”软压板；

2）退出 3312 断路器第一套断路器保护“接收线路Ⅰ第一套保护启动失灵 GOOSE 接收”软压板。

（3）退出线路Ⅰ第一套保护相关 SV、GOOSE、功能软压板：

1）退出线路Ⅰ第一套保护所有 GOOSE 发送软压板；

2）退出线路Ⅰ第一套保护所有功能软压板；

3）退出线路Ⅰ第一套保护“远传接收”软压板；

4）退出线路Ⅰ第一套保护所有“MU 投入”软压板。（如果有流闭锁无法退出 SV 软压板，可不操作该项）

（4）投入线路Ⅰ第一套保护“投检修状态”硬压板。

4. Ⅰ母第一套母线保护检修

（1）退出 3311 断路器第一套断路器保护装置上相关 GOOSE 软压板：

1）退出 3311 断路器第一套断路器保护“启动Ⅰ母母差保护失灵 GOOSE 发送”软

压板；

2）退出 3311 断路器第一套断路器保护“接收Ⅰ母母差保护失灵 GOOSE 接收”软压板。

（2）按照 3311 断路器第一套断路器保护操作，退出Ⅰ母母线所接所有断路器的第一套断路器保护装置的相关 GOOSE 软压板。

（3）退出Ⅰ母母线第一套保护的所有 SV、GOOSE、功能软压板：

1）退出Ⅰ母母线第一套保护的所有支路跳闸出口软压板和支路启失灵出口软压板；

2）退出Ⅰ母母线第一套保护所有功能软压板；

3）退出Ⅰ母母线第一套保护所有支路失灵联跳软压板；

4）退出Ⅰ母母线第一套保护所有 SV 接收软压板。（如果有流闭锁无法退出 SV 软压板，可不操作该项）

（4）投入Ⅰ母母线第一套保护检修硬压板。

5. 3311 断路器第一套合并单元检修

（1）退出 1 号主变第一套保护的所有出口软压板：

1）退出 1 号主变第一套保护的所有出口软压板；

2）退出 1 号主变第一套保护的所有功能软压板；

3）退出 1 号主变第一套保护的所有“GOOSE 接收”软压板；

4）退出 1 号主变第一套保护的 SV 接收软压板。（如果有流闭锁无法退出 SV 软压板，可不操作该项）

（2）退出Ⅰ母母线第一套保护的所有出口软压板：

1）退出Ⅰ母母线第一套保护的所有出口软压板；

2）退出Ⅰ母母线第一套保护所有功能软压板；

3）退出Ⅰ母母线第一套保护所有失灵开入软压板；

4）退出Ⅰ母母线第一套保护所有 SV 接收软压板。（如果有流闭锁无法退出 SV 软压板，可不操作该项）

（3）退出 3311 断路器第一套断路器保护的所有 SV、GOOSE、功能软压板：

1）退出 3311 断路器第一套断路器保护所有出口软压板；

2）退出 3311 断路器第一套断路器保护所有功能软压板；

3）退出 3311 断路器第一套断路器保护所有 SV 接收软压板。（如果有流闭锁无法退出 SV 软压板，可不操作该项）

（4）投入 1 号主变第一套保护检修硬压板。

（5）投入Ⅰ母母线第一套保护检修硬压板。

（6）投入 3311 断路器第一套断路器保护检修硬压板。

（7）投入 3311 断路器第一套合并单元检修硬压板。

6. 3310 断路器第一套合并单元检修

（1）退出 1 号主变第一套保护所有出口软压板：

1）退出 1 号主变第一套保护所有出口软压板；

2）退出 1 号主变第一套保护所有功能软压板；

3）退出 1 号主变第一套保护所有“GOOSE 接收”软压板；

4）退出1号主变第一套保护SV接收软压板。（如果有流闭锁无法退出SV软压板，可不操作该项）

（2）退出线路Ⅰ第一套保护所有出口软压板：

1）退出线路Ⅰ第一套保护所有出口软压板；

2）退出线路Ⅰ第一套保护所有功能软压板；

3）退出线路Ⅰ第一套保护所有SV接收软压板。（如果有流闭锁无法退出SV软压板，可不操作该项）

（3）退出3310断路器第一套断路器保护所有SV、GOOSE、功能软压板：

1）退出3310断路器第一套断路器保护所有出口软压板；

2）退出3310断路器第一套断路器保护所有功能软压板；

3）退出3310断路器第一套断路器保护所有SV接收软压板。（如果有流闭锁无法退出SV软压板，可不操作该项）

（4）投入1号主变第一套保护检修硬压板。

（5）投入线路Ⅰ第一套保护检修硬压板。

（6）投入3310断路器第一套断路器保护检修硬压板。

（7）投入3310断路器第一套合并单元检修硬压板。

7. 3311断路器第一套智能终端检修

（1）退出3311断路器第一套智能终端所有出口硬压板；

（2）投入3311断路器第一套智能终端检修硬压板。

8. 3310断路器第一套智能终端检修

（1）退出3310断路器第一套智能终端所有出口硬压板；

（2）当合闸回路操作电源使用第一套智能终端操作电源，且检修工作需断开合闸回路操作电源时，应停运第二套断路器保护的重合闸；

（3）投入3310断路器第一套智能终端检修硬压板。

对于500kV电压等级系统和继电保护和二次系统软压板操作可以参考750kV电压系统或330kV电压系统进行。

第四节　220kV变电站继电保护系统操作

一、主接线图

某220kV智能变电站双母线并列运行的一次系统接线如图5-3所示。

二、保护配置

（1）220kV及以上电压等级继电保护系统应遵循双重化配置原则，每套保护系统装置功能独立完备，安全可靠，双重化配置的两个过程层网络应遵循完全独立原则。

1）220kV及以上电压等级继电保护装置应遵循双重化配置原则；

2）双重化配置保护对应的过程层合并单元、智能终端均应双重化配置（包括主变中低压侧）；

3）过程层网络按电压等级组网；

4）双重化配置的保护及过程层设备，第一套接入过程层A网，第二套接入过程层B

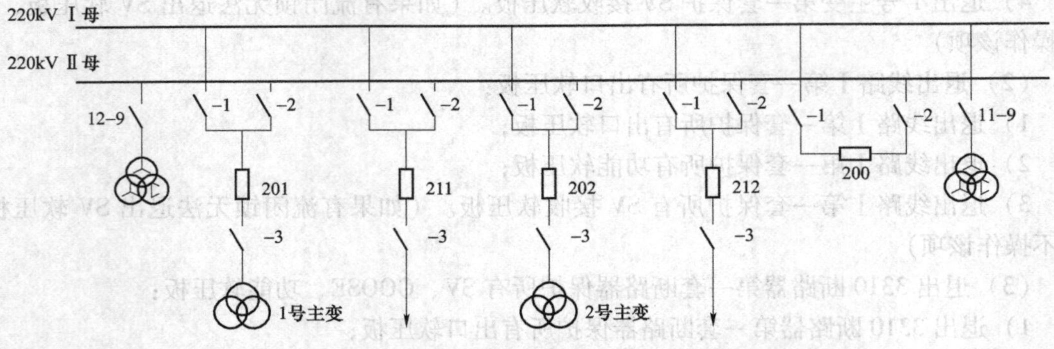

图 5-3　某 220kV 智能变电站的一次系统接线示意简图

网。为防止相互干扰，两网之间完全独立。

（2）间隔较多时可以采用分布式母线保护。

1）间隔较多时采用集中式母线保护，装置光以太网接口较多，发热问题较突出；分布式方案将网络接口分散到主、子单元中；

2）分布式保护是面向间隔，由若干单元装置组成，功能分布实现；

3）主单元可安装于室内，子单元就地安装（满足就地安装条件）。

（3）变压器非电量保护。

1）非电量保护采用就地直接电缆跳闸，信息通过本体智能终端上送至过程层 GOOSE 网络，再经测控装置上送至站控层 MMS 网络；

2）非电量保护和本体智能终端分别配置。

（4）110kV 及以下电压等级宜采用保护测控一体化设备。

1）110kV 线路保护单套配置，推荐采用保护测控一体化设备（外桥接线除外）；

2）110kV 变压器电量保护宜采用双套配置，不采用一体化设备；

3）220kV 保护双重化配置，由于涉及测控双重化配置/数据源切换等问题，不宜采用一体化设备。

（5）220kV 母联（分段）保护双重化配置、3/2 接线断路器保护双重化配置。

（6）220kV 及以上电压等级的继电保护及与之相关的设备、网络等应按双重化原则进行配置，双重化配置的继电保护应遵循以下要求：

1）两套保护的电压（电流）采样值应分别取自相互独立的 MU；

2）双重化配置的 MU 应与电子式互感器两套独立的二次采样系统一一对应；

3）双重化配置保护使用的 GOOSE（SV）网络应遵循相互独立的原则，当一个网络异常或退出时不应影响另一个网络的运行；

4）两套保护的跳闸回路应与两个智能终端分别一一对应；两个智能终端应与断路器的两个跳闸线圈分别一一对应；

5）双重化的两套保护及其相关设备（电子式互感器、MU、智能终端、网络设备、跳闸线圈等）的直流电源应一一对应。

三、继电保护二次系统软压板操作

1. 线路（主变）侧断路器检修（212 断路器由冷备用转检修）

继电保护为南瑞继保 PCS-931。

（1）退出 220kV 母差保护Ⅰ屏 212 跳闸 GOOSE 发送软压板；
（2）退出 220kV 母差保护Ⅰ屏 212 失灵 GOOSE 接收软压板；
（3）退出 220kV 母差保护Ⅰ屏 212 投入软压板；
（4）退出 212 线路保护屏第一套保护装置跳断路器 1 出口 GOOSE 发送软压板；
（5）退出 212 线路保护屏第一套保护装置重合闸 GOOSE 发送软压板；
（6）退出 212 线路保护屏第一套保护装置启断路器 1 失灵 GOOSE 发送软压板；
（7）退出 212 线路保护屏第一套保护装置跳断路器 2 出口 GOOSE 发送软压板；
（8）退出 212 线路保护屏第一套保护装置启断路器 2 失灵 GOOSE 发送软压板；
（9）退出 212 线路保护屏第一套保护装置闭重 GOOSE 发送软压板；
（10）退出 212 线路保护屏第一套保护装置远传及通道告警 GOOSE 发送软压板；
（11）退出 212 线路保护屏第一套保护装置发送链路 08 GOOSE 发送软压板；
（12）退出 212 线路保护屏第一套保护装置智能终端 GS1、GS2、GS3GOOSE 发送软压板；
（13）退出 212 线路保护屏第一套保护装置所有 GOOSE 接收软压板；
（14）退出 212 线路保护屏第一套保护装置合并单元 SV 直采接收软压板；
（15）退出 212 线路保护屏第一套保护装置元件接收软压板；
（16）退出 212 线路保护屏第一套保护装置纵联差动保护软压板；
（17）退出 212 汇控柜非全相跳 212 三相Ⅰ线圈压板；
（18）退出 212 汇控柜非全相保护投入Ⅰ线圈压板；
（19）退出 212 智能终端柜保护跳 212DL 三相Ⅰ线圈压板；
（20）退出 212 智能终端柜 212DL 遥控投入压板；
（21）投入 212 智能终端柜智能终端 1 检修投入压板；
（22）投入 212 智能终端柜合并单元 1 检修投入压板；
（23）投入 220kV 测控屏Ⅰ212 线路测控检修压板；
（24）投入 212 线路保护屏线路第一套保护 检修压板。

2. 线路（主变）侧断路器检修（212 断路器由检修转冷备用）

继电保护为南瑞继保 PCS-931。

（1）退出 212 智能终端柜智能终端 1 检修投入压板；
（2）退出 212 智能终端柜合并单元 1 检修投入压板；
（3）退出 220kV 测控屏Ⅰ212 线路测控检修压板；
（4）退出 212 线路保护屏线路第一套保护检修压板；
（5）投入 212 汇控柜非全相保护投入Ⅰ线圈压板；
（6）投入 212 汇控柜非全相跳 212 三相Ⅰ线圈压板；
（7）投入 212 智能终端柜 212DL 遥控投入压板；
（8）投入 212 智能终端柜 212DL 三相Ⅰ线圈压板；
（9）投入 212 线路保护屏第一套保护装置纵联差动保护软压板；
（10）投入 212 线路保护屏第一套保护装置合并单元 SV 直采接收软压板；
（11）投入 212 线路保护屏第一套保护装置所有元件接收软压板；
（12）投入 212 线路保护屏第一套保护装置智能终端 GS1、GS2、GS3GOOSE 发送软压板；

（13）投入 212 线路保护屏第一套保护装置所有 GOOSE 接收软压板；

（14）投入 212 线路保护屏第一套保护装置跳断路器 1 出口 GOOSE 发送软压板；

（15）投入 212 线路保护屏第一套保护装置重合闸 GOOSE 发送软压板；

（16）投入 212 线路保护屏第一套保护装置启断路器 1 失灵 GOOSE 发送软压板；

（17）投入 212 线路保护屏第一套保护装置跳断路器 2 出口 GOOSE 发送软压板；

（18）投入 212 线路保护屏第一套保护装置启断路器 2 失灵 GOOSE 发送软压板；

（19）投入 212 线路保护屏第一套保护装置闭重 GOOSE 发送软压板；

（20）投入 212 线路保护屏第一套保护装置远传及通道告警 GOOSE 发送软压板；

（21）投入 212 线路保护屏第一套保护装置发送链路 08 GOOSE 发送软压板；

（22）投入 220kV 母差保护Ⅰ屏 212 投入软压板；

（23）投入 220kV 母差保护Ⅰ屏 212 跳闸 GOOSE 发送软压板；

（24）投入 220kV 母差保护Ⅰ屏 212 失灵 GOOSE 接收软压板。

3. 母联断路器检修（母联断路器 200 由运行转检修）

继电保护为南瑞继保 PCS-923。

（1）退出 220kV 母联Ⅰ保护屏第二套保护装置跳母联 GOOSE 发送软压板；

（2）退出 220kV 母联Ⅰ保护屏第二套保护装置启动母联失灵 GOOSE 发送软压板；

（3）退出 220kV 母联Ⅰ保护屏第二套保护装置母联合并单元 SV 接收软压板；

（4）退出 220kV 母联汇控柜 200 第二套智能终端跳断路器 A 相Ⅱ线圈压板；

（5）退出 220kV 母联汇控柜 200 第二套智能终端跳断路器 B 相Ⅱ线圈压板；

（6）退出 220kV 母联汇控柜 200 第二套智能终端跳断路器 C 相Ⅱ线圈压板；

（7）退出 220kV 母联汇控柜 200 非全相Ⅱ跳断路器 A 相Ⅱ线圈压板；

（8）退出 220kV 母联汇控柜 200 非全相Ⅱ跳断路器 B 相Ⅱ线圈压板；

（9）退出 220kV 母联汇控柜 200 非全相Ⅱ跳断路器 C 相Ⅱ线圈压板；

（10）退出 220kV 母联汇控柜 200 非全相Ⅱ投入压板；

（11）退出 220kV 母差保护Ⅱ屏 GOOSE 母联 1 保护跳闸软压板；

（12）退出 220kV 母差保护Ⅱ屏 GOOSE 母联 1-启动失灵开入软压板；

（13）退出 220kV 母差保护Ⅱ屏母联 1-SV 接收软压板；

（14）投入 220kV 母差保护Ⅱ屏母联 1 分列功能软压板；

（15）投入 220kV 母联汇控柜 200 第二套智能终端检修压板；

（16）投入 220kV 母联汇控柜 200 第二套合并单元检修压板；

（17）投入 220kV200 母联Ⅰ保护屏第二套保护装置投检修压板；

（18）投入 220kV200 母联Ⅰ保护屏测控装置投检修压板。

4. 母联断路器检修（母联断路器 200 由检修转运行）

继电保护为南瑞继保 PCS-923。

（1）退出 220kV 母联汇控柜 200 第二套智能终端检修压板；

（2）退出 220kV 母联汇控柜 200 第二套合并单元检修压板；

（3）退出 220kV 母联Ⅰ保护屏第二套保护装置投检修压板；

（4）退出 220kV 母联Ⅰ保护屏测控装置投检修压板；

（5）退出220kV母差保护Ⅱ屏母联1分列功能软压板；
（6）投入220kV母差保护Ⅱ屏GOOSE母联1保护跳闸软压板；
（7）投入220kV母差保护Ⅱ屏GOOSE母联1-启动失灵开入软压板；
（8）投入220kV母差保护Ⅱ屏母联1-SV接收软压板；
（9）投入220kV母联Ⅰ保护屏第二套保护装置跳母联GOOSE发送软压板；
（10）投入220kV母联Ⅰ保护屏第二套保护装置启动母联失灵GOOSE发送软压板；
（11）投入220kV母联Ⅰ保护屏第二套保护装置母联合并单元SV接收软压板；
（12）投入220kV母联汇控柜200非全相Ⅱ投入压板；
（13）投入220kV母联汇控柜200第二套智能终端跳断路器A相Ⅱ线圈压板；
（14）投入220kV母联汇控柜200第二套智能终端跳断路器B相Ⅱ线圈压板；
（15）投入220kV母联汇控柜200第二套智能终端跳断路器C相Ⅱ线圈压板；
（16）投入220kV母联汇控柜200非全相Ⅱ跳断路器A相Ⅱ线圈压板；
（17）投入220kV母联汇控柜200非全相Ⅱ跳断路器B相Ⅱ线圈压板；
（18）投入220kV母联汇控柜200非全相Ⅱ跳断路器C相Ⅱ线圈压板。

5. 单套主变保护检修（2号主变第二套保护退出运行）

继电保护为国电南自PST01200。

（1）退出2号主变保护Ⅱ屏GOOSE发送软压板GOOSE跳高压侧断路器压板；
（2）退出2号主变保护Ⅱ屏GOOSE发送软压板GOOSE解除高母差复压压板；
（3）退出2号主变保护Ⅱ屏GOOSE发送软压板GOOSE启动高失灵压板；
（4）退出2号主变保护Ⅱ屏GOOSE发送软压板GOOSE跳中断路器压板；
（5）退出2号主变保护Ⅱ屏GOOSE发送软压板GOOSE跳中母联压板；
（6）退出2号主变保护Ⅱ屏GOOSE发送软压板GOOSE跳低1断路器压板；
（7）退出2号主变保护Ⅱ屏GOOSE发送软压板GOOSE低1分段压板；
（8）退出2号主变保护Ⅱ屏GOOSE发送软压板GOOSE闭锁低1备投压板；
（9）退出2号主变保护Ⅱ屏GOOSE发送软压板GOOSE高压侧失灵开入板；
（10）退出2号主变保护Ⅱ屏SV接收软压板高压侧SV接收压板；
（11）退出2号主变保护Ⅱ屏SV接收软压板中压侧SV接收压板；
（12）退出2号主变保护Ⅱ屏SV接收软压板低压1侧SV接收压板；
（13）退出2号主变保护Ⅱ屏保护软压板主保护压板；
（14）退出2号主变保护Ⅱ屏保护软压板高压侧后备保护压板；
（15）退出2号主变保护Ⅱ屏保护软压板高压侧电压保护；
（16）退出2号主变保护Ⅱ屏保护软压板中压侧后备保护压板；
（17）退出2号主变保护Ⅱ屏保护软压板中压侧电压保护；
（18）退出2号主变保护Ⅱ屏保护软压板低1分支后备保护压板；
（19）退出2号主变保护Ⅱ屏保护软压低1分支电压保护；
（20）退出2号主变保护Ⅱ屏保护软压板高远方控制压板；
（21）投入2号主变保护Ⅱ屏检修状态压板。

6. 单套主变保护检修（2号主变第二套保护投入运行）

继电保护为国电南自PST01200。

（1）退出2号主变保护Ⅱ屏检修状态压板；

（2）投入 2 号主变保护Ⅱ屏保护软压板主保护压板；
（3）投入 2 号主变保护Ⅱ屏保护软压板高压侧后备保护压板；
（4）投入 2 号主变保护Ⅱ屏保护软压板高压侧电压保护；
（5）投入 2 号主变保护Ⅱ屏保护软压板中压侧后备保护压板；
（6）投入 2 号主变保护Ⅱ屏保护软压板中压侧电压保护；
（7）投入 2 号主变保护Ⅱ屏保护软压板低 1 分支后备保护压板；
（8）投入 2 号主变保护Ⅱ屏保护软压低 1 分支电压保护；
（9）投入 2 号主变保护Ⅱ屏保护软压板高远方控制压板；
（10）投入 2 号主变保护Ⅱ屏 SV 接收软压板高压侧 SV 接收压板；
（11）投入 2 号主变保护Ⅱ屏 SV 接收软压板中压侧 SV 接收压板；
（12）投入 2 号主变保护Ⅱ屏 SV 接收软压板低压 1 侧 SV 接收压板；
（13）投入 2 号主变保护Ⅱ屏 GOOSE 发送软压板 GOOSE 跳高压侧断路器压板；
（14）投入 2 号主变保护Ⅱ屏 GOOSE 发送软压板 GOOSE 解除高母差复压压板；
（15）投入 2 号主变保护Ⅱ屏 GOOSE 发送软压板 GOOSE 启动高失灵压板；
（16）投入 2 号主变保护Ⅱ屏 GOOSE 发送软压板 GOOSE 跳中断路器压板；
（17）投入 2 号主变保护Ⅱ屏 GOOSE 发送软压板 GOOSE 跳中母联压板；
（18）投入 2 号主变保护Ⅱ屏 GOOSE 发送软压板 GOOSE 跳低 1 断路器压板；
（19）投入 2 号主变保护Ⅱ屏 GOOSE 发送软压板 GOOSE 低 1 分段压板；
（20）投入 2 号主变保护Ⅱ屏 GOOSE 发送软压板 GOOSE 闭锁低 1 备投压板；
（21）投入 2 号主变保护Ⅱ屏 GOOSE 发送软压板 GOOSE 高压侧失灵开入板。

7. 单套线路保护检修（线路 212 第二套保护装置投入运行）

继电保护为许继电气 WXH-803。

（1）检查线路 212 线路保护屏第二套保护装置无异常；
（2）投入线路 212 线路保护屏第二套保护装置纵联电流差动软压板；
（3）投入线路 212 线路保护屏第二套保护跳闸出口软压板；
（4）投入线路 212 线路保护屏第二套保护启失灵出口软压板；
（5）投入线路 212 线路保护屏第二套保护合闸出口软压板；
（6）投入线路 212 线路保护屏第二套保护电流 MU 投入软压板；
（7）投入线路 212 线路保护屏第二套保护电压 MU 投入软压板；
（8）投入线路 212 线路保护屏第二套保护远方跳闸软压板。

8. 单套线路保护检修（线路 212 第二套保护装置退出运行）

继电保护为许继电气 WXH-803。

（1）退出线路 212 线路保护屏第二套保护装置纵联电流差动软压板；
（2）退出线路 212 线路保护屏第二套保护跳闸出口软压板；
（3）退出线路 212 线路保护屏第二套保护启失灵出口软压板；
（4）退出线路 212 线路保护屏第二套保护合闸出口软压板；
（5）退出线路 212 线路保护屏第二套保护电流 MU 投入软压板；
（6）退出线路 212 线路保护屏第二套保护电压 MU 投入软压板；
（7）退出线路 212 线路保护屏第二套保护远方跳闸软压板。

9. 单套母线保护检修（220kV 母联保护第一套母线保护投入运行）

继电保护为四方电气 CSC-150。

（1）投入220kV母线保护屏Ⅰ220kVⅠ/Ⅱ母第一套远方操作投入硬压板；
（2）投入220kV母线保护屏ⅠSV接收软压板电压SV接收软压板；
（3）投入220kV母线保护屏ⅠSV接收软压板母联1 SV接收软压板；
（4）投入220kV母线保护屏ⅠSV接收软压板1号变SV接收软压板；
（5）投入220kV母线保护屏ⅠSV接收软压板211 SV接收软压板；
（6）投入220kV母线保护屏ⅠSV接收软压板212 SV接收软压板；
（7）投入220kV母线保护屏ⅠSV接收软压板2号变SV接收软压板；
（8）投入220kV母线保护屏Ⅰ功能软压板差动保护软压板；
（9）投入220kV母线保护屏Ⅰ功能软压板失灵保护软压板；
（10）投入220kV母线保护屏Ⅰ功能软压板分段互联软压板；
（11）投入220kV母线保护屏Ⅰ功能软压板远方投退软压板；
（12）投入220kV母线保护屏ⅠGO订阅软压板母联1启动失灵软压板；
（13）投入220kV母线保护屏ⅠGO订阅软压板1号变启动失灵软压板；
（14）投入220kV母线保护屏ⅠGO订阅软压板211启动失灵软压板；
（15）投入220kV母线保护屏ⅠGO订阅软压板212启动失灵软压板；
（16）投入220kV母线保护屏ⅠGO订阅软压板2号变启动失灵软压板；
（17）投入220kV母线保护屏ⅠGO发布软压板母联1保护跳闸软压板；
（18）投入220kV母线保护屏ⅠGO发布软压板分段保护跳闸软压板；
（19）投入220kV母线保护屏ⅠGO发布软压板母联2保护跳闸软压板；
（20）投入220kV母线保护屏ⅠGO发布软压板1号变保护跳闸软压板；
（21）投入220kV母线保护屏ⅠGO发布软压板支路5保护跳闸软压板；
（22）投入220kV母线保护屏ⅠGO发布软压板211保护跳闸软压板；
（23）投入220kV母线保护屏ⅠGO发布软压板212保护跳闸软压板；
（24）投入220kV母线保护屏ⅠGO发布软压板支路8保护跳闸软压板；
（25）投入220kV母线保护屏ⅠGO发布软压板支路9保护跳闸软压板；
（26）投入220kV母线保护屏ⅠGO发布软压板支路12保护跳闸软压板；
（27）投入220kV母线保护屏ⅠGO发布软压板支路13保护跳闸软压板；
（28）投入220kV母线保护屏ⅠGO发布软压板2号变保护跳闸软压板；
（29）投入220kV母线保护屏ⅠGO发布软压板支路15保护跳闸软压板；
（30）投入220kV母线保护屏ⅠGO发布软压板1号变失灵联跳软压板；
（31）投入220kV母线保护屏ⅠGO发布软压板支路5失灵联跳软压板；
（32）投入220kV母线保护屏ⅠGO发布软压板2号变失灵联跳软压板；
（33）投入220kV母线保护屏ⅠGO发布软压板支路15失灵联跳软压板；
（34）投入220kV母线保护屏ⅠGO发布软压板Ⅰ母保护动作软压板；
（35）投入220kV母线保护屏ⅠGO发布软压板Ⅱ母保护动作软压板。

10. 单套母线保护检修（220kV第一套母线保护退出运行）

继电保护为四方电气CSC-150。

（1）退出220kV母线保护屏ⅠGO发布软压板母联1保护跳闸软压板；
（2）退出220kV母线保护屏ⅠGO发布软压板分段保护跳闸软压板；
（3）退出220kV母线保护屏ⅠGO发布软压板母联2保护跳闸软压板；

（4）退出 220kV 母线保护屏Ⅰ GO 发布软压板 1 号变保护跳闸软压板；
（5）退出 220kV 母线保护屏Ⅰ GO 发布软压板支路 5 保护跳闸软压板；
（6）退出 220kV 母线保护屏Ⅰ GO 发布软压板 211 保护跳闸软压板；
（7）退出 220kV 母线保护屏Ⅰ GO 发布软压板 212 保护跳闸软压板；
（8）退出 220kV 母线保护屏Ⅰ GO 发布软压板支路 8 保护跳闸软压板；
（9）退出 220kV 母线保护屏Ⅰ GO 发布软压板支路 9 保护跳闸软压板；
（10）退出 220kV 母线保护屏Ⅰ GO 发布软压板支路 12 保护跳闸软压板；
（11）退出 220kV 母线保护屏Ⅰ GO 发布软压板支路 13 保护跳闸软压板；
（12）退出 220kV 母线保护屏Ⅰ GO 发布软压板 2 号变保护跳闸软压板；
（13）退出 220kV 母线保护屏Ⅰ GO 发布软压板支路 15 保护跳闸软压板；
（14）退出 220kV 母线保护屏Ⅰ GO 发布软压板 1 号变失灵联跳软压板；
（15）退出 220kV 母线保护屏Ⅰ GO 发布软压板支路 5 失灵联跳软压板；
（16）退出 220kV 母线保护屏Ⅰ GO 发布软压板 2 号变失灵联跳软压板；
（17）退出 220kV 母线保护屏Ⅰ GO 发布软压板支路 15 失灵联跳软压板；
（18）退出 220kV 母线保护屏Ⅰ GO 发布软压板Ⅰ母保护动作软压板；
（19）退出 220kV 母线保护屏Ⅰ GO 发布软压板Ⅱ母保护动作软压板；
（20）退出 220kV 母线保护屏Ⅰ GO 订阅软压板母联 1 启动失灵软压板；
（21）退出 220kV 母线保护屏Ⅰ GO 订阅软压板 1 号变启动失灵软压板；
（22）退出 220kV 母线保护屏Ⅰ GO 订阅软压板 211 启动失灵软压板；
（23）退出 220kV 母线保护屏Ⅰ GO 订阅软压板 212 启动失灵软压板；
（24）退出 220kV 母线保护屏Ⅰ GO 订阅软压板 2 号变启动失灵软压板；
（25）退出 220kV 母线保护屏Ⅰ功能软压板差动保护软压板；
（26）退出 220kV 母线保护屏Ⅰ功能软压板失灵保护软压板；
（27）退出 220kV 母线保护屏Ⅰ功能软压板分段互联软压板；
（28）退出 220kV 母线保护屏Ⅰ功能软压板远方投退软压板；
（29）退出 220kV 母线保护屏Ⅰ SV 接收软压板电压 SV 接收软压板；
（30）退出 220kV 母线保护屏Ⅰ SV 接收软压板母联 1 SV 接收软压板；
（31）退出 220kV 母线保护屏Ⅰ SV 接收软压板 1 号变 SV 接收软压板；
（32）退出 220kV 母线保护屏Ⅰ SV 接收软压板 211 SV 接收软压板；
（33）退出 220kV 母线保护屏Ⅰ SV 接收软压板 212 SV 接收软压板；
（34）退出 220kV 母线保护屏Ⅰ SV 接收软压板 2 号变 SV 接收软压板；
（35）退出 220kV 母线保护屏Ⅰ 220kV Ⅰ/Ⅱ母第一套远方操作投入硬压板。

第五节　110kV 变电站继电保护系统操作

一、继电保护配置原则

110kV 电压等级智能变电站继电保护系统配置遵循以下原则：

（1）110kV 及以下电压等级宜采用保护测控一体化设备。

1）110kV 线路保护单套配置，推荐采用保护测控一体化设备（外桥接线除外）；

2）110kV 变压器电量保护宜采用双套配置，不采用一体化设备。

（2）变压器非电量保护。

1）非电量保护采用就地直接电缆跳闸，信息通过本体智能终端上送至过程层 GOOSE 网络，再经测控装置上送至站控层 MMS 网络；

2）非电量保护和本体智能终端分别配置。

二、双母线接线

（一）电气主接线图

110kV 智能变电站双母线的一次系统接线示意简图如图 5-4 所示。

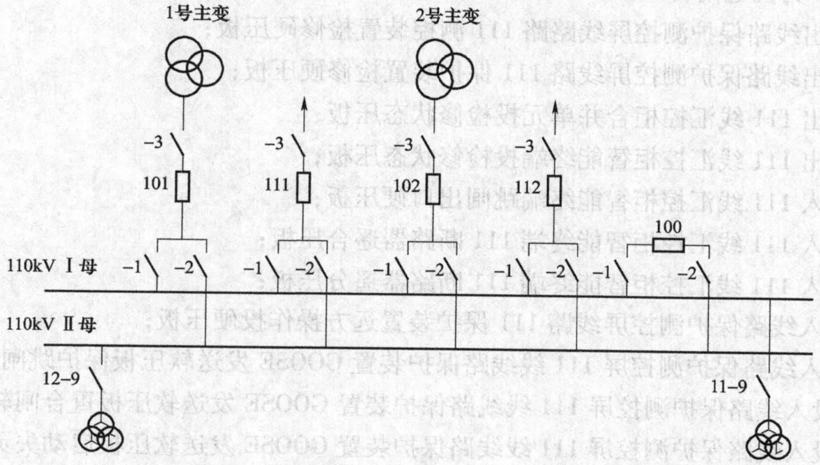

图 5-4　110kV 变电站电气接线图

（二）继电保护及二次系统软压板操作

1. 断路器检修（由冷备用转检修）

继电保护为国电南自 PSL-621D。

（1）退出 110kV 母线保护屏 MU 软压板 111××线 MU 软压板；

（2）退出 110kV 母线保护屏 GO 订阅软压板 111 线失灵开入软压板；

（3）退出 110kV 母线保护屏 GO 发布软压板 111 线出口软压板；

（4）退出线路保护测控屏 111 线线路保护装置 SV 接收软压板；

（5）退出线路保护测控屏 111 线线路保护装置功能软压板纵联差动保护软压板；

（6）退出线路保护测控屏 111 线线路保护装置功能软压板距离保护软压板；

（7）退出线路保护测控屏 111 线线路保护装置功能软压板零序过电流保护软压板；

（8）退出线路保护测控屏 111 线线路保护装置 GOOSE 发送软压板保护跳闸软压板；

（9）退出线路保护测控屏 111 线线路保护装置 GOOSE 发送软压板重合闸软压板；

（10）退出线路保护测控屏 111 线线路保护装置 GOOSE 发送软压板启动失灵软压板；

（11）退出线路保护测控屏 111 线线路保护装置 GOOSE 发送软压板远传 1 开出软压板；

（12）退出线路保护测控屏 111 线线路保护装置 GOOSE 发送软压板远传 2 开出软压板；

（13）退出保护测控屏线路 111 保护装置远方操作投硬压板；

(14) 退出 111 线汇控柜智能终端跳闸出口硬压板；
(15) 退出 111 线汇控柜智能终端 111 断路器遥合压板；
(16) 退出 111 线汇控柜智能终端 111 断路器遥分压板；
(17) 投入 111 线汇控柜智能终端投检修状态压板；
(18) 投入 111 线汇控柜合并单元投检修状态压板；
(19) 投入线路保护测控屏线路 111 保护装置检修硬压板；
(20) 投入线路保护测控屏线路 111 测控装置检修硬压板。

2. 断路器检修（由检修转冷备用）

继电保护为国电南自 PSL-621D。

(1) 退出线路保护测控屏线路路 111 测控装置检修硬压板；
(2) 退出线路保护测控屏线路 111 保护装置检修硬压板；
(3) 退出 111 线汇控柜合并单元投检修状态压板；
(4) 退出 111 线汇控柜智能终端投检修状态压板；
(5) 投入 111 线汇控柜智能终端跳闸出口硬压板；
(6) 投入 111 线汇控柜智能终端 111 断路器遥合压板；
(7) 投入 111 线汇控柜智能终端 111 断路器遥分压板；
(8) 投入线路保护测控屏线路 111 保护装置远方操作投硬压板；
(9) 投入线路保护测控屏 111 线线路保护装置 GOOSE 发送软压板保护跳闸软压板；
(10) 投入线路保护测控屏 111 线线路保护装置 GOOSE 发送软压板重合闸软压板；
(11) 投入线路保护测控屏 111 线线路保护装置 GOOSE 发送软压板启动失灵软压板；
(12) 投入线路保护测控屏 111 线线路保护装置 GOOSE 发送软压板远传 1 开出软压板；
(13) 投入线路保护测控屏 111 线线路保护装置 GOOSE 发送软压板远传 2 开出软压板；
(14) 投入线路保护测控屏 111 线线路保护装置功能软压板纵联差动保护软压板；
(15) 投入线路保护测控屏 111 线线路保护装置功能软压板距离保护软压板；
(16) 投入线路保护测控屏 111 线线路保护装置功能软压板零序过电流保护软压板；
(17) 投入线路保护测控屏 111 线线路保护装置 SV 接收软压板；
(18) 投入 110kV 母线保护屏 GO 发布软压板 111 线出口软压板；
(19) 投入 110kV 母线保护屏 GO 订阅软压板 111 线失灵开入软压板；
(20) 投入 110kV 母线保护屏 MU 软压板 111 线 MU 软压板。

3. 母线保护检修（保护退出运行）

继电保护为 WMH-800B/G 保护。

(1) 投入 110kV 母线保护屏母线保护装置检修状态投入压板；
(2) 退出 110kV 母线保护屏 100 母联出口压板；
(3) 退出 110kV 母线保护屏 1B 出口压板；
(4) 退出 110kV 母线保护屏 2B 出口压板；
(5) 退出 110kV 母线保护屏 111 线出口压板；
(6) 退出 110kV 母线保护屏 112 线出口压板；
(7) 退出 110kV 母线保护屏母线保护差动软压板；

（8）退出 110kV 母线保护屏 100 母联元件投入压板；
（9）退出 110kV 母线保护屏 1B 元件投入压板；
（10）退出 110kV 母线保护屏 2B 元件投入压板；
（11）退出 110kV 母线保护屏 111 线元件投入压板；
（12）退出 110kV 母线保护屏 112 线元件投入压板。

4. 母线保护检修（保护投入运行）

继电保护为许继电气 WMH-800B/G 保护。

（1）投入 110kV 母线保护屏 100 母联出口压板；
（2）投入 110kV 母线保护屏 1B 出口压板；
（3）投入 110kV 母线保护屏 2B 出口压板；
（4）投入 110kV 母线保护屏 111 线出口压板；
（5）投入 110kV 母线保护屏 112 线出口压板；
（6）投入 110kV 母线保护屏母线保护差动软压板；
（7）投入 110kV 母线保护屏 100 母联元件投入压板；
（8）投入 110kV 母线保护屏 1B 元件投入压板；
（9）投入 110kV 母线保护屏 2B 元件投入压板；
（10）投入 110kV 母线保护屏 111 线元件投入压板；
（11）投入 110kV 母线保护屏 112 元件投入压板；
（12）退出 110kV 母线保护屏母线保护装置检修状态投入压板。

三、单母分段接线

（一）电气主接线图

110kV 智能变电站单母线分段的一次系统接线示意简图如图 5-5 所示。

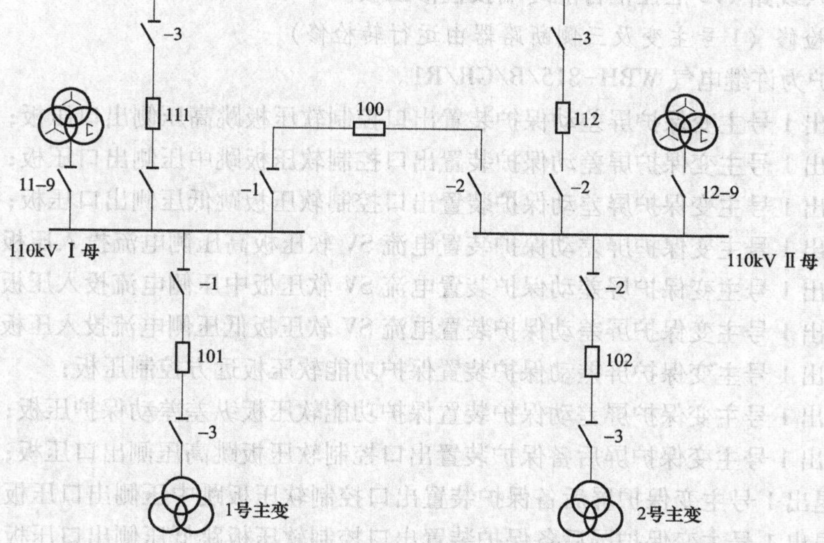

图 5-5　110kV 智能变电站单母线分段的一次系统接线示意简图

（二）保护压板操作

1. 线路断路器检修（112 线路断路器由检修转运行）

继电保护为四方电气 CSC-163A。

（1）退出 110kV 线路保护测控屏常龙乙线 112 投检修压板；
（2）退出线路 112 汇控柜合并单元投检修压板；
（3）退出线路 112 汇控柜智能终端投检修压板；
（4）投入 110kV 线路保护测控屏 MU 压板 1；
（5）投入 110kV 线路保护测控屏线路 112 电流差动软压板；
（6）投入 110kV 线路保护测控屏线路 112 允许远方操作软压板；
（7）投入 110kV 线路保护测控屏线路 112 控制逻辑软压板；
（8）投入 110kV 线路保护测控屏线路 112 总出口软压板；
（9）投入 110kV 线路保护测控屏线路 112 GO 合闸出口软压板。

2. 线路断路器检修（111 线路断路器由运行转检修）

继电保护为四方电气 CSC-163A。

（1）退出 110kV 线路保护测控屏 MU 压板 1；
（2）退出 110kV 线路保护测控屏线路 112 电流差动软压板；
（3）退出 110kV 线路保护测控屏线路 112 允许远方操作软压板；
（4）退出 110kV 线路保护测控屏线路 112 控制逻辑软压板；
（5）退出 110kV 线路保护测控屏线路 112 总出口软压板；
（6）退出 110kV 线路保护测控屏线路 112 GO 合闸出口软压板；
（7）投入 110kV 线路保护测控屏线路 112 投检修压板；
（8）投入线路 112 汇控柜合并单元投检修压板；
（9）投入线路 112 汇控柜智能终端投检修压板。

3. 主变检修（1 号主变及三侧断路器由运行转检修）

继电保护为许继电气 WBH-815/B/GR/R1。

（1）退出 1 号主变保护屏差动保护装置出口控制软压板跳高压侧出口压板；
（2）退出 1 号主变保护屏差动保护装置出口控制软压板跳中压侧出口压板；
（3）退出 1 号主变保护屏差动保护装置出口控制软压板跳低压侧出口压板；
（4）退出 1 号主变保护屏差动保护装置电流 SV 软压板高压侧电流投入压板；
（5）退出 1 号主变保护屏差动保护装置电流 SV 软压板中压侧电流投入压板；
（6）退出 1 号主变保护屏差动保护装置电流 SV 软压板低压侧电流投入压板；
（7）退出 1 号主变保护屏差动保护装置保护功能软压板远方控制压板；
（8）退出 1 号主变保护屏差动保护装置保护功能软压板纵差差动保护压板；
（9）退出 1 号主变保护屏后备保护装置出口控制软压板跳高压侧出口压板；
（10）退出 1 号主变保护屏后备保护装置出口控制软压板跳中压侧出口压板；
（11）退出 1 号主变保护屏后备保护装置出口控制软压板跳低压侧出口压板；
（12）退出 1 号主变保护屏后备保护装置出口控制软压板跳中分段出口压板；
（13）退出 1 号主变保护屏后备保护装置出口控制软压板跳低 1 分段出口压板；

（14）退出1号主变保护屏后备保护装置出口控制软压板闭锁中压侧备自投压板；
（15）退出1号主变保护屏后备保护装置出口控制软压板闭锁低1分段备自投压板；
（16）退出1号主变保护屏后备保护装置电压SV软压板高压侧电压投入压板；
（17）退出1号主变保护屏后备保护装置电压SV软压板高压侧零压投入压板；
（18）退出1号主变保护屏后备保护装置电压SV软压板低压侧电压投入压板；
（19）退出1号主变保护屏后备保护装置电流SV软压板高压侧电流投入压板；
（20）退出1号主变保护屏后备保护装置电流SV软压板高压侧零流投入压板；
（21）退出1号主变保护屏后备保护装置电流SV软压板高间隙零流投入压板；
（22）退出1号主变保护屏后备保护装置电流SV软压板中压侧电流投入压板；
（23）退出1号主变保护屏后备保护装置电流SV软压板低压侧电流投入压板；
（24）退出1号主变保护屏后备保护装置保护功能软压板远方控制压板；
（25）退出1号主变保护屏后备保护装置保护功能软压板高压侧后备保护压板；
（26）退出1号主变保护屏后备保护装置保护功能软压板中压侧后备保护压板；
（27）退出1号主变保护屏后备保护装置保护功能软压板低压侧后备保护压板；
（28）退出101断路器汇控柜4C1LP1保护跳101压板；
（29）退出1号主变本体智能控制柜101跳闸出口压板；
（30）退出1号主变本体智能控制柜301跳闸出口压板；
（31）退出1号主变本体智能控制柜501跳闸出口压板；
（32）退出1号主变本体智能控制柜本体重瓦斯压板；
（33）退出1号主变本体智能控制柜调压重瓦斯压板；
（34）退出1号主变301断路器开关柜保护跳闸压板；
（35）退出1号主变501断路器开关柜保护跳闸压板；
（36）投入1号主变501断路器开关柜智能终端置检修压板；
（37）投入1号主变301断路器开关柜差动合并单元置检修压板；
（38）投入1号主变301断路器开关柜后备合并单元置检修压板；
（39）投入1号主变301断路器开关柜智能终端状态检修压板；
（40）投入1号主变本体智能控制柜合并单元置检修压板；
（41）投入1号主变本体智能控制柜智能终端置检修压板；
（42）投入101断路器汇控柜差动合并单元置检修压板；
（43）投入101断路器汇控柜后备合并单元置检修压板；
（44）投入101断路器汇控柜智能终端置检修压板；
（45）投入1号主变保护屏差动保护状态检修投退压板；
（46）投入1号主变保护屏后备保护状态检修投退压板；
（47）投入1号主变测控屏主变高压侧测控检修压板；
（48）投入1号主变测控屏主变中压侧测控检修压板；
（49）投入1号主变测控屏主变低压侧测控检修压板；
（50）投入1号主变测控屏主变本体遥控检修压板。

4. 主变检修（1号主变及三侧断路器由检修转运行）

继电保护为许继电气WBH-815/B/GR/R1。

(1) 退出 1 号主变保护屏差动保护状态检修投退压板；
(2) 退出 1 号主变保护屏后备保护状态检修投退压板；
(3) 退出 1 号主变测控屏主变高压侧测控检修压板；
(4) 退出 1 号主变测控屏主变中压侧测控检修压板；
(5) 退出 1 号主变测控屏主变低压侧测控检修压板；
(6) 退出 1 号主变测控屏主变本体遥控检修压板；
(7) 退出 101 断路器汇控柜差动合并单元置检修压板；
(8) 退出 101 断路器汇控柜后备合并单元置检修压板；
(9) 退出 101 断路器汇控柜智能终端置检修压板；
(10) 退出 1 号主变本体智能控制柜合并单元置检修压板；
(11) 退出 1 号主变本体智能控制柜智能终端置检修压板；
(12) 退出 1 号主变 501 断路器开关柜差动合并单元置检修压板；
(13) 退出 1 号主变 501 断路器开关柜后备合并单元置检修压板；
(14) 退出 1 号主变 501 断路器开关柜智能终端置检修压板；
(15) 退出 1 号主变 301 断路器开关柜差动合并单元置检修压板；
(16) 退出 1 号主变 301 断路器开关柜后备合并单元置检修压板；
(17) 退出 1 号主变 301 断路器开关柜智能终端状态检修压板；
(18) 投入 1 号主变保护屏差动保护装置出口控制软压板跳高压侧出口压板；
(19) 投入 1 号主变保护屏差动保护装置出口控制软压板跳中压侧出口压板；
(20) 投入 1 号主变保护屏差动保护装置出口控制软压板跳低压侧出口压板；
(21) 投入 1 号主变保护屏差动保护装置电流 SV 软压板高压侧电流投入压板；
(22) 投入 1 号主变保护屏差动保护装置电流 SV 软压板中压侧电流投入压板；
(23) 投入 1 号主变保护屏差动保护装置电流 SV 软压板低压侧电流投入压板；
(24) 投入 1 号主变保护屏差动保护装置保护功能软压板远方控制压板；
(25) 投入 1 号主变保护屏差动保护装置保护功能软压板纵差差动保护压板；
(26) 投入 1 号主变保护屏后备保护装置出口控制软压板跳高压侧出口压板；
(27) 投入 1 号主变保护屏后备保护装置出口控制软压板跳中压侧出口压板；
(28) 投入 1 号主变保护屏后备保护装置出口控制软压板跳低压侧出口压板；
(29) 投入 1 号主变保护屏后备保护装置出口控制软压板跳中分段出口压板；
(30) 投入 1 号主变保护屏后备保护装置出口控制软压板跳低 1 分段出口压板；
(31) 投入 1 号主变保护屏后备保护装置出口控制软压板闭锁中压侧备自投压板；
(32) 投入 1 号主变保护屏后备保护装置出口控制软压板闭锁低 1 分段备自投压板；
(33) 投入 1 号主变保护屏后备保护装置电压 SV 软压板高压侧电压投入压板；
(34) 投入 1 号主变保护屏后备保护装置电压 SV 软压板高压侧零压投入压板；
(35) 投入 1 号主变保护屏后备保护装置电压 SV 软压板低压侧电压投入压板；
(36) 投入 1 号主变保护屏后备保护装置电流 SV 软压板高压侧电流投入压板；
(37) 投入 1 号主变保护屏后备保护装置电流 SV 软压板高压侧零流投入压板；
(38) 投入 1 号主变保护屏后备保护装置电流 SV 软压板高间隙零流投入压板；

（39）投入1号主变保护屏后备保护装置电流SV软压板中压侧电流投入压板；
（40）投入1号主变保护屏后备保护装置电流SV软压板低压侧电流投入压板；
（41）投入1号主变保护屏后备保护装置保护功能软压板远方控制压板；
（42）投入1号主变保护屏后备保护装置保护功能软压板高压侧后备保护压板；
（43）投入1号主变保护屏后备保护装置保护功能软压板中压侧后备保护压板；
（44）投入1号主变保护屏后备保护装置保护功能软压板低压侧后备保护压板；
（45）投入101断路器汇控柜4C1LP1保护跳101压板；
（46）投入1号主变本体智能控制柜101跳闸出口压板；
（47）投入1号主变本体智能控制柜301跳闸出口压板；
（48）投入1号主变本体智能控制柜501跳闸出口压板；
（49）投入1号主变本体智能控制柜本体重瓦斯压板；
（50）投入1号主变本体智能控制柜调压重瓦斯压板；
（51）投入1号主变301断路器开关柜保护跳闸压板；
（52）投入1号主变501断路器开关柜保护跳闸压板。

四、内桥接线

（一）电气主接线图

110kV变电站内桥接线的电气主接线如图5-6所示。

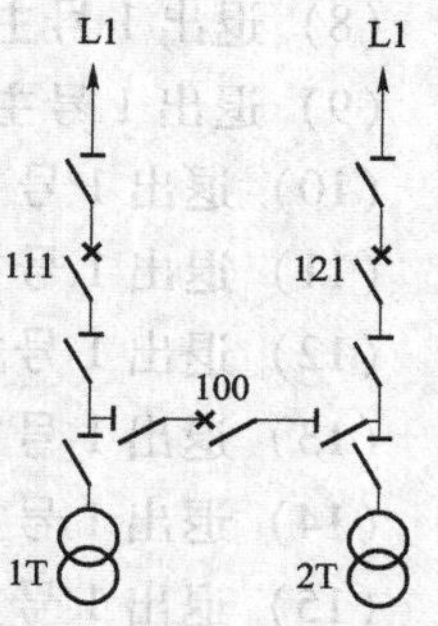

图5-6 110kV变电站内桥接线的主接线示意图

（二）继电保护及二次系统软压板操作

1. 线路断路器检修（111线路断路器由运行转检修）

继电保护为许继电气WXH-813BG1。

（1）退出111汇控柜智能终端1保护跳闸压板；
（2）退出111汇控柜智能终端2装置保护跳闸压板；
（3）退出111汇控柜智能终端1保护合闸压板；
（4）退出111线路保护测控装置纵联投入保护压板；
（5）退出111线路保护测控装置远方控制保护压板；
（6）退出111线路保护测控装置电流MU保护压板；
（7）退出111线路保护测控装置电压MU保护压板；
（8）投入111线路保护检修状态投退压板；
（9）投入111汇控柜智能终端1装置GOOSE检修投退压板；
（10）投入111汇控柜智能终端1装置SV检修投退压板；
（11）投入111汇控柜智能终端2装置GOOSE检修投退压板；
（12）投入111汇控柜智能终端2装置SV检修投退压板。

2. 线路断路器检修（111线路断路器由检修转运行）

继电保护为许继电气WXH-813BG1。

（1）退出111智能终端1装置GOOSE检修投退压板；
（2）退出111智能终端1装置SV检修投退压板；
（3）退出111智能终端2装置GOOSE检修投退压板；
（4）退出111智能终端2装置SV检修投退压板；

（5）退出 111 线路保护检修状态投退压板；
（6）投入 111 线路保护测控装置电压 MU 保护压板；
（7）投入 111 线路保护测控装置电流 MU 保护压板；
（8）投入 111 线路保护测控装置远方控制保护压板；
（9）投入 111 线路保护测控装置纵联投入保护压板；
（10）投入 111 汇控柜智能终端 1 保护跳闸压板；
（11）投入 111 汇控柜智能终端 2 装置保护跳闸压板；
（12）投入 111 汇控柜智能终端 1 保护合闸压板。

3. 主变检修（1 号主变及三侧断路器由运行转检修）

继电保护为四方电气 CSC-326GD。

（1）退出 1 号主变保护屏差动保护跳高压侧保护压板；
（2）退出 1 号主变保护屏非电量保护跳高压侧保护压板；
（3）退出 1 号主变保护屏高后备保护跳高压侧保护压板；
（4）退出 1 号主变保护屏中后备保护跳高压侧保护压板；
（5）退出 1 号主变保护屏低后备保护跳高压侧保护压板；
（6）退出 1 号主变保护屏高后备保护跳高压桥保护压板；
（7）退出 1 号主变保护屏中后备保护跳高压桥保护压板；
（8）退出 1 号主变保护屏低后备保护跳高压桥保护压板；
（9）退出 1 号主变保护屏差动保护跳中压侧保护压板；
（10）退出 1 号主变保护屏非电量保护跳中压侧保护压板；
（11）退出 1 号主变保护屏高后备保护跳中压侧保护压板；
（12）退出 1 号主变保护屏中后备保护跳中压侧保护压板；
（13）退出 1 号主变保护屏低后备保护跳中压侧保护压板；
（14）退出 1 号主变保护屏中压分段出口（中后）保护压板；
（15）退出 1 号主变保护屏差动保护跳低压侧保护压板；
（16）退出 1 号主变保护屏非电量保护跳低压侧保护压板；
（17）退出 1 号主变保护屏高后备保护跳低压侧保护压板；
（18）退出 1 号主变保护屏中后备保护跳低压侧保护压板；
（19）退出 1 号主变保护屏低后备保护跳低压侧保护压板；
（20）退出 1 号主变保护屏低压分段出口（低后）保护压板；
（21）退出 1 号主变保护屏闭锁中备投（中后）保护压板；
（22）退出 1 号主变保护屏闭锁低备投（低后）保护压板；
（23）退出 1 号主变保护屏闭锁中后备至高复压开入保护压板；
（24）退出 1 号主变保护屏闭锁低后备至高复压开入保护压板；
（25）退出 1 号主变保护屏投差动保护投入保护压板；
（26）退出 1 号主变保护屏高压过电流投入保护压板；
（27）退出 1 号主变保护屏中压过电流投入保护压板；
（28）退出 1 号主变保护屏低压过电流投入保护压板；

（29）退出1号主变保护屏本体重瓦斯投入保护压板；
（30）退出1号主变保护屏调压重瓦斯投入保护压板；
（31）投入1号主变保护屏检修状态投入（差动）保护压板；
（32）投入1号主变保护屏检修状态投入（高后）保护压板；
（33）投入1号主变保护屏检修状态投入（中后）保护压板；
（34）投入1号主变保护屏检修状态投入（低后）保护压板；
（35）投入1号主变保护屏检修状态投入（非电量）保护压板。

4. 主变检修（1号主变及三侧断路器由检修转运行）

继电保护为四方电气CSC-326GD。

（1）退出1号主变保护屏检修状态投入（差动）保护压板；
（2）退出1号主变保护屏检修状态投入（高后）保护压板；
（3）退出1号主变保护屏检修状态投入（中后）保护压板；
（4）退出1号主变保护屏检修状态投入（低后）保护压板；
（5）退出1号主变保护屏检修状态投入（非电量）保护压板；
（6）投入1号主变保护屏低压分段出口（低后）保护压板；
（7）投入1号主变保护屏闭锁中备投（中后）保护压板；
（8）投入1号主变保护屏闭锁低备投（低后）保护压板；
（9）投入1号主变保护屏中后备至高复压开入保护压板；
（10）投入1号主变保护屏低后备至高复压开入保护压板；
（11）投入1号主变保护屏投差动保护投入保护压板；
（12）投入1号主变保护屏高压过电流投入保护压板；
（13）投入1号主变保护屏中压过电流投入保护压板；
（14）投入1号主变保护屏低压过电流投入保护压板；
（15）投入1号主变保护屏本体重瓦斯投入保护压板；
（16）投入1号主变保护屏调压重瓦斯投入保护压板；
（17）投入1号主变保护屏差动保护跳高压侧保护压板；
（18）投入1号主变保护屏非电量保护跳高压侧保护压板；
（19）投入1号主变保护屏高后备保护跳高压侧保护压板；
（20）投入1号主变保护屏中后备保护跳高压侧保护压板；
（21）投入1号主变保护屏低后备保护跳高压侧保护压板；
（22）投入1号主变保护屏高后备保护跳高压桥保护压板；
（23）投入1号主变保护屏中后备保护跳高压桥保护压板；
（24）投入1号主变保护屏低后备保护跳高压桥保护压板；
（25）投入1号主变保护屏差动保护跳中压侧保护压板；
（26）投入1号主变保护屏非电量保护跳中压侧保护压板；
（27）投入1号主变保护屏高后备保护跳中压侧保护压板；
（28）投入1号主变保护屏中后备保护跳中压侧保护压板；
（29）投入1号主变保护屏低后备保护跳中压侧保护压板；

（30）投入 1 号主变保护屏中压分段出口（中后）保护压板；
（31）投入 1 号主变保护屏差动保护跳低压侧保护压板；
（32）投入 1 号主变保护屏非电量保护跳低压侧保护压板；
（33）投入 1 号主变保护屏高后备保护跳低压侧保护压板；
（34）投入 1 号主变保护屏中后备保护跳低压侧保护压板；
（35）投入 1 号主变保护屏低后备保护跳低压侧保护压板。

第六章

变电站一键顺序控制技术应用

第一节 “一键顺控”基础知识

近年来，电网建设经历了高速发展，变电站数量持续增长，一线人员生产任务日益繁重。传统倒闸操作采用人工方式，操作前需经写票、审核、模拟、五防验证等工作，流程复杂，重复性工作量大，无效劳动多，操作效率低，同时耗费大量人力、物力，交通时间成本高，加剧了有限的人员数量增长和人员结构问题的矛盾，难以适应当前电网的发展需要。

采用顺序控制机制进行倒闸操作是解决上述问题的有效途径。顺序控制是指通过自动化系统的单个操作命令，根据预先规定的操作逻辑和防误闭锁逻辑，自动按规则完成一系列断路器和隔离开关的操作，最终改变系统运行状态的过程，从而实现变电站电气设备“运行-热备用-冷备用-检修”等各种状态的自动转换。变电站顺序控制机制能帮助操作人员执行复杂的操作任务，将传统的操作票转变成任务票，降低操作难度，无须额外的人工干预或操作，可以大大提高操作效率，减少误操作的风险，最大限度地提高变电站的供电可靠性，缩短因人工操作所造成的停电时间。

湖北公司在变电站顺序控制方面开展了大量的技术攻关、试点应用工作，成功实现了在运维班对变电站的远方一键顺序控制（以下简称“一键顺控”）。福建、浙江、江苏、宁夏等公司基于调控系统进行了变电站远方一键顺控的探索研究，已初步建立了部分试点。

一、系统结构

实现远方“一键顺控”主要分为“主站部署+终端延伸”（简称主站模式）和“站端部署+远方调用”（简称站端模式）两种实现模式。主站模式是指由调控主站生成顺控操作票，逐项下发单步遥控令，完成变电站设备状态转换。站端模式是指由站端监控主机存储顺控操作票，调控主站或运维班远方调用站端程序完成顺控操作。

二、“主站模式”一键顺控操作

（一）系统结构

“主站模式”一键顺控操作系统应用层功能部署在调控主站，在主站侧完成顺控操作票的生成、存储、修改、校核、执行等功能。系统总体架构如图 6-1 所示。

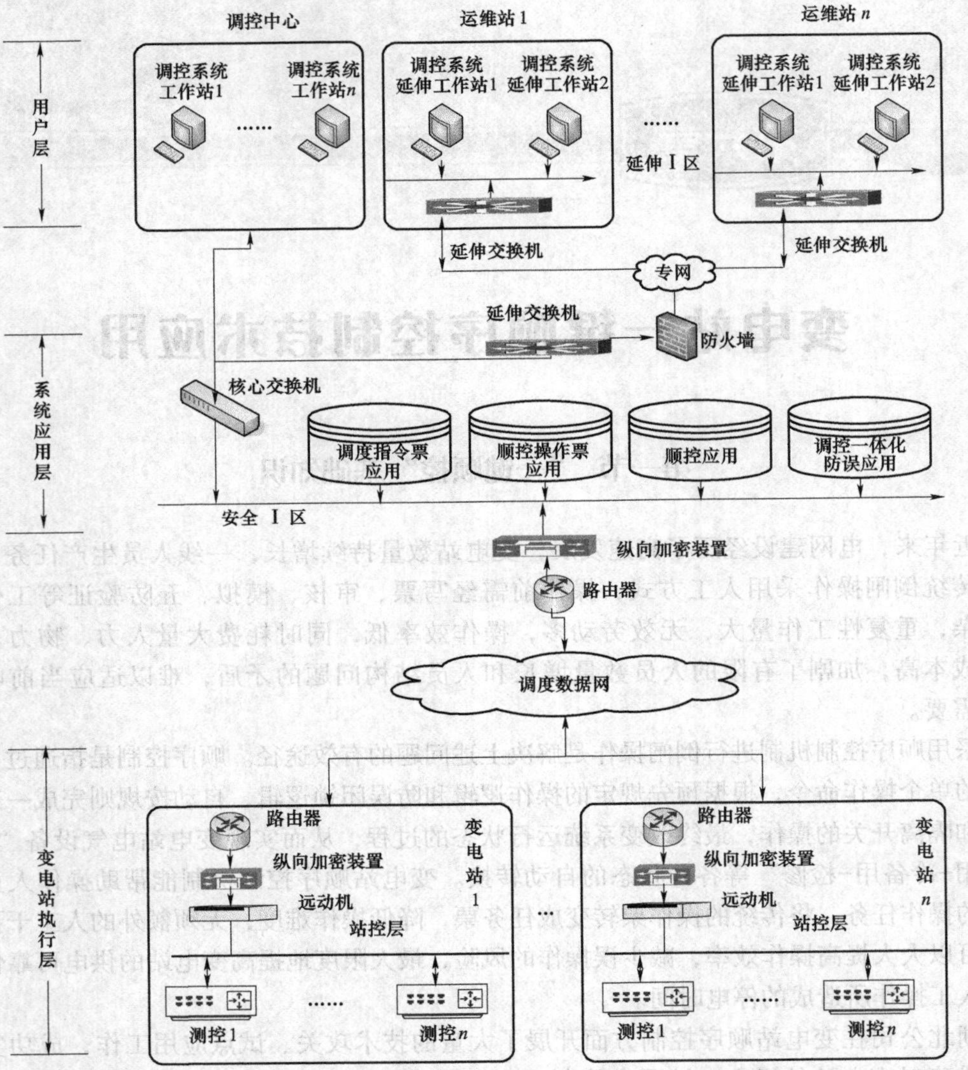

图 6-1　主站模式系统总体架构

1. 调控主站

调控主站配置有操作票管理、顺序控制、防误校核、人机交互、通信模块，各模块的功能如下。

（1）操作票管理模块实现顺控操作票的生成、存储、修改等。

（2）顺序控制模块实现顺控操作票的模拟预演和执行。

（3）防误校核模块实现顺控操作的模拟预演及执行过程中的防误校核。

（4）人机交互模块提供顺控操作界面。

（5）通信模块采用 IEC 104 规约实现调控主站与变电站端的信息交互。

2. 运维站

若要在运维站通过调控系统进行顺控操作，需在运维站配置调控系统延伸工作站，通过专网（不低于 30Mbit/s 带宽）接入调控主站。运维人员在经授权后，可通过延伸工作站登录调控系统进行顺控操作。

3. 变电站

变电站内由远动装置接收调控主站遥控指令，解析后下发至相应间隔测控装置，由测控装置完成操作。变电站现有远动装置及测控装置均具备上述功能，无需改造。

（二）工作流程

顺控操作票的操作流程（生成、审核、预演、执行）如图 6-2 所示。

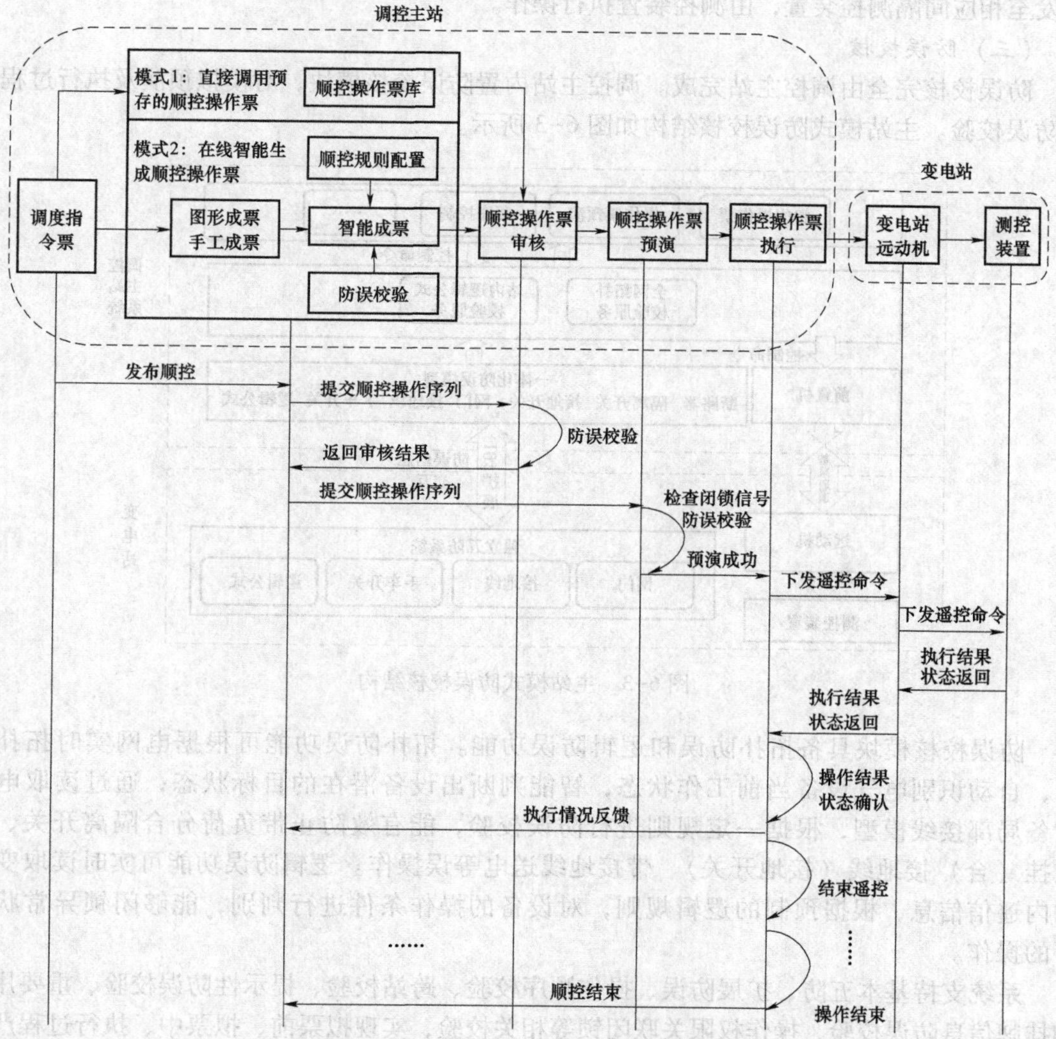

图 6-2 主站模式顺控操作票的操作流程

操作流程如下。

（1）接收调控指令。调控主站自动从 OMS 接收调控指令，并提示操作人员。

（2）生成顺控操作票。顺控操作票的生成方式有两种，一是根据调控指令自动关联系统中预存的且经验证无误的操作票，二是由智能成票系统根据调控指令自动在线生成顺控操作票并进行防误校验。

（3）顺控操作票审核。顺控操作票生成后须经相关人员审核，审核通过后方可执行。

（4）顺控操作票预演。执行顺控操作票之前，须进行模拟预演。

（5）顺控操作票执行。预演成功后，启动顺控执行操作，顺控模块按照顺控操作票的步骤自动逐项下发单步遥控指令，并自动确认操作结果。每步遥控指令均进行防误校验，校验通过后才可下发，否则闭锁操作。

调控主站下发的遥控指令经调度数据网发送至变电站远动机。远动机解析遥控指令后，下发至相应间隔测控装置，由测控装置执行操作。

（三）防误校核

防误校核完全由调控主站完成。调控主站内置防误校核模块，对模拟预演及执行过程进行防误校验。主站模式防误校核结构如图 6-3 所示。

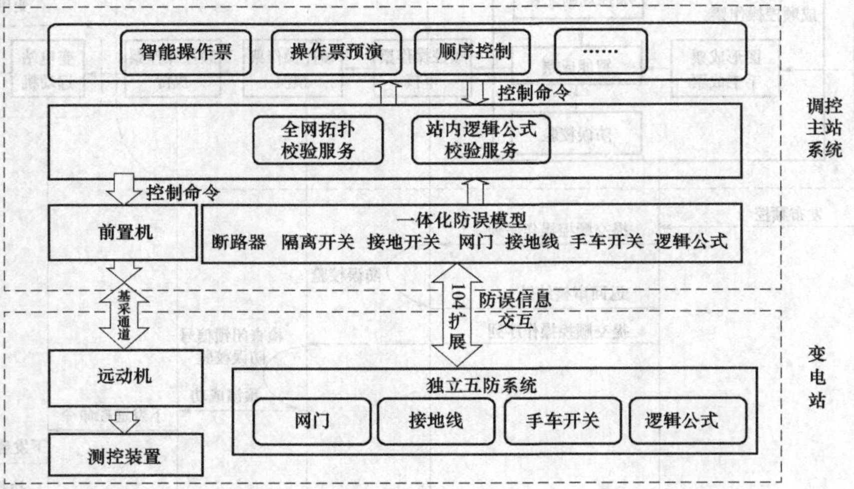

图 6-3　主站模式防误校核结构

防误校核模块具备拓扑防误和逻辑防误功能。拓扑防误功能可根据电网实时拓扑结构，自动识别电气设备当前工作状态，智能判断出设备潜在的目标状态，通过读取电气设备局部接线模型，根据一定规则进行防误校验，能有效防止带负荷分合隔离开关、带电挂（合）接地线（接地开关）、带接地线送电等误操作。逻辑防误功能可实时读取变电站内遥信信息，根据预制的逻辑规则，对设备的操作条件进行判别，能够闭锁异常状态下的操作。

系统支持基本五防、扩展防误、操作顺序校验、跨站校验、提示性防误校验、重要用户和挂牌信息防误校验、操作权限关联闭锁等相关校验，实现拟票前、拟票中、执行过程严格安全校核，减少由调度人员疏忽造成的误操作，提高调度管理的安全性。

（四）系统特点

（1）投资少，建设周期短。在主站统一建设程序化操作功能和一套调控一体化智能防误系统，变电站对原有防误主机适应性升级即可。

（2）一体化智能防误安全性高。系统具备拓扑防误和逻辑公式防误功能，制定规则统一的防误点表及影响操作的一、二次闭锁信号库，实现操作过程全防误。

（3）顺控操作范围全覆盖。系统可根据当前运行方式与最终设备状态自动推理智能成票，在线自适应，无须调整接线方式，实现涵盖全站设备和线路跨站的顺控操作。

（4）调试工作量小。变电站监控系统和远动配置已经运行全站一、二次设备信息，建设过程无须一次设备配合停电进行三遥调试；站端防误升级后进行离线逻辑验收，配合调试工作量小。

三、“站端模式”集成的一键顺控操作模式

（一）系统结构

“站端模式”一键顺控操作系统应用层功能部署在变电站，在变电站侧完成顺控操作票的生成、存储、修改、校核、执行等功能，调控主站仅召唤、调用变电站端的顺控操作票。系统总体架构如图 6-4 所示。

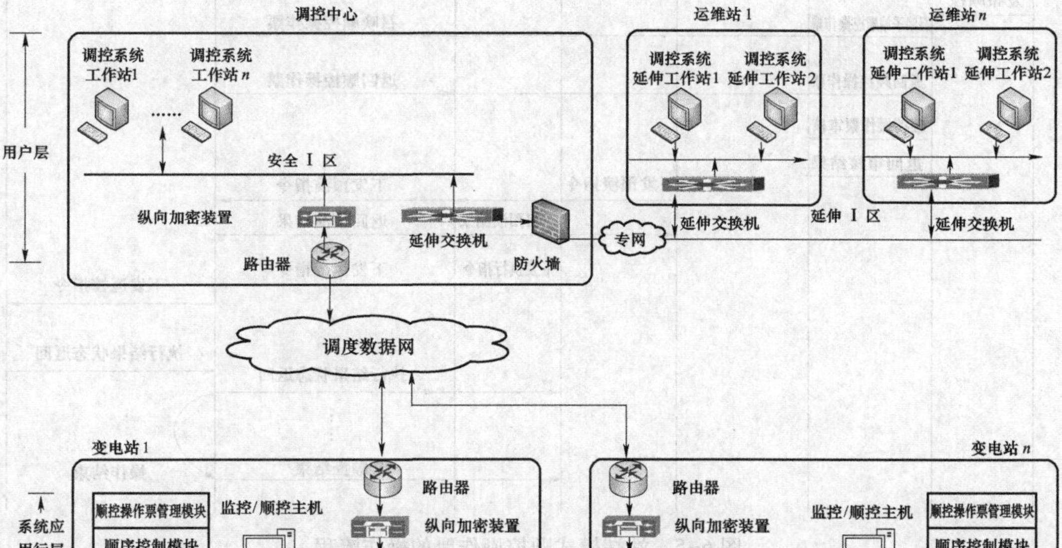

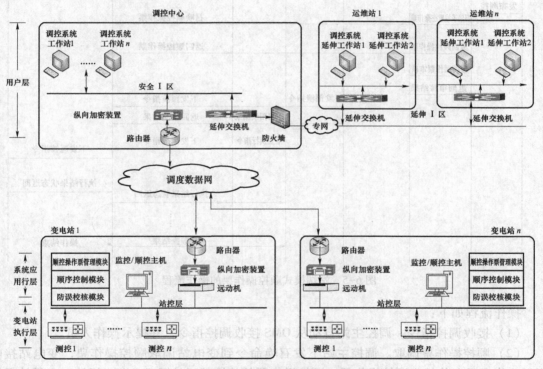

图 6-4　站端模式系统总体架构

1. 调控主站

调控主站仅配置顺序控制人机界面，可从变电站调取顺控操作票，并启动执行顺序控制。

2. 运维站

若要在运维站通过调控系统进行顺控操作，需在运维站配置调控系统延伸工作站，通过专网（不低于 30Mbit/s 带宽）接入调控主站。运维人员在经授权后，可通过延伸工作站登录调控系统进行顺控操作。

3. 变电站

变电站配置有操作票管理、顺序控制、防误校核、通信模块，各模块的功能如下。

(1) 操作票管理模块实现顺控操作票的生成、存储、修改等。

(2) 顺序控制模块实现顺控操作票的模拟预演和执行。

(3) 防误校核模块实现顺控操作的模拟预演及执行过程中的防误校核。

(4) 通信模块采用扩展 IEC 104 规约实现变电站与调控主站端的信息交互。

(二) 工作流程

顺控操作票的操作流程（生成、审核、预演、执行）如图 6-5 所示。

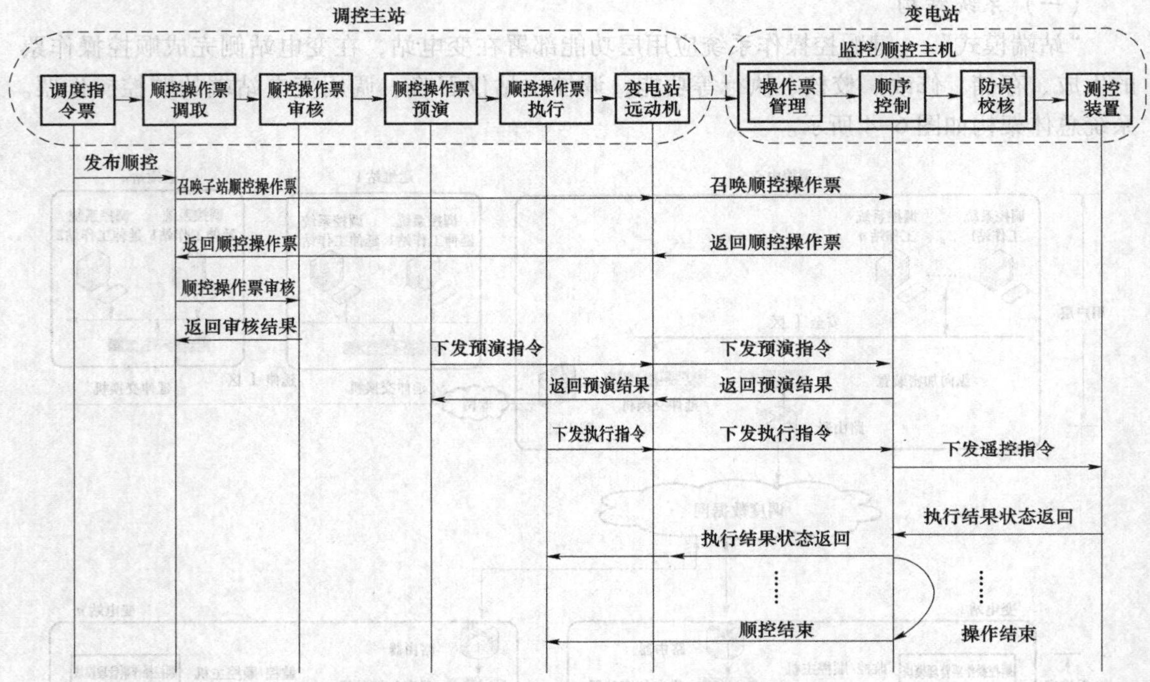

图 6-5 站端模式顺控操作票的操作流程

操作流程如下：

(1) 接收调控指令。调控主站自动从 OMS 接收调控指令，并提示操作人员。

(2) 顺控操作票调取。调控主站下发召唤命令到变电站调取顺控操作票，变电站接收到召唤指令后上传相应顺控操作票。顺控操作票的传输基于扩展 IEC 104 规约，主子站间以字符串“控制对象名称+状态变化”为唯一关键字，匹配调用变电站端的预存顺控操作票。

(3) 顺控操作票审核。调控主站获取顺控操作票后须经相关人员审核，审核通过后方可执行。

(4) 顺控操作票预演。主站执行顺控操作票之前，须进行模拟预演。主站下发预演命令至变电站，变电站接收预演指令后启动相应的功能模块进行模拟预演，并将预演结果返回调控主站。

(5) 顺控操作票执行。预演成功后，调控主站启动顺控执行操作，变电站顺控模块按照操作票的步骤自动逐项下发单步遥控指令到测控装置，每步遥控指令下发前均进行防误校验，校验通过后才可下发，否则闭锁操作。顺控操作票单步操作结果均自动确认并实时返回给调控主站，便于操作人员监视顺控过程。

调控主站下发的顺控操作票召唤、预演和执行指令均经调度数据网发送至变电站远动机，再转发给变电站监控/顺控主机，监控/顺控主机响应并答复结果。监控/顺控主机解析顺控执行指令，下发至相应间隔测控装置，由测控装置执行具体的单步操作。

（三）防误校核

防误校核完全由变电站完成。变电站防误校核功能主要包括闭锁逻辑校验和五防校验。顺控操作票预演和执行时，每个步骤都需要进行操作前条件判断，检查闭锁逻辑是否生效，如机构不具备操作条件，此时需闭锁操作。闭锁逻辑校验由监控/顺控主机自行完成。站端模式防误校核结构如图 6-6 所示。

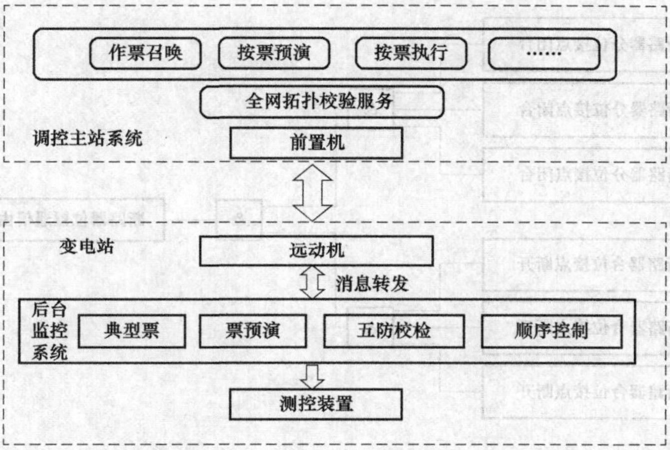

图 6-6　站端模式防误校核结构

调控主站启动顺控操作票执行操作后，变电站监控/顺控主机每步执行前向五防校验模块请求单步五防校验，五防校验模块返回单步五防校验结果。若五防校验成功，则监控/顺控主机下发单步遥控指令到测控装置；若五防校验失败，则监控/顺控主机停止顺控执行流程，并向主站返回五防校验失败的原因。单步遥控指令执行成功后，测控装置返回结果到监控/顺控主机，再发送至调控主站后，继续自动执行下一步遥控指令的五防校核和命令下发。

（四）系统特点

（1）安全性高。目前接入调控主站的信息约为站端信息的 38%，部分接地线和网门位置等关键信息缺失。站端模式依托站内设备实现五防校核，接入信息全面，防误逻辑也得到了现场操作多次验证。调控主站与变电站间信息交互少，避免了因通信问题造成操作被迫中断的风险。

（2）便捷性好。站端模式可根据工作任务实现变电站、调控主站、运维班三端操作，方式灵活。调试工作主要集中在变电站内，协调配合方便。变电站接线方式因改扩建出现变化时，顺控操作票可由运维人员源端维护、现场验证，简单便捷。

（3）可靠性高。顺控程序分散部署，单一变电站软件升级、硬件更新不影响其他站顺控操作，稳定可靠。

第二节 设备“双确认”方式

一、断路器“双确认”方式

断路器应满足“双确认”条件，其位置确认应采用“位置遥信+遥测”判据。三相联动机构断路器应具备合位、分位双位置接点，分相操作机构的断路器具备分相双位置接点。

1. 主要判据

位置遥信作为主要判据，采用分/合双位置辅助接点，分相断路器遥信量采用分相位置辅助接点。断路器位置遥信判断逻辑如图 6-7 所示。

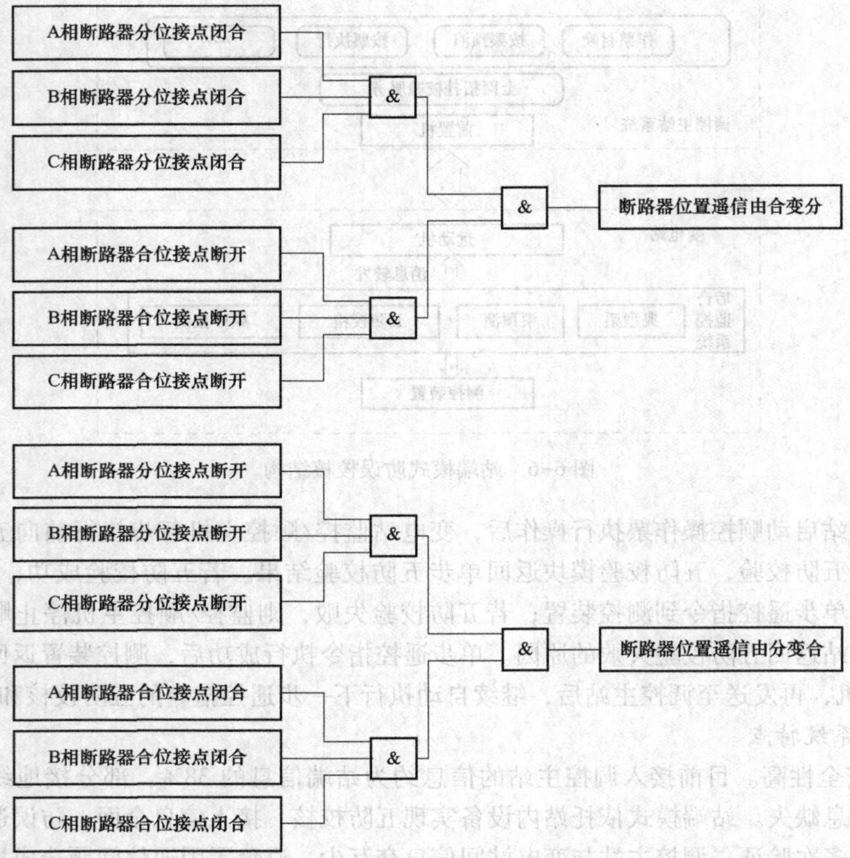

图 6-7 断路器位置遥信判断逻辑

2. 辅助判据

遥测量提供辅助判据，可采用三相电流或三相电压。三相电流取自本间隔电流互感器，三相电压可取自本间隔电压互感器或母线电压互感器。无法采用三相电流或三相电压时，应增加三相带电显示装置，采用三相带电显示装置信号作为辅助判据。

断路器位置双确认逻辑如图 6-8 所示。当断路器位置遥信由合变分，且满足“三相电流由有电流变无电流、母线三相电压由有电压变无电压/母线三相带电显示装置信号由有电变无电、间隔三相电压由有电压变无电压/间隔三相带电显示装置信号由有电变无电”任一条件，则确认断路器已分开。当断路器位置遥信由分变合，且满足“三相电流由无电流变有电流、母线三相电压由无电压变有电压/母线三相带电显示装置信号由无电变有电、间隔三相电压由无电压变有电压/间隔三相带电显示装置信号由无电变有电”任一条件，则确认断路器已合上。

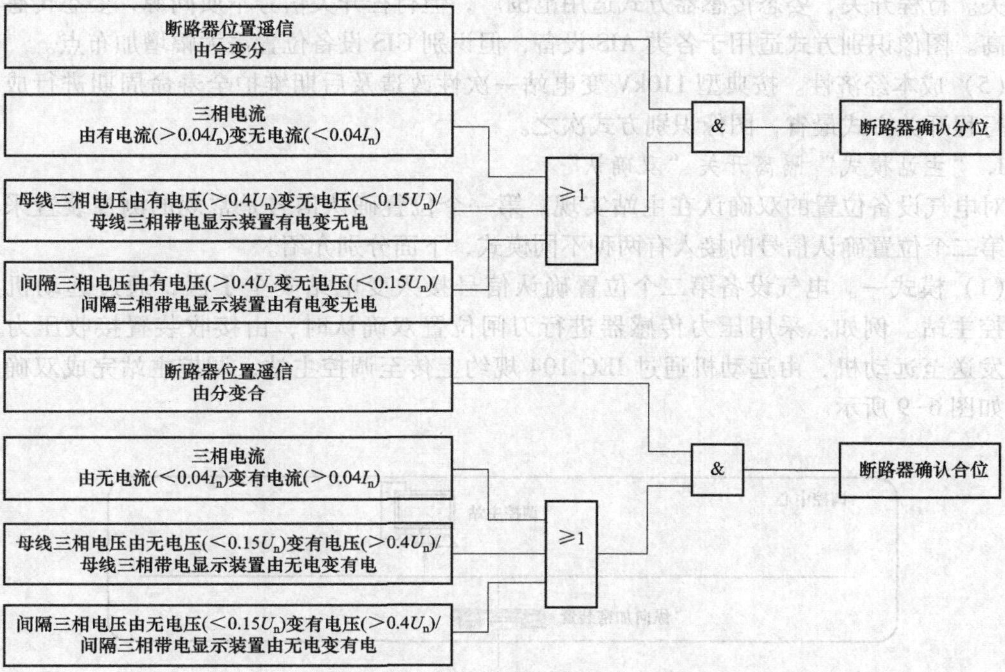

图 6-8　断路器位置双确认逻辑

二、隔离开关“双确认”方式

依据《国网运检部关于印发隔离开关分合闸位置“双确认”改造技术规范（试行）的通知》（运检一〔2018〕99 号）要求，位置确认采用“辅助开关接点位置遥信+第二判据”实现“双确认”。其中第二判据主要有以下 4 种方式：

（1）行程开关。在隔离开关旋转瓷绝缘子底部法兰座与构架横梁上安装行程开关，安装位置与上方导电臂刚性连接，通过行程开关的分合准确反映导电臂位置。

（2）压力传感器。在隔离开关触头处安装压力传感器，实时测量触头的弹簧压力，通过压力数值的突变量反映隔离开关分合闸状态。

（3）图像识别。在隔离开关旁安全区域内安装视频装置，采集三相导电臂图像，与典型数据库智能对比，判断隔离开关分合闸状态。

（4）姿态传感器。在隔离开关旋转瓷绝缘子底部安装姿态传感器，内置三轴陀螺仪、加速度计、电子罗盘等器件，实时获取旋转部件的角度信息，判别隔离开关分合闸状态。

结合试点运行经验，对 4 种方式比对分析如下：

（1）识别准确性。前 3 种方式均通过多次实际操作检验，准确可靠。但从判断原理来看，压力传感器方式最为精准，能直接反映触头接触情况。

(2) 设备安全性。图像识别方式完全独立安装，其他方式作为隔离开关附件安装。4 种方式均不改变隔离开关的整体结构，不影响机械动作特性。

(3) 施工便利性。为确保判断准确，4 种方式均需停电调试，其中行程开关方式调试简单。图像识别方式可不停电更换摄像头，维护便捷。

(4) 推广适用性。4 种方式应用范围各有局限，压力传感器方式仅适用于触指弹簧式隔离开关。行程开关、姿态传感器方式适用范围广，但行程开关信号本质同源，姿态传感器造价较高。图像识别方式适用于各类 AIS 设备，但识别 GIS 设备位置需大幅增加布点。

(5) 成本经济性。按典型 110kV 变电站一次性改造及后期维护全寿命周期进行成本估算，行程开关方式最省，图像识别方式次之。

1. “主站模式”隔离开关“双确认”

对电气设备位置的双确认在主站实现。第一个位置确认信号是常规的测控装置采集遥信。第二个位置确认信号的接入有两种不同模式，下面分别介绍。

(1) 模式一。电气设备第二个位置确认信号接入变电站安全Ⅰ区，通过远动机上传至调控主站。例如：采用压力传感器进行刀闸位置双确认时，由接收装置接收压力值信息并发送至远动机，由远动机通过 IEC 104 规约上传至调控主站，调控主站完成双确认工作，如图 6-9 所示。

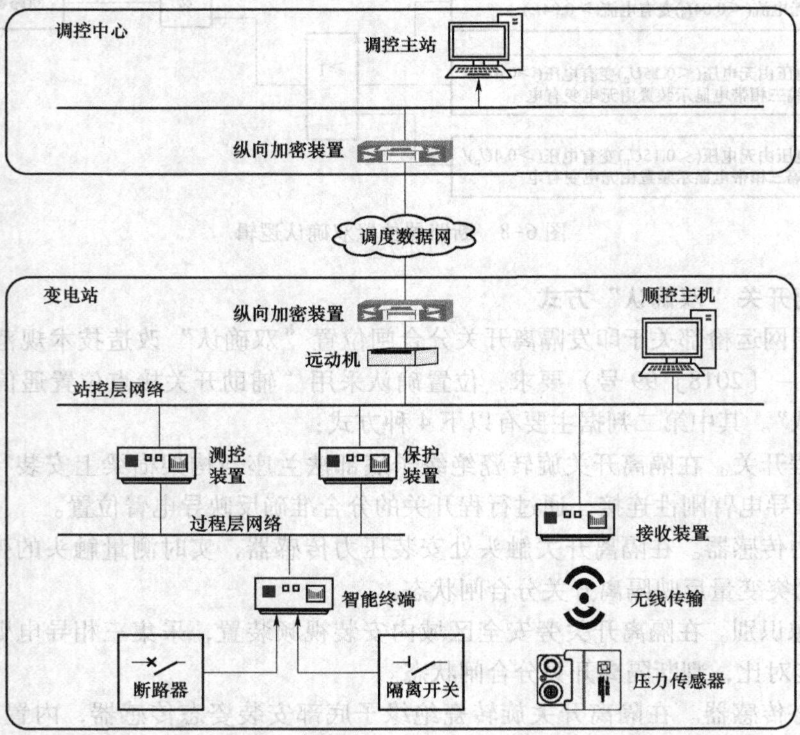

图 6-9 模式一第二个位置确认信号接入示意图

（2）模式二。电气设备第二个位置确认信号接入变电站安全Ⅲ区，通过综合数据网上传至调控主站安全Ⅲ区，经正反向隔离装置接入调控主站。例如：采用图像识别技术进行隔离开关位置双确认时，摄像机将隔离开关位置画面发送至变电站安全Ⅲ区的视频主机，视频主机将图像信息经综合数据网上传至调控中心的视频主站，视频主站进行位置判断，并将判断结果经正反向物理隔离装置发送至调控主站，如图 6-10 所示。

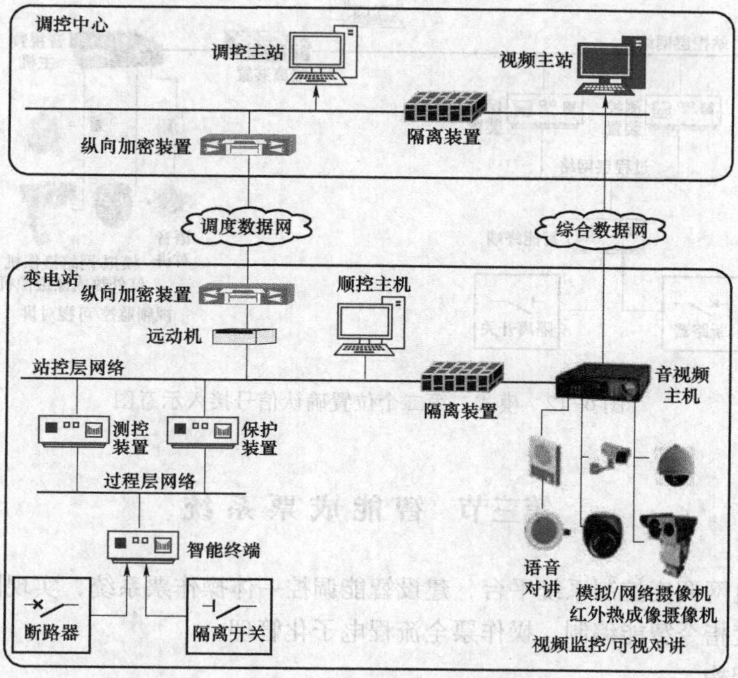

图 6-10　模式二第二个位置确认信号接入示意图

2. “站端模式”隔离开关“双确认”

对电气设备位置的双确认在变电站实现。第一个位置确认信号是常规的测控装置采集遥信。第二个位置确认信号的接入有两种不同模式，下面分别介绍。

（1）模式一。电气设备第二个位置确认信号接入变电站站控层网络，直接发送至监控/顺控主机进行双确认判别。例如，采用压力传感器进行刀闸位置双确认时，由接收装置接收压力值信息并发送至监控/顺控主机，由变电站监控/顺控主机完成双确认工作，如图 6-11 所示。

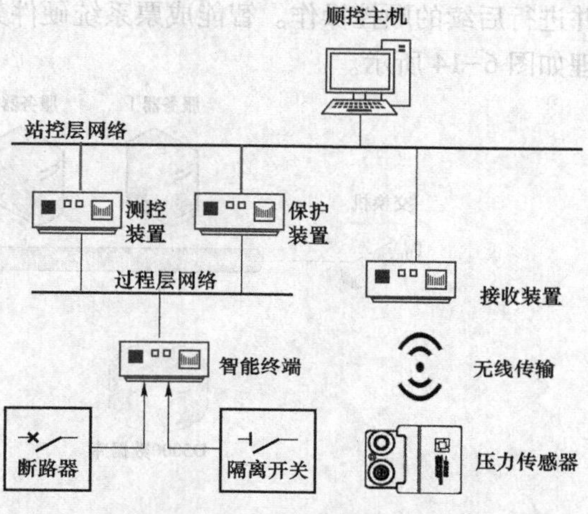

图 6-11　模式一第二个位置确认信号接入示意图

（2）模式二。电气设备第二个位置确认信号接入变电站安全Ⅲ区，经正反向隔离装置接入变电站监控/顺控主机。例如：采用图像识别技术进行隔离开关位置双确认时，摄像机将隔离开关位置画面发送至变电站安全Ⅲ区的视频主机，视频主机进行位置判断，并将判断结果经正反向物理隔离装置发送至变电站监控/顺控主机，如图 6-12 所示。

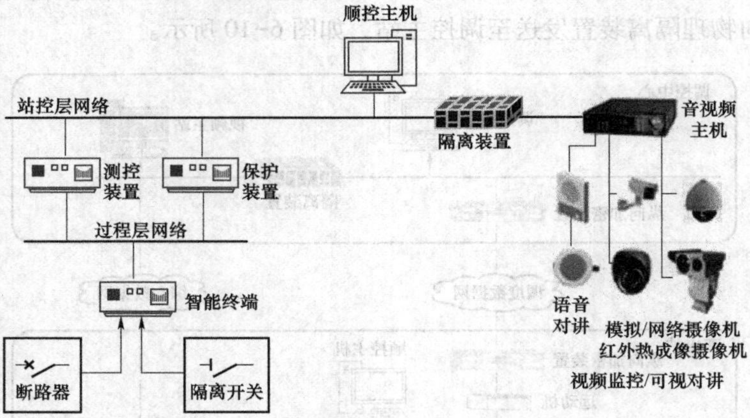

图 6-12　模式二第二个位置确认信号接入示意图

第三节　智能成票系统

基于智能电网调度控制系统平台，建设智能调控一体操作票系统，实现图形、模型与数据免维护，调度指令智能编制，操作票全流程电子化管理。

一、系统架构

系统建设在 D5000 安全Ⅰ区，充分利用 D5000 系统一体化平台在图形、模型、数据管理的技术优势，共享平台模型。基于调度控制系统，复用调控系统的 SOA 总线，实现与调控系统的信息交互。系统基于调控系统的消息总线，实现与智能防误系统、保护故障信息系统的信息交互，构建一体化的调控程序化执行系统。系统提供接口供调控平台获取顺控操作票并进行后续的顺控操作。智能成票系统硬件架构如图 6-13 所示。顺控操作票成票与流程管理如图 6-14 所示。

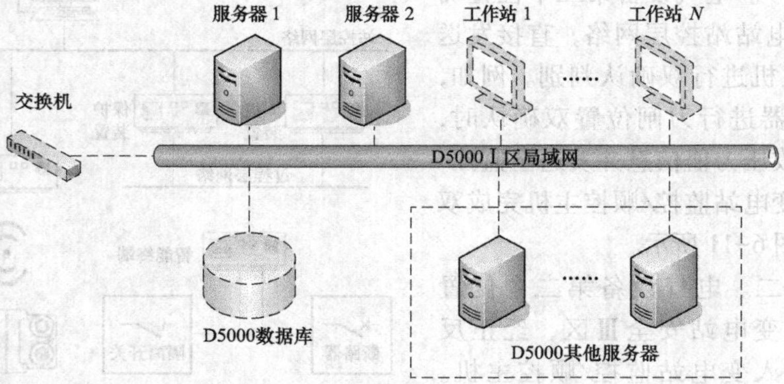

图 6-13　智能成票系统硬件架构图

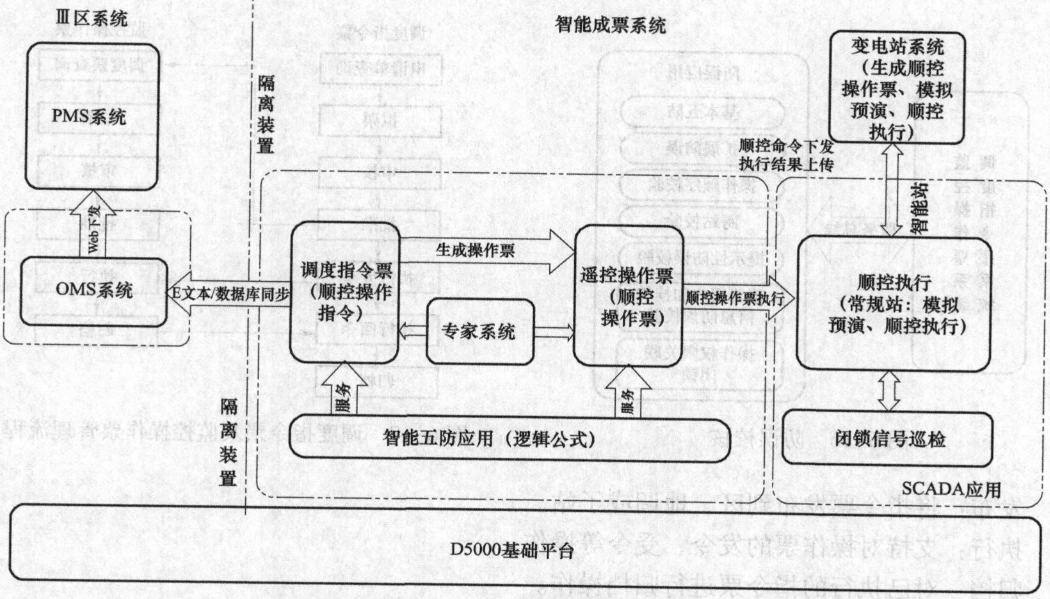

图 6-14　顺控操作票成票与流程管理

二、智能生成操作票

依靠智能推理程序，系统实现对电网结构和设备间隔状态的智能分析，实现相关操作设备及接线方式的智能关联，采用成票规则库推理方式智能生成调度指令序列，降低了对个人经验和专业知识的依赖，用户拟票、操作过程简单、易用。智能成票流程如图 6-15 所示。

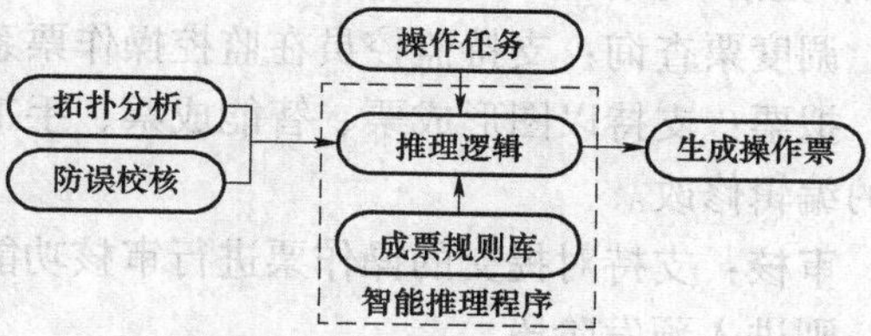

图 6-15　智能成票流程

三、防误校核

系统支持基本五防、扩展防误、操作顺序校验、跨站校验、提示性防误校验、重要用户和挂牌信息防误校验、操作权限关联闭锁等相关校验（见图 6-16），实现拟票前、拟票中、执行过程严格安全校核，减少由调度人员疏忽造成的误操作，提高调度管理的安全性。

四、调度指令票及监控操作票管理流程

调度指令票及监控操作票管理流程如图 6-17 所示。

（1）调度指令票系统流程管控包含申请单查询、拟票、审核、发布、执行、归档等流转节点。

申请单：支持接收查询申请单，支持申请单和指令票的自动关联和手动关联。

拟票：支持以图形智能成票、手工拟票等方式编制操作票；支持在拟票阶段对票面的编辑修改。

审核：支持对提交的操作票进行审核功能。审核不通过时，进行返回拟票修改，审核通过，则进入转预令阶段。

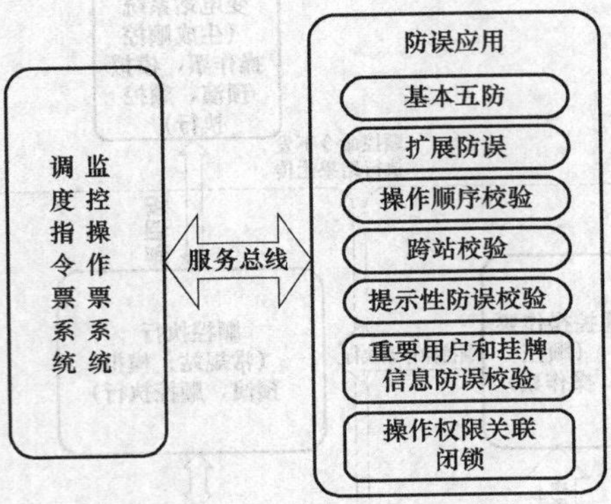

图 6-16　防误校核

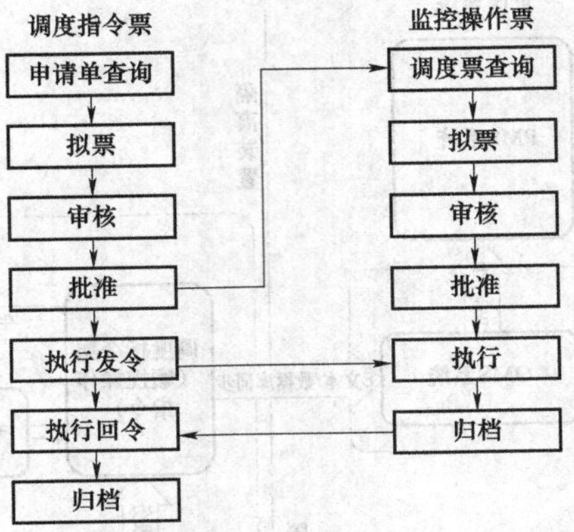

图 6-17　调度指令票及监控操作票管理流程

发布：将指令票发布到区、地调或子站。

执行：支持对操作票的发令、受令等操作。

归档：对已执行的指令票进行归档操作。

(2) 监控操作票系统流程管控包含已发布调度票查询、拟票、审核（已一审、已二审）、批准、执行、归档、典型票等流转节点。

调度票查询：支持监控员在监控操作票系统中查看调度已发布的待监控操作指令。

拟票：支持以图形成票、智能成票、手工拟票等方式编制操作票；支持在拟票阶段对票面的编辑修改。

审核：支持对提交的操作票进行审核功能。审核不通过时，进行返回拟票修改，审核通过，则进入预发阶段。

批准：将操作票发布到子站。

执行：支持对操作票的发令、受令等操作。

归档：对已执行的指令票进行归档操作。

典型票：存储典型操作票。

五、顺控执行功能模块

顺控执行过程主要包括以下四个阶段：顺控准备→顺控预演→顺控执行→顺控结束，如图 6-18 所示。

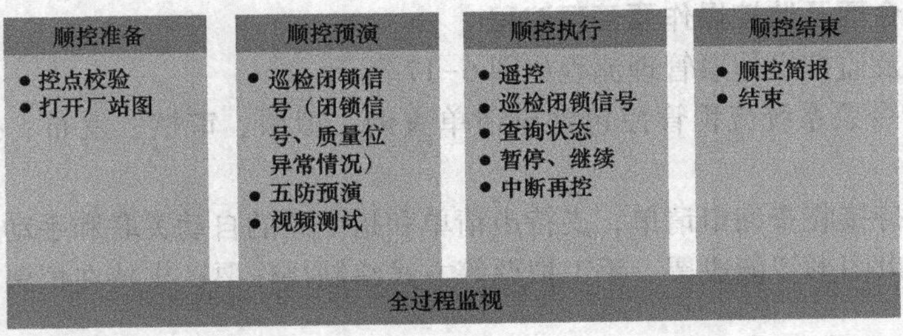

图 6-18　顺控执行阶段

（1）顺控准备：对遥控类型的操作令，检查是否存在控点；打开厂站图，进行顺控设备信息的检测，查看相应设备状态是否满足顺控指令。顺控执行界面（顺控准备）如图 6-19 所示。

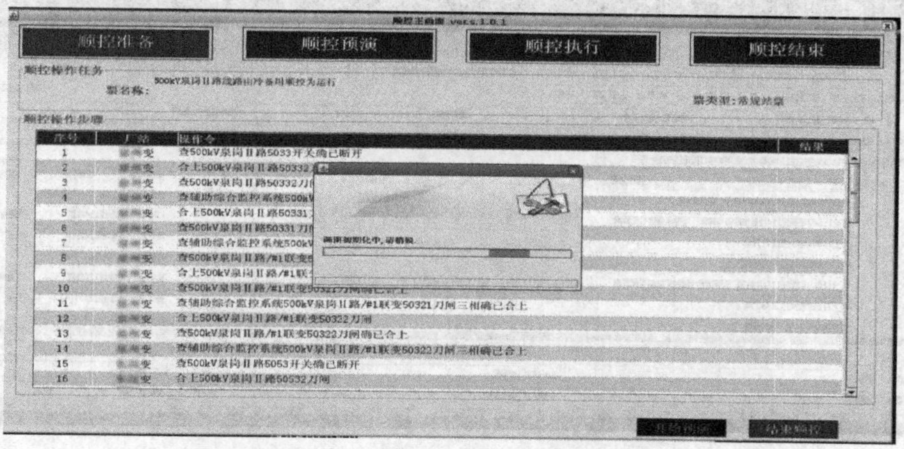

图 6-19　顺控执行界面（顺控准备）

（2）顺控预演：在预演阶段，无论是否存在巡检操作令，都会巡检一次闭锁信号，将所有动作的信号展示出来。接线图自动切换到五防态下，并自动同步断面，进行五防预演。

（3）顺控执行：双机监护，验证两个权限，即顺控操作权限、顺控监护权限，操作人员需要具备顺控操作权限，监护人员需要具备顺控监护权限。双机监护界面如图 6-20 所示。

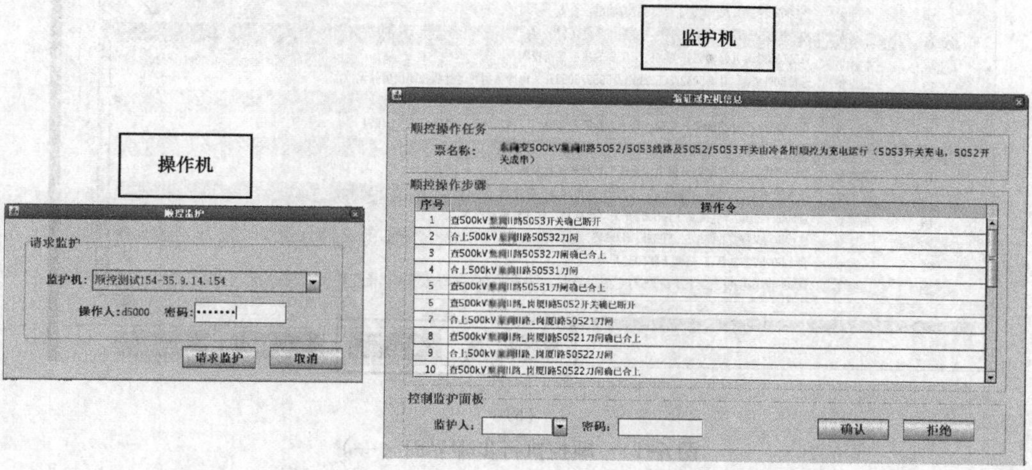

图 6-20　双机监护界面

按照操作票逐条执行顺控操作令，在顺控执行过程中，可以随时暂停顺控操作和继续顺控。顺控执行步骤界面如图 6-21 所示。

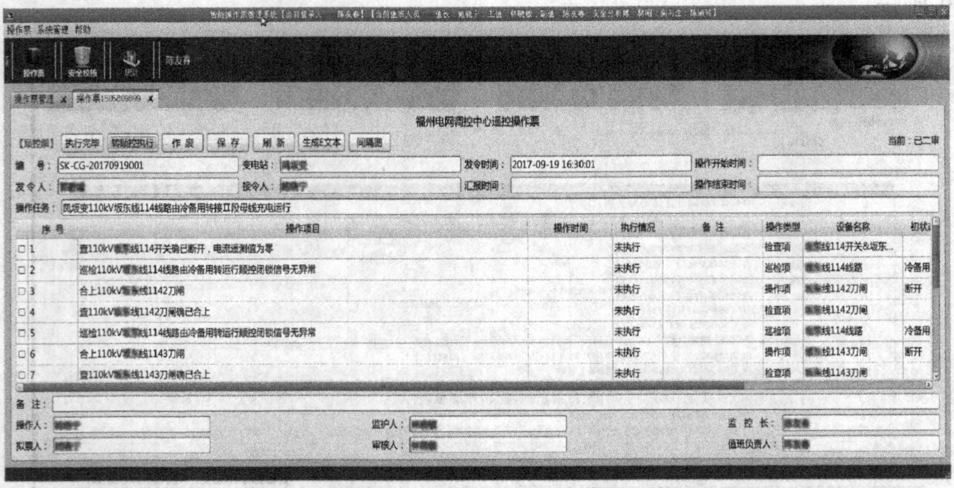

(a)

(b)

图 6-21　顺控执行步骤界面（一）

（a）基于主站系统的顺控实现（人机交互）；（b）在顺控执行过程中，可以随时暂停顺控操作和继续顺控，同时同步根据顺控指令内容调阅相应厂站、间隔画面

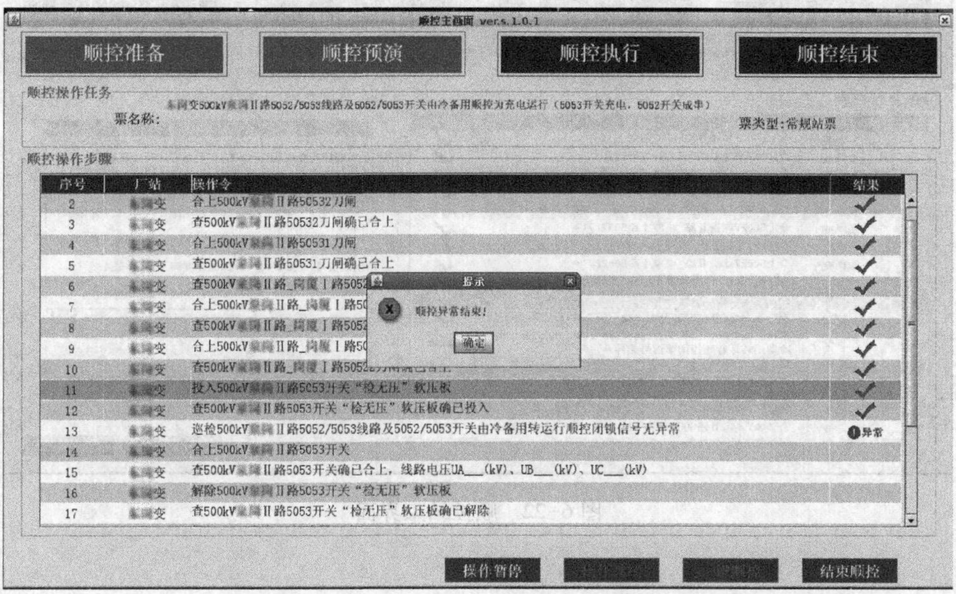

(c)

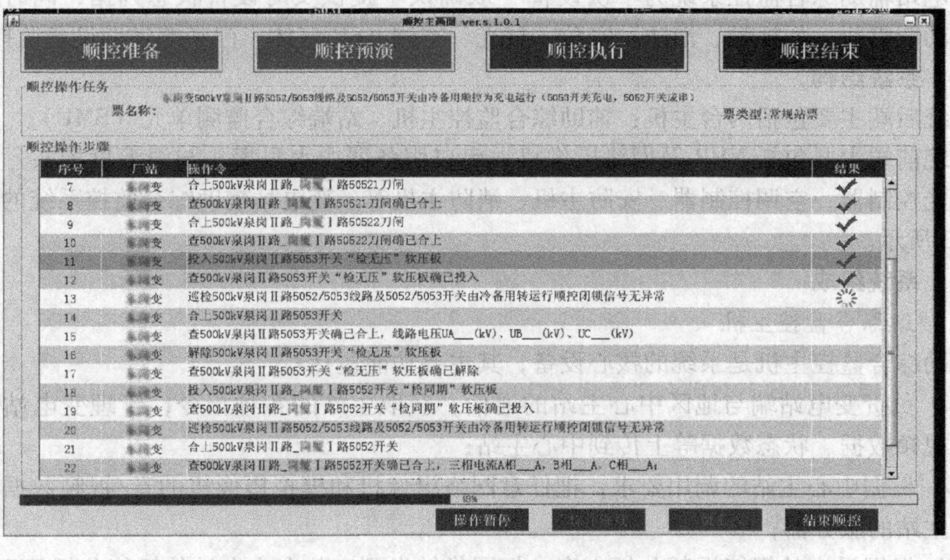

(d)

图 6-21　顺控执行步骤界面（二）

（c）在顺控执行过程中，如果发生异常，则终止顺控操作；

（d）逐条执行操作令，成功会用对勾标识，失败会用红色的×标识

（4）顺控结束：顺控结束自动上传顺控简报。顺控结束界面如图 6-22 所示。

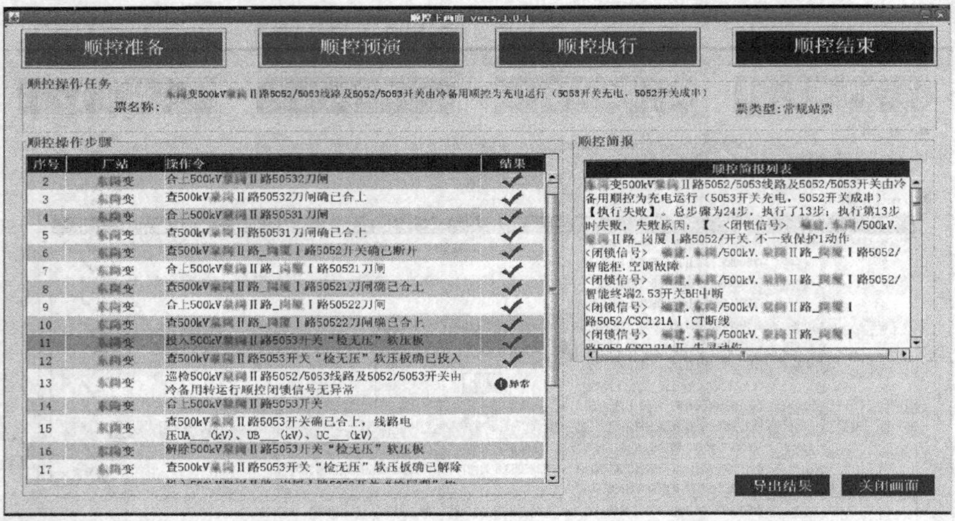

图 6-22　顺控结束界面

第四节　变电站辅助综合监控系统

变电站辅助综合监控系统为一次设备“双确认”提供实时设备状态判据，同时兼顾全面监控功能需要，如视频、消防、安防、灯光、空调、SF_6气体、门禁等辅助设备监控。

一、系统结构

系统后端主要包括两台主机：辅助综合监控主机、站端综合监测单元（SMU）。

系统前端主要包括 NVR 及网络摄像机、串口服务器、水浸探头与温湿度探头、风速探头、灯光控制器、空调控制器、安防主机、消防主机等。变电站辅助综合监控系统的结构如图 6-23 所示。

二、系统组成

1. 辅助综合监控主机

辅助综合监控主机是系统的核心设备，其主要功能包括：

（1）负责变电站端与地区中心主站的通信，获取主站的各种指令，管理变电站端各设备，把视频数据、状态数据等上传到中心主站；

（2）根据中心主站的调用要求，把任意网络摄像机和模拟摄像机的音/视频数据流转发到中心主站的服务器；

（3）根据设定的智能视频分析方案，把图像转发到安装在变电站的智能分析 IED，进行图像智能分析；

（4）根据中心主站的调用要求或策略管理方案，对视频处理单元（网络视频录像机 NVR）、视频处理单元（数字硬盘录像机 DVR）、模拟摄像机、网络摄像机进行管理或配置。

2. 站端综合监测单元（SMU）

站端综合监测单元是系统的核心设备，通过 RS-485 规约与变电站前端数据采集设备通信，以获取各个设备的相关信息，同时根据中心主站的调用要求，将各种测量信息、报警信

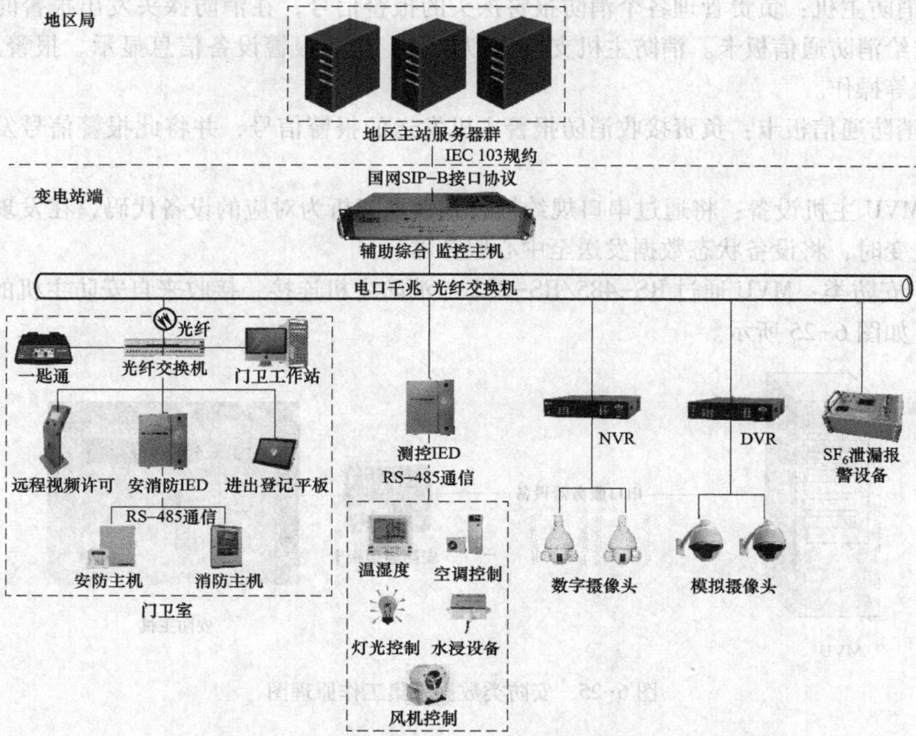

图 6-23 变电站辅助综合监控系统结构

息、控制信息等上传到中心主站。

3. 前端数据采集

（1）遥信类：采用 RS-485/RS-232 通信方式，接收来自所有温湿度探头、水浸探头、门禁系统、风速探测仪、雨量探测仪等各类前端探头的测量信息；通过串口通信规约与站端综合监测单元（CAC/SMU）通信，将各类测量信息上传。

（2）遥控类：采用 RS-485/RS-232 通信方式与站端综合监测单元（CAC/SMU）通信，获取各类遥控指令，并将遥控指令转发到灯光控制器、空调控制器等设备，实现对灯光、空调等进行遥控操作。

（3）消防类：监测可视化单元（Monitoring Visualization Unit，MVU）通过 RS-485/RS-232 与消防主机连接，接收来自消防主机的各类特征数据，如图 6-24 所示。

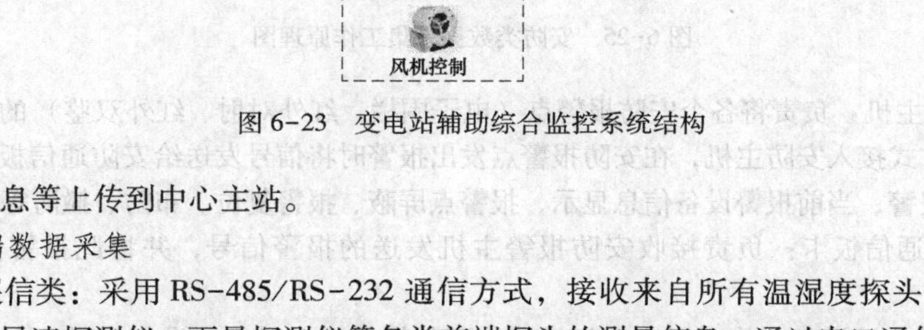

图 6-24 消防类数据采集工作原理图

1）消防主机：负责管理各个消防报警探头的报警信号，在消防探头发出报警时将报警信号发送给消防通信板卡。消防主机支持模拟报警、当前报警设备信息显示、报警点屏蔽、报警复位等操作。

2）消防通信板卡：负责接收消防报警主机发送的报警信号，并将此报警信号发送至消防 IED。

3）MVU 主机设备：将通过串口规约接收到数据解析为对应的设备代码，在发现设备状态发生改变时，将设备状态数据发送至中心服务器。

（4）安防类：MVU 通过 RS-485/RS-232 与消防主机连接，接收来自安防主机的各类特征数据，如图 6-25 所示。

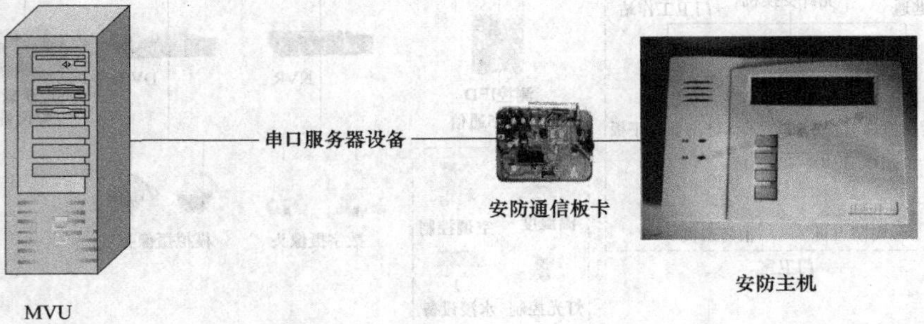

图 6-25　安防类数据采集工作原理图

1）安防主机：负责将各个安防报警点（电子围栏、红外对射、红外双鉴）的报警信息通过硬接点的方式接入安防主机，在安防报警点发出报警时将信号发送给安防通信板卡。安防主机支持模拟报警、当前报警设备信息显示、报警点屏蔽、报警复位、布防、撤防等操作。

2）安防通信板卡：负责接收安防报警主机发送的报警信号，并将此报警信号发送至 MVU 主机。

3）MVU 主机设备：将通过串口规约接收到数据解析为对应的设备代码，在发现设备状态发生改变时，将设备状态数据发送至中心服务器。

4. 视频处理单元（网络视频录像机 NVR）

视频处理单元（网络视频录像机 NVR）负责采集变电站所有网络摄像机的信号，对其进行编解码运算后，把音视频信号存储到本机硬盘或外接磁盘阵列。

视频处理单元（网络视频录像机 NVR）可以根据站端辅助系统综合监控主机的调用要求，获取指定摄像机的指定图像，并可以对所有摄像机进行各类操作。

5. 网络高清摄像机

网络高清摄像机选用 200 万有效像素以上的枪式摄像机、云台摄像机、球形摄像机或轨道摄像机，内置白光灯，保证在夜晚或光线极差的情况下能清晰显示监视目标的彩色清晰图像。

三、系统网络结构

1. 系统组网结构

变电站站端（子站）网络系统采用 10/100/1000Mbit/s（10/100/1000Base）光/电接口的方式接入监控专网，如图 6-26 所示。

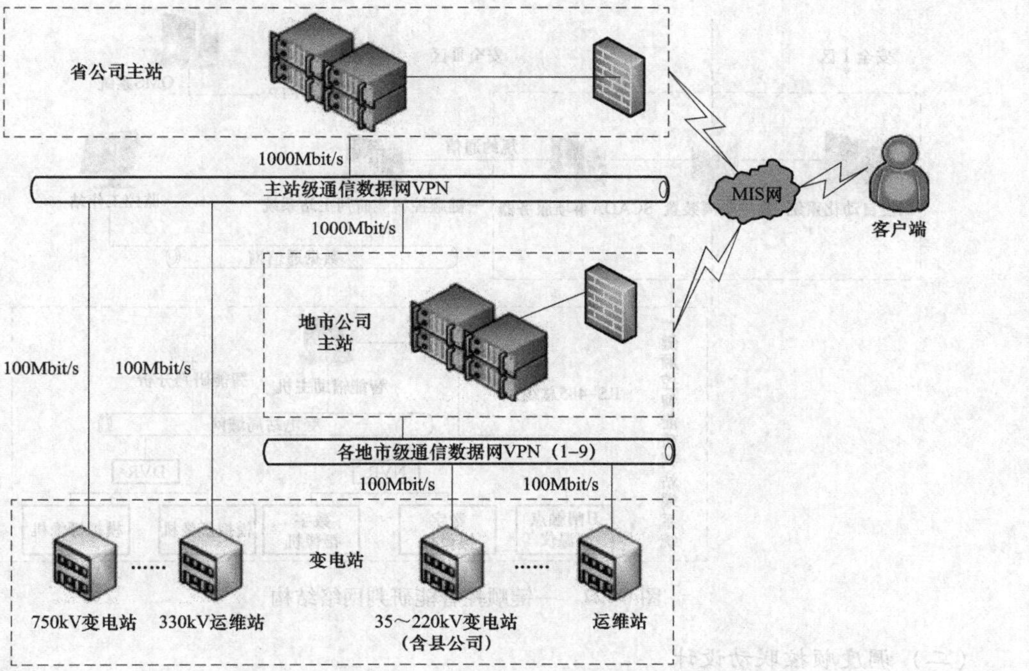

图 6–26　变电站辅助综合监控系组网结构图

2. 系统基本原理

系统主机通过设置防火墙的方法，对计算机病毒进行实时监控和报警；同时对电力图像监控系统的访问设置权限，需要具有正确身份认证和授权才允许访问系统。数据库服务器具有备份功能，定期对数据进行备份；系统运行记录全面，并可根据实际要求对输出的日志级别进行调节。

四、一键顺控智能研判

为确保程序化执行远方操作的正确性及安全性，一键顺控智能研判系统需调度自动化实现视频联动接口，对程序化执行操作的设备进行视频联动，实现设备图像跟踪识别，从而保证一次设备操作到位，确保程序化执行操作无误。

（一）网络结构

一键顺控智能研判网络结构如图 6–27 所示。

（1）系统架构涉及调度自动化系统、OMS 系统和变电站一键顺控智能研判系统，智能研判分析系统的核心模块部署在变电站辅助监控系统站端。

（2）调度自动化系统与辅助系统分属于电力网络 Ⅰ 区和 Ⅲ 区，顺控操作指令涉及 Ⅰ 区和 Ⅲ 区信令强隔离穿透交互，辅助系统信息回传通过 SCADA Ⅲ 区事项服务器穿透至 Ⅰ 、Ⅱ 区，辅助系统不与 Ⅰ 、Ⅱ 区直接交互。

（3）一键顺控智能研判系统负责将顺控操作的监控画面归档，并通过 FTP 协议上传至 OMS 系统。

（4）一键顺控智能研判主站系统与站端系统通过数据通信网连接，视频信令通过 SIP 协议交互，遥信、遥测数据通过 IEC 103 交互。

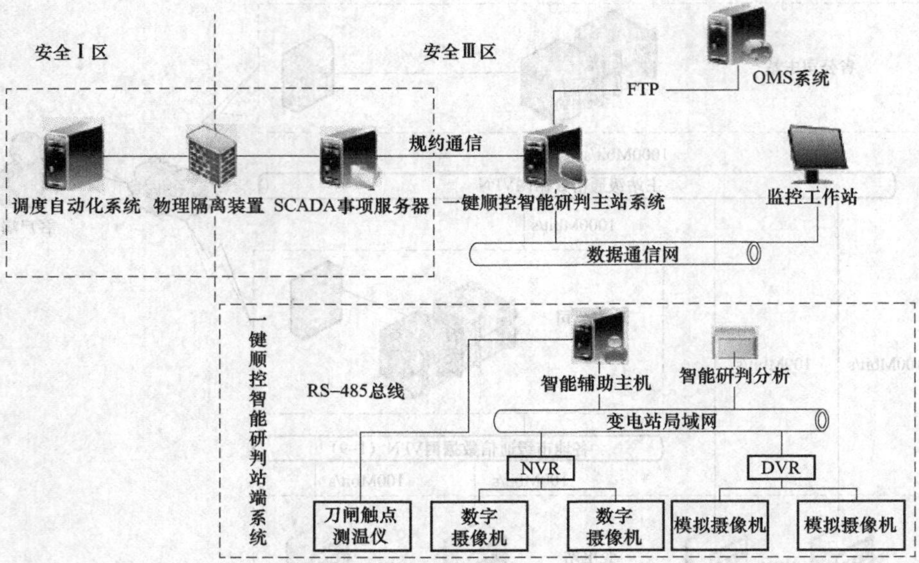

图 6-27　一键顺控智能研判网络结构

（二）调度顺控联动设计

1. 基本要求

一键顺控智能研判系统与 SCADA 系统对接，对电网的稳定运行和提高远方操作的安全性、可靠性有着重要意义，通过统一的一键顺控智能研判系统与各类 SCADA 系统的通信接口有助于深化变电站无人值守一键顺控操作。

电力Ⅰ、Ⅱ区网络与Ⅲ、Ⅳ区网络采用物理隔离装置进行隔离。Ⅰ、Ⅱ区系统与Ⅲ区系统进行数据交互时，发起系统以文本形式通过正向物理隔离装置，Ⅲ、Ⅳ区系统与Ⅰ、Ⅱ区系统进行数据交互时，发起系统中间件服务，消息数据以文本形式通过反向物理隔离装置。交互文本格式应按照 CIM/E 语言格式规范。

智能研判结果为顺控操作过程中一次设备状态结果，消息文本包括顺控操作票票号、一次设备名称、操作时间，智能研判结果不包含操作指令信息。Ⅲ、Ⅳ区中间件服务将对智能研判数据的格式及信息进行过滤验证，将符合要求的信息通过物理隔离装置传送至Ⅰ、Ⅱ区，不影响Ⅰ、Ⅱ区信息网络安全。

2. 逻辑框图

调控一体改革后，各变电站已全面实现无人值守。为了解决无人值班变电站设备分闸操作结果确认的判据问题，结合现代化视频技术、红外点位技术，开发操作信息自动协同接口，实现 EMS 系统与一键顺控智能研判系统的联动功能，即 EMS 遥控执行令发出的同时，视频系统自动弹出被遥控对象视频，使遥控人员的视觉便捷地延伸至现场设备处。一键顺控智能研判系统能够在开关、刀闸发生动作或事故时，自动弹出对应设备的视频，并进行刀闸智能研判功能，根据智能研判技术实现刀闸分合判断和信号回传。一键顺控智能研判网络结构及通信流程分别如图 6-28 和图 6-29 所示。

流程说明：

（1）Ⅰ、Ⅱ区调度的开关、刀闸遥控选择操作及开关跳闸，产生事项。调控人员或运

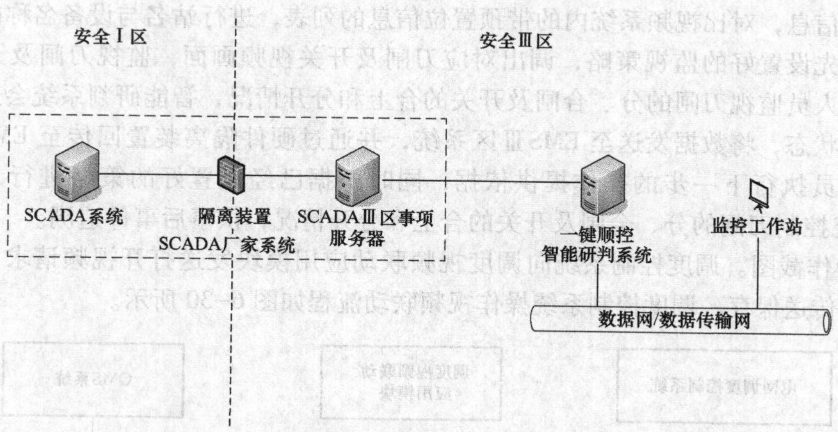

图 6-28　一键顺控智能研判网络结构

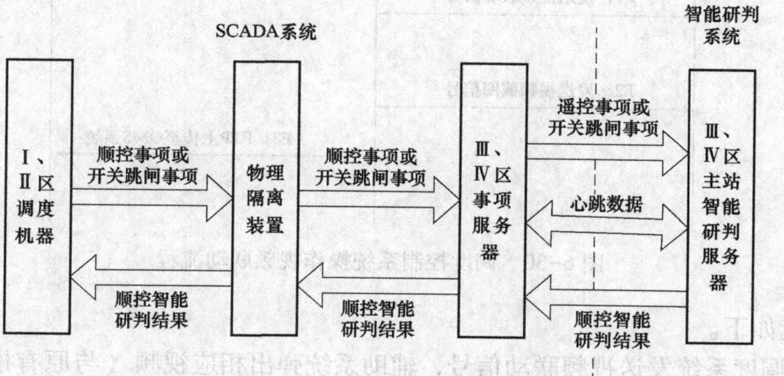

图 6-29　一键顺控智能研判通信流程

行人员在顺控操作系统上的人机界面上做开关、刀闸的遥控选择命令及开关跳闸（包括手动跳闸和故障跳闸）时，SCADA 系统产生通知事项。

（2）遥控事项转发到Ⅲ、Ⅳ区。SCADA 系统将Ⅰ、Ⅱ区产生的通知命令通过物理隔离装置转到Ⅲ、Ⅳ区事项服务器当中。

（3）Ⅲ、Ⅳ区事项转发服务接收遥控事项。Ⅲ、Ⅳ区事项服务器上运行 SCADA 系统数据转发服务，作为事项接收客户端接收事项，并过滤其他无关事项。

（4）Ⅲ、Ⅳ区事项转发服务转发数据至主站视频系统。Ⅲ、Ⅳ区 SCADA 系统数据转发服务作为客户端，主动连接智能多维可视监控系统。若连接成功，则 SCADA 系统数据转发服务将接收到的通知事项发送给智能多维可视监控系统。

（5）Ⅲ、Ⅳ区智能研判结果回传至Ⅰ、Ⅱ区。Ⅲ、Ⅳ区视频系统通过智能研判分析系统分析出顺控操作过程中刀闸状态，传送至Ⅲ、Ⅳ区 SCADA 系统，并将信令通过物理隔离装置转到Ⅰ、Ⅱ区调度操作系统。

3. 系统功能

（1）EMS 通信。EMS Ⅲ区与一键顺控智能研判系统间建立一条链路。当 EMS 系统远程开关或刀闸时，EMS 系统除下发遥控执行令至变电站综自设备外，也将向智能研判系统下发遥控对象信息，对比视频系统内的带预置位信息的列表，进行站名与设备名称的全匹配查询。根据预先设置好的监视策略，调出对应刀闸及开关视频画面，监视刀闸及开关执行情况，供操作人员监视刀闸的分、合闸及开关的合上和分开情况，智能研判系统会通过智能分析判断刀闸状态，将数据发送至 EMSⅢ区系统，并通过硬件隔离装置回传至 EMSⅠ区，为顺控操作人员执行下一步的操作提供依据，同时根据已经设置好的策略进行录像，记录 SCADA 系统控制刀闸的分、合闸及开关的合上和分开情况，供事后事件追溯。

（2）操作截图。调度控制系统向调度视频联动应用模块发送打开视频请求，视频系统进行截图并传送保存。调度控制系统操作视频联动流程如图 6-30 所示。

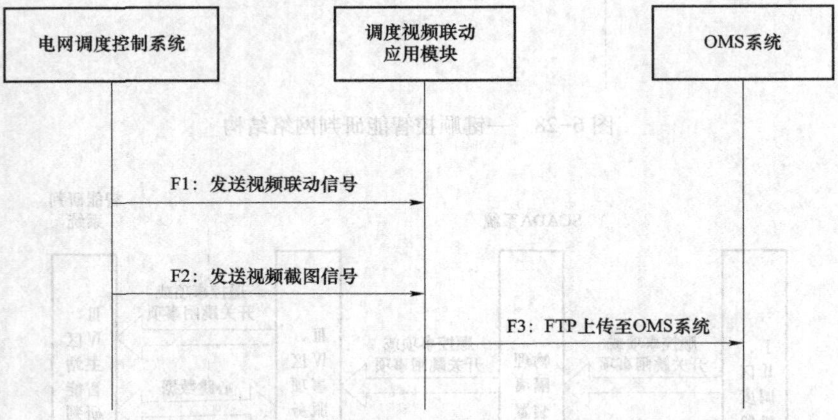

图 6-30　调度控制系统操作视频联动流程

主要功能如下。

1）F1：调度系统发送视频联动信号，辅助系统弹出相应视频（与原有模式保持一致）。新增操作票票号信息。

2）F2：调度系统发送视频截图信号，类型为 101，辅助系统需根据操作票号、一次设备名称对刚刚操作的一次设备的全景、A 相、B 相、C 相 4 幅画面进行截图操作。截图名称按照“操作票号_变电站．一次设备名称_场景名称．TIF”三范式模式进行命名。

3）F3：辅助系统截图成功后，通过 FTP（FTPs）协议将截图传送至电网调度平台指定位置，辅助系统仍然需对截图进行保存，保存周期不小于 3 年。

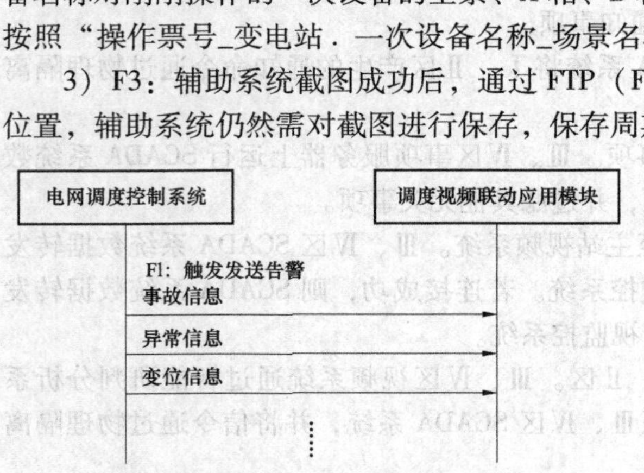

图 6-31　调度控制系统告警视频联动流程

（3）告警通知。调度控制系统可以向调度视频模块发送事故、异常、变位、越限、告知、保护动作信息。调度控制系统告警视频联动流程如图 6-31 所示。

主要功能如下。

1）F1：数据链路建立后，电网调度控制系统在有告警信息发生时，即时发送相关告警信息；发送的告警信息可配置，主要包括事故、异常、变位、越限、告知、保护动作等类型。

2）F2：告警结束后，电网调度控制系统通过展示联动接口向调度视频联动应用模块发送告警接入信息。

（4）研判结果回传。视频监控系统通过智能研判算法，需要向 SCADA 系统回传结果数据，结果回传到Ⅲ区 SCADA 系统数据转发服务器上，系统发送顺控视频联动预置/顺控视频联动遥信判断结果的 E 格式文件。

（三）地区主站功能设计

地区主站系统根据一键顺控智能研判要求对刀闸设备实时监控、联动、状态回传等功能，主要包含顺控研判刀闸监控、顺控设备主接线图、监控设备点位平面图、顺控巡检等功能模块。

1. 顺控主站系统结构

顺控主站系统结构如图 6-32 所示。

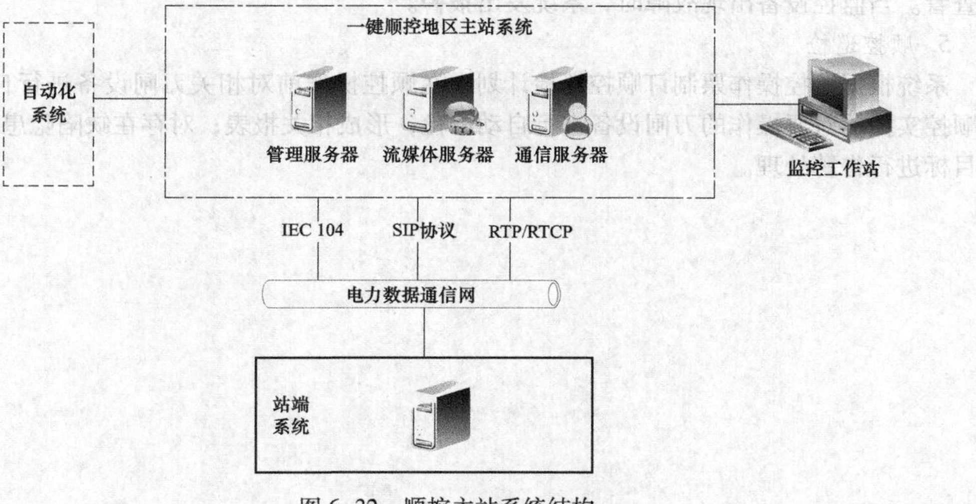

图 6-32　顺控主站系统结构

一键顺控地区主站系统主要由管理模块、流媒体模块、通信模块组成。各模块主要功能如下。

（1）管理模块：负责处理一键顺控智能研判系统数据处理、权限管理、业务处理等功能，是整个一键顺控智能研判主站系统的核心。管理模块部署在两台服务器上，通过双机热备技术保证管理模块正常运行。

（2）流媒体模块：负责视频流媒体转发，信令采用标准 SIP INVITE+SDP 模式，媒体传输采用 RTP/RTCP 协议。视频采用 H265 编码，并可向下兼容，支持 H. 264。流媒体至少部署在两台服务器，通过负载均衡技术实现集群部署。

（3）通信模块：实现与站端信令交互，视频类相关信令采用 SIP 协议，遥测数据采用 IEC 104 规范，与自动化系统采用 CIM/E 数据交互格式，通信接口符合《电网视频监控系统及接口 第一部分：技术要求》（Q/GDW 1517. 1—2014）。通信模块部署采用双机热备模式。

2. 顺控研判刀闸监视

根据一键顺控智能研判要求，需要对刀闸场景进行重点目标监控，变电站刀闸监控目标采用运维站-变电站-设备区域-间隔-一次设备-场景-预置位逻辑结构，监控一次设备场景要求，主站台账通过 SIP 协议从站端获取。

3. 顺控设备主接线图

根据顺控操作业务需求，采用专用的工具，绘制变电站的一次电气设备（刀闸、开关、主变压器等）接线图，该图形为矢量图。用户直接单击电气设备图上的相应刀闸设备，就可以直接调出对应刀闸关注的场景，同时显示该刀闸设备状态的刀闸触点测温、智能研判结果等遥测遥信类数据。

系统支持主界面切换，监控人员可将主界面切换至变电站环境接线图模式，接线图必须为矢量图，即图形在放大及缩小的情况下不会失真。

4. 监控设备点位平面图

在变电站设备区平面图上绘制对应摄像机的布点位置，通过平面图可查看各个监控点设备的分布情况、基本信息，观看实时视频，查看实时信息，对顺控间隔内的监控设备进行实时查看。当监控设备出现故障时，系统发出报警。

5. 顺控巡检

系统根据顺控操作票制订顺控巡检计划，在顺控操作前对相关刀闸设备进行自动巡检，在顺控实操前对要操作的刀闸设备进行自动巡检，形成相关报表；对存在缺陷隐患的设备监控目标进行告警处理。

第七章

网络报文信息分析

第一节 网络报文分析装置

一、网络报文分析的发展历程

1. 网络报文记录分析仪的产生

2000 年左右，一些知名学者向国内介绍了 IEC 61850 通信协议体系，并就 IEC 61850 系列标准在变电站中的应用展开了讨论。2004 年，国内正式发布了 DL 860 系列标准（等同采用 IEC 61850）。2005～2006 年，一批基于 IEC 61850 标准的变电站先后投运。

在这期间，为了记录复杂的通信过程，一些变电站试点采用了通信记录仪（也被称为变电站的“网络黑匣子”）。这种记录仪的工作方式借鉴了飞机的黑匣子的概念，只进行通信过程的记录，但并不在线分析，当有需要时，通过提取记录文件进行离线分析来查找和处理问题。这就是后期网络报文记录分析仪的雏形。

这一阶段的网络报文记录分析仪还处于探索阶段，其最大特点是实现了通信过程的长期记录，为事后的故障分析、定位提供了基础数据。在当时通信规约种类繁杂、内容扩充和私有定义普遍存在的情况下，这类网络报文记录分析仪确实解决了通信故障无法重现、不利于故障定位的问题，得到了用户的高度肯定，但同时存在着诸多缺陷：一是不能及时发现通信上存在的问题，需要人工干预，这导致大量问题还未被发现；二是因为需要人工参与分析，导致记录下来的大量数据被浪费，不能充分利用。

2. 智能变电站网络报文记录分析的初始阶段

2007 年起，浙江 220kV 宜家变电站进入调试阶段，来自多个厂家的二次设备集中开展互操作试验，复杂的通信问题给调试带来了严峻的挑战，一款能够实时记录和分析网络报文的工具成为迫切需要。面对这种情况，一种真正意义上的网络报文记录分析仪成功在 220kV 宜家变电站实现了。

在此后的五年时间里，网络报文记录分析仪的需求开始急速扩散，并在全国范围内的数字化变电站、智能变电站大量应用。随着智能变电站通信量的急剧扩大及报文时间精度的进一步提高，早期的工控机式的硬件结构已经不能满足需要，基于 FPGA 并行处理的新的硬件结构得到了广泛应用，这种硬件结构不仅可以提高时间精度和采集效率，而且其利用硬件压缩卡对通信报文进行压缩，可以显著提高存储效率并减少硬件故障。在软件方面，经过多年的积累，变电站运行、维护人员反馈了大量的运维需要，使得网络报文记录分析仪的检索功能、分析功能、统计功能等得到了进一步完善。

在这期间，网络报文记录分析仪逐渐成为数字化变电站、智能变电站的标配设备。一方面，调试和验收工具相对不够完善，各二次设备厂家对 IEC 61850 标准理解不够一致，更具可操作性的规范体系还未建立和健全，设备之间的互操作性相对较差，网络报文记录分析仪成为变电站调试、验收期间一种第三方分析、判断工具，其实时、准确、全面地记录变电站各类操作、动作、异常报文，为调试、验收提供了便捷、可靠的报文分析工具，调试和验收效率因此而大幅提升；另一方面，在变电站投入运行后，变电站发生各类设备异常、故障等事件时，网络报文记录分析仪完整地提供了事件经过的各类报文数据，从而使相关人员更加方便、详细地了解到事件的经过。

但是，这一阶段的网络报文记录分析仪也存在明显的缺陷：由于各生产厂家对变电站通信的理解存在一定差异，导致各厂家设备的功能不一而足，解析结果差异较大，且各厂家的数据无法共享，信息不能远传，从而无法开展更多的高级应用。虽然（NB/T 42015—2013）《智能变电站网络报文记录及分析装置技术条件》发布，但其对网络报文记录分析仪详细的功能定义得比较模糊，只具备指导价值，不具备标准化的意义。另外，这些年投入运行的网络报文记录分析仪存在存储数据量大、存储策略不当、运维不及时等现象，导致其硬盘等配件故障率相对较高，为其进一步深化应用埋下了隐患。

3. 智能变电站网络报文分析的发展阶段

针对初始阶段网络报文记录分析仪出现的各类问题，2015 年，国家电网有限公司组织有关专家对（Q/GDW 715—2012）《智能变电站网络报文记录及分析装置技术条件》进行修订。此次修订不仅对装置的外观形态、界面布局进行了统一，还对解析结果和判据、信息模型、通信服务等进行了规范，并增加了大量的分析功能。

同时，一些科研院所、运行维护单位对网络报文记录分析仪的现场应用进行了规范，包括利用网络报文记录分析仪开展智能变电站的调试、验收、运行巡视、故障诊断、事故排查、统计分析、投运测试等工作。

接下来，随着更多网络报文记录分析仪相关规范、标准的出台及第二代、第三代智能变电站技术的发展，网络报文记录分析仪会迎来更多应用场景，那时，网络报文记录分析仪将成真正意义上的变电站“黑匣子”。

4. 故障录波和网络报文记录分析一体装置

在 2012 年至 2014 年期间，出现了一种特殊装置，即故障录波和网络报文记录分析一体装置。随着智能变电站的发展，二次设备展现出了功能集成化、信息共享化等特征，最典型的集成设备就是合并单元和智能终端的合一装置、故障录波器和网络报文记录分析仪的合一装置。在智能变电站中，故障录波器和网络报文记录分析仪都要通过过程层网络采集继电保护、智能终端、合并单元等设备的 GOOSE 和 SV 信息，其数据采样环节高度相似；在数据应用环节，故障录波器主要利用 SV 报文还原采样值波形并结合 GOOSE 报文中的动作信息进行故障判断与分析，而网络报文记录分析仪则侧重于报文的全过程无损记录并对异常、故障状态时的报文进行解析。在智能变电站发生复杂异常和故障时，常需要通过结合两个装置各自数据分析情况来综合判断、分析。另外，鉴于其硬件数据采集单元、组屏、通信、对时方面的重复情况，将这两种装置集成有利于开展相同时标、数据源情况下的数据分析。故障录波和网络报文记录分析一体装置的基本原理如图 7-1 所示。

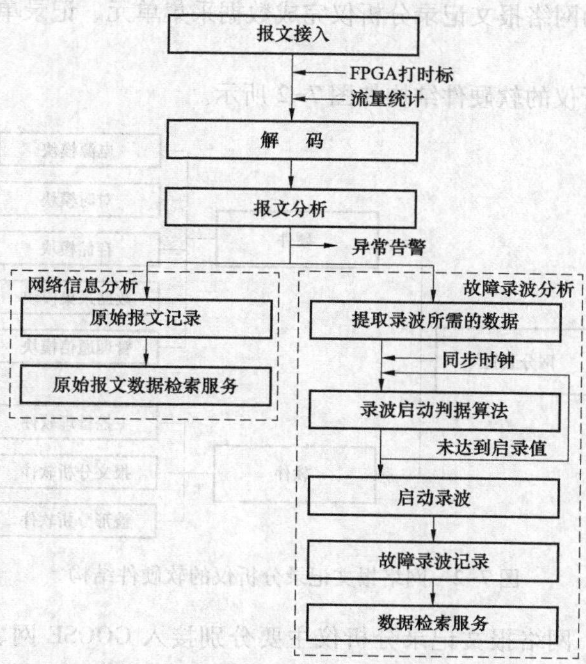

图 7-1　故障录波和网络报文记录分析一体装置的基本原理

经过一段时期的应用，故障录波和网络报文记录分析一体装置由于其运行稳定性差、检修不便、运维界面模糊等一系列问题而逐步退出市场。但是，这种有益的尝试依然是值得肯定的。

二、网络报文分析装置的主要结构及原理

目前，常见的网络报文记录分析仪主要由以下几个部分组成：

（1）数据采集和记录单元。主要用来直接接入变电站的过程层网络和/或站控层网络中，接收来自过程层网络和/或站控层网络的所有报文（过程层网络报文主要包括 SMV、GOOSE、GMRP、PTP 等，站控层网路报文主要包括 MMS、TCP/IP、UDP/IP、NTP/SNTP、FTP、ARP、ICMG、IGMP 等），通过对这些报文进行实时解码、分析和存储，将各类报文信息记录在由一块或若干块工业级硬盘组成的记录单元中，记录单元的容量能够根据现场实际需求定制。另外，根据需要，记录单元可选配暂态录波功能插件，以实现完整的暂态故障录波功能。

（2）管理和分析单元。实现对采集的各类报文进行实时解码，并对报文中存在的丢帧、错序、失步、超时、中断、无效编码、流量突变等各类异常状态实时给出异常事件告警；实现就地的人机交互管理界面，可以调取记录单元记录的各类原始报文数据和暂态故障录波数据，实现过程层网络报文分析、站控层网络报文分析及暂态录波定值整定和波形数据分析等功能，提供就地实时告警画面；实现对采集单元、记录单元、分析功能等进行设置。

（3）远程管理单元。实现对远方多个变电站的网络报文记录分析仪进行管理，对各上传的告警、报告进行分析和处理，可远程对网络报文记录分析仪进行信息调阅、数据分析等。

（4）通信及网络。部分生产厂商的网络报文记录分析仪自带内部通信网络、光电转换接口等附件，用来协助网络报文记录分析仪完成数据采集单元、记录单元、管理和分析单元之间的数据通信。

网络报文记录分析仪的软硬件结构如图 7-2 所示。

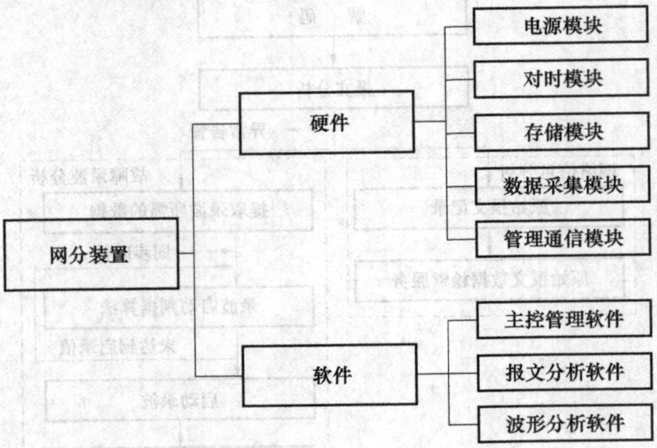

图 7-2 网络报文记录分析仪的软硬件结构

在智能变电站中，网络报文记录分析仪主要分别接入 GOOSE 网、SV 网、MMS 网，分别采集各类变电站报文。网络报文记录分析仪的组网结构如图 7-3 所示。

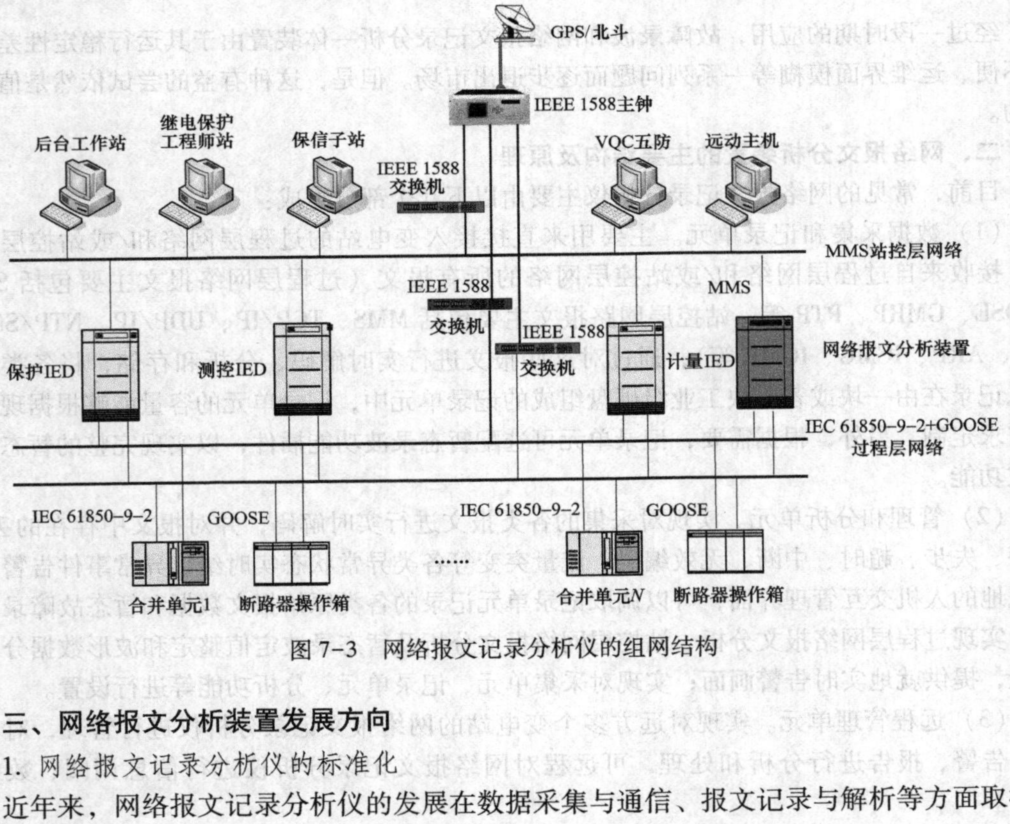

图 7-3 网络报文记录分析仪的组网结构

三、网络报文分析装置发展方向

1. 网络报文记录分析仪的标准化

近年来，网络报文记录分析仪的发展在数据采集与通信、报文记录与解析等方面取得了一定的成绩，初步形成了网络报文记录分析仪的成熟形态；在软硬件方面，网络报文记录分析仪的运行可靠性、运维的便利性不断在提升。但是，鉴于其准入门槛相对较低、技术发展程度不一等原因，目前在智能变电站中应用的网络报文记录分析仪的功能和性能良莠不齐。为了进一步规范网络报文记录分析仪的基本功能、性能和技术参数，指导网络报文记录分析仪的设计、制造、试验、现场运维工作，国家电网有限公司组织国内多家网络报文记录分析仪厂家及相关单位编制了新版的《智能变电站网络报文记录与分析装置技术规范》。这部规范在原技术规范的基础上，进一步细化了对装置外观接口、功能、性能、建模等方面的要求。随着这部规范的发布实施，网络报文记录分析仪装置将在上述各方面进一步进行规范、标准化。

2. 网络报文记录分析仪的智能化

目前，网络报文记录分析仪能够采集智能变电站过程层、间隔层、站控层所有接入设备的报文，随着交换机、故障录波器、PMU、远动装置、在线监测装置、电能量采集装置等各类设备建模的标准化，网络报文记录分析仪可实现对变电站二次系统全方位信息监视，从而基于大数据技术开发更多智能化、人性化的高级应用，从而成为智能变电站厂站端的辅助决策系统，实现对变电站事件的多方位展示与分析、设备状态的自动监视与诊断、运维操作监视与安全校核、设备通信过程可视化分析与演示等多种功能。

第二节　网络报文的获取

一、主要抓包工具简介

1. Ethereal/Wireshark 工具

1997 年底，工程师 Gerald Combs 需要一个能够追踪网络流量的工具软件作为其工作上的辅助，便着手开始编写 Ethereal 软件，随后由一个数千人组成的松散的 Ethereal 团队组织进行维护与开发。目前，Ethereal 已经成为较为流行的开放源代码的网络协议分析器，是全世界应用广泛的网络封包分析软件之一。

自从 1998 年发布最早的 0.2 版本至今，大量的志愿者为 Ethereal 添加新的协议解析器，如今 Ethereal 已经支持五百多种协议解析。鉴于 Ehereal 良好的设计结构，人们可以很好地融入系统中，并且可以方便地在系统中加入一个新的协议解析器。Ethereal 不仅支持 Windows 平台，而且支持 Linux 系统，它所提供的强大的协议分析功能完全可以媲美商业的网络分析系统。

2006 年 6 月，因为商标的问题，Ethereal 更名为 Wireshark。Wireshark 统一使用 WinPCAP 作为接口，直接与网卡进行数据报文交换。

Ethereal/Wireshark 主要具有以下特征：

（1）Ethereal/Wireshark 可以实时从网络连接处捕获数据，或者从被捕获文件处读取数据。

（2）Ethereal/Wireshark 可以读取从 TCPDump（Libpcap）、网络通用嗅探器（被压缩和未被压缩）、Sniffer TM 专业版、NetXray TM、Sun snoop 和 atmsnoop、Shomiti/Finisar 测试员、AIX 的 iptrace、Microsoft 的网络监控器、Novell 的 LANalyzer、RADCOM 的 WAN/LAN 分析器、ISDN4BSD 项目的 HP-UX nettl 和 i4btrace、Cisco 安全 IDS iplog 和 pppd 日志（pppdum 格式）、WildPacket 的 EtherPeek/TokenPeek/AiroPeek 或者可视网络的可视 Uptime 处捕获的

文件。

(3) Ethereal/Wireshark 能从 Lucent/Ascend WAN 路由器和 Toshiba ISDN 路由器中读取跟踪报告，还能从 VMS 的 TCP/IP 读取输出文本和 DBS Etherwatch。

(4) Ethereal/Wireshark 可以从以太网、FDDI、PPP、令牌环、IEEE 802.11、ATM 上的 IP 和回路接口（至少是某些系统，不是所有系统都支持这些类型）上读取实时数据。

(5) Ethereal/Wireshark 通过 GUI 或 TTY 模式 tethereal 程序，可以访问被捕获的网络数据。

(6) Ethereal/Wireshark 通过 editcap 程序的命令行交换机，可以有计划地编辑或修改被捕获文件。

(7) Ethereal/Wireshark 输出文件可以被保存或输出为纯文本或 PostScript 格式。

(8) Ethereal/Wireshark 通过显示过滤器精确显示数据。显示过滤器也可以选择性地用于高亮区和颜色包摘要信息。

(9) Ethereal/Wireshark 所有或部分被捕获的网络跟踪报告都会保存到磁盘中。

2. Sniffer 工具

Sniffer，中文可以翻译为嗅探器，也叫抓数据包软件，是一种基于被动侦听原理的网络分析工具。Sniffer 可以监视网络的状态、数据流动情况及网络传输的信息。Sniffer 软件是 NAI 公司推出的一款一流的便携式网络管理和应用故障诊断分析软件，不管是在有线网络还是在无线网络中，它都能够为网络管理人员提供实时的网络监视、数据包捕获及故障诊断分析能力。对于在现场运行快速的网络和应用问题故障诊断，基于便携式软件的解决方案具备最高的性价比，能够让用户获得强大的网络管理和应用故障诊断功能。

Sniffer 分为软件和硬件两种，软件的 Sniffer 有 Sniffer Pro、Network Monitor、PacketBone 等，其优点是易于安装部署，易于学习使用，同时易于交流；缺点是无法抓取网络上所有的传输信息，某些情况下也就无法真正了解网络的故障和运行情况。硬件的 Sniffer 通常称为协议分析仪，一般是商业性的，价格比较昂贵，具备支持各类扩展的链路捕获能力及高性能的数据实时捕获分析功能。

3. 协议分析仪

协议分析仪（Protocol Analyzer）是一种监视数据通信系统中的数据流，检验数据交换是否正确地按照协议规定进行的专用测试工具。它也用于通信控制软件的开发、评价和分析。协议分析仪通常是软件和硬件的结合，通常使用专用硬件或设置为专用方式的网卡实施对网络数据的捕捉。

协议分析仪的工作从原理上要分为两个部分：数据采集、协议分析。这两部分的工作从实现形式上来说有以下几种常见形式：

(1) 纯软件协议分析仪，如 Fluke 的 OptiView-PE。大多数纯软件协议分析仪是可以使用普通网卡来完成简单的数据采集工作的，这就是使用率最多的协议分析软件+PC 网卡方式。

这种方式的协议分析仪通常基于两种原因存在：① 简单、廉价的软件或自由软件小巧、实用，功能较弱；② 运行在 PC 或笔记本电脑上的协议分析仪的软件部分。协议分析工作就是基于软件分析的工作，所以再高端的协议分析仪的软件部分也是要由计算机平台实现的。基于笔记本+数据采集箱的便携式协议分析仪这种方式与采用协议分析软件+PC 网卡方式的主要区别是专用的数据采集系统。在复杂和高速的网络链路上要想全线速地捕捉或更有效地进行实时数据过滤，采用专用的数据采集方式是必须的。

（2）手持式综合协议分析仪。从协议分析仪发展的角度来说，网络维护人员越来越需要使用功能强大并能将多种网络测试手段集于一身的综合式测试分析手段，典型的协议分析仪上的功能延展就是加入网络管理功能、自动网络信息搜集功能、智能的专家故障诊断功能，并且移动性能要有效。这种综合的协议分析仪或者说是综合的网络分析仪成为当今网络维护和测试仪的主要发展趋势，如 Fluke 的 OptiView INA 自上市以来在网络现场分析、故障诊断、网络维护方面得到了相当广泛的应用和发展。

（3）分布式协议分析仪。随着网络维护规模的加大、网络技术的变化，网络关键数据的采集也越来越困难。有时为了分析和采集数据，必须能在异地同时进行数据采集，于是将协议分析仪的数据采集系统独立设计，以便安置在网络的不同地方，由能控制多个采集器的协议分析仪平台进行管理和数据处理，在这种应用模式下分布式协议分析仪诞生了。通常这种方式的造价会非常高。

线路上的数据，即数据电路终接设备（DCE）和数据终端设备（DTE）之间的通信数据经过输入接口单元进入协议分析仪。输入接口单元是一个具有高阻接口的电平转换器。在执行监视功能时，协议分析仪从高阻接口上接收数据，能够尽可能地减少对线路的影响。在执行模拟功能时，输入接口单元能够提供与被测设备接口相同的电气条件和物理条件。数据以串行方式透明地通过切换器直接进入串-并变换器。数据在串-并变换器中实现同步，且由串行变换为并行，同时进行差错检验，由此进入捕获存储器、触发器和收发信分析器。捕获存储器将输入的数据收录下来，进行再生显示、详细检验和其他脱线处理。触发器则根据设定的比特序列、差错计数、调制解调器的控制信号和外部输入等各种触发因素，迅速地进行数据分析和故障切离。收发信分析器以协议（通常有 BSC、HDLC、SDLC、X. 25 和 X. 75 等）为基准来分析和检验数据，且将其以“助记符”的形式通过示波器显示出来。模拟器在执行模拟功能时使用。大容量存储器用于保存监视器和模拟器的设定条件清单、模拟过程的程序和捕获存储器收录的数据等，主控制器用于控制协议分析仪各个组成部分的动作，并且进行实时调节和协调，对各部分进行初始化。

协议分析仪的基本功能：① 监视功能，即将协议分析仪连接在数据通信系统上，在不影响系统运行的情况下，从线路上取出所发送的数据和接收的数据，进行数据的存储、显示和分析；② 模拟功能，即将协议分析仪直接与被测设备（数据终端设备或主计算机）连接，按照预先设置的程序，同被测设备通信，进行数据的发送、接收数据的判断和应答数据的判断，检验被测设备协议实现的正确性。

协议分析仪通常由输入接口单元、切换器、串-并变换器、捕获存储器、触发器、收发信分析器、显示器、模拟器、大容量存储器和主控制器等部分组成。

协议分析仪大致有小型、中型和大型 3 种产品。小型协议分析仪一般是便携式的低档机，主要用于数据终端设备（包括主计算机）的维护和故障分析；具有液晶显示和 RS-232 接口，速度可达 19. 2kbit/s，可以支持 HDLC、BSC 等协议。中型协议分析仪主要用于数据通信设备的技术开发和现场故障诊断分析，以监视功能为主，具有单色显示器和 V. 24、V. 28 接口，速度可达 50～100kbit/s，可支持 BSC、HDLC、SDLC、DDCMP、X. 25、X. 75 和 SNA 等协议。大型协议分析仪一般是能够提供丰富软件的高档机种。它侧重于软件开发，具有高速监视器和较强的模拟功能。其特点是速度可达 64kbit/s～1.6Mbit/s，具有键盘和 CRT 彩色显示等用户接口，提供 Basic 等语言和专用语言及诸如 X.25、HDLC、SNA 等各种协议的软件包，一般配有硬盘。

协议分析仪已成为数据通信系统设计、建设和管理维护所不可缺少的工具。随着数据通信技术的不断发展，协议分析仪将向 3 个方向发展。

(1) 增强功能。开发、测试和分析高层协议将是协议分析仪发展的必然趋势。同时，协议分析仪还将逐渐增加协议一致性测试功能，向开放系统互连（Open System Interconnection，OSI）一致性测试方向发展。

(2) 扩大应用范围。协议分析仪除用于各种数据通信系统和广域数据通信网外，有效地应用到局域网（Local Area Network，LAN）和综合业务数字网（Integrated Services Digital Network，ISDN）等领域也是一个必然的趋势。

(3) 提高操作的方便程度。采用将模拟功能与编程功能分开，增加显示屏幕的尺寸和提高显示屏幕的清晰度、增加翻译显示等措施，以提高操作的方便程度。

4. IEDScout/IEC 61850 客户端

IEDScout 是从事 IEC 61850 设备工作的保护与变电站自动化工程师们的一个理想工具。在从事与这些设备相关工作的时候，这个工具可以接入这些智能电子设备（IED），并提供许多非常有用的功能。IEDScout 新版本的软件采用了新的用户界面，可以协助用户发现这些 IED 的所有相关信息。通过 IEDScout，工程师们能够查看 IED 内部的各种状态及其通信过程。通过这个工具，可以查看并调用建模和交换的所有数据。除此之外，IEDScout 还能完成许多非常有价值的工作，如果没有这个工具的话，这些工作只能由专用的工程工具完成，甚至需要由功能主站完成。IEDScout 以概览的方式来表现典型的调试工作流程，同时按照要求提供具体的信息。

IEDScout 能够支持 IEC 61850 Ed.1 和 Ed.2、IEC 61400-25，并应用于任何制造厂符合 IEC 61850 要求的 IED。IEDScout 是根据 IEC 61850 标准中的发布/订阅模式来模拟 IEC 61850 标准报文的收发的，它可以根据给定的 SCL 文件或 SCD 文件，获取网络中相关的报文，也可以在网络中模拟发送相应的报文。因此，IEDScout 不仅是 IEC 61850 协议下一款优秀的报文获取与分析工具，而且可以作为一种 IEC 61850 协议测试工具。

同样地，随着 IEC 61850 标准在中国的广泛应用，大量类似于 IEDScout 的工具被开发出来。诸多的继电保护产品供应商、测试仪器供应商开发出了 IEC 61850 客户端工具，这种工具也以发布/订阅模式直接模拟一个 IED，与网络中的其他设备进行通信，从而获取基于 IEC 61850 标准的网络报文，并根据需要按照一定的规则和要求模拟发送网络报文。

二、抓包工具的应用

1. Ethereal/Wireshark

Ethereal/Wireshark 工具的应用，只需要借助一台笔记本电脑及配套的网卡，且具有良好的兼容性及便利性，能够在互联网上方便地下载到并不断地有更加完善、稳定的新版本出现，受到了广大电力技术人员的欢迎，广泛地应用在智能变电站报文的获取与分析中。

在智能变电站调试、验收、异常或故障事件分析等过程中，通过在笔记本电脑中安装 Ethereal/Wireshark 软件，设置好网卡及软件抓包参数，将网线接入任何一个网络接口，均可直接获取到网络报文，并实时地进行协议分析。对于智能变电站中的光纤接口，在抓取报文时，通常还需要借助于光电转换器，使笔记本电脑的网口能够直接抓取光口设备的网络报文。另外，Ethereal/Wireshark 也可以载入标准的 PCAP 格式的网络报文进行离线分析。

2. 协议分析仪/网络报文分析仪

网络报文分析仪是在协议分析仪发展的基础上，根据电力系统及智能变电站的应用需要进行协议分析的。在 2005 年左右，协议分析仪被用于变电站通信协议的分析。随着 IEC 61850 标准及智能变电站技术的发展，网络报文分析仪已经成为一种新型的变电站协议分析工具。

通常，网络报文分析仪是一种软硬件相结合的工具，通过高速的 FPGA 或其他架构的数据采集硬件，实时地获取网络报文，根据给定的 SCD 文件或解码规则，对从网络中获取的报文进行解码分析，并以一种便于工程技术人员查看的图文形式展示报文内容。在应用中，通常需要事先导入 SCD/配置文件，设置好抓包要求及报文参数等，定向地抓取网络中的 GOOSE、SV、MMS 报文。

相比较于 Ethereal/Wireshark 工具，网络报文分析仪因具有独特的硬件结构，能够完成更多网络报文的实时获取和实时分析功能，从而更加贴近于智能变电站日常的工作，逐渐成为智能变电站运行维护不可缺少的工具。另外，网络报文分析仪逐渐地集成化、小型化，便携式网络报文分析仪在外观形态上已经能够做到万用表大小，并且使用流程越来越简单，能够根据工程技术人员进行定制。

3. 其他工具

随着网络报文分析仪的快速发展，Sniffer、协议分析仪等工具已经逐渐淡出智能变电站，IEDScout/IEC 61850 客户端也更多地被应用于 IEC 61850 协议或报文测试与分析工作中。

第三节　网络报文分析的方法

一、Ethereal/Wireshark 分析方法

Ethereal/Wireshark 界面如图 7-4 所示。

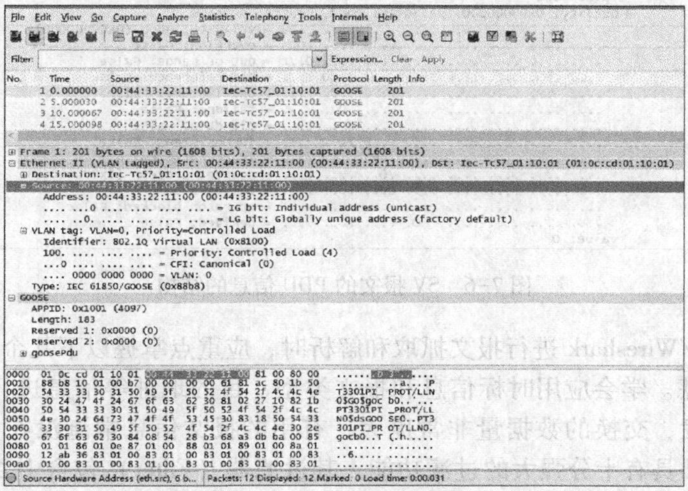

图 7-4　Ethereal/Wireshark 界面

从图 7-4 可以看出，抓取和分析报文时，界面分为 3 个部分，即报文列表区、报文解析区、原始报文区。在报文列表区中，系统根据时间顺序列出了获取到的每一帧报文的时间、目的地址、报文类型、报文长度等信息；在报文解析区中，系统将报文原始十六进制数据解析为可识别的报文内容，其中按照 IEC 61850 报文的规约格式，又分为报文头信息和 GOOSE 报文或 SV 报文的 PDU 信息。GOOSE 报文和 SV 报文的 PDU 信息的结构分别如图 7-5 和图 7-6 所示。

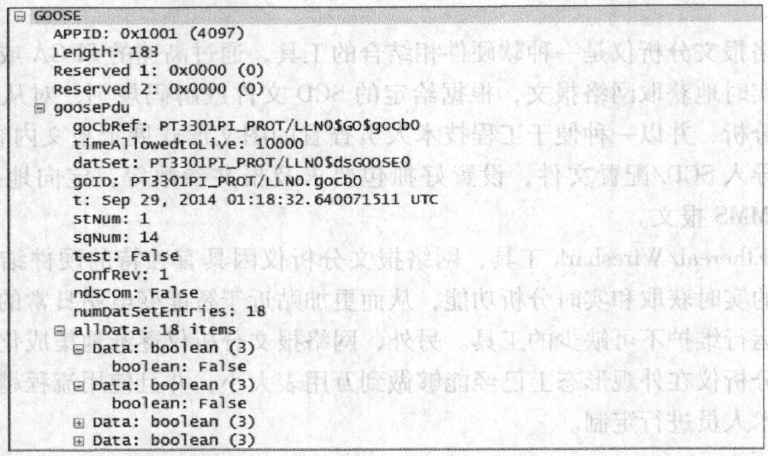

图 7-5　GOOSE 报文的 PDU 信息的结构

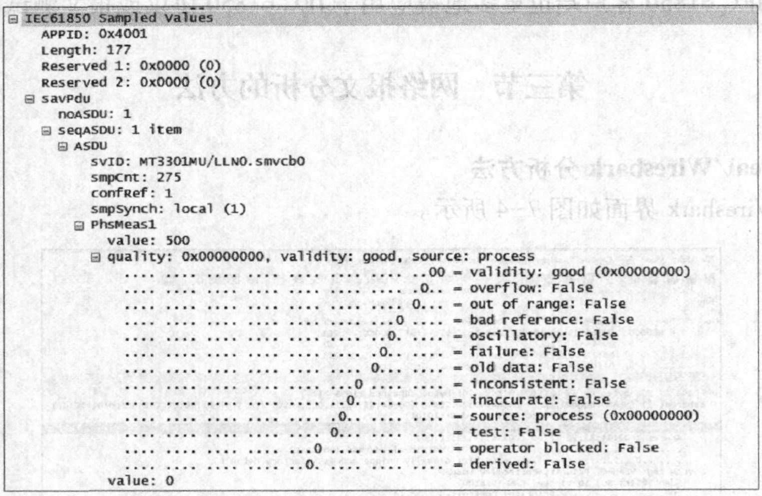

图 7-6　SV 报文的 PDU 信息的结构

利用 Ethereal/Wireshark 进行报文抓取和解析时，应重点掌握以下几个方法：

（1）报文过滤。学会应用时标信息和报文类型、目的地址等信息进行报文筛选，因为以太网中实时转发、交换的数据量非常庞大，有用的报文信息常淹没在大量的报文之中。Ethereal/Wireshark 具有十分强大的过滤功能，其过滤器（Filter）包含上百种网络协议，并支持自定义的编辑功能，能够根据报文的特定字段、报文参数、时间等多个特征进行检索和过滤。

（2）报文时序。每一帧报文在被抓取时都会按照时间先后顺序被打上时标，时标能够精确到微秒级别。在使用 Ethereal/Wireshark 进行报文抓取时，应做到有的放矢，根据需要对特定时间的特定设备进行抓取，根据报文事件间隔特征进行分析。

（3）报文比较。对于某一特定的设备，当其模型文件配置完成后，其发送的报文字节数将成为一个固定值，报文中的大部分参数（计数器除外）将固定不变。在分析报文时，尤其是查找故障、分析异常时，比较报文内容时可首先比较报文长度和报文特征值，如目的地址、APPID 等。

具体的 GOOSE、SV、MMS 报文解读方法及典型案例分析见本章第四节。

二、网络报文分析仪分析方法

目前，应用在智能变电站中的网络报文分析仪有两种；一种是与智能变电站二次设备及系统同时运行的在线式网络报文记录与分析装置；另一种是便携式网络报文分析仪，主要作为运维、检修、调试人员的工具使用。这两种网络分析仪均能导入 SCD 文件进行相应配置，在抓取报文、分析报文过程中，能根据 SCD 文件中已经配置的实例化描述对解析的报文进行解析，有利于技术人员更加直观、准确地读取报文内容。

1. 在线式网络报文记录与分析装置

这种装置在运行过程中，能够实时地记录所有配置的设备的报文信息，并实时对各类报文的异常情况进行告警，通过告警直接链接打开对应异常时刻的报文，在运行中，可根据告警日志及时查询异常报文，结合异常前、异常后的报文状态进行比较分析；同时，也可根据时间、故障类型、异常类型、报文类型、设备型号等信息从记录在存储系统中的历史数据库中查找特定的报文。

2. 便携式网络报文分析仪

这种分析仪一般不附带大的存储系统，更多地被用于实时报文的获取和实时分析方面。应用这种分析仪时，结合现场的操作实时监视报文的状态变化，以此验证操作内容或查找异常。

另外，在线式网络报文记录与分析装置和便携式网络报文分析仪的品牌、型号众多，人机操作界面各不相同，但使用方法总体上较为相似，都需要先导入 SCD 文件并进行配置，选择收发数据的数据口及选定的设备模型文件等，具体的使用方法这里不一一赘述。

三、基于网络报文分析的高级应用

下面根据网络报文分析的特点介绍几种网络报文分析在智能变电站中的应用。

1. 二次设备状态监测

在线式网络报文记录与分析装置具备监测和分析接入 GOOSE、SV、MMS 网的所有报文的功能，为智能变电站二次设备状态信息的实时监测提供了信息承载和应用的平台，而智能变电站中继电保护设备具备采集二次设备及自身状态信息的功能，能够根据时间或状态变化上传自身或回路的状态信息、自检信息。基于这两个方面，将继电保护装置的各类状态报文以 IEC 61850 标准传输给网络报文分析装置以实现对继电保护状态的监测是具备可行的技术基础的。

目前，智能变电站二次设备已经具备了通过报文发送自身状态的功能，如图 7-7 所示。

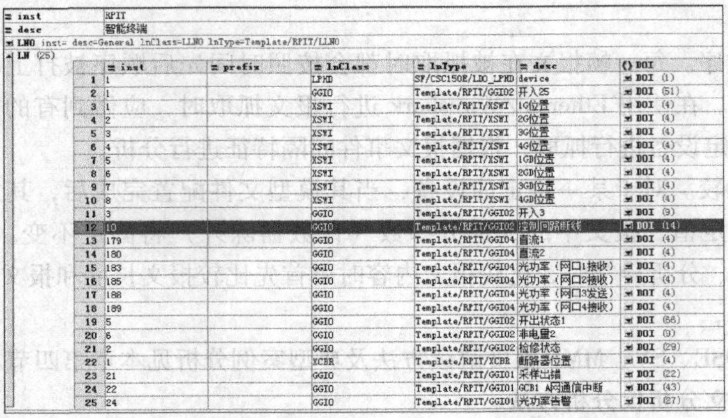

= inst	RPIT
= desc	智能终端

LN0 inst= desc=General lnClass=LLN0 lnType=Template/RPIT/LLN0

LN (25)

	= inst	= prefix	= lnClass	= lnType	= desc	{} DOI
1	1		LPHD	SF/CSC150E/LD0_LPHD	device	DOI (1)
2	1		GGIO	Template/RPIT/GGIO2	开入25	DOI (51)
3	1		XSWI	Template/RPIT/XSWI	1G位置	DOI (4)
4	2		XSWI	Template/RPIT/XSWI	2G位置	DOI (4)
5	3		XSWI	Template/RPIT/XSWI	3G位置	DOI (4)
6	4		XSWI	Template/RPIT/XSWI	4G位置	DOI (4)
7	5		XSWI	Template/RPIT/XSWI	1GD位置	DOI (4)
8	6		XSWI	Template/RPIT/XSWI	2GD位置	DOI (4)
9	7		XSWI	Template/RPIT/XSWI	3GD位置	DOI (4)
10	8		XSWI	Template/RPIT/XSWI	4GD位置	DOI (4)
11	3		GGIO	Template/RPIT/GGIO2	开入3	DOI (9)
12	10		GGIO	Template/RPIT/GGIO2	控制回路断线	DOI (14)
13	179		GGIO	Template/RPIT/GGIO4	直流1	DOI (4)
14	180		GGIO	Template/RPIT/GGIO4	直流2	DOI (4)
15	183		GGIO	Template/RPIT/GGIO4	光功率（网口1接收）	DOI (4)
16	185		GGIO	Template/RPIT/GGIO4	光功率（网口2接收）	DOI (4)
17	188		GGIO	Template/RPIT/GGIO4	光功率（网口3发送）	DOI (4)
18	189		GGIO	Template/RPIT/GGIO4	光功率（网口4接收）	DOI (4)
19	5		GGIO	Template/RPIT/GGIO2	开出状态1	DOI (66)
20	6		GGIO	Template/RPIT/GGIO2	非电量2	DOI (9)
21	2		GGIO	Template/RPIT/GGIO2	检修状态	DOI (29)
22	1		XCBR	Template/RPIT/XCBR	断路器位置	DOI (4)
23	21		GGIO	Template/RPIT/GGIO1	采样出错	DOI (22)
24	22		GGIO	Template/RPIT/GGIO1	GCB1 A网通信中断	DOI (43)
25	24		GGIO	Template/RPIT/GGIO1	光功率告警	DOI (27)

图 7-7 智能终端状态信息示意图

从图 7-7 可以看出，开入信息、回路状态、光功率、开出状态、检修状态、采样状态、网络状态等信息均可以配置并通过报文输出。因此，网络报文记录与分析装置可以实时采集各二次设备的报文，从而监视其状态。表 7-1 列出了智能变电站主要二次设备可监视信息的内容。

表 7-1　　智能变电站主要二次设备可监视信息的内容

所属设备类型	状态监测项目	具体监测内容
继电保护及自动化设备（包含测控装置）	采样值监测	监测采集的电流/电压、频率、相角数值和相位极性，以及采样值丢帧、抖动、双 AD 一致性、同步特性等异常状态
	二次回路监测	绝缘、气压、油压闭锁回路状态等
	保护定值	保护定值校验错误、定值区出错等
	运行方式	压板、控制字投入/退出状态、功能投入状态
	装置板件	DSP 出错、电源异常、硬件温度高等
	端口	端口光功率、衰耗值、网络性能（吞吐量等）
	运行工况	装置告警情况、闭锁状态、开入/开出状态、装置启动情况、检修状态、命令执行情况、遥控执行状态、人机接口运行状态等
	纵联通道状态	通道误码率、衰耗值、丢帧、差流、补偿值、延时、识别码等
	通信状态	GOOSE、SV 断链、网络风暴、丢帧等
智能终端	户外柜温湿度	直流量显示的温度、湿度及其他模拟量采集
	开入量状态	一次设备位置、状态、油压/气压状态及非电量信息
	动作执行情况	分合闸命令执行情况等
	装置异常状态	装置温度高、对时异常
合并单元	采样值状态	采样值采集状态、电流/电压、频率、相角数值和相位极性，以及采样值丢帧、抖动、双 AD 一致性、同步特性等异常状态
	互感器状态	互感器油压/气压、远端模块状态、绝缘情况等
	供能模块状态	激光供能、线圈取能状态、激光强度、线圈状态
	端口状态	端口光功率、衰耗值、网络性能（吞吐量等）

但是，广泛地应用网络报文记录与分析装置进行二次设备状态监测还面临以下几个问题：

（1）需要保证准确、有效的继电保护状态信息。为了实现对继电保护状态信息的监测，首先要保证继电保护设备发出的自检信息、运行情况、采样值信息等的准确性，可以通过被采集的状态信息与全站其他设备、回路、系统的报文进行校验，以增加对信息准确性的判断；其次，智能变电站继电保护设备的状态信息的实时性必须得以保证，所以必须保证网络报文分析装置与被监测装置的同步对时，从而保证数据的有效性。

（2）针对智能变电站继电保护状态信息监测，需要开发能够完全支持网络报文分析装置信息采集的新型继电保护设备，建立相应标准化的 IEC 61850 模型。新型继电保护设备能够全面统一地开放其自检信息，并以标准的格式传输给网络报文分析装置。

（3）需要开发完善的智能变电站继电保护设备状态信息监测系统。该系统实时运行于网络报文分析装置，可采集设备状态信息，并能与其他动作、告警等报文进行对比分析，以变电站整站的角度完成对继电保护设备的监测与综合分析，从而进一步支撑一体化监控系统和调控系统。

2. 配置校验

由于在线式网络报文记录分析仪实时地记录和分析每一个继电保护设备、测控设备的报文信息，那么根据记录的 GOOSE、SV、MMS 报文信息可以实现设备信息、校验码信息与 SCD 文件进行比对分析，从而实现继电保护、测控设备配置文件的一致性校验。

3. 安全措施校核

实现基于网络报文分析的智能变电站二次设备安全措施校核功能，如图 7-8 所示，包括以下几个内容：

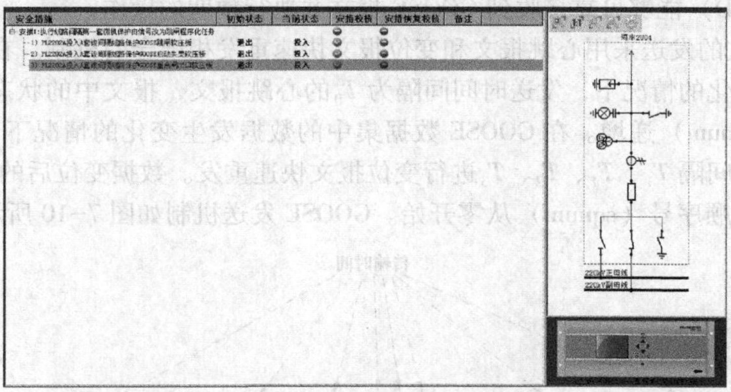

图 7-8　安全措施演示图

（1）通过各二次设备报文包含的状态信息，确定设备运行操作状态。

（2）经过 SCD 解析后，建立 SV/GOOSE 虚拟二次回路连线、虚端子、软压板、引用路径间的一一对应关系。

（3）依据 IED 类型、接线方式、保护原理，制定线路保护、变压器保护、母线保护、电抗器保护、测控装置及其辅助装置（合并单元、智能终端）检修及改扩建操作的安全措施原则。

(4) 对 IED 间的复杂关联关系进行逻辑抽象与模型等效，编写安全措施、策略的计算机程序。

4. 运行分析

采用先进的大数据分析理论，对变电站一定时期内所有二次设备报文数据进行统计和分析，得出二次设备的运行规律。运行分析功能可以作为智能变电站站端辅助决策系统的功能之一，实现对网络负荷、告警次数、SV 数据性能监视、设备状态变化次数等多方面的统计分析。合并单元采样值数据离散性监测统计结果如图 7-9 所示。

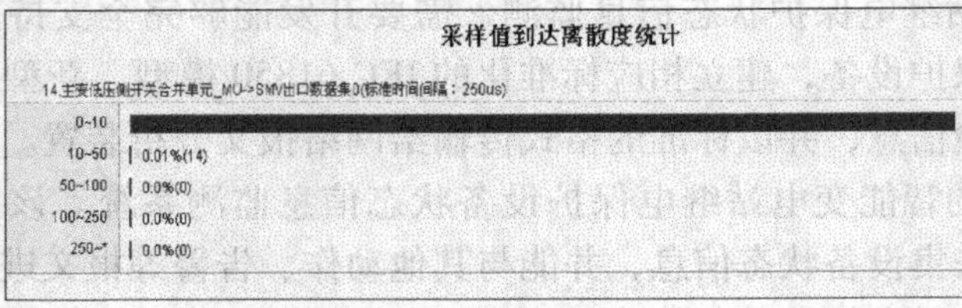

图 7-9　合并单元采样值数据离散性监测统计结果

第四节　典型网络报文信息解读

一、典型 GOOSE 报文解读

GOOSE 报文主要用于实现多 IED 之间的状态、事件信息的传递，包括传输跳合闸信号(命令)、断路器（隔离断路器、接地开关等）位置信号、告警信息、闭锁信号等。GOOSE 报文采用发布/订阅机制，能够检查数据有效性和 GOOSE 报文的丢失、重复、重发等，以保证智能装置（IED）能够可靠接收到 GOOSE 报文并执行预期的操作。

GOOSE 报文的发送采用心跳报文和变位报文快速重发相结合的机制。在 GOOSE 数据集中的数据没有变化的情况下，发送时间间隔为 T_0的心跳报文，报文中的状态号（stnum）不变，顺序号（sqnum）递增。在 GOOSE 数据集中的数据发生变化的情况下，发送一帧变位报文后，以时间间隔 T_1、T_1、T_2、T_3进行变位报文快速重发。数据变位后的报文中的状态号(stnum）增加，顺序号（sqnum）从零开始。GOOSE 发送机制如图 7-10 所示。

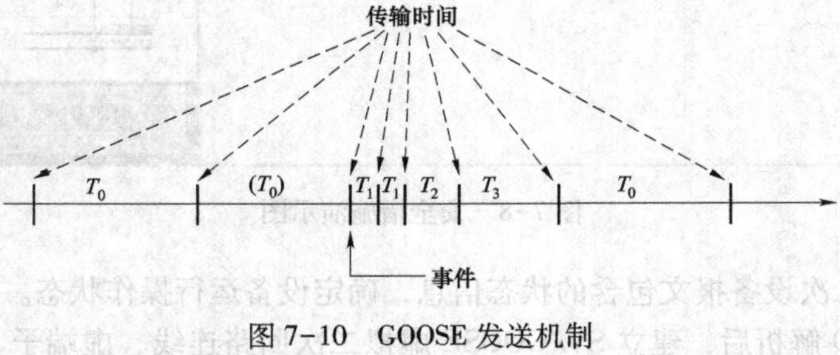

图 7-10　GOOSE 发送机制

当事件发生时，IED 设备分别以 T_1、T_1、T_2、T_3间隔发送 5 次 GOOSE 报文，其他无事件发生时间，则以 T_0 间隔发送，其中，T_1 通常设定为 2ms，$T_2=2T_1$，$T_3=2T_2$，T_0 及 MAX-time 通常设定为 5000ms，心跳报文的发送时间间隔即为 $2T_0$。

在智能变电站正常运行过程中，GOOSE 报文始终以心跳间隔或重发机制发送，但在一些网络异常、设备故障情况下，装置GOOSE报文的传输会相应出现异常，表现在继电保护、测控、合并单元、智能终端等设备上，这时会根据GOOSE报文状态发出相应告警报文。常见GOOSE异常报文有以下几种：

（1）GOOSE总告警。继电保护设备（包括智能终端、合并单元等）的GOOSE总告警通常反映GOOSE链路中断、GOOSE数据异常等情况，测控装置的GOOSE总告警反映测控过程层GOOSE收信中断（所有接收过程层智能终端、合并单元的GOOSE通信口合成）、测控联闭锁GOOSE收信中断（根据该间隔测控装置联闭锁范围，对影响相应测控联闭锁功能的GOOSE接收通信端口进行合成）等情况。GOOSE总告警信号通常是伴随着GOOSE报文其他告警信号同时发出的。

（2）GOOSE链路中断。当IED设备在超过2倍心跳时间仍未接收到GOOSE信号时，发出GOOSE链路中断信号，该信号在工程实施过程中，通常会根据接收来自不同IED的GOOSE报文来命名，如“变压器保护收高压侧智能终端GOOSE通信中断”。造成GOOSE链路中断的常见原因主要有GOOSE通信回路中断（光纤中断）、GOOSE配置错误、GOOSE网络异常、装置失电等。

（3）GOOSE数据异常。常见的GOOSE数据异常主要有GOOSE配置信息异常（包括GOOSE报文中GocbRef、DatSet、goID、ConfRev、数据集条目个数、数据集条目数据类型、组播地址等任意一条件与模型配置不一致时）、GOOSE状态错误（包括GOOSE状态虚变、GOOSE状态异常变化、GOOSE发送超时、GOOSE报文帧结构错误等）等情况。GOOSE数据异常信号主要是由变电站配置文件错误、组态错误、网络异常等原因造成的。

（4）GOOSE检修不一致。在智能变电站中，继电保护装置、测控装置、智能终端、合并单元等二次设备投入检修压板时，其所发出的GOOSE报文中的test位为ture，未投入检修压板的设备发出的GOOSE报文中的test位为false。当继电保护装置或测控装置与智能终端、合并单元与智能终端、继电保护装置之间存在检修状态不一致时，IED设备收到其他设备发送的GOOSE报文中的test位与自身检修状态位不一致，则不处理收到的GOOSE报文。因此，当智能变电站有报文收发关系的二次设备检修状态不一致时，接收报文的IED设备会报出GOOSE检修不一致报文。

二、典型SV报文解读

SV报文即采样值报文，主要用于传输智能变电站中合并单元发出的电流、电压等采样值信息。合并单元输出的电子式互感器采样数据还包括电子式互感器采样响应延时。一般情况下，额定延时时间不大于2ms，采样频率4000Hz，每两帧SV采样值报文的时间间隔为250μs，间隔离散值通常应小于10μs，通道延时需要在采样数据集中作为一路通道发送。

合并单元每秒输出的4000帧SV报文是按照采样计数器smpCnt从0至3999来排序的。

（1）SV总告警。继电保护装置SV总告警信号应反映SV采样链路中断、SV采样数据异常等情况，测控装置SV总告警信号应反映测控所有接收合并单元的SV链路中断、数据异常等情况。SV总告警信号通常是伴随着SV报文其他告警信号同时发出的。

（2）SV采样链路中断。当SV采样值传输过程中出现光纤链路中断、网络异常引起的SV报文连续丢帧、SV配置错误等情况时，继电保护装置或测控装置会报出SV采样链路中断信号。

（3）SV采样数据异常（采样数据出错、SV通道异常）。常见的SV采样数据异常主要有SV报文配置不一致（包括svID、ConfRev、条目个数、组播地址等与模型配置不一致等)、SV报文smpCnt不连续、SV报文丢帧、双AD不一致、SV报文帧结构错误（包括TLV结构中tag位和length位的结构无法解析、TLV结构中length值超过报文长度、TLV结构中tag值与其所在位置不符，采样时间连续但smpCnt不连续等）等情况。通常SV采样数据异常主要是由变电站配置文件错误、组态错误、网络异常等原因造成的。

（4）采样数据无效。当SV报文中validity、test品质等值不为1时，判断该SV报文采样值无效。在智能变电站，造成SV报文采样值无效的情况有电子式互感器状态异常、A/D转换系统故障、合并单元本体异常、采样数据溢出、电磁干扰等。通常，继电保护装置、测控装置等收到连续采样数据无效的SV报文时，保护闭锁。

（5）SV检修不一致。在智能变电站中，继电保护装置、测控装置、智能终端及合并单元等设备投入检修压板时，其所发出的SV报文中的test位为ture，未投入检修压板的设备发出的SV报文中的test位为false。当继电保护装置、测控装置、智能终端与合并单元之间存在检修状态不一致时，IED设备收到其他设备发送的SV报文中的test位与自身检修状态位不一致，则不处理收到的SV报文。因此，当智能变电站有报文收发关系的二次设备检修状态不一致时，接收报文的IED设备会报出SV检修不一致报文。对于采集多个合并单元SV报文的保护装置，当与其中一个合并单元检修状态不一致时，保护装置将闭锁部分甚至全部功能。例如，母线保护装置采集多个支路合并单元采样值，当其中某一支路合并单元与母线保护检修状态不一致时，母线保护闭锁。因此，这种采集多个间隔采样值的保护装置可以通过退出某一支路SV来实现检修状态不一致时保护不被闭锁。

三、典型MMS报文解读

在智能变电站中，MMS报文是用来实现IED信号上传、测量值上传、定值上传、控制、故障报告、文件操作等功能的，被广泛用于继电保护装置、测控装置、故障录波器等间隔层设备与监控系统、远动装置、故障信息子站等站控层设备之间的通信。

智能变电站常见MMS报文主要是继电保护装置、测控装置通信中断，由站控层监控系统或远动设备判别。另外，针对间隔层设备还存在A、B双网情况，则分别报MMS A网通信中断或MMS B网通信中断。

四、其他典型报文解读

1. 对时异常

在智能变电站，IED通常需要时间同步系统的对时信号，当对时信号丢失或对时信号发生跳变、闰秒等情况时，IED会发出对时异常的告警报文。

2. 网络风暴异常

当测控装置、智能型网络报文记录分析装置和以太网交换机等侦测到网络中存在大量重复的报文，且这些报文达到一定值时，报出网络风暴异常的告警报文。这种网络风暴主要由IED硬件故障、网络结构或设置不合理及计算机病毒或黑客攻击等原因造成。在智能变电站中，若网络设置不当，一些情况下智能变电站的正常业务数据会造成网络阻塞。若设备或系统判断网络风暴的判据并未同时监测网络流量和单位时间内的转发次数，则这种网络阻塞会被判断为网络风暴。例如，智能变电站的中心交换机接入的合并单元过多而流量限制措施不到位，会导致网络压力较大，在一些特殊情况（如异常跳闸或对时异常等情况）下，全站的GOOSE报文大量转发，造成网络上出现丢帧、网络流量超过阈值等的告警信息。

第八章

智能变电站的通信网络系统

随着计算机技术和信息网络技术的纵深发展，变电站作为输、变、配电系统的信息源和执行终端要求提供的信息量和实现的集成控制越来越多，数字化、智能化成为变电站自动化系统（Substation Automation System，SAS）发展的趋势和方向，信息数字化及信息模型化的要求越来越迫切。

高速、可靠和开放的通信网络及完备的通信系统标准是数字化、智能化变电站实现的技术保障，特别是最新颁布的变电站通信网络与系统的 IEC 61850 国际标准为变电站通信网络系统的建设提供了具体规范。

第一节　IEC 61850 标准介绍

SAS 在我国应用发展几十年来，为保障电网安全、经济运行发挥了重要作用。目前在由常规变电站向数字化、智能化变电站过渡的过程中，多少还存在着二次接线复杂、自动化系统功能独立、缺少集成应用和协同操作、数据不能有效共享等问题。这些问题大多是由变电站整体数字化和信息化水平不高、缺乏能够完备实现信息标准化和设备之间互操作的变电站通信标准造成的。因此，研究和实践基于 IEC 61850 的变电站通信网络具有重要的现实意义。

一、标准概述

（一）变电站通信标准的发展历史

20 世纪 90 年代初，国际电工技术委员会（International Electrotechnical Commission，IEC）发现来自不同厂家的 IED 需要有标准的信息接口才能实现设备之间的互操作性能（Interoperability），为此专门成立了国际电工技术委员会第 57 技术委员会（IEC TC57）和国际电工技术委员会第 95 技术委员会（IEC TC95）联合工作组，制定了《继电保护设备信息接口标准》，即 IEC 60870-5-103 标准。

1990 年，美国电力科学研究院（Electric Power Research Institute，EPRI）针对来自不同厂商的 IED 不能实现互操作的问题，开展了公共通信体系（Utility Communication Architecture，UCA）的制定工作，旨在提供功能强大、具有广泛适应性的通信协议。

这样就同时出现了 UCA 和 IEC 60870-5-103 两种标准，为避免两个版本的标准发生冲突，也为了实现“一个世界、一种技术、一个标准”的协同体系，1994 年，德国国家委员会率先提出制定通用 SAS 标准的建议。经过研究探讨，1995 年，IEC 决定以 UCA 2.0 数据模型和服务为基础，建立世界范围的 IEC 统一标准。为此，IEC TC57 专门成立了 3 个工作组（Work Group，WG）——WG10、WG11、WG12，负责制定 IEC 61850 标准。工作组成员分别来自欧洲、北美和亚洲国家，他们有电力调度、继电保护、电厂（变电站）、操作运行及电力企业的技术背景，其中有些成员参加过北美及欧洲相关标准的制定工作。3 个工作组的具体分工如下：

（1）WG10（第 10 工作组）负责变电站数据通信协议的整体描述和总体功能定义；

（2）WG11（第 11 工作组）负责站级数据通信总线的定义；

（3）WG12（第 12 工作组）负责过程级数据通信协议的定义。

1998 年，在与 EPRI 和 IEEE 沟通、协调后，IEC 以 UCA 2.0 中的设备模型和应用服务模型为基础，同时参考 IEC 60870-5-101/103 等标准，开始制订 IEC 61850 标准；在各方的积极努力下，IEC 在 1999 年 3 月提出了 IEC 61850 标准的委员会草案版本。

1999 年，IEC TC57 京都会议和 2000 年的战略专家协商小组 SPAG 会议都提出将 IEC 61850 作为变电站通信网络与系统的唯一国际标准和电力系统无缝通信体系（变电站内、变电站与控制中心之间）的基础；2003 年 9 月至 2005 年 6 月，IEC 61850 各部分的正式版本（Ed1.0）陆续颁布。随着网络通信技术的发展，标准细节的完善至今仍在进行中。

2007 年底，全国电力系统管理及其信息交换标准化委员会在审查通过了 IEC 61850 系列标准的国内翻译文稿后，将其等同引用为《变电站通信网络和系统》（DL/T 860）国家标准。自该标准发布以来，国内有关电力系统自动化产品研制单位积极参与研究和产品开发，国家电力调度通信中心也组织有关单位和厂家进行了 6 次互操作试验，完成了实时信息和其他信息传输要求的服务及模型建制，IEC 61850 得到了越来越广泛的工程应用。

（二）IEC 61850 标准制定原因及目的

IEC 61850 协议体系标准是基于通用网络平台的变电站自动化系统的唯一国际标准，它改变了以前变电站自动化系统的封闭式结构，使之成为开放性和标准性系统。制定 IEC 61850 标准的主要原因如下：

（1）随着变电站自动化技术的发展，变电站自动化系统产品（如通信协议、应用程序接口、数据描述等）也在不断增加，由于没有统一的标准和规范，各厂家使用的网络和通信协议互不兼容。为保证设备之间的互操作性，就必须花很大的代价做通信协议转换装置，这样一方面降低了系统的可靠性，另一方面也增加了系统建设的成本和维护工作的复杂性。

（2）在以前的变电站自动化系统中，有时候相同的数据，甚至是相同的功能，由于在不同的应用中使用，必须重新进行设置，既烦琐又容易出错。如果能重复使用这些相同的数据或功能，则将有效地减少工作量，提高工作效率。

（3）为了能将新的应用技术持续、快速地整合到现有的变电站自动化系统中，需要有能涵盖通信技术与应用数据含义的统一通信协议标准。

制定 IEC 61850 标准的目的主要有以下几个方面：

（1）实现设备的互操作性。IEC 61850 标准允许不同厂商生产的 IED 进行信息交换，并且利用这些信息实现设备本身的特定功能。

（2）建立系统的自由结构。分配到 IED 和控制层的变电站自动化功能并非固定不变，它与可用性要求、性能要求、价格约束、技术水平、公司策略等密切相关。IEC 61850 标准允许变电站自动化系统的功能在不同设备间自由分配。

(3) 保持系统的长期稳定性。IEC 61850 标准具有面向未来的开放特性，能够满足不断发展的通信技术与变电站自动化系统相互融合的需求。

(三) 相关的参考标准

在制定 IEC 61850 标准的过程中，IEC TC57 的 3 个工作组 WG 10、WG11、WG12 参考和借鉴了已有的许多相关标准，主要包括：

(1) IEC 60870-5-101——远动通信协议标准；

(2) IEC 60870-5-103——继电保护信息接口标准；

(3) UCA 2.0——公共设备通信体系标准；

(4) IEC 60870-6——计算机数据通信标准。

(5) ISO/IEC 9506——制造报文规范（Manufacturing Message Specification，MMS）。

以上这些标准的内容在 IEC 61850 中都有不同程度的引用和反映。

二、结构与内容

IEC 61850 标准是 IEC TC57 近年来发布的最重要的一个国际标准，它吸收了多种国际最先进的新技术，并且大量引用了目前正在使用的多个领域内的其他国际标准，是一个十分庞大的标准体系。

(一) IEC 61850 标准章节分布

IEC 61850 标准共分为 10 个部分。

第 1 部分 IEC 61850-1：概论；

第 2 部分 IEC 61850-2：术语；

第 3 部分 IEC 61850-3：总体要求；

第 4 部分 IEC 61850-4：系统和项目管理；

第 5 部分 IEC 61850-5：功能通信要求和装置模型；

第 6 部分 IEC 61850-6：与变电站有关的 IED 的通信配置描述语言；

第 7-1 部分 IEC 61850-7-1：变电站和馈线设备的基本通信结构　原理和模型；

第 7-2 部分 IEC 61850-7-2：变电站和馈线设备的基本通信结构　抽象通信服务接口（ACSI）；

第 7-3 部分 IEC 61850-7-3：变电站和馈线设备的基本通信结构　公用数据类；

第 7-4 部分 IEC 61850-7-4：变电站和馈线设备的基本通信结构　兼容逻辑节点类和数据类；

第 8-1 部分 IEC 61870-8-1：特定通信服务映射（SCSM）到制造报文规范 MMS（ISO 9506-1 和 ISO 9506-2）和 ISO 8802-3 的映射；

第 9-1 部分 IEC 61850-9-1：特定通信服务映射（SCSM）单向多路点对点串行通信链路上的采样值；

第 9-2 部分 IEC 61850-9-2：特定通信服务映射（SCSM）映射到 ISO/IEC 8802-3 的采样值；

第 10 部分 IEC 61850-10：一致性测试。

从 IEC 61850 通信协议体系的组成可以看出，这一体系对变电站自动化系统的网络和系统做出了全面、详细的描述和规范。

（二）IEC 61850 标准内容概述

（1）IEC 61850-1 部分介绍了标准制定的目的、历史沿革，对核心内容提炼并加以介绍；还介绍了标准制定的方法及标准如何适应通信技术的不断发展。

（2）IEC 61850-2 部分介绍了标准的特定术语集、缩写名词定义、规范性引用文件及标准其他部分所用到的定义，其中术语定义有 157 条。

（3）IEC 61850-3 部分介绍了变电站自动化系统对通信网络的总体要求，重点是对通信网络的质量要求，此外还述及了环境条件和辅助服务的指导方针，并根据其他标准与规范对相关的要求提出了建议。

（4）IEC 61850-4 部分介绍了系统与项目管理的过程及要求，包括以下几方面内容：

1）工程过程及其支持工具；

2）整个系统及 IED 的生命周期；

3）开始于研发阶段终止于变电站自动化系统及 IED 停产退出运行的质量保证。

该部分内容主要规范了 SAS 的参数化、文档化等工程管理要求，以及 SAS 的质量保证，重点是试验设备、试验内容，如系统测试、型式试验、例行试验、一致性测试等。

（5）IEC 61850-5 部分规范了变电站自动化系统所要实现功能的通信要求与设备模型，对所有已知的功能和它们的通信要求加以辨别。此部分内容对功能的描述不是用于功能的标准化，而是为了区分变电站与技术服务、变电站内 IED 之间的通信要求，其基本目的在于实现设备的互操作性能。另外，该部分提出了变电站内的各种通信报文的通信时间要求，以及如何验证整个系统的通信性能要求。

（6）IEC 61850-6 部分规定了与通信相关的 IED 配置和参数、通信系统配置、开关间隔功能结构及它们之间关系的文件格式，即变电站 IED 的配置描述语言 SCL。主要目的在于以某种兼容的方式在不同厂商提供的 IED 配置工具和系统配置工具之间交换 IED 的性能描述和变电站自动化系统的描述。

（7）IEC 61850-7 部分从应用、设备、通信的观点为对象建模，介绍了标准用到的建模方法、通信原理及信息模型，此外还解释了与 IEC 61850-5 之间的关系。

（8）IEC 61850-8 规范了通过局域网将抽象通信服务接口（Abstract Communication Service Interface，ACSI）的对象与服务映射到 MMS 和 ISO/IEC 8802-3，从而实现数据交换的方法。ACSI 到 MMS 的映射定义了如何利用 MMS 的概念、对象和服务来实现 ACSI 的概念、对象和服务，并且允许不同厂商生产的设备改进功能以实现互操作。

（9）IEC 61850-9 规定了用于间隔层和过程层之间通信的特定通信服务映射，包括用于采样值传输的抽象服务的映射，映射到 ISO/IEC 8802-3 采样值的串行单向多路点对点连接。本部分内容适用于电子式电流互感器或电压互感器的组合单元与诸如继电保护的间隔设备之间的通信。

（10）IEC 61850-10 定义了变电站自动化系统设备一致性测试的方法，还给出了用于设置测试环境，以便进行一致性研究并建立有效性的准则。

三、标准的内涵及特性

IEC 61850 看起来很像一部新的协议，确切地说，它是一种新的变电站自动化方法，一种影响工程、维护、运行和电力行业组织的新方法，它采用面向对象的建模技术和面向未来通信的可扩展架构来实现“一个世界、一种技术、一个标准”的目标。

(一) 标准的内涵

1. 作为变电站的功能服务标准

SAS外部可视或可访问行为表现为一种或者多种自动化功能，抽象地说，SAS就是各类自动化功能服务的聚合。规范这些功能服务就可以建立整个SAS信息交互的标准，也就有可能实现IED之间的互操作。虽然各种IED的功能结构和运行机制千差万别，但SAS的各项功能相对固定，IED提供的功能服务可以准确分类和标识，规范IED的自动化功能服务是可行的。IEC 61850正是从分类变电站的自动化功能入手，通过约定自动化功能的语义和服务模型，规范各类自动化功能服务，以达到实现互操作的目的。

所以，IEC 61850是自动化功能服务的标准，而不是自动化功能的标准，它没有规定SAS功能的内容和性能，SAS功能的内容和性能由相应的应用标准规定。

2. 作为变电站的信息化标准

SAS的功能是自由分布的，既可以几项功能驻留在一个IED中（如保护测控一体化装置），也可以一项功能（如线路纵差保护）分布在几个IED中；只有借助信息化手段，才能将这些功能从不同实体中准确分离出来，加以标识并规范。IEC 61850完整指导了变电站信息化的过程：

（1）总结SAS的基本功能并进行标准化描述，将它们作为基本信息元素；

（2）归纳SAS必需的通信服务，建立通信服务模型，将它们作为信息交互方式的模板；

（3）将IED外部可视的自动化功能分解成基本信息元素，并结合通信服务模型构成信息模型。

信息模型是IED可视功能的虚拟镜像，IED的功能实现和对IED的访问都转移到信息模型；借助通信映射，变电站内的信息交互直接在虚拟的信息模型之间进行，如图8-1所示。

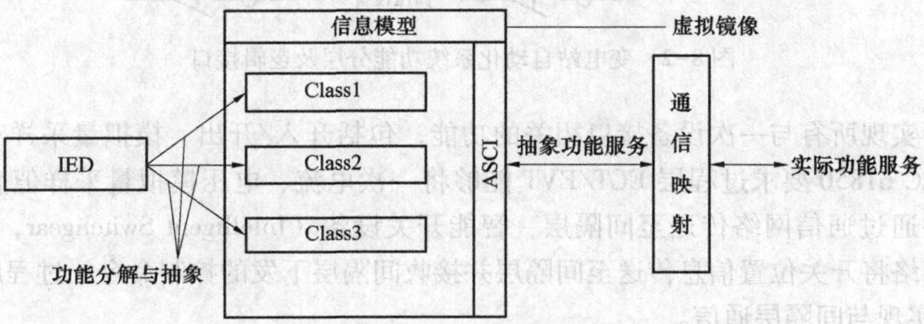

图8-1 IED信息化过程示意图

需要指出的是，变电站信息化的过程是变电站由面向设备转变为面向功能的过程，是SAS标准化的过程，也是IED之间实现互操作的前提。

3. 作为变电站通信网络与系统的标准

为实现包括互操作在内的各项目标，IEC 61850采用了大量抽象化、信息化和逻辑化的技术手段，而标准目标的最终实现还要承载在现实的信息交互上。为此，标准对变电站通信网络与系统做出了现实、全面和详尽的功能规范，包括通信方式与过程、报文类别及数据传输性能要求等，并且提供了参考方案。这对SAS，特别是变电站通信网络、IED产品设计及性能指标改进等都起到了指导作用。

与以往通信协议不同，IEC 61850 没有规定通信的具体实现形式，而是规定了与具体网络无关的抽象通信服务接口；针对不同的通信网络和协议，可采取不同的通信映射方法。这不仅可以满足不同自动化功能对通信过程、通信性能和可靠性的不同要求，而且能够跟踪采用最新的通信技术，具有适应通信技术快速发展的能力，为标准的不断拓展预留了空间。

总之，IEC 61850 标准的内涵可以简单概括为：以实现互操作为目标，以面向对象的功能服务为承载，以构建信息模型为手段，以规范数据通信为途径。

（二）标准的特性

1. 功能分层——变电站通信体系

IEC 61850 标准根据 SAS 所要完成的控制、监视和保护 3 大功能提出了变电站内功能分层的概念，无论从逻辑概念角度还是从物理概念角度，将变电站的通信体系分为变电站层、间隔层和过程层 3 个层次，并且定义了层和层之间的逻辑接口，如图 8-2 所示。

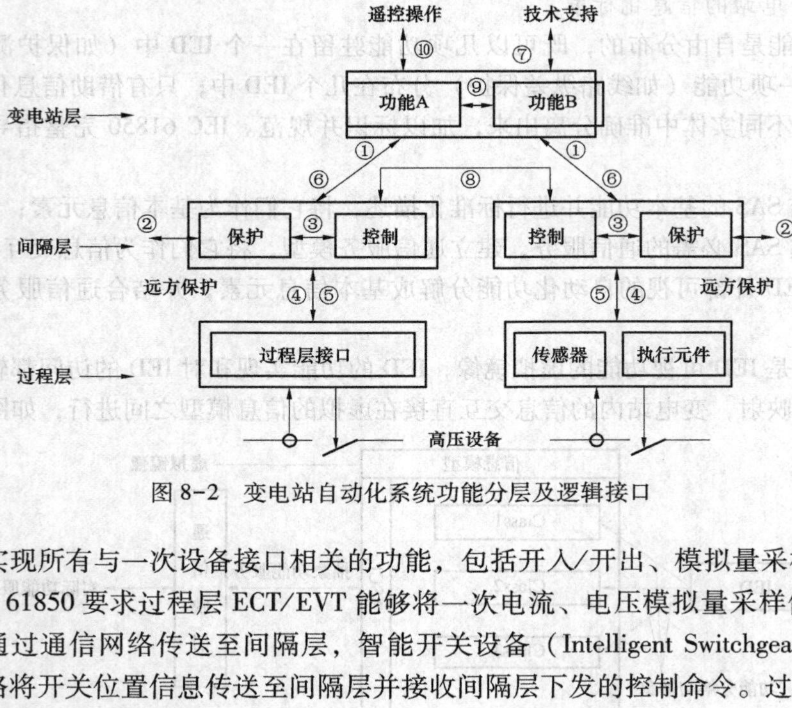

图 8-2　变电站自动化系统功能分层及逻辑接口

过程层实现所有与一次设备接口相关的功能，包括开入/开出、模拟量采样和控制命令发送等。IEC 61850 要求过程层 ECT/EVT 能够将一次电流、电压模拟量采样值直接转换为数字信息并通过通信网络传送至间隔层，智能开关设备（Intelligent Switchgear，ISG）能够通过通信网络将开关位置信息传送至间隔层并接收间隔层下发的控制命令。过程层通过逻辑接口 4、5 实现与间隔层通信。

间隔层的功能是利用本间隔的数据对本间隔一次设备产生作用，如线路保护设备或间隔单元控制设备就属于这一层。间隔层通过逻辑接口 4、5 与过程层通信，通过逻辑接口 3 完成间隔层内部通信功能。

变电站层的功能分为以下两类：

（1）与过程相关的功能。主要指利用各个间隔或全站信息对多个间隔或全站的一次设备进行监视和控制的功能，如母线保护或全站范围内的逻辑闭锁等，变电站层通过逻辑接口 8 完成通信功能。

（2）与接口相关的功能。主要指与远方控制中心、工程师站及人机界面的通信。其中，逻辑接口 1、6 完成与间隔层之间的保护、测控数据交换；逻辑接口 7、10 完成与工程师站、远方控制中心的数据交换；变电站层内部通过逻辑接口 9 完成数据交换。

IEC 61850 关于变电站功能分层的设定与现有系统存在差别：增加了过程层和独立的逻辑接口 4、5，过程层设备实现了间隔层设备的部分功能。随着 ECT/EVT、ISG 的广泛应用，间隔层功能下放到过程层将是必然趋势。

2. 采用与网络独立的 ACSI

电力系统信息传输的主要特点是信息有轻重缓急之分，并且要保证实时性能，对于通信网络，应有优先级和满足时间同步要求。但是现有的商用网络较少能同时满足以上两点要求，因此只能退而求其次，即选择容易实现、价格合理、比较成熟的网络，往往通过提高网络传输速率来解决实时性方面的问题。

IEC 61850 标准总结了电力生产、传变、输送和分配过程的特点和要求，归纳出电力系统所必需的信息传输网络服务，设计出 ACSI，它独立于具体的网络应用层协议（如目前采用的 MMS），与采用的网络（如现在采用的网络协议 IP：Internet Protocol）无关。

信息模型之间的数据交换由信息模型的功能服务实现。在总结 SAS 涉及通信服务的基础上，IEC 61850 定义了 14 类 ACSI 模型，用来规范信息模型的功能服务，包括服务器模型、应用关联（Application Association）模型、逻辑设备模型、逻辑节点模型、数据（Data）模型、数据集（Data Set）模型、替换（Substitution）模型、整定值控制块（Setting Group Control Block）模型、报告及记录控制块（Reporting and Logging Block）模型、通用变电站事件（Generic Substation Event，GSE）模型、采样值传输（Transmission of Sampled Values）模型、控制（Control）模型、时间及时间同步（Time and Time Synchronization）模型和文件传输（File Transfer）模型。每类 ACSI 模型都由若干抽象通信服务组成，每个服务又定义了服务的对象和方式。

服务方式包括服务的发起（Request）、响应（Response）和过程（Process），服务的过程是指某个具体服务请求如何被服务器所响应，以及采取什么动作在什么时候以什么方式响应。

ACSI 模型中的通信服务分为以下两类：

1）客户机/服务器模式，诸如控制、读写数据值等服务；

2）发布者/订阅者或对等交换模式，诸如采样值传输、GSE 服务等。

ACSI 通信流程及方法如图 8-3 所示。

ACSI 规范的信息模型功能服务独立于具体网络，即功能与通信解耦。功能的最终实现需要经过 SCSM，SCSM 负责将抽象的功能服务映射到具体的通信网络及协议上，具体包括：

1）根据功能需要和实际情况选择通信网络的类型和 OSI 模型的 1～6 层协议；

2）在应用层上（OSI 模型中的第 7 层）对功能服务进行映射，生成应用层协议数据单元（Application Protocol Data Unit，APDU），形成通信报文，如图 8-4 所示。

ACSI 对信息模型的约束是强制和唯一的，而 SCSM 的方法却是多样和开放的。采用不同的 SCSM 方法，可以满足不同功能服务对通信过程、通信速率及可靠性的不同要求，解决了变电站内通信复杂多样性与标准统一之间的矛盾；适时地改变 SCSM 方法，就能够应用最新的通信网络技术，而不需要改动 ACSI 模型，解决了标准的稳定性与未来通信网络技术发展之间的矛盾。IEC 61850 并不要求每种 SCSM 方法都能够映射 ACSI 所有的抽象服务。ACSI 向不同 SCSM 映射的过程如图 8-5 所示。

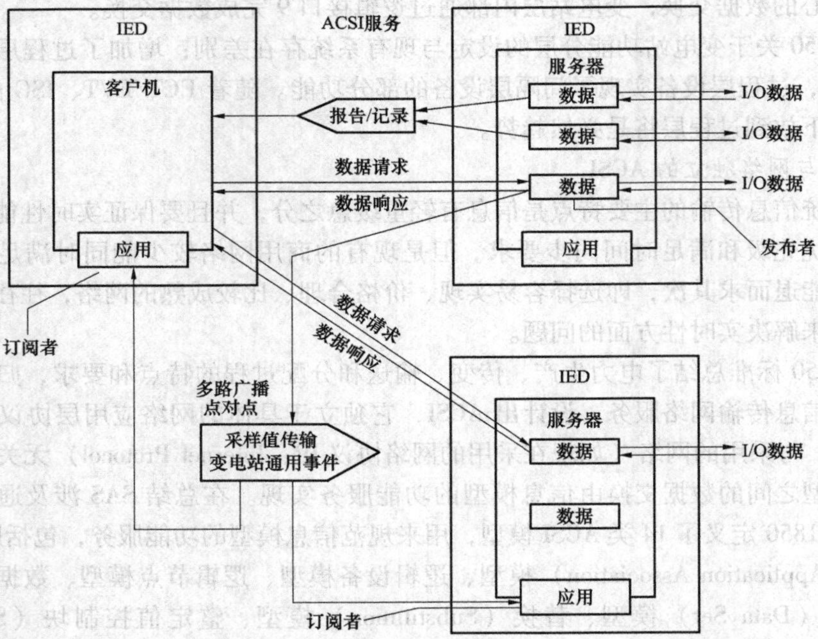

图 8-3　ACSI 通信流程及方法

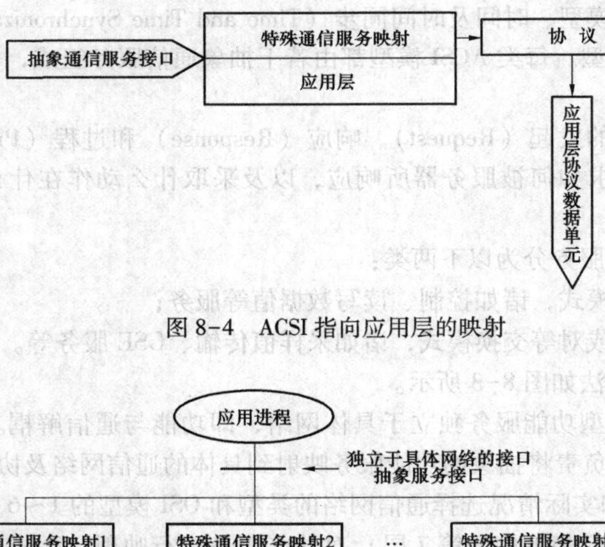

图 8-4　ACSI 指向应用层的映射

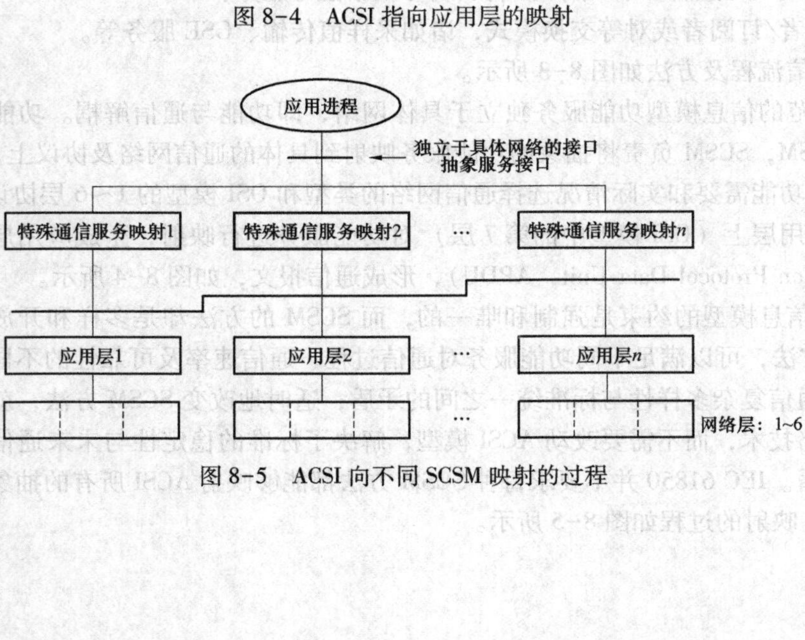

图 8-5　ACSI 向不同 SCSM 映射的过程

IEC 61850 标准使用 ACSI 和 SCSM 技术，解决了标准的稳定性与未来网络技术发展之间的矛盾，这是建立统一、开放和发展的 SAS 的有效方法。

3. 面向对象的开放性自我描述

在之前的信息传输过程中，必须事先将需要传输的变电站远动设备的信息与调度控制中心的数据库约定，并且一一对应，这样才能正确反映现场设备的状态。在现场验收前，必须使每一个信息动作一次，才能验证其正确性。这种技术是面向点的。由于技术的不断发展，变电站内新的应用功能不断涌现，已经定义好的协议可能无法满足传输这些新信息的需求，因而新功能的应用受到限制。

IEC 61850 视 IED 为客户机/服务器（Client/Server）的运行方式，客户机代表向其他 IED 请求或确认功能服务，服务器代表 IED 本身可视或可访问的自动化功能。而 IED 以客户机方式请求或确认功能服务的过程也就是其他 IED 以服务器方式提供功能服务的过程，客户机的运行行为可以由其与服务器间的逻辑关系得出，所以，IEC 61850 通常主要将 IED 的服务器功能（包括由客户机主动发起请求且不需要服务器响应的客户机功能，如 GOOSE）作为建模对象。

IEC 61850 采用面向对象的建模方法：首先定义若干语义模型类，用来规范 SAS 涉及的数据、结构、操作及广义的监测控制和数据采集系统（Supervisory Control and Data Acquisition，SCADA）；同时，对照语义模型类，组合 IED 的自动化功能和相关信息生成特定的应用实例；最后将这些实例按照“类”的形式生成相关信息模型。

信息模型的属性包含逻辑设备（Logic Device，LD）、逻辑节点（Logic Node，LN）、数据对象和数据属性 4 个层次：

1）逻辑设备。用于包含一组特定应用功能的产生和使用信息的虚拟设备，逻辑设备由逻辑节点和附加的功能服务集合而成。

2）逻辑节点。交换数据的最小功能单元，一个逻辑节点代表服务器的一项基本功能或 IED 中的一组设备信息，可以与其他逻辑节点进行信息交互，并执行特定的操作。逻辑节点由数据对象、数据属性、数据集及对应的功能服务集合而成。

3）数据对象。包含逻辑节点的所有信息，从不同的公共数据类（Common Data Class）继承而来，是命名实例（Named Instance）。

4）数据属性。数据对象的特征描述，是模型中信息的最终承载者。

从模型构成语义可以看出，信息模型不是数据集合，而是数据与功能服务的集合，是面向对象的模型。模型中的数据和功能服务相互对应，数据交换必须通过对应的功能服务来实现。数据与功能服务的紧密结合使模型具备了良好的稳定性、可重构性和易维护性。

IEC 61850 采用统一建模语言（Unified Modeling Language，UML）描述信息模型。一方面，UML 是面向对象设计和分析的国际标准；另一方面，UML 采用可视化建模方法，与编程语言和实现平台无关，使用简单且能够准确地表达各种复杂的关联，并具有良好的系统性和可扩展性，也适用于设计和记录信息模型。信息模型层次化结构示意图如图 8-6 所示。

和采用面向点的数据描述方法不同，IEC 61850 标准对于信息均采用面向对象的自我描述方法。

面向对象自我描述方法的优点：IEC 61850 标准所采用的面向对象的数据自我描述方法

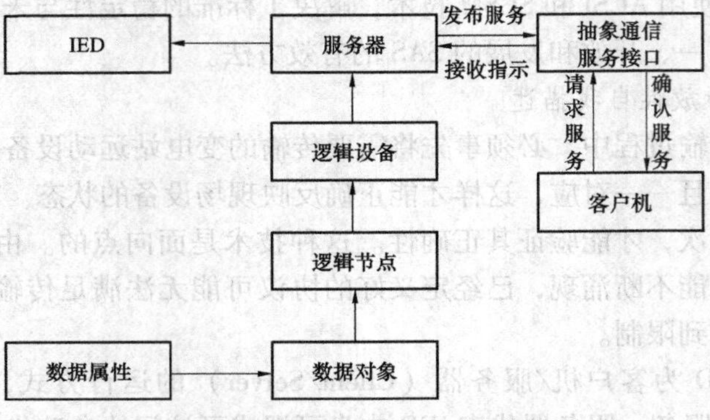

图 8-6　信息模型层次化结构示意图

在数据源层面就对数据进行了自我描述，传输到接收方的数据都带有自我说明，不需要再对数据进行工程物理量对应、标度转换等工作。当然，如果工程实例中不同厂家的装置使用规约有差异，会涉及序列对应和相应转换工作。由于传输到调度控制中心的数据都带有说明，这样就可以不受预先定义的限制进行信息传输，使得现场验收的验证工作大为简化，数据库维护工作量大为减少，同时能够适应技术不断发展的要求。

要彻底解决面向对象自我描述的问题，使变电站不同设备之间实现互操作，则需要定义以下内容：

1）完整的各类单元数据对象和逻辑节点和逻辑设备的标识；

2）用这些代码组成的完整描述数据对象的方法；

3）面向对象的服务。

IEC 61850-7-3、IEC 61850-7-4 定义了各类单元数据对象和逻辑节点的代码，IEC 61850-7-2 定义了用这些代码组成完整地描述数据对象的方法和一套面向对象的服务。IEC 61850 通信系统体系关联如图 8-7 所示。

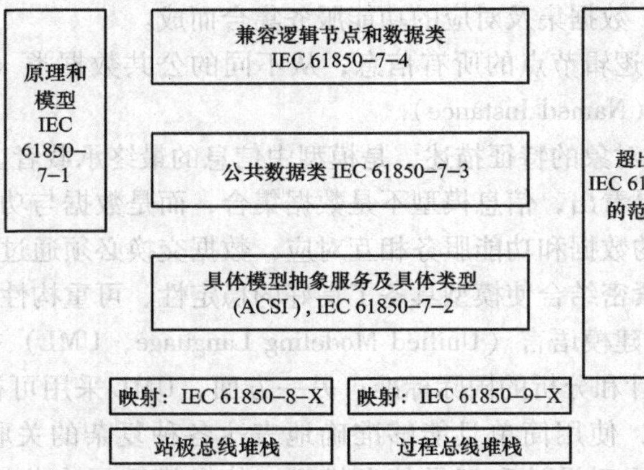

图 8-7　IEC 61850 通信系统体系关联

IEC 61850-7-3、IEC 61850-7-4 定义了 92 种逻辑节点名称代码、500 多种数据对象代码及 30 个公共数据类，涵盖了变电站的所有功能和数据对象，提供了扩展新的逻辑节点的方法，并规定了数据对象代码组成的方法，还定义了一套面向对象的服务。这 3 部分有机地结合在一起，完全解决了面向对象自我描述的问题。

（三）数据对象统一建模

1. 应用现状

目前 IEC TC57 的各种标准都是在根据特定的应用对各种对象进行建模的基础上编制的，不能做到相互间的完全一致。要将各种协议连接起来，或者和监测控制、数据采集 SCADA 数据库连接起来，就需要进行转换。针对这种情况，IEC TC57 规定从 2001 年起 IEC 61850 有一个任务，即实现从 SCADA 数据库到过程的对象统一建模。如果能够与 IEC 61970 的数据模型协调一致，则 IEC 61850 统一建模就不会发生任何问题，因为这两个标准都正在制定中，有可能也有必要协调一致。IEC TC57 还要求检查 IEC 61850 的数据模型是否涵盖了 IEC 60870-5-101、IEC 60870-5-103 及 IEC 60870-6（TASE. 2）的数据模型。

2. 客户机/服务器结构的数据模型

IEC 61850 标准采用面向对象的建模技术，定义了基于客户机/服务器结构的数据模型。每个 IED 包含一个或多个服务器，每个服务器又包含一个或多个逻辑设备。逻辑设备包含逻辑节点，逻辑节点包含数据对象，数据对象则是由数据属性构成的公用数据类的命名实例。从通信角度看，IED 同时也扮演客户机的角色，任何一个客户机可通过 ACSI 实现与服务器通信进而访问数据对象。

（四）电力系统的配置管理

由于 IEC 61850 提供了直接访问现场设备的服务，对各个制造厂的设备可用同一种方法进行访问。这种方法用在重构配置方面，很容易获得新加入设备的名称并用于管理设备属性。由于其他标准没有 IEC 61850 所具有的变电站和设备的描述和特征，它们只能靠在控制中心的网络拓扑将接收的信息值与实际变电站及站内设备联系起来，因此这些标准是面向点的，而 IEC 61850 是面向设备的。

四、实现过程

（一）功能建模过程

1. 逻辑节点与逻辑连接

为满足通信要求，实现功能的自由分布与分配，所有的功能均被分解成逻辑节点，这些逻辑节点分布在一个或多个物理设备中。由于一些通信数据不涉及任何功能，只与物理设备本身有关，如铭牌信息、设备自检结果等，为此引入一个特殊的逻辑节点 LLN0。逻辑节点通过逻辑连接（Logic Connect，LC）相连，从而实现数据交换。

2. 逻辑节点的性能要求

每个接收逻辑节点（Receiving LN）应该知道需要什么样的数据来实现功能，也就是说，它应该能检查所接收的数据是否完整与有效。在变电站自动化这样的实时系统中，最重要的有效性指标是数据的时效。发送逻辑节点（Sending LN）负责设置大部分的质量属性，接收逻辑节点的任务则是判断数据是否过时。

在以上的要求中，发送逻辑节点是主要的数据来源，保持有这些数据大多数的最新值。接收逻辑节点对这些数据进行处理，用于某些相关的功能。如果数据遭到破坏或者丢失，则接收逻辑节点不能按照正常的方式运行，但是可能处于降级方式。因此，逻辑节点在正常和降级两种方式下的行为都必须予以充分的定义。降级情况下，功能的行为必须根据功能自身的情况单独设计，但是需要借助于标准化的报文或正确的数据质量属性，将情况通知给分布功能的其他逻辑节点及管理系统，以便它们采取适当的措施。

3. 满足要求的功能建模实例

在图 8-8 所示的实例中，引用如下的公共功能：

(1) 同期断路器切换；

(2) 距离保护；

(3) 过电流保护。

以上功能被分解成若干个逻辑节点，所分配的物理设备的编号及说明如下：

(1) 变电站计算机；

(2) 同期切换装置；

(3) 集成过电流保护功能的距离保护单元；

(4) 间隔控制单元；

(5) 电流互感器；

(6) 电压互感器；

(7) 母线电压互感器。

包含在以上物理设备中的逻辑节点 LLN0 未表示出来。

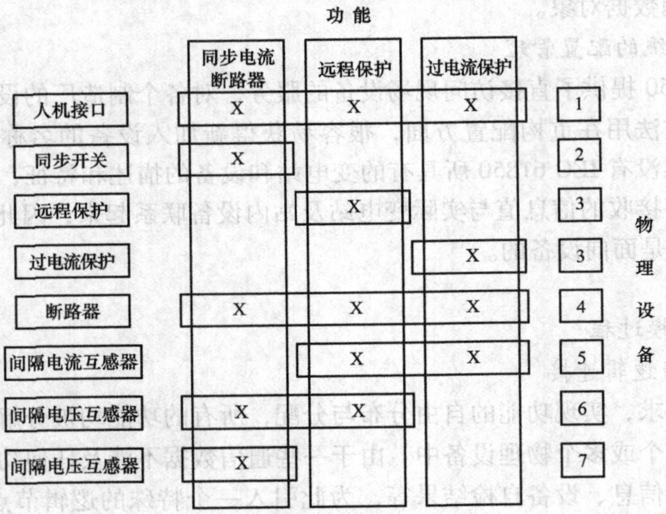

图 8-8 功能建模示例

(二) 数据建模

1. 应用功能与信息分解

应用功能与信息的分解过程是为了获得多数的公共逻辑节点。首先根据 IEC 61850-5 已经定义好的变电站某个应用功能的通信需求，将该应用功能分解成相应的个体，然后将每个个体所包含的需求信息封装在一组内，每组所包含的信息代表特定含义的公共组并能够被重复使用，这些组别在 IEC 61850-7-3 中被定义为公共数据类（Common Data Class，CDC），每组所包含的信息在 IEC 61850-7-3 中被定义为数据属性（Data Attribute，DA）。

IEC 61850-7-3 定义了 30 种公共数据，用于表示状态、测量、可控状态、可控模拟量、状态设置及模拟量设置等信息。

2. 信息模型创建

信息模型的创建过程是利用逻辑节点搭建设备模型。首先使用已经定义好的公共数据类来定义数据类（Data Class），这些数据类属于专门的公共数据类，并且每个数据都具有相应公共数据的属性。IEC 61850-7-4 定义了这些数据代表的含义。然后将所需的数据组合在一起就构成了一个逻辑节点，相关的逻辑节点就构成了变电站自动化系统的某个特定功能，并且逻辑节点可以被重复用于描述不同结构和型号的同种设备所具有的公共信息。

IEC 61850-7-4 定义了大约 90 个逻辑节点，用到 450 个左右的数据对象。

3. IED 的组合实例

图 8-9 显示了不同逻辑节点组成 IED 的实例，其中包含以下逻辑节点：

（1）PTOC（时限过电流保护）；

（2）PDIS（距离保护）；

（3）PTRC（跳闸情况）；

（4）XCBR（断路器）。

图 8-9 中例 1 显示通过硬线与断路器连接的具备两种功能的保护设备。

图 8-9 中例 2 显示具备两种功能的保护设备，其跳闸信息通过网络与断路器逻辑节点 XCBR 相连，从而实现跳闸命令的通信。

图 8-9 中例 3 显示两种保护功能分配在不同的设备中，都能对故障进行操作，并且跳闸信息通过网络各自独立地传输到断路器逻辑节点 XCBR。

IED 的组合能灵活地满足实际需求。

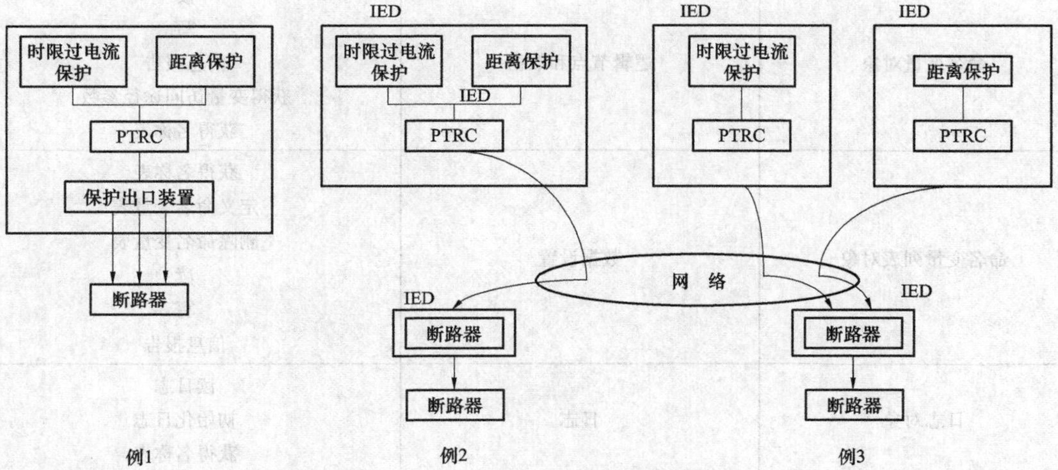

图 8-9　IED 组合实例对比图

（三）通信服务映射

1. 变电站层与间隔层的网络映射

MMS 服务与协议被指定运行在整个 OSI 和 TCP 适应性通信协议集上，通过 MMS 的使用既可以支持集中式变电站自动化体系，又可以支持分布式变电站自动化体系。MMS 映射到底层的通信栈包括 ISO/IEC 8649、ISO/IEC 8823-1、ISO/IEC 8825-1、ISO/IEC 8327-1、RFC 1006、RFC 793、RFC 791、ISO/IEC 8802-3 等。

IEC 61850-7-2、IEC 61850-7-3 与 IEC 61850-7-4 定义的信息模型通过 IEC 61850-7-2 提供的抽象服务来实现不同设备之间的信息交换。为了达到信息交换的目的，IEC 61850-8-1 部分定义了抽象服务到 MMS 的标准映射，即特定通信服务映射（Specific Communication Service Mapping，SCSM）。

IEC 61850-8-1 定义的 SCSM 就是将 IEC 61850-7-2 提供的抽象服务映射到 MMS 及 ISO/IEC 8802-3 中。IEC 61850-7-2 定义的不同模型对象通过 SCSM 被映射到 MMS 的各个部分，如虚拟制造设备（Virtual Manufacturing Device，VMD）、域（Domain）、命名变量、命名变量列表、日志、文件管理等，控制模块包含的服务则被映射到 MMS 类的相应服务中去。通过 SCSM，ACSI 与 MMS 之间建立起一一对应的关系，ACSI 的对象即 IEC 61850-7-2 定义的类模型与 MMS 的对象一一对应，每个对象所提供的服务也一一对应。表 8-1 列出了在 SCSM 中用到的 MMS 对象及其提供的服务。

表 8-1　　在 SCSM 中用到的 MMS 对象及其提供的服务列表

MMS 对象	IEC 61850 对象	应用中的 MMS 服务
应用 过程 VMD	服务器	初始 结束 放弃 拒绝 删除 区分
命名变量对象	逻辑节点和数据	读 写 信息报告 获得变量访问途径参数 获得名称表
命名变量列表对象	数据设置	获得名称表 定义命名变量表 删除命名变量表 读 写 信息报告
日志对象	日志	读日志 初始化日志 获得名称表
域对象	逻辑设备	获得名称表 获得域参数 存储域目录
文件	文件	打开文件 读文件 获得文件 关闭文件 文件目录 删除文件

2. 间隔层与过程层的网络映射

（1）ACSI 到 ISO/IEC 8802-3 的 GOOSE 单向多路点对点串行通信映射。ACSI 到单向多路点对点的串行通信连接用于电子式电流互感器和电压互感器，输出的数字信号通过合并单元传输到电子式测量仪器和保护设备，如图 8-10 所示。

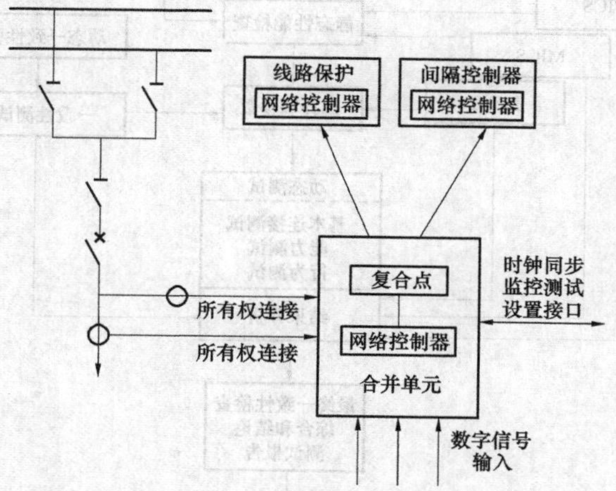

图 8-10　单向多路点对点串行通信连接应用示意

IEC 61850-7-2 定义的采样值传输类模型及其服务通过 IEC 61850-9-1 定义的 SCSM 与 OSI 通信栈的链路层直接建立单向多路点对点连接，从而实现采样值的传输，其中链路层遵循 ISO/IEC 8802-3 标准。

（2）ACSI 到 ISO/IEC 8802-3 过程总线的映射。IEC 61850-9-2 定义的 SCSM 是对 IEC 61850-9-1 的补充，目的在于实现采样值模型及其服务到通信栈的完全映射。IEC 61850-7-2 定义的采样值传输类模型及其服务通过 SCSM，在混合通信栈的基础上利用对 ISO/IEC 8802-3 过程总线的直接访问来实现采样值的传输。

（四）变电站自动化系统工程与一致性测试

1. 使用 SCL 的系统处理过程

变电站自动化系统工程或者开始于向开关间隔部分/产品/功能分配功能已经预先设置好的设备，或者开始于处理功能的设计，然后根据设备的功能特性及其配置能力，将功能分配到物理设备中。通常混合采用这两种方式，例如，对线路间隔这类典型的过程部件预先进行设计和配置，并在需要它们的过程功能机体内使用。对于 SCL 则意味着必须对预配置进行描述。

2. 一致性测试

一致性测试的要求分为以下两类：

（1）静态一致性要求；

（2）动态一致性要求。

每一类要求必须指出是强制、条件或选项中的某一种。静态一致性要求定义需要实现的执行要求，动态一致性要求定义用于特定实现的协议引出的要求。二者均需要在协议实现一致性说明（Protocol Implementation Conformance Statement，PICS）中明确。图 8-11 给出了一致性测试评价流程，其中用到标准的 PICS、模型实现的一致性说明（Model Implementation

Conformance Statement，MICS）、用于测试的协议实现附加信息（Protocol Implementation Extra Information for Testing，PIEIT）。

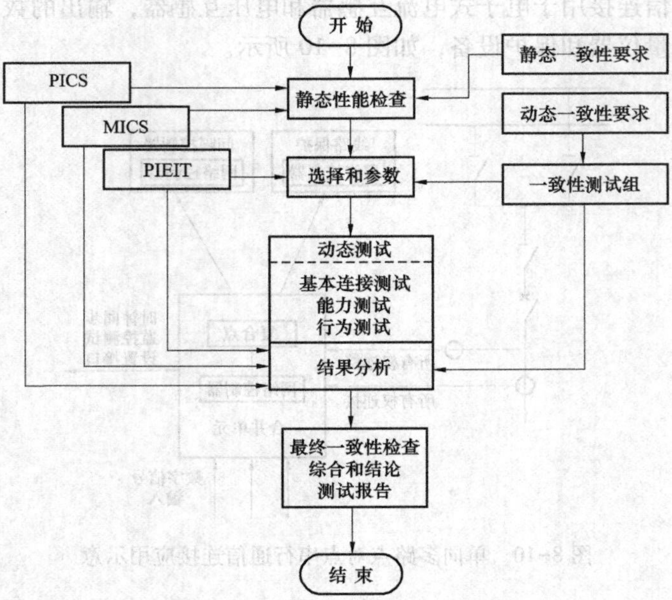

图 8-11　一致性测试评价流程

内容包括：功能建模过程、数据建模方法、通信服务映射、变电站通信网络工程及一致性测试。

五、IEC 61850 与其他通信协议的关系

（一）IEC 61850 与 UCA 的关系

1. UCA 基本介绍

UCA 是由美国电力研究院联合 ABB、SIEMENS 等国际大制造商和一些大电力公司制定的公共设备通信协议体系，它不但适用于电力系统，而且适用于自来水、煤气等公共设施行业的监控通信需要。从 1988 年开始，UCA 协议体系先后推出了 1.0 版本和 2.0 版本。现在 UCA 2.0 已经在北美地区广泛使用，成为重要的地区性标准。

UCA 协议体系主要由以下两部分组成：

（1）实时数据库信息交换。这部分主要定义 EMS、SCADA 等控制中心之间信息交换的通信规范，称为控制中心之间的通信协议（Inter-control Center Communication Protocol，ICCP），后来被国际电工技术委员会所采用，成为 IEC 60870-6 系列标准。

（2）现场设备模型。这部分主要定义变电站及配电系统现场设备的通信规范。

1）实时数据库信息交换。对于 EMS、SCADA 等控制中心之间的实时数据交换与控制等通信行为，UCA 体系给出了相应的模型与规范，即遥控应用服务元素（Tele-control Application Service Element 2，TASE. 2），在北美地区，TASE. 2 也称为 ICCP。ICCP 后被 IEC 采用，成为 IEC 60870-6 系列标准，于是 UCA 体系中的 ICCP 部分就成了国际标准。

ICCP 的网络适应性很强，既可用于专用网络，也可用于公共数据分组网络，还可用于具有冗余路由的网状网络。ICCP 定义了丰富的数据模型及服务，能够满足各种应用的需要。

ICCP 主要有以下 3 个文件：

a. IEC 60870-6-503 服务与协议。定义与遥控数据访问及报告等功能有关的基本服务与协议，并给出了它们与 MMS 之间的映射关系。

b. IEC 60870-6-702 对象模型。定义 ICCP 应用中的详细框架及有关选项。

c. IEC 60870-6-802 应用框架。定义与 SCADA、发电厂调度、负荷预测等有关的对象模型，并给出了这些模型与 MMS 之间的映射关系。

2）现场设备模型。UCA 协议体系中的现场设备模型主要描述电力系统中与通信有关的实现实时数据采集、测量及控制任务的设备的模型和行为。UCA 协议体系中与现场设备模型有关的文件主要有以下 3 个：

a. 公共应用服务模型（Common Application Service Model，CASM）。定义 UCA 协议体系中现场设备模型的公共服务模型及公共服务模型与 MMS 之间的映射关系。

b. 变电站及馈线设备通用对象模型（Generic Object Model for Substation and Feeder Equipment，GOMSFE）。定义变电站及馈线系统中的 RTU、有载调压、继电保护等设备的标准数据模型及其处理方法。

c. 用户接口设备模型。定义商业、住宅及工业设备用户接口的标准数据模型及其处理方法。

2. IEC 61850 与 TASE. 2/ICCP 比较

ICCP 于 1996 年被纳入 IEC 体系，对应 IEC 早先制定的 TASE，作为电网控制中心之间及大型枢纽变电站与电网控制中心之间的通信标准，IEC 60870-6 又称为 IEC TASE. 2。

IEC TASE. 2 创建了 GOMSFE 和 CASM 两类抽象模型。其中，GOMSFE 负责将变电站及配电设备按照不同功能划分成 42 种逻辑设备，并定义组成这些逻辑设备类数据成员变量的公共数据类；CASM 负责将变电站中的自动化功能划分成逻辑设备、数据对象、数据集、关联服务、数据存取、报告、设备控制、多播、时间和二进制大文件（Binary Large Object，BLOB）传输等 10 个功能服务模型，并将功能服务模型中的对象和服务分别对应到 MMS 中的相应对象和服务上，将通信报文组织和编码任务交由 MMS 完成。

IEC 61850 借鉴了 TASE. 2 对设备和功能服务抽象建模的方法，通过规范信息语言和功能服务的方法实现设备之间的互操作思想，并将它们作为标准的核心。但 IEC 61850 和 TASE. 2 也存在着一些明显的区别，主要体现在以下几个方面：

（1）工作原理的区别。

1）分层与相应服务的区别。TASE. 2 是为控制中心之间的数据交换设计的，要求两个控制中心必须预先建立起数据库和双边表，事先知道对方有什么数据和数据属性，启动后用数据名进行召唤就可以得到这些数据的值。这些数据和数据属性并没有包含厂站与设备属性，只有将它们与网络拓扑联系起来才可能得到相关属性。

IEC 61850 定义的设备自我描述方法及服务使得客户可以在网络连接/建立通信的情况下在数据库中建立起现场设备的全部数据的镜像，并通过服务检索设备中整个分层的定义、可访问信息的定义及各类模型实例的定义。在正常运行阶段，可以利用服务监视系统设备变动及投运情况，实现设备的配置管理。

由此可见，尽管 IEC 61850-8-1 与 TASE. 2 都映射到 MMS，但是两者的工作原理是不同的，不可能兼容。用 IEC 61850 定义的服务向采用 TASE. 2 的设备询问时不可能得到回答，也不可能实现预期的目标。

2）控制过程的区别。在 TASE. 2 的控制过程中，客户利用读服务对控制对象进行选择，对服务器进行校验，如果允许访问则肯定响应，并将内部状态变为待命状态，客户接着发送操作命令就可以完成选择/操作过程。由于选择服务采用的是读服务，这种控制过程无法实现返送校验。

IEC 61850 的控制过程中有一种是和 TASE. 2 的上述过程相同的，但是 IEC 61850 还定义了其他的控制过程，如选择服务采用的是写服务。服务器在接收写请求后以写响应回答，写响应只包含写请求服务是否被正确接收，没有包含返送校验信息。服务器校验控制对象位置信息后，通过报告服务送给客户，客户比较发送命令的选择信息和报告服务的返送信息是否一致后，才能确定是否发送操作执行命令，实现真正的 SBO（操作前选择返送校验）。

由此可见，IEC 61850 的控制过程符合电力系统绝对控制（断路器、变压器分接头、继电保护设定等）的要求，是真正意义上的返送校验。

3）报告与记录传输过程的区别。IEC 61850 规定当事件发生时由记录模块的记录处理器即时进行记录，通过报告模块的报告处理器利用报告服务即时向客户报告，这样可以加快数据传输。由于报告服务为无确认服务，服务器无法确切知道客户是否接收到报告服务传输的数据，因此 IEC 61850 还规定了客户可以利用读日志服务从记录中按时间段或者条目段读记录。由于读日志服务是请求/响应服务，传输的可靠性比无确认的报告服务更加可靠，不会丢失事件记录。

TASE. 2 规定对 4 种类型的传输集（数据集传输集、时间序列传输集、传输账目传输集、信息报文传输集）的传输报告采用无确认的报告服务。

由此可见，IEC 61850 与 TASE. 2 的报告传输过程不同，所采用的协议数据单元也不同，二者无法兼容。IEC 61850 事件报告和传输记录的可靠性要比 TASE. 2 相关数据传输的可靠性高。

（2）同种服务映射到 MMS 的选择项与功能的区别。TASE. 2 和 IEC 61850 的数据模型均定义了读数据值服务与设置数据值服务，虽然这两种服务均映射到 MMS 协议数据单元的读与写上，但是它们在选择项和功能上存在差别。

TASE. 2 仅允许一次读/写一个数据名的数据，而 IEC 61850 允许选择一个或多个选择器，每个选择器可以读/写多个数据属性。IEC 61850 的选择器比 TASE. 2 的类型多且灵活方便。

由此可见，IEC 61850 和 TASE. 2 同种性质的服务映射到同种 MMS 协议数据单元，选择项不同，功能也不同，因此不能兼容。

（3）数据模型的区别。统一的数据模型是实现无缝通信系统的一个重要内容，即实现公共信息模型（Common Information Model，CIM）。对于 SCADA/EMS 而言，统一的实时数据模型减少了网关和数据对象的格式转换工作。TASE. 2 由于早已出版并且被广泛采用，和 CIM 接口只能采用适配器进行转换。IEC 61850 在制定过程中不断与正在制定的 IEC 61970 的 CIM 进行联调，最终目的是实现统一的公共信息模型。

3. IEC 61850 与现场设备模型的关系

图 8-12 给出了 IEC 61850 标准系列的不同部分与 UCA 2. 0 的现场设备模型之间的关系。

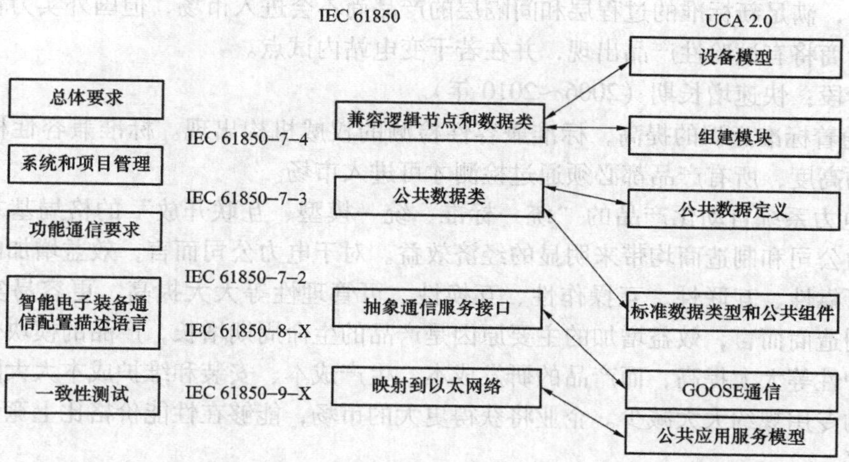

图 8-12　IEC 61850 标准系列的不同部分与 UCA 2.0 的现场设备模型之间的关系

（二）IEC 61850 与其他通信标准的关系

IEC 61850 参考、吸收并发展了 IEC 60870-5-103，使得 IEC 61850-7-2 成为 IEC 60870-5-103 的完善版本。IEC 61850 大量使用面向对象建模技术，IEC 61850-8-1 定义了 ACSI 到 MMS 的 SCSM 映射，这些显然受到了美国电力科学研究院制定的公共通信协议体系（UCA）的影响，也可以说是参与制定 IEC 61850 的美国专家将 UCA 这种地区性协议体系推向国际化的结果。

IEC 61850 的制定者来自不同地区的学术机构和跨国公司，他们参考和引用了大量已有的相关标准，不同地区的技术特点也反映在 IEC 61850 中，这些都决定了 IEC 61850 与已有标准具有天然的联系。

六、IEC 61850 的应用现状及展望

IEC 61850 标准经过多年的酝酿和讨论，引用了面向对象建模、组件、软件总线、网络、分布式处理等领域的最新成果。实施 IEC 61850 标准是变电和配电自动化产品、电网监控和保护产品开发等业务的应用方向。IEC 61850 标准的应用可分为 3 个阶段。

第一阶段：孕育期（2003～2005 年），全套标准正式颁布。

（1）一些大的电力公司开始组织专家开展对标准的跟踪和消化研究，将 IEC 61850 标准和现有标准进行分析与比较，并论证新标准应用于国内电力系统的可行性和必要性。

（2）主要的设备制造商和应用开发商积极开展对标准的研究，在标准的指导下重新定义其产品架构，考虑建立基于统一建模的功能模型、数据模型及通信模型，并开始建立 DEMO 系统。

（3）在电力公司的招标文件中，开始出现对新标准的支持要求。

（4）在制造商的产品宣传中，开始出现支持新标准的产品特性。

（5）在保护及故障录波器信息处理系统中可能出现部分应用该标准，这主要是因为在变电站层实施该标准相对容易，而且上述系统属新兴的自动化产品族，更容易采用新标准。

（6）将出现一些 IEC 61850 标准试点示范性应用工程，以验证标准的有效性。

（7）有独立公司或机构开展对标准兼容性检测研究，出现标准兼容性检测产品。

这个阶段主要是对新标准的跟踪和研发。国内研究重点主要是变电站层。由于技术制造

方面的原因，满足新标准的过程层和间隔层的产品尚不会进入市场，但国外实力较强、规模较大的制造商将有试验性产品出现，并在若干变电站内试点。

第二阶段：快速增长期（2006～2010年）。

（1）随着标准意识的提高，标准兼容性检测的权威机构出现。标准兼容性检测被提到前所未有的高度，所有产品都必须通过检测才可进入市场。

（2）电力系统自动化产品的“统一标准、统一模型、互联开放”的格局基本形成，新标准为电力公司和制造商均带来明显的经济效益。对于电力公司而言，效益增加的主要原因是设备的可靠性、互联性、互操作性、互换性、可管理性等大大提高，更容易实施风险管理；对于制造商而言，效益增加的主要原因是产品的生命周期增长，产品的模块化、可复用性、可维护性等大大提高，而产品的研发成本、生产成本、安装和维护成本大大降低，需要特别维护的专用规约大大减少。企业将获得更大的市场，能够在性能价格比上竞争，而不单看技术水平。

（3）符合新标准的过程层、间隔层产品开始投入运行，基于GOOSE信息传输机制的测控单元将首先进入工程应用，保护测控一体化的产品也将逐步应用。

（4）有专门的硬件网关和软件网关产品，以完成对大量旧有遗留系统的改造。

（5）随着电子式互感器技术的成熟、网络技术的发展及智能断路器的应用，一些全数字化、Web化的变电站自动化架构成为现实。

这个阶段是新标准的全面实施期，大量满足新标准的产品进入市场。新标准具有较高的技术门槛，需要研发、生产单位具有很强的系统架构设计、面向对象建模、数据库设计及通信设计等能力。技术储备不够的企业将被淘汰出局。

第三阶段：成熟期（2010年以后）。

（1）IEC 61850标准和IEC 61970标准成为电力自动化领域的基础标准，“即插即用”型电力自动化产品随处可见。

（2）人类面临环境恶化及能源危机等现实，使得可再生能源（如风力、太阳能、潮汐等）得到广泛应用。分散发电将导致分散电力管理，或称为放宽管制。电力生产和传输过程中需要更大量的IED，这些装置具有成本较低、采用标准规约、内嵌智能和网络功能、可组合使用、可远程维护等功能。

（3）IEC 61850标准有望成为通用网络通信平台的工业控制通信标准。有资料显示，该标准有可能渗入诸如煤气、自来水等其他公用事业领域。

（4）更新一代的标准开始酝酿，以融入更新的技术和理念，进一步提高电力系统的可靠性、自动化和智能化水平。

IEC 61850标准和其他规约一样，需要现场证明、改进、用户接受的过程。即使标准全部颁布，全面实施也需要时间，这点从IEC 60870-5系列标准的发展即可得到证明。

面向对象建模技术、设计模式技术、软件总线技术、通信技术、嵌入式系统技术、Web技术、分布异构处理技术等的巨大发展为新标准提供充足的技术储备，同时，电力市场化进程已呈不可逆转之势，对新标准有很高的呼声。因此，新标准实施的速度、深度、广度和效果将会大大超过IEC 60870-5系列标准。

实施IEC 61850标准可以在以下几个方面获得益处。

（1）规范。IEC 61850标准定义了变电站自动化系统的数据名称，或者说逻辑节点，这样就消除了工程应用中的不确定性；定义了平均无故障时间等涉及变电站自动化系统可用率的指标；标准为供应商提供了系统设计框架，符合 IEC 61850 标准的变电站自动化系统将非常便于拓展，对未来的应用具有适应性；所有系统的应用将基于以太网和 MMS，以太网的应用使根据可用率的要求定制变电站自动化系统成为可能。

（2）设计。IEC 61850 标准定义的数据模型可以直接用于系统设计阶段，使变电站自动化系统硬件设计变得十分简单，因为 IED 之间不需要网关，工业级的以太网元件可以用于高压等级的电网，需要额外采取一些措施以防止电磁干扰的影响；由于元件减少，需要协调的工作量下降。

SCL 通过系统规范描述（System Specification Description，SSD）文件定义了间隔内一次、二次设备的规范，保护和控制方案可以模块化以适应特定工程的需要，设备之间通过光缆进行连接，省去了大量的二次线缆，设计工程量大幅度下降。

（3）制造。由于采用了变电站配置语言（Substation Configuration Language，SCL），结构定义工作简单化，部分可以自动实现，协调工作减少，系统建设和运转迅速；数据交换的出错率下降，调试人员基于共同的标准工作，不需要去熟悉不同的规约；在工厂内完全可以用以太网连接方式模拟现场试验，大大提高系统测试的效率，便于发现变电站自动化系统存在的问题并及时修改。

（4）安装。应用以太网通信大量减少了电缆和接口，由接线引起的错误大大降低。

随着 TCP/IP 技术的应用，利用 MMI 在变电站内可以方便地获取试验数据，提高试验效率。

（5）运行维护。变电站自动化系统性能获得提高，如系统没有因网关引起的延时，以太网的多播模式可以同时发布信息，主从方式的通信模式没有“瓶颈”，采取级别优先传输机制确保重要信息快速发送等。

系统可用率提高，如智能设备之间的相互闭锁实现不需要站控层干预，点对点的通信模式确保个别装置障碍不影响系统运行，交换式以太网确保网络不会崩溃，事件发生后及时发布信息。规约统一后，人员培训、系统运行维护变得简单，新增间隔对运行系统的影响减小。

IEC 61850 标准经过多年的酝酿和讨论，吸收了在面向对象建模、组件、软件总线、网络、分布式处理等领域的最新成果，可以预料，IEC 61850 标准的应用对电力系统的影响将是全方位、长久和深远的。

第二节　基于 IEC 61850 标准的数字化变电站通信网络系统

一、概述

变电站自动化（Substation Automation，SA）是将变电站内原本分离的二次设备（包括测量、仪表、信号系统、继电保护、自动化和远动装置等）经过功能组合和优化设计，集成为少量的 IED，并利用先进的计算机、现代电力电子、通信和信号处理技术，实现对站内主要设备和输配电线路的自动监视、测量、自动控制、继电保护及与调度中心通信等综合性的自动化功能。采用了 SA 技术的变电站测控和保护系统称为变电站自动化系统（SAS）。SA 技术发展应用经历了从“面向功能”的集中式设计到“面向对象”的分布式设计的变化过程，对变电站进行测控的观念也已经从局部转向整体。

长期运行经验表明，SAS为保障电网安全、经济运行发挥了重要作用，但目前也暴露出一些不足。

（1）功能独立、重叠，缺乏高级应用。目前变电站的监视、控制、保护，包括故障录波、紧急控制等装置都实现了微机数字化，但多数是功能单一的独立装置，装置之间缺乏整体协调、集成应用和功能优化；基本的自动化功能（如测量、控制和保护）已经成熟，但高级应用功能（如分布式保护、状态估计、故障分析、决策支持和设备功能完好性分析等）尚未完全实现。装置功能的重叠导致设备重复投资，不能充分利用单台装置的硬件资源，经济上也是一种浪费，繁多的装置还使自动化系统逻辑复杂、实施效率下降。特别是近年来世界范围内的几次大停电事故让人们越来越认识到自动化装置之间协调配合的重要性。

（2）二次接线复杂，TA/TV负载过重。由于测量数据和控制机构不能共享、自动化装置之间缺乏通信等原因，变电站内的二次接线十分复杂，给设计、调试和维护带来了一定的困难，并降低了系统的可靠性。同时，大量电缆连接的存在造成TA/TV负载过重。

（3）缺少统一的信息模型。SAS通信标准不统一、变电站信息不能有效共享，不仅使站内应用受到限制，而且造成控制中心对信息集成和维护困难，阻碍了变电站作为输配电系统信息源的应用。

同时，电网的不断发展和电力市场化改革的深入对SAS（特别是高压、超高压SAS）在供电质量、可靠性、经济性和应用功能等方面均提出了新的要求。

（1）出于安全性和经济性考虑，电网互联成为电力系统发展的趋势，实时监视并快速控制联络线的功率，使之保持在允许的范围内的要求更为迫切。对于联络线较为紧密的变电站来说，保护和控制性能及可靠性指标要求更为严格，特别是要加强广域系统下的电网预防和紧急控制功能实施，这对SAS及其自动化装置的集成应用能力提出了较高要求。

（2）电力市场环境下，用户选择供电权力的自由度增加。因此，电网潮流变化加剧，变电站的进、出电力流向不确定性增加，电网的充裕度减少。这种运行状态的多变性将导致运行参数的变化，保护装置整定值的协调将变得突出，对变电站的监视、控制和保护提出了新的要求。

（3）变电站无人值班管理机制已广泛推广，变电站实现无人值班并完全由远方操作和监控将是今后的发展趋势。控制中心对变电站的监控与操作要求变电站能够传送足够信息，能够在控制中心完成保护定值和控制装置的整定。这对SAS及其自动化装置的信息化、信息标准化和共享能力提出了较高要求。

不难看出，无论是为克服当前SAS存在的不足，还是为满足电网和电力市场发展的新要求，协同操作、集成应用和整体的数字化、信息化成为SAS未来发展的方向。因此，以数字式过程层设备的出现为契机，数字化变电站的建设进入议事日程。

与常规变电站的通信网络（CNCS）不同，数字化变电站的通信网络系统（CNDS）既可用于站内监控系统，也可用于保护系统（传输采样值和保护指令）及与远方控制中心的互联。因此，构建高速、可靠和开放的CNDS不仅是提高系统监控能力的需要，更是数字化变电站实现基本自动化功能的需要。

造成CNDS功能和特性与CNCS较大区别的原因主要有：① 过程层设备的数字化、网络化；② SAS的信息化及信息标准化、规范化的需求；③ 以太网技术的全面应用。所以，以上因素自然成为 CNDS 的重点研究对象。

二、以太网技术在电力系统通信网络系统中的应用

依据 IEC 61850 对变电站功能分层规定，数字化变电站划分为变电站层、间隔层和过程层，变电站层与远方控制中心之间、变电站层与间隔层之间、间隔层与过程层之间分别通过基于以太网的远动网络、站级网络和过程网络交互信息。因此，有必要将对以太网技术及其行为特征的分析作为研究 CNDS 的起点。

1973 年，Xerox 公司 Palo Alto 研究中心 Bob Metcalfe 首次提出以太网（Ethernet）的概念；1980 年，DEC、Intel 和 Xerox 3 家公司联合发布第一份以太网技术标准——DIX 1.0，并于 1982 年发布修订版本 DIX 2.0。而后 DIX 2.0 被提交至 IEEE 802 技术委员会，经过修订于 1989 年成为 IEEE 802.3 标准，后又经 ISO 与 IEC 第一联合技术委员会的修订，最终成为国际标准 ISO/IEC 8802-3。

DIX 2.0 与 IEEE 802.3 之间存在一定差别。例如，DIX 2.0 帧的封装格式由 RFC 894 定义，IEEE 802.3 帧的封装格式由 RFC 1042 定义，二者略有不同。值得庆幸的是，标准之间并没有发生冲突，并且所有以太网设备都兼容 IEEE 802.3，作为术语，以太网也常被等同称为 IEEE 802.3 或 ISO/IEC 8802-3。

以太网技术不断创新：网络带宽由最初的 1Mbit/s 发展到 100Mbit/s、1Gbit/s 甚至 10Gbit/s，传输介质由同轴电缆发展至双绞线、光纤和无线；网络拓扑由总线型发展出星形、环形和网状。特别是快速和交换式以太网的出现，使以太网的性能得到显著提高。随着信息技术的快速发展，以太网及其相关技术的发展也显现出惊人态势，网络供电、电话线介质等以太网新技术应运而生，以太网不仅已经成为局域网（Local Area Network，LAN）中的绝对主导技术，而且开始朝着广域网和工业现场延伸。

（一）以太网技术概述

1. 协议层次

以太网属于 LAN 协议体系（IEEE 802 系列）。同大多数通信协议一样，LAN 协议建立在 OSI 模型的基础上。作为底层协议，LAN 协议对应 OSI 模型中的物理层和数据链路层，但 LAN 协议又将数据链路层划分为逻辑链路控制（Logic Link Control，LLC）和介质访问控制（Media Access Control，MAC）2 个子层，如图 8-13 所示。划分 LLC 子层和 MAC 子层的目的在于：如果要改变网络的传输介质或者访问控制方法，则只需要改动与介质相关的 MAC 层协议，无须改动与介质无关的 LLC 层协议，从而使 LAN 协议具有广泛的适用性。

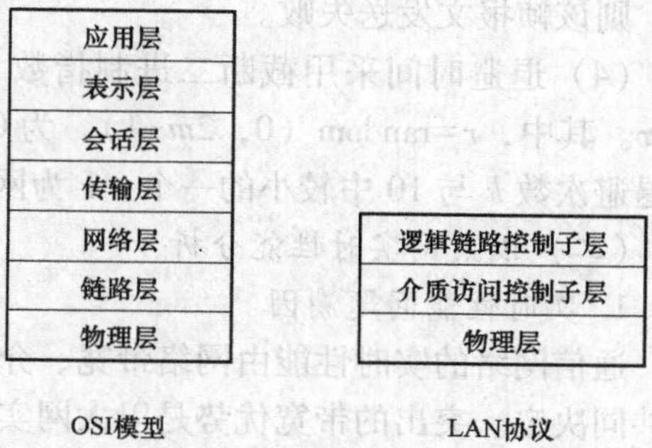

图 8-13　LAN 协议结构

就以太网而言，这 3 层协议的具体功能如下：

（1）物理层。位于 OSI 模型的最底层，用来对数据终端设备（Data Terminal Equipment，DTE）和数据电路设备（Data Circuit Equipment，DCE）之间的接口状态和位流进行控制，即为数据链路实体之间位流传送所需的物理连接的激活、维持和解除提供机械、电气、功能性和规程性手段。

（2）MAC层。负责以太网帧的封装（发送时将LLC层的数据封装成帧，接收时将帧拆封给LLC层），包括帧前同步信号的产生、源/目的地址编码及对物理介质传输差错进行检测等，并实现以太网介质访问控制方法和冲突退避机制。

（3）LLC层。负责向上层协议提供标准的OSI数据链路层服务，通过服务访问点（Service Access Point，SAP）建立一个或多个与上层协议间的逻辑接口，使上层协议（TCP/IP）能够运行在以太网上。

2. 介质访问控制方法

标准以太网采用具有冲突检测的载波监听多路访问（Carrier Sense Multiple Access with Collision Detection，CSMA/CD）的介质访问控制方法，具体机制如下：

（1）网络节点发送数据之前，首先判断网络信道是否空闲（即监听传输介质上是否存在载波信号）。如果信道空闲时间大于1个帧间隙时间（即发送96bit数据所需的时间，以便给接收方留有一定的缓存处理时间），则立刻开始发送数据；否则节点保持监听直到信道空闲，并再等待1个帧间隙时间，此时如果信道依然是空闲状态，则开始发送数据。

（2）当2个及以上网络节点恰好在同一时刻开始发送数据，或某个节点已经开始发送数据，但由于信号的传播延时，其他节点尚未检测到载波信号也开始发送数据时，网络上就会发生数据冲突。数据冲突并不是以太网的缺陷，而是以太网实现带宽共享的手段。

（3）网络节点在发送数据的过程中仍然保持监听，如果在发送最开始的512bit数据（不包括帧前同步信号）的过程中检测到数据冲突，则立刻停止发送原有数据，转而发送32bit阻塞信号（Jam Signal），但如果最前端的64bit帧前同步信号还没有发送完毕，则等待其发送完毕后再发送阻塞信号，目的是让信号在信道上停留足够长时间，以便网络上的所有节点都能够检测到冲突，并等待1个退避时间后再试图重新发送数据。已发送的帧会因为长度小于512bit或者CRC校验出错（因为阻塞信号填充了CRC校验的位置）被接收方视为冲突碎片（Collision Fragment）或废弃帧而被丢弃。如果节点成功发送了最开始的512bit数据，则代表节点获得了网络信道，该帧报文能够成功发送。而如果退避16次后仍未获得网络信道，则该帧报文发送失败。

（4）退避时间采用截断二进制指数（Truncated Binary Exponential Back Off）算法，即$t=r\tau$。其中，$r=\text{random}(0, 2m-1)$，为0与$2m-1$之间任意的随机整数；$m=\min(k, 10)$，为退避次数k与10中较小的一个；τ为网络节点发送512bit数据所需要的时间。

（二）以太网实时性能分析

1. 实时性能问题溯因

通信网络的实时性能由网络带宽、介质访问控制方法、优先级策略及网络结构等诸多因素共同决定。突出的带宽优势是以太网实时性能良好的基础。但由于互联网最初是被设计用于商业而非工业过程控制领域，强调网络节点之间的平等和带宽共享，因此标准的共享式以太网具有延时不确定的问题。

标准以太网不限定节点访问网络的时刻，换言之，节点访问网络是事件驱动而非时间驱动的，因而在多节点共享式以太网中，数据冲突不可避免。另外，标准以太网不支持报文或节点优先级设定，发生冲突后所有节点都采取相同的退避机制，且退避时间随机。因此，预测或计算某个特定信息的最长端到端延时比较困难，即标准以太网难以满足时间性能要求苛刻的系统的要求。

为了解决这个问题，一方面，可以通过合理分配或组合通信流量，保证网络的带宽在合理范围内，这样可以减小数据冲突发生的概率（研究表明，当网络负荷小于25%时，以太网的实时性能可以确保）；另一方面，可以采取一些改进措施来提高以太网的实时性能或使其具有延时确定性。此外，在实时性要求特别高的环节中，可以直接采取点对点传输方式，从根本上避免数据冲突的产生。

2. 实时性能改进措施

工业过程控制领域（包括SAS）通常不会有持续的大流量数据传输任务，常规以太网10/100Mbit/s的带宽是足够用的。信息的端到端延时不仅仅消耗在数据的传输延时和光电信号的传播延时上，可能更多地消耗在报文发送前的排队延时上（即发送前和冲突退避后的等待时间）。因此，提高以太网的实时性能，应首先从避免数据冲突或保证实时数据优先传输入手，目前主要存在以下几类方法：

（1）交换式以太网与优先级标记（IEEE 802.1P/Q）。通过交换机，网络被划分成多个网段，与交换机每个端口连接的网段都是一个独立的冲突域，交换机根据收到数据帧中的源MAC地址建立该地址与交换机端口间的映射，实现网段间的通信。当交换机端口连接单个网络节点时，节点与交换机之间可以采取全双工通信方式，即节点能够同时收发数据，从而彻底避免数据冲突。交换式以太网提供多个传输路径，节点之间不再共享带宽，网络传输能力显著提高，同时实现方法简单、易行（不需要改动终端设备），并兼容标准以太网，它是以太网最重要的技术革新，也是提高以太网性能最主要和最成熟的技术措施。当多个报文同时发往一个端口时，交换机对报文进行优先级仲裁，保证优先级别高的报文优先转发。

（2）改进介质访问控制方法。譬如检测到数据冲突后，实时节点/帧不退避，或采用与非实时节点/帧不同的退避机制，或等待较小的帧间隙时间，从而保证实时节点/帧优先发送。该类方法不能避免数据冲突，但可以确定实时信息的最长端到端延时，能够满足硬实时系统的要求。基于该类方法的以太网需要修改以太网通信控制器芯片，且与标准以太网不兼容。

（3）实时调度协议。将网络中的某个节点设定为主节点，由该节点调度其他网络节点对网络进行有序访问，通过预留带宽避免数据冲突。基于该类方法的网络开销较大，通信效率低，且与标准以太网不兼容。

（4）传输整形、通信平滑及实时控制层等节点传输控制措施。在网络节点的传输层和MAC层之间增加流量整形器、通信过滤器或实时控制层来控制非实时信息的传输，以减少其对实时信息传输的影响，保证实时信息优先处理。该类方法通常只能运用在节点端，无法改变整个网络的实时性能。

（5）简化协议栈。实时性要求较高的信息采用简单高效的用户数据报协议（User Datagram Protocol，UDP）或直接在数据链路层上以以太网帧的形式通信，这可以减小报文传输和协议封装/解析的时间消耗。

（6）实时通信模型，如发布者/订阅者（Publisher/Subscriber）及其改进模型，通过点对多点直接传送等措施，提高实时信息的传输效率。

（7）工业以太网协议，如Modbus、TCP/IP、EtherNet/IP、ProfNet、IDA等。多数由各种现场总线协议移植到IEEE 802.3（物理层和数据链路层）和TCP/IP（网络层和传输层），应用层则保留了原有的现场总线协议（包括实时信息的传输控制方法）。

对于 CNDS 而言，出于兼容性和技术成熟程度的考虑，主要通过第 1、5、6 种方法来提高网络的实时性能；网络节点端 IED 也可尝试采用第 4 种方法来防止诸如故障录波数据传输对实时数据传输造成影响。而第 2、3、7 种方法，由于缺乏统一的标准和广泛支持，目前暂不适用于 CNDS。

三、数字化变电站通信网络的特殊要求

SAS 这一特殊应用场合对 CNDS 提出了特殊要求。CNDS 的特殊要求主要体现在以下 3 个方面：

（1）能满足 SAS 对网络覆盖距离、节点数目及安装环境等的要求；

（2）具备较高的实时性能以确保 SAS 各项设计功能得以完整实现；

（3）具备较高的可靠性、生存性（即网络故障自恢复的能力）、易维护性及安全性等，以确保 SAS 稳定、可靠、安全运行。

不难看出，由于承载功能和应用环境的区别，CNDS 与同样基于以太网的一般局域网存在着较大区别，特别是与一般局域网追求带宽利用率不同，CNDS 更注重网络的实时性和可靠性。CNDS 与一般局域网的区别如表 8-2 所示。

表 8-2　CNDS 与一般局域网的区别

项目	同等规模的一般局域网	CNDS
环境/安装	电磁干扰小	电磁干扰大
	室内温度	室外或机柜温度（适应范围广）
	振动、粉尘、温度影响小	振动、粉尘、温度有一定影响
	网络设备、连接线布置无特殊要求	网络设备导轨、壁挂式安装、连接线布置于线槽中
实时性	传输延时不敏感	传输延时有明确要求
可靠性	星形结构	环形或双星形结构
	网络设备不冗余	网络设备及网络节点冗余
	商用网络设备	工业级网络设备
	非屏蔽双绞线 UTP/普通连接件 RJ-45	光缆或屏蔽双绞线 STP/增强型连接件
安全性	网络开放，不限定访问范围	外网隔离，限定访问范围
	明文通信	报文加密/数字签名
流量特性	平均流量较大	平均流量较小
	随机性数据流为主	周期性数据流为主
	长字节帧为主	短字节帧为主
	流量变化持续时间长	流量变化短时集中
	报文不区分优先级	报文区分优先级
评价指标	平均端到端延时	最差端到端延时
	宽带利用率	最大吞吐量

（一）网络规模要求

CNDS 的规模取决于变电站的规模，即 IED 的数目及其位置分布，通常要求 CNDS 支持的节点数目能达到 100 个或更多（特别是网络化的过程层设备显著增加了网络的节点数

目），因此 CNDS 划分不同网段或子网将是必然的选择；同时，CNDS 的覆盖范围也应能达到 5～1000m 的距离范围，如表 8-3 所示。

表 8-3　　CNDS 覆盖范围距离要求表　　单位：m

项　目	距离		
	最小	典型	最大
控制室与空气绝缘开关设备 IED 之间	10	50	1000
控制室与气体绝缘开关设备 IED 之间	5	15	100
控制室与电厂之间	100	200	1000
控制室与站控中心之间	50	150	1000

（二）网络实时性要求

CNDS 不仅用于站内监控系统，而且可以直接用于保护系统（即保护功能的实现依赖于 CNDS），因而对 CNDS 的实时性能有着明确和严格的要求。为此，IEC 61850 在总结 SAS 涉及通信服务的基础上，对 SAS 通信报文的类别及传输时间要求作出了详尽规定。根据实现功能的要求，SAS 通信报文分为快速报文、中速报文、低速报文、原始数据报文、文件传输报文、时间同步报文及存取控制命令报文 7 种类别，每类报文都有相应的传输时间要求，如表 8-4 所示，这自然成为 CNDS 实时性能设计目标和分析评价的量化标准。

表 8-4　　CNDS 通信报文类别及传输时间要求对照表

报文类型		报文性能级别	传输时间要求			
			P1	P2/3	M1	M2/3
快速报文	跳闸/闭锁	极快速	10ms	3ms		
	其他	快速	100ms	20ms		
中速报文		中速	≤100ms			
低速报文		低速	≤500ms			
原始数据报文	保护控制屏	极快速	10ms	3ms		
	计量用					
文件传输报文		低速	不做要求，一般不小于 100ms			
时间同步报文	保护测控屏	满足应用功能的时间同步要求	±1ms（T_1）	±0.1ms（T_2）		
	互感器用		±25μs	≤±5μs	±4μs	±1μs
存取控制命令报文		低速/高速	若对开关设备进行操作，则需要满足快速报文的要求			

上述 7 类报文对应的功能服务具体如下：

（1）快速报文。用于传输要求接收方立即做出响应的信息（包括跳/合/重合闸、启动/停止、闭锁/解锁和状态变化等），其中跳闸和闭锁报文的传输性能要求比其他快速报文要高。

（2）中速报文。用于传输非故障情况下的状态和测量信息（如模拟量幅值）。由于报文本身携带时标，因此传输时间不是很重要。

（3）低速报文。用于传输低速的自动控制功能、事件记录、定值读取/修改、报警和非电气测量参数等。其中，事件记录和报警报文必须携带时标，其他报文可不携带时标。

（4）原始数据报文。用于传输 ECT/EVT 或其他 IED 持续输出的同步数据流（如采样值），并根据不同用途划分为保护控制用和计量用。

（5）文件传输报文。用于传输记录、程序代码和定值等大型数据文件。为防止独占网络资源，数据文件被分割成多个数据块传输，传输时间不做要求。

（6）时间同步报文。用于同步 IED 内部时钟。时间同步报文的传输性能要求能够满足应用功能（如保护动作事件的时标和互感器的同步采样）对时间同步精度的要求。

（7）存取控制命令报文。用于传输由操作人员在远方或本地下达的控制命令，要求具有较高的安全性，必须带有口令和验证过程。通常发低速报文，但若对开关设备进行操作，则需要满足快速报文的要求（至少在过程层网络上）。

需要指出的是，表 8-4 所示的传输时间包括报文在发送方和接收方的处理时间，这取决于节点 CPU 和通信控制器的性能、所用操作系统、软件流程和编/解码算法等，因此该项指标由 IED 和 CNDS 共同实现。同时，该指标仅与 SAS 通信性能相关，并不代表应用功能应具备的性能指标。

（三）网络可靠性要求

分布式系统的可靠性目标可以参照如下 5 条准则：

（1）尽量避免故障发生，即故障预防；

（2）故障发生后，能准确、迅速地发现并定位故障，即故障监测；

（3）故障发生后，系统能够维持运行，即故障允许；

（4）尽量减少故障造成的影响，即故障弱化（Graceful Degradation）；

（5）故障发生后，能在系统正常运行的情况下进行维护，即故障在线排除。

具体到 CNDS，可在设备材质、网络结构和通信机制等多个方面采取相应措施。

（1）为减小网络发生故障概率，选用抗电磁干扰能力强的光纤或屏蔽双绞线作为传输介质；选用具有较高防护等级的增强型连接件（据调查，约 50% 的以太网故障出自连接件）；选用抗电磁干扰/振动/粉尘/湿度能力强、能在较宽温度范围内工作，具有较高平均无故障时间（Mean Time Between Failure，MTBF）及故障监测、冗余供电等增强功能的工业级网络设备或芯片。

（2）为避免出现单点故障（Single Point of Failure），网络必须具备包括故障允许、故障监测、故障弱化和故障在线排除在内的容错能力；环形和双星形的网络拓扑（配合相关网络冗余技术）是提高网络容错能力的主要措施；作为网络节点，IED 具备多组网络接口则是提高自身通信可靠性的重要措施。

（3）采用重传或确认/应答等通信机制来提高应用功能实施的可靠性。

（四）网络信息安全要求

数字化变电站绝大部分的运行数据和控制命令通过 CNDS 传输，同时，CNDS 又与站外网络相连，由此产生的网络信息安全问题必须得到足够重视。在技术层面上，通常需要采取以下三种安全措施：

（1）与 CNDS 相连的站外网络必须是调度专网，不能是公共信息网或系统办公网（如 MIS）；CNDS 与站外网络之间需要加装防火墙，利用防火墙的包过滤和访问代理等功能，将 CNDS 的访问用户限定在特定范围内（如只对远方控制中心计算机的 MAC/PI 地址开放），并抵御可能的非法入侵和拒绝服务（Denial of Service，DoS）。

（2）利用 VLAN 技术在交换机上将有功能联系的 IED 划分到同一个广播域中，域外节点无法与域中节点通信，通过限定访问范围保护重要设备（如 GIS）的信息安全；同时节点端 IED 自身也可以建立响应地址表，只对源地址存在于地址表中的报文做出响应。

（3）报文加密与数字签名。

四、数字化变电站的通信网络系统组建

内容包括网络拓扑的选择（《数字化变电站自动化系统的网络选型》）、独立过程子网、全站整体网络、节点分布规划、虚拟局域网技术及实现、网络冗余的实现。

合理的组网方式是网络实时、可靠工作的前提。对于 CNDS 而言，合理的组网方式可具体描述为：在实现 SAS 各项功能并满足传输时间要求的基础上，通过网络结构和节点分布的优化促进网络实时性、可靠性、安全性和信息共享水平进一步提高。

首先需明确这样一个观点：数字化变电站中的变电站层、间隔层和过程层的划分用于在逻辑上表示 SA 功能的分类（物理上，有些自动化设备涵盖了多层功能）。因此，远动网络、站级网络和过程网络的划分也只是用来在逻辑上表示网络承载的不同功能，实际网络的组建可不拘泥于这样的划分。

（一）网络拓扑的选择

以太网有 3 种基本拓扑：总线型、环形和星形。其中，总线型网络拓扑具有较好的可扩展性，但缺乏可靠性；环形网络拓扑具有较好的安全稳定性，但可扩展性稍差，设备投资也较大；而星形网络拓扑兼顾了网络的安全稳定性和可扩展性，并且最易于布线。因此，大多数商用以太网都采用星形网络拓扑。

对于 CNDS 而言，采用何种网络拓扑并没有明确规定。通常视变电站的重要程度（如电压等级）、网络节点数目、地理位置及建设资金等选择对应的网络拓扑形式：输电变电站的站级网络采用环形拓扑（单台交换机的故障只会影响单个间隔），配电变电站的站级网络采用星形拓扑；由于过程网络通常会根据不同间隔（或功能）划分成多个子网且子网的节点数目有限，过程网络通常采用星形拓扑。由于输电间隔要求保护装置双重化配置，因此输电间隔的过程网络不可避免地采用双星形拓扑；同时为了提高网络的可靠性，避免出现单点故障，视 IED 网络接口数目，站级网络和配电间隔的过程网络也可采用双环或双星形拓扑。

（二）独立过程子网

CNDS 由站级网络和多个物理上相互独立的过程子网组成。通过交换机将站内所有间隔层 IED 和变电站层设备连接成站级网络，并通过路由器将外部网络接入，站外网络能够直接访问站内间隔层 IED，间隔信息可以得到最大程度的共享。间隔层 IED 与过程层设备之间根据不同间隔或功能划分成多个物理上相互独立的过程子网，当间隔具有唯一的间隔层 IED 和智能过程层设备时，则可以直接采用点对点连接方式，如图 8-14 所示。

从图 8-14 不难看出，过程子网的优点在于：

（1）借助间隔信息的广域交互，可实现输配电系统的广域控制；

（2）与 CNCS 相比，CNDS 的作用未发生根本变化，只是间隔层 IED 与过程层设备之间的模拟电缆变成了光纤介质，不必过多关心“数字化”给 SAS 整体运行机制带来的影响；

（3）单个过程子网连接的节点数目很少，网络负荷得到有效控制，不必过多关心通信网络的性能，甚至为兼容原有设备或节约投资，可适当降低网络规格（如采用 10Mbit/s 带

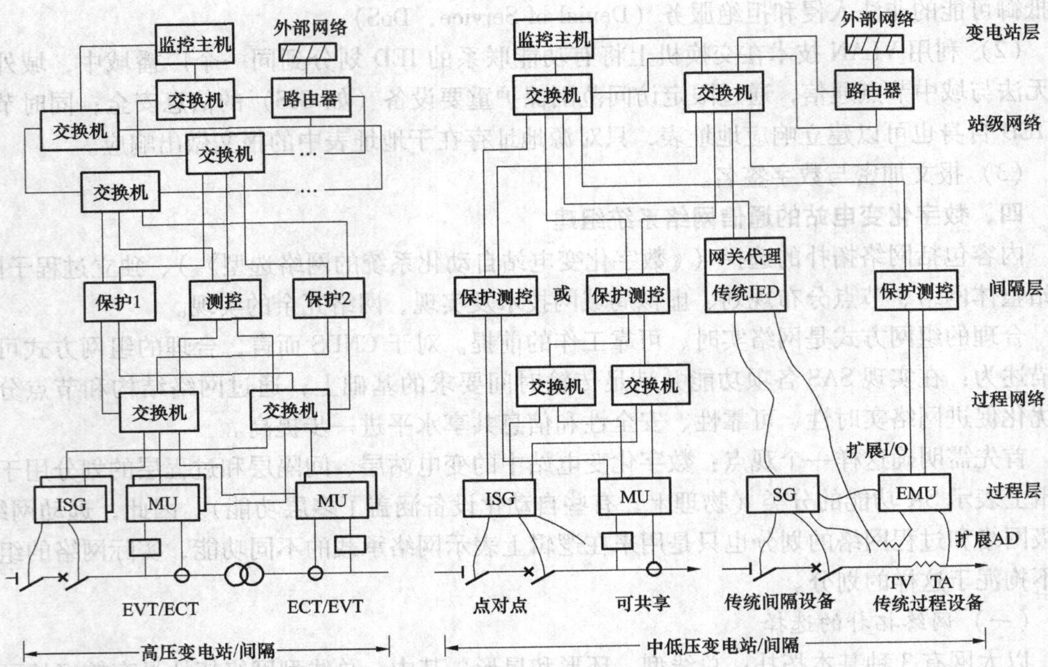

图 8-14　独立过程子网连接图

注：——光缆　　——信号电缆　　——若设备有多个网络接口可采取的冗余措施

MU—合并单元；EMU—带扩展功能的合并单元；SG—常规开关设备；ISG—智能开关设备；

EVT/ECT—电子式互感器；TV/TA—电磁式互感器

宽或用集线器代替交换机）；

（4）按照不同的间隔或功能，数字化变电站可分步骤实现。

总之，采用过程子网的 CNDS 易于实现，但过程子网的缺点同样显而易见：

（1）虽然过程层信息（如采样值、状态位置信息等）已经数字化，却只能被本间隔的设备独享，间隔之间无法共享，间隔层 IED 之间只能通过站级网络实现有限的信息交互，涉及过程层信息的集成应用和协同操作受到了限制；

（2）使用了较多的网络设备，建设成本增加；

（3）间隔层 IED 需具备多个网络接口，才能分别实现站级网络和过程网络的冗余。

总之，采用过程子网的 CNDS 使数字化变电站效能的发挥受到了一定限制。

（三）全站唯一网络

CNDS 为唯一物理网络，站内所有的智能设备（包括 ECT/EVT）都接入同一个网络，任意智能设备之间，特别是变电站层设备与过程层设备之间，都能够直接通过 CNDS 进行信息交互，如图 8-15 所示。

全站唯一网络使过程层信息得到最大程度的共享（借助远动网络，甚至可以实现系统范围的共享），变电站信息化水平显著提高；利用从 CNDS 上获取的丰富的过程层信息，各种协同操作和分布式应用功能均能便捷实现，SAS 的整体性能得以提高；由于过程层信息和功能可以复用，间隔层 IED 或其网络接口、组网设备的数量得以精简，设备投资减少；数字化变电站的效能得到充分发挥。但由于网络规模较大、节点数目众多且位置分散，CNDS

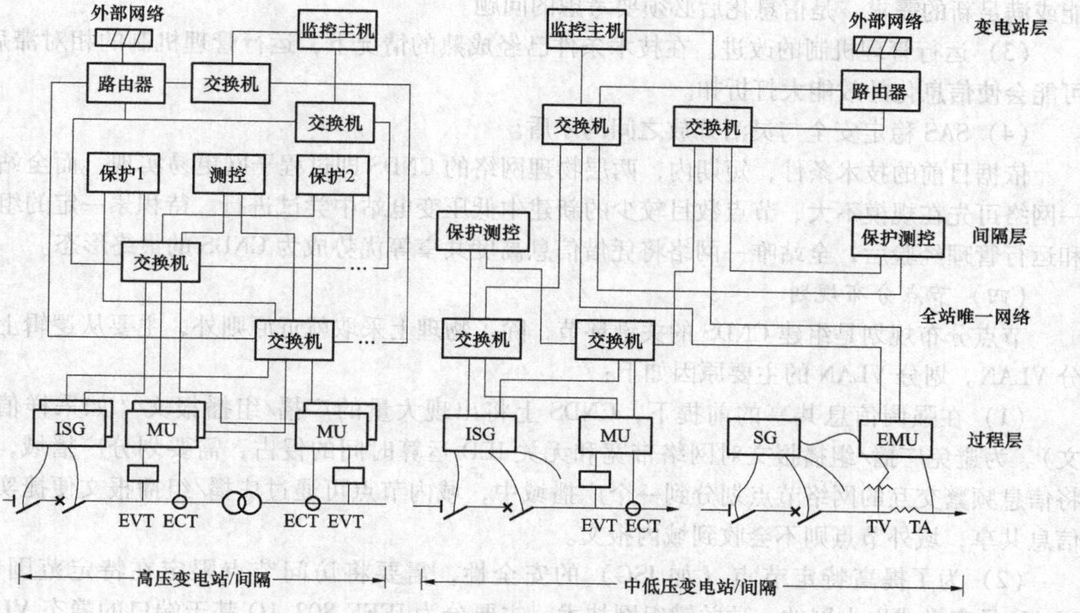

图 8-15　全站唯一网络连接图

的结构变得复杂，组网和运行管理的难度有所增加，主要体现在以下 3 个方面：

（1）由于过程层设备数目众多且位置分散（特别是高压变电站中），通常需要多级交换，先将地理位置相邻（可能是同一间隔内）的几个节点接至一台接入交换机，再将接入交换机串连成环网或汇聚至变电站层的核心交换机。

（2）由于所有智能设备都接入同一个网络，各种类型的数据流（如随机出现的电能质量监测数据、录波数据、设备配置及程序文件等大流量数据）使 CNDS 整体的运行状况变得复杂，且较难评估。报文区分优先级并采取全双工通信方式是确保 CNDS 实时性能的必要措施。

（3）过程层信息全站及系统范围内的共享使如分布式无功调节等系统集成应用的实现变得简单易行，但全站唯一网络同样为站内任意设备甚至站外直接控制开关设备提供了途径，这不仅对 SAS 的安全运行带来威胁，而且对保护选择性、独立性准则提出了挑战；同时过程层信息无针对性的共享还将严重侵占网络带宽，并加重相应节点的通信负担。因此，出于安全性、带宽和通信效率等方面的考虑，需要对过程层信息的共享范围作出限定，以保证过程层信息能够被安全、有效地使用，基本做法包括：通过交换机划分 VLAN、限定节点访问范围、合理分配流量。与过程子网不同，VLAN 的划分十分灵活，可以根据应用功能的变化，即时改变各层信息的共享范围；ISG 必须具备报文筛选能力（如通过源地址判断报文的合法性）。

从过程子网到全站唯一网络，随着过程层信息共享程度的提高，数字化变电站信息化水平和效能得到提高，同时对网络性能、组网技术及运行管理水平的要求也变得更高。

在变电站信息化水平不断提高的过程中，需要关注以下 4 个问题：

（1）信息的标准化。非标准化信息逐渐退出应用。

（2）信息的利用。面对 CNDS 提供的海量信息，如何选择有用信息，实现新的有益功能或满足新的需求，是信息化后必须要考虑的问题。

（3）运行管理机制的改进。在技术条件已经成熟的情况下，运行管理机制的相对滞后，可能会使信息化的效能大打折扣。

（4）SAS 稳定安全与灵活开放之间的矛盾。

依据目前的技术条件，短期内，两层物理网络的 CNDS 即过程子网更易实现，而全站唯一网络可先在规模不大、节点数目较少的新建中低压变电站中尝试进行。待积累一定的组网和运行管理经验后，全站唯一网络将凭借信息高度共享等优势成为 CNDS 的最终形态。

（四）节点分布规划

节点分布规划是组建 CNDS 的关键环节，除了物理上采取就近原则外，主要从逻辑上划分 VLAN。划分 VLAN 的主要原因如下：

（1）在强调信息共享的前提下，CNDS 上将出现大量的广播/组播报文（如采样值报文）。为避免广播/组播报文对网络带宽和无关 IED 运算时间的侵占，需要划分广播域，即将信息频繁交互的网络节点划分到一个广播域中，域内节点可通过广播/组播报文便捷实现信息共享，域外节点则不会收到域内报文。

（2）为了提高特定节点（如 ISG）的安全性，需要将访问节点限定在特定范围内。VLAN 是交换式以太网的一项关键组网技术，主要分为 IEEE 802.1Q 基于端口的静态 VLAN（最常用，简单易管理，但端口连接不能随意改变）和根据 MAC/IP 地址等设定的动态 VLAN，由路由器和支持 VLAN 的交换机实现（由于端口数目的限制，路由器不适用于 CNDS 的 VLAN 划分）。

SAS 是驻留或分布在各自动化设备中的功能单元相互提供和享用自动化功能的实现。因此按照功能划分 VLAN，即将某项功能涉及的所有网络节点划分到一个 VLAN 中，显然是最优的。但由于网络节点可能不仅仅参与实现一项功能，而网络组建时往往对各项功能和节点信息的了解还不明确和全面，所以可先将同一间隔内（信息交互可能最频繁）的网络节点划分到一个 VLAN，当确定某个节点（如测控装置）需要和域外节点（如变电站监控主机）实现某项功能时，利用一个端口可从属于多个 VLAN（即具备多个 VID）的特性，再创建一个新的只包含该节点接入端口和间隔外接入端口的 VLAN，其他节点（如 ISG）仍只能在间隔内通信，这就提高了 VLAN 划分的可操作性。

可以预见，作为 CNCS 未曾遇到过的技术问题，网络节点的分布规划（特别是划分 VLAN）将是组建 CNDS 的重要任务，需要缜密设计和妥善维护。这对组网、运行维护人员的通信网络技能提出了较高要求。

（五）网络冗余的实现

网络冗余包括网络链路冗余和网络设备冗余，它是提高网络容错能力的主要措施。网络冗余具有 3 项基本技术要点：

（1）如何判断网络发生了故障；

（2）如何实现智能化切换；

（3）如何缩短切换时间。

对于 CNDS 而言，除了由交换机实现基本的网络冗余外，IED 自身多组网络接口间互为冗余也是网络冗余的重要内容。

1. 交换机端

通过交换机实现网络冗余是一项关键的组网技术。根据不同拓扑，由同一厂商生产的交换机组成的环形网络可采用厂商专有的环网冗余协议，虽然实现细节不同，但多数是由设定的主交换机收发特定的协议帧检测环路，将环网中某个交换机的 2 个端口分别设定为转发态和阻塞态（为防止构成转发环路导致网络阻塞，只能允许一条链路有效），当检测到某个链路发生故障后，主交换机立刻将阻塞端口变成转发端口并告知其他交换机改变转发路径，如图 8-16 所示。环网冗余协议的特点是网络自愈速度快（自愈时间小于 300ms），缺点是协议不标准，兼容性差。

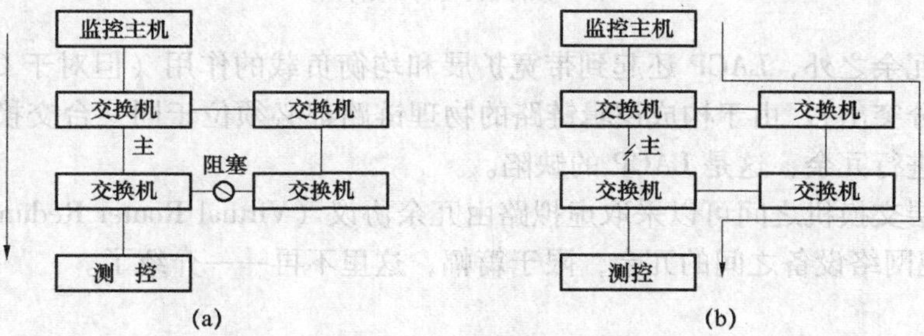

图 8-16 环网冗余协议示意图

（a）故障前；（b）故障后

由不同厂商生产的交换机组成的环形网络及星形网络可采用标准的生成树系列协议（如 RSTP，Rapid Spanning Tree Protocol，快速生成树，IEEE 802.1w），交换机之间构成环路。主链路正常工作时，备用链路处于阻塞状态；主链路发生故障后，备用链路接替主链路继续工作。RSTP 结构示意图如图 8-17 所示。

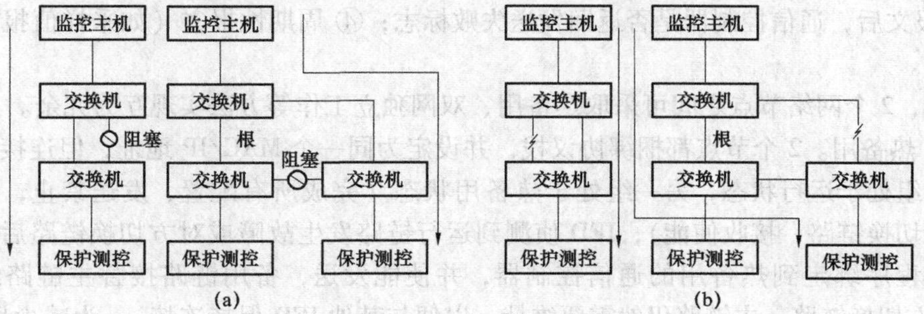

图 8-17 RSTP 结构示意图

（a）故障前；（b）故障后

RSTP 的自愈时间为 1~3s，由于正常情况下只有主链路传输数据，备用链路完全闲置，因此带宽和端口利用率不高。

多数交换机支持链路聚合控制协议（Link Aggregation Control Protocol，LACP IEEE 802.3ad）。LACP 将多个物理链路聚合成拥有唯一 MAC/IP 地址的单一逻辑链路；正常运行时，逻辑链路的流量由所有物理链路共同承担；当一个或多个物理链路出现故障时，流量会被自动转移到其余正常物理链路上，即物理链路之间互为冗余备份，整个逻辑链路不会受到影响。LACP 结构示意图如图 8-18 所示。

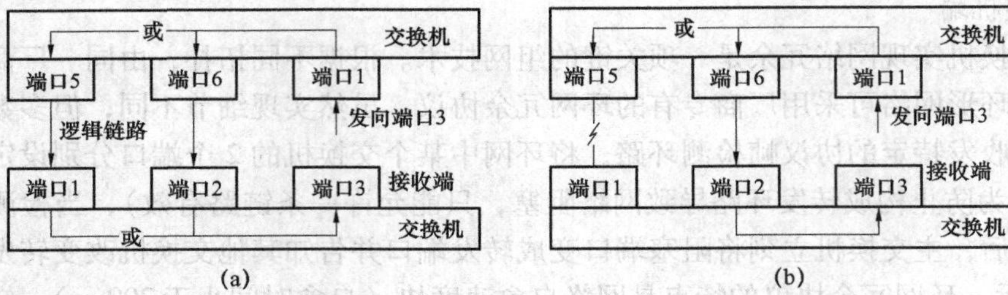

图 8-18　LACP 结构示意图

(a) 故障前；(b) 故障后

除了链路冗余之外，LACP 还起到带宽扩展和均衡负载的作用（但对于 CNDS 而言，这些作用并不十分突出）。由于构成逻辑链路的物理链路都必须位于同一台交换机，所以无法对交换机本身进行冗余，这是 LACP 的缺陷。

此外，三层交换机之间可以采取虚拟路由冗余协议（Virtual Router Redundancy Protocol，VRRP）等实现网络设备之间的冗余，限于篇幅，这里不再一一介绍了。

2. IED 端

为了保证自身的通信可靠性，IED 需至少具备 2 组（过程子网中的间隔层 IED 需具备 4 组）完全独立的网络，相关硬件包括通信控制器、收发器、隔离变压器、连接件及通信线缆。与一般服务器在操作系统环境下通过专门软件（如 NIC Express、BASP）可很方便实现多网卡之间的多种冗余方案（如将多个网卡捆绑与交换机配合实现 LACP）不同，嵌入式 IED 受资源限制，没有条件实现较复杂的冗余方案，只能采取一些简单易行的办法。

首先，判断链路发生故障的方法如下：① 上电后进行回环测试（Loop Back Test），检查通信控制器、收发器是否正常；② 定时读取收发器 LINK 状态，检查链路是否正常；③ 发送报文后，通信控制器是否返回发送失败标志；④ 周期性报文（如采样值报文）是否按时到达。

其次，2 个网络节点之间可采取热备用、双网独立工作等方法实现互为冗余。

(1) 热备用。2 个节点都捆绑协议栈，并设定为同一个 MAC/IP 地址，但连接至不同交换机，一组处于运行状态，另一组处于热备用状态（完成所有配置、发送禁止，但考虑到对方可能切换链路，接收使能）；IED 侦测到运行链路发生故障或对方切换链路后，立刻将相关应用程序绑定到热备用的通信控制器，并使能发送，备用链路接替主链路继续工作（如果对方切换链路，主链路仍然需要维持，以便与其他 IED 保持连接）；为减少切换次数，故障排除后主链路作为备用，不再进行切换（即对等式的热备用）。热备用示意图如图 8-19 所示。

如果将 2 台交换机级联，或者不能提供冗余交换机，即 IED 的 2 个节点连接至同一交换机，节点间的冗余仍然能够实现，如图 8-20 和图 8-21 所示，但切换过程有所区别。

1) IED 切换链路后，与之通信的其他节点不需要作任何改动，甚至不会察觉到链路的变化，这样就不必要求所有 IED 都配备 2 个网络接口或采取相同的冗余方法。

2) 由于交换机将端口与 MAC 地址绑定，备用节点只能收到广播报文（如果采用集线器连接，则备用节点能够收到所有发向主节点的报文，链路切换就变得非常简单）。所以，侦测到运行链路发生故障，备用节点进入运行状态后，要立刻发送一帧报文，以便在交换机

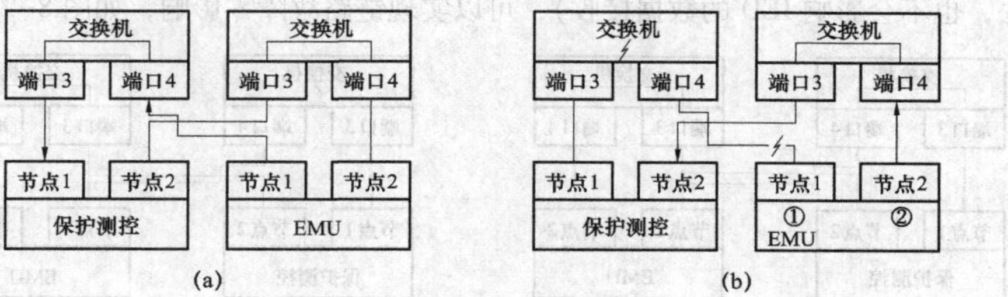

图 8-19　热备用示意图 1

（a）故障前；（b）故障后

注：图中①为侦测故障；②为绑定备用节点。

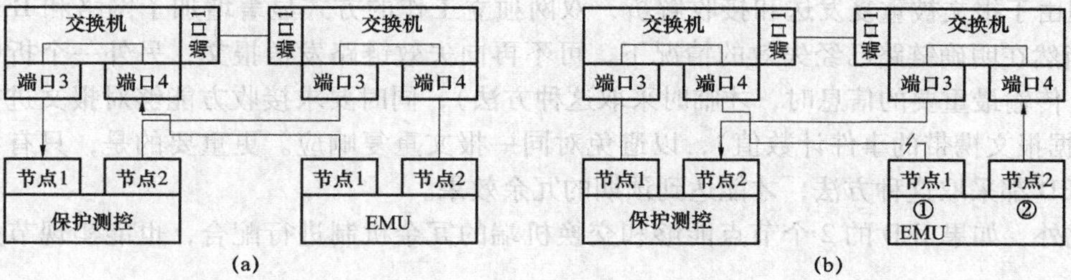

图 8-20　热备用示意图 2

（a）故障前；（b）故障后

注：图中①为侦测故障；②为绑定备用节点。

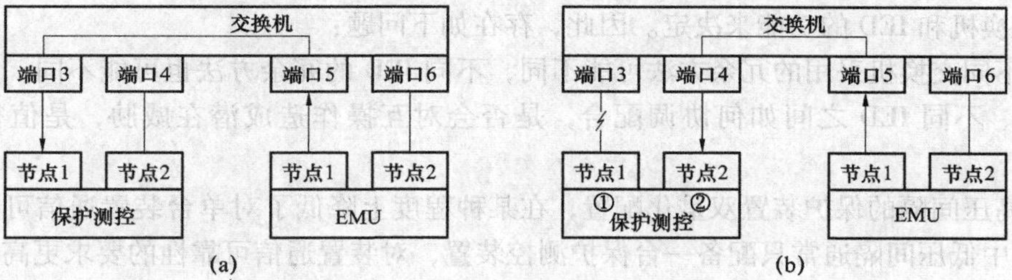

图 8-21　热备用示意图 3

（a）故障前；（b）故障后

注：图中①为侦测故障；②为绑定备用节点。

上建立备用节点连接端口与 MAC 地址的映射，这样在主节点连接端口的 MAC 地址表老化时间（Age Time）到达之前，备用节点就能够收到原本只发向主节点的点播报文。

热备用存在以下 2 个问题：① 存在故障判断的过程，无法实现网络零延时切换；② 热备用很难维持 TCP 连接不中断，因为备用节点要从主节点继承 TCP 的端口号和报文序号才能维持原有连接，在协议栈通常单独封装的情况下，比较难实现（而 UDP 只需要维持端口号，相对较容易实现），只有等待对方重新发起连接。因此，从冗余实现难度方面也可以看出，实时性要求比较高的信息应组织成 UDP 报文或 MAC 帧，并采用广播方式传送。

（2）双网独立工作。2 个节点都捆绑协议栈，并拥有不同 MAC/IP 地址，但同步发送相同的报文（源地址除外）；任意一个链路发生故障都不会影响 IED 的数据发送（若对方采取相同方法，也不会影响 IED 的数据接收），可以实现链路故障零影响，如图 8-22 所示。

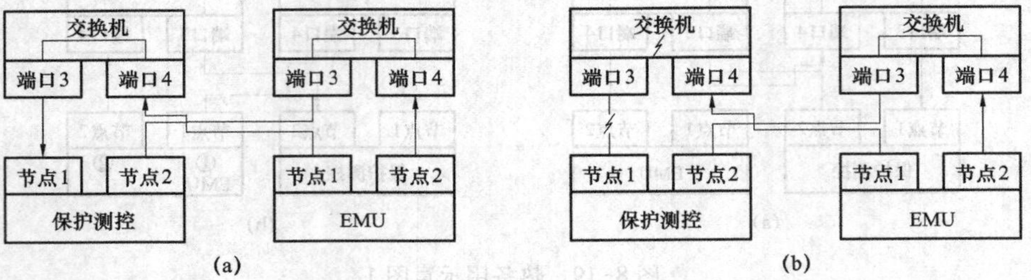

图 8-22 双网独立工作示意图

（a）故障前；（b）故障后

但由于报文被重复发送和接收解析，双网独立工作的方式显著增加了网络和 IED 的负担（当然在明确链路已经失效的情况下，可不再向失效链路发送报文，另外一个折中的做法是，传输最重要的信息时，才临时采取这种方法），同时要求接收方能够对报文进行甄别（如根据报文携带的事件计数值），以避免对同一报文重复响应。更重要的是，只有相互通信的 IED 都采取这种方法，才能达到预期的冗余效果。

此外，如果 IED 的 2 个节点能够和交换机端的冗余机制进行配合，也能实现节点间的冗余。

以往，由于不涉及过程功能，网络冗余仅作为提高监控系统可靠性的一项措施，缺乏标准用法（如将双网中的一个网络专门用于故障录波）和性能指标（如网络倒换时间）。显然 CNDS 的冗余更为必要，但同样缺乏相关标准。目前，CNDS 冗余的具体实现方法仍只能由选用的交换机和 IED 的功能来决定。因此，存在如下问题：

1）不同交换机采用的冗余方法可能不同，不同 IED 的冗余方法也可能不同。交换机与 IED 之间、不同 IED 之间如何协调配合，是否会对互操作造成潜在威胁，是值得关注的问题。

2）高压间隔的保护装置双重化配置，在某种程度上降低了对单台装置通信可靠性的要求，反而中低压间隔通常只配备一台保护测控装置，对装置通信可靠性的要求更高，但由于成本和功能的限制，中低压等级的保护测控装置往往不能提供足够数目的网络接口和高效的冗余方法，CNDS 也不大可能配备多个专门用于冗余的交换机，这不能不说是一个矛盾。

因此，一方面，各种网络冗余技术还需要在工程实践中完善，并总结实施经验；另一方面，有必要制订网络可靠性量化指标及参考（或规范）用例，即通过实践总结和验证，给出不同等级/规模 CNDS 应采用何种冗余方案，既能够实现相当的可靠性，又能够节约或保护设备投资。

五、网络及信息安全分析

相对于传统的变电站，数字化变电站的显著特点之一是信息量巨大。同时，数字化变电站的运行更加依赖于信息。相应地，变电站信息安全越来越成为人们关注的重点。变电站信息安全已成为 IEEE 变电站会议和电力继电器会议的热门话题。IEEE 专门制定了信息安全的标准 IEC 62351，并定义信息安全如下：信息安全是信息在产生、传输、使用、存储过程中不被泄露或破坏，确保信息的“保密性、完整性、可用性和不可否认性”。

数字化变电站所有的通信都基于以太网，多个远程“客户”可以直接访问大量的有用信息。典型的“客户”包括HMI、控制、维护、施工和规划等应用系统。IEC 61850起草人之一Mark Adamiak提出，在变电站内部进行数据传输的时候，IED不需要执行安全功能，而一旦要与变电站外部进行数据传输，IED就需要提供加密和认证等安全功能，远程访问点就是执行安全功能的逻辑定位点。

（一）数字化变电站信息威胁分析

如果数字化变电站通信没有相应的数据加密和认证功能，则正常的操作或控制数据被篡改后，有可能造成断路器拒动或保护装置误动，从而不能有效隔离故障，严重时甚至会使故障范围扩大，影响局部电网或系统的稳定运行。图8-23模拟了网络数据被篡改后，造成错误连锁反应或更大的系统稳定破坏事故。这种事故在实际系统运行中并不鲜见。

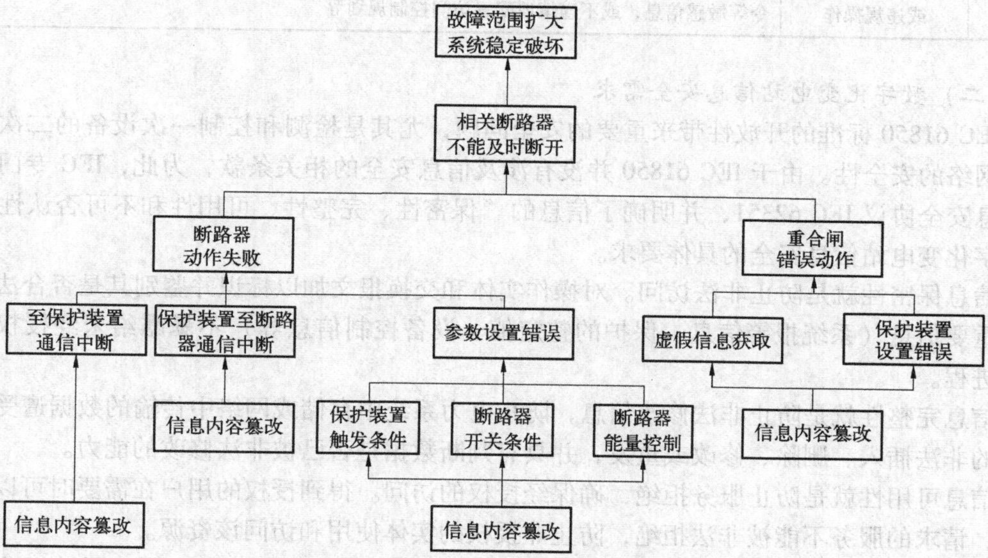

图8-23　信息错误致系统稳定破坏示意图

日常运行过程中，变电站所受到的攻击可能来自变电站所连接的外部网络，也可能来自变电站内部。网络化对变电站构成的安全威胁总是存在的。变电站网络信息传输面临的风险如表8-5所示。

表8-5　变电站网络信息传输面临的风险

序号	风险类别	风险内容
1	旁路控制	入侵者对变电站发送非法控制命令，导致电力系统事故，甚至系统瓦解
2	完整性破坏	非授权修改变电站控制系统配置、程序、控制命令
3	篡改	更改变电站与其他系统之间传输的信息使调度主站得到错误的运行工况，威胁电网的安全运行；或者更改遥控命令、修改定值命令等
4	非法使用	非授权使用计算机网络资源
5	网络欺骗或伪装	Web服务欺骗攻击、IP欺骗攻击，或计算机病毒或木马入侵者伪装合法身份，进入变电站监控系统
6	拒绝服务	向变电站网络或通信网关发送大量雪崩数据，造成网络或监控系统瘫痪

续表

序号	风险类别	风险内容
7	窃听	非法获取变电站与其他系统之间传输的信息，非法获取变电站网络中储存的信息
8	中断	使变电站内部或与其他系统之间的通信中断，使调度主站无法了解变电站的运行工况，主站的控制命令也无法正确执行
9	恶意程序	包括计算机蠕虫、特洛伊木马、逻辑炸弹等计算机病毒，严重影响变电站系统运行的正确性、实时性和可靠性
10	Internet 的安全漏洞	网络安全质量失控、不具备实时服务性能及系统管控功能缺失等
11	工作人员随意或违规操作	变电站控制系统工作人员利用授权身份或设备，执行非授权操作，或无意识地泄漏口令等敏感信息，或不谨慎地配置访问控制规划等

（二）数字化变电站信息安全需求

IEC 61850 标准的开放性带来重要的安全问题，尤其是检测和控制一次设备的二次回路通信网络的安全性。由于 IEC 61850 并没有涉及信息安全的相关条款，为此，IEC 专门制定了信息安全协议 IEC 62351，并明确了信息的“保密性、完整性、可用性和不可否认性”就是数字化变电站信息安全的具体要求。

信息保密性就是防止非法访问。对操作实体和交换报文加以标识并鉴别其是否合法，以确保重要信息（系统报警信息、保护的整定值、设备控制信息等）不暴露给未经授权的实体或进程。

信息完整性就是防止非法修改信息，防止电力系统中存储或网络中传输的数据遭受任何形式的非法插入、删除、修改或重发，并具有判断数据是否已被非法修改的能力。

信息可用性就是防止服务拒绝，确保经授权的访问。得到授权的用户在需要时可以访问数据，请求的服务不能被非法拒绝，防止非授权的实体使用和访问该资源。

信息不可否认性就是抗抵赖，信息给出的事件是确定的。合法用户不能否认自己在网上的行为，在系统中的每一项操作都应留有痕迹，记录下该项操作的各种属性，保留必要的时限以备审查。

（三）IEC 62351 标准及内容

为有效适应电力系统信息安全防护的要求，IEC 组织 TC57 WG15 工作组在完成 IEC 60870-5、IEC 60870-6、IEC 61850 等标准编制的基础上，开展了信息安全标准 IEC 62351 的编制。IEC 62351 并非独立的标准体系，它与 TC57 相关标准的对应关系如图 8-24 所示。

数据与通信安全 IEC 62351 标准的内容由 7 个部分组成，分别如下：

（1）IEC 62351-1 引言部分。该部分介绍了电力系统安全标准产生的背景和 IEC 62351 标准的各个组成部分。

（2）IEC 62351-2 术语描述。该部分介绍了 IEC 62351 标准所采取的术语和简称的定义，并尽可能采用在工业领域和电力系统中广泛应用的定义。

（3）IEC 62351-3 包含 TC/IP 的整体描述。标准适应于 IEC 60870-6 TASE2、IEC 61850 基于 TC/IP 传输协议的抽象通信服务接口（Abstract Communication Service Interface，ACSI）和 IEC 60870-5-104。这部分选用了被广泛用于数据认证、保密性、完整性的传输层安全技

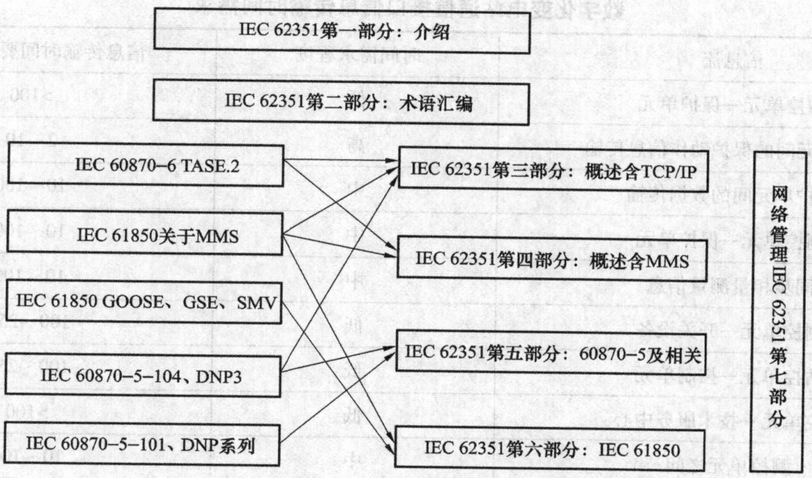

图 8-24　IEC 62351 与 TC57 相关标准的对应关系

术（Transport Layer Security，TLS），描述了 TLS 参数和设定等；尤其通过 TLS 加密技术防止窃听，通过信息认证防范中间过程的泄密，通过安全证书技术防止欺骗，通过 TLS 加密防止重放攻击，但 TLS 无法防止拒绝服务。

（4）IEC 62351-4 包含 MMS 的整体描述。该部分提供了对 MMS、TASE2（ICCP）、IEC 61850 的安全描述，主要采用 TLS 进行定义，并在数据认证方面采取了相关的安全技术，两个信息交互的安全体互相识别。允许采取安全措施或未采取安全措施的整体同时应用，因为并非所有的系统需要同时进行安全升级。

（5）IEC 62351-5、IEC 60870-5 和其他派生规约的安全性（如 DNP3. 0）。IEC 62351-5 对串口规约（如 IEC 60870-5-101、IEC 60870-5-102 和 IEC 60870-5-103）及网络方式的规约（如 IEC 104、DNP3. 0 等）提供不同的解决方案。尤其对基于 TC/IP 的网络通信可以采取 IEC 62351-3 的安全措施。

（6）IEC 62351-6 对于 IEC 61850 的安全描述。IEC 61850 有 3 种 P2P 规约，在变电站局域网中就是对等通信的多播数据图，不是路由方式，这些信息需要在 4ms 内传送，加密和其他一些影响传输效率的安全措施就不能被采用，因此，数据认证是唯一可以被选用的，IEC 62351 提供满足数字签名所需的最小计算量。

（7）IEC 62351-7 网络和系统管理的安全性。在 TC57 委员会的要求下，WG15 工作组除了为 SCADA 系统的规约制定安全措施外，还开展了数据端对端的安全防护工作，如安全策略、访问控制机制、钥密管理、审计记录及其他关键设施的安全防护等；WG15 工作组确定在安全体系下进行信息设施的网络和系统管理，其对电力系统安全可靠运行的重要性不亚于安全体系下的加密和访问安全管理。

（四）信息处理

1. 信息需求

基于 IEC 61850 的数字化变电站分为站控层、间隔层和过程层 3 层结构，其通信接口信息传输时间需求如表 8-6 所示。

表 8-6　数字化变电站通信接口信息传输时间需求

信息流	时间需求程度	信息传输时间要求（ms）
站控单元—保护单元	低	>100
保护单元间的保护动作信息传输	高	2～10
保护单元间的数据传输	中	10～100
测控单元—保护单元	中	10～100
同步相量测量信息	中	10～100
测控单元—开关设备	低	100～250
站控单元—控制单元	低	100～250
站控单元—技术服务中心	低	>100
测控单元之间	中	10～100
站控单元—控制中心	低	>100
保护单元—开关设备	极高	<2
TA/TV—各单元的采样信息	极高	<2

由表 8-6 可知，过程总线上的电流互感器、电压互感器与保护单元、测控单元之间的实时电压、电流采样值和保护单元发送到现场开关设备的保护信号的传输时间最为苛刻，要求小于 2ms；同步相量测量信息的传输时间可以大于 10ms。保护单元间的保护动作信息具有较高的传输速率，通常信息传输时间为 2～10ms，而站控单元-技术服务中心间的数据文件传输时间可以大于 100ms。

通过对信息需求分析，不仅可以为电力系统通信设计、规划提供参考标准，而且能够为电力信息系统的网络性能管理方案实施提供依据。

2. 实时性保证方法

实时性，即严格时限要求规定，在特定的时间内完成特定的任务，如测量、保护、控制、事件记录的报文传输，确保极坏情况下，报文响应时间是可确定的。

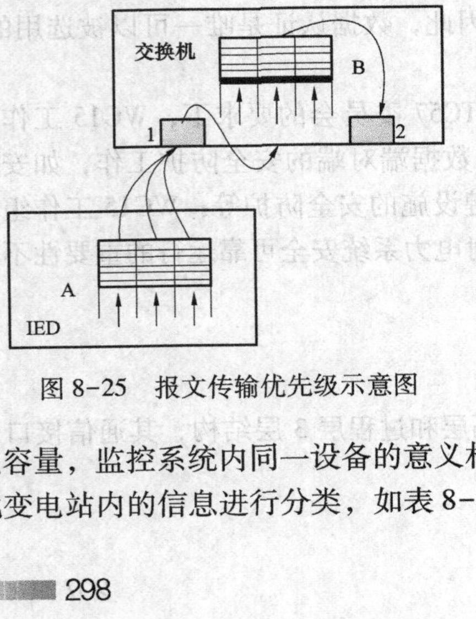

图 8-25　报文传输优先级示意图

（1）优先级设定。数据有轻重缓急之分，重要的数据须优先于其他数据传输。报文传输要求支持优先级调度以提高时间紧迫性任务的信息传输可确定性。

如图 8-25 示，报文传输优先级有两层含义，包括设备自身内部的数据优先级队列 A 和网络交换机内的数据优先级队列 B。设备内部的数据优先级保证紧要报文优先发出去，当多个报文同时传到一个节点时也存在报文的优先级处理，即在队列 B 中进行处理。目前，大部分交换机支持报文的优先级传输。

（2）信息分类及合并原则。为减少网络信息及接点容量，监控系统内同一设备的意义相同的接点信号可合并为一个信号。为此，首先对数字化变电站内的信息进行分类，如表 8-7 所示。

表 8-7 数字化变电信息分类需求

类别	定　义
操作信号	正常的断路器、隔离开关操作，包括变压器档位调整
事故信号	事故跳闸或保护出口、重合闸动作
保护信号	保护装置发出的动作、告警报文，压板变位，自检异常等
告警信号	遥测量越限、接地告警等
变位信号	遥信变位，如收发信机启动、油泵打压等

然后要确定信息合并的原则，信息合并不能影响对基本结论性事件的判断。当内涵一致、外延小于其他信号时，信息不能合并；若信号性质相同，仅反映所发出的位置不同，则可以考虑合并。例如，“保护装置异常”信号和“保护装置闭锁”信号涵盖内容多，性质不一样，不宜合并。对于保护同一设备的两套保护装置，其传送到调度端相同类型的接点信号可合并，例如，两套线路保护装置距离Ⅰ段保护同时动作，就可以合并成一个“××线路距离Ⅰ段保护动作”信号。

（五）信息安全防护策略

变电站计算机网络采用了与 Internet/Intranet 相似的技术和网络设备，Internet 安全策略都适用于变电站网络。但由于变电站要考虑信息传输的实时性，因而必须对其安全策略进行具体分析。

1. 基于加密技术的策略

“加密”是最基本、最常用和有效的信息安全技术，可以有效地限制截获、中断、篡改、伪造的概率，从而达到保证信息安全的目的。针对变电站计算机网络，可选用一些常用的加密算法，如国际数据加密算法（International Data Encryption Algorithm，IDEA），就可以满足要求，密钥长度在 56～128 位比较合适。

加密算法比较简单，明文 X 通过加密算法 E 和加密密钥 K 即可得到密文 $Y=EK(X)$。有时 E 或 K 可能是公开的，因此，安全性的保证主要依赖于密钥管理。加密和解密的过程耗时很小，可以认为基本不影响变电站信息（音、视频信息除外）传输的实时性。

变电站可以考虑加密的信息包括：

（1）直接威胁电网安全运行的信息，如遥控信息、遥调信息、保护装置和其他安全自动装置的整定信息等；

（2）间接威胁电网安全运行的信息，如与变电站运行工况有关的遥信信息、重要遥测信息、SOE 信息等；

（3）其他需要加密的信息，如电力市场运营环境下的报价信息、需要保密的电能量信息、需要保密的文件等。

2. 基于数字签名的策略

数字签名技术的实现原理如下：首先发送方对信息施以数学变换，所得的信息与原信息唯一对应；在接收方进行逆变换，得到原始信息。只要数学变换方法优良，变换后的信息在传输过程中就具有很高的安全性，很难被破译、篡改。数字签名可以验证出信息在传输过程中有无变动，确保信息的完整性、真实性和不可抵赖性。数字签名的算法很多，应用较为广泛的 3 种是 Hash 签名、DSS 签名和 RSA 签名。限于篇幅，此处不作详细论述。

数字签名传输数据过程如图 8-26 所示。节点 A 使用私有密钥对所传信息签名后发向节点 B；节点 B 接收到信息后，使用公开密钥确认数字签名，决定是接收数据还是放弃数据。数字化变电站可考虑对遥控信息、遥调信息、保护装置和其他安全自动装置的整定信息等应用数字签名。

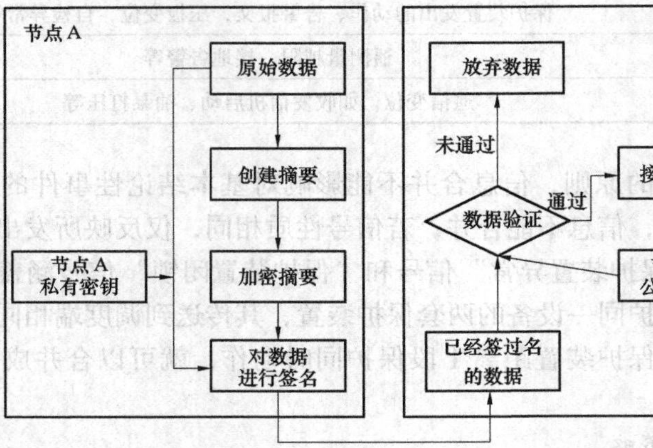

图 8-26　数字签名传输数据过程

3. 基于虚拟网的策略

虚拟局域网（Virtual Local Area Network，VLAN）技术允许将一个物理的 LAN 逻辑地划分成不同的广播域（即 VLAN），每一个 VLAN 都包含一组有着相同需求的计算机工作站，与物理上形成的 LAN 有着相同的属性。一个 VLAN 内部的广播流量和单播流量都不会转发到其他 VLAN 中，从而有助于控制流量、减少设备投资、简化网络管理、提高网络安全性。

智能变电站采取对等通信模式，IED 之间的信息交互通过 GOOSE 信息传输机制实现，变电站内的通信网络采用以太网。以太网 802. lq 协议支持以 VLAN 方式实现网络的有效分隔，在不同的虚拟网上实现不同业务特性的信息交互，通过在交换机上设置基于端口的 VLAN，在 IED 上进行正确配置就可以有效地防止黑客攻击。对于纵联保护必须具有两个 VLAN，以满足传输关键信息和非关键信息功能的要求。因此，保护装置必须具有两个数据通信口，以连接不同的基于端口设置的 VLAN 交换机，一个用于传递远方跳闸命令等信息，另一个用于一般的数据通信。

在智能变电站应用技术发展过程中，更合理的解决方案应该是 IED 装置内部具有足够的信息处理能力，能在内部实现对虚拟网标签技术的支持，这样保护/测控一体化装置就可以实现以下应用模式：数据调用功能设置为 VLAN1，涉及保护跳闸和远方跳闸命令功能设置为 VLAN2，用于 SCADA 系统信息的功能设置为 VLAN3。因此，基于规约的 VLAN 技术可以在逻辑层划分不同的应用，而不需要独立的物理端口就可以有效地实现信息的安全隔离。在这种应用模式下，保护/测控一体化装置仍然需要两个以太网数据口，但第二个以太网口用于接入冗余以太网，这样可以有效地提高二次系统的冗余度。

4. 基于多智能体的策略

多智能体（Multi Agent）是分布式人工智能（Distributed Artificial Intelligence，DAI）研究的前沿领域，是由多个智能体组成的系统。它是指多个智能体（Agent）成员之间相互协调、相互服务，共同完成任务。其基本思路是将大的复杂系统（软、硬件系统）建造成若干个小的、彼此相互通信及相互协作、易于管理、易于实现的小系统，即智能体，若干个智能体合作组成复杂系统，实现系统的整体目标。因为多智能体具有诸多优势，所以它在电力系统中获得广泛的研究和应用。

对多智能体的应用研究是建立在分布式环境基础上的，数字化变电站的重要特征是变电站自动化系统呈现为分层分布式，各种 IED 之间的信息交互通过网络通信技术实现，从该技术特征上，数字化变电站分布式系统架构对于多智能体的应用是十分合适的。基于多智能体自适应网络安全模型如图 8-27 所示。其特点是每一个被监视的节点都对应一个智能体。当检测到被监视节点遭到攻击时，对应智能体先执行相应策略。如果该智能体不能解决问题，则请求协调智能体。协调智能体经过分析，可以参考安全策略数据库，协调多个智能体共同解决。如果问题仍解决不了，再由协调智能体请求上一级协调智能体做同样处理。这种安全机制的主要优点如下：① 在线学习系统可以总结入侵者的特点并制定相应的对策，防止其他设备遭到攻击；② 网络负载轻，工作效率高，大部分智能体可以在当地解决安全问题。在枢纽变电站中，可以考虑加装基于多智能体的网络安全管理系统，对透过防火墙的攻击进行实时检测并采用相应对策，进一步提高网络安全性能。

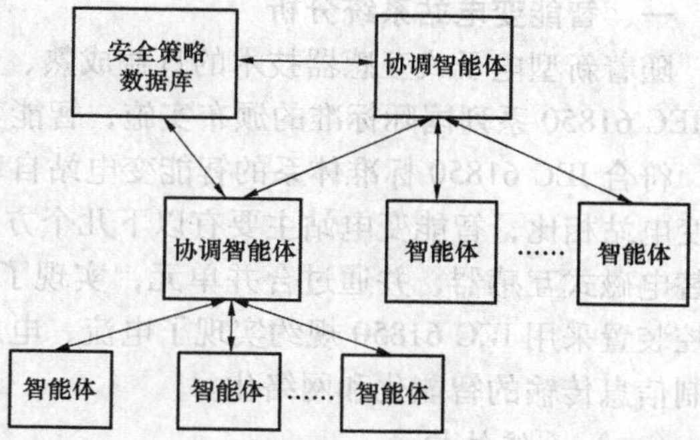

图 8-27　基于多智能体自适应网络安全模型

5. 基于防火墙的策略

目前防火墙技术已经比较成熟，通常使用包过滤、应用级网关、电路级网关和规则检查防火墙等安全控制手段实现其安全防护功能。其中，包过滤防火墙只检查地址和端口，对网络更高协议层的信息无理解能力，对网络的保护有限，但其具有速度快、费用低的优点；应用级网关可以实现较好的访问控制，采用通过网关复制传输数据的方式避免端到端之间直接建立联系，但是每一种协议都需要相应的代理服务，并且数据传输速度受到限制，不利于实时性要求较高的场合；电路级网关工作于会话层，一般与应用级网关结合在一起，它还具有 IP 地址代理功能，但缺点是不能检查应用层的数据；规则检查防火墙则综合了以上 3 种防火墙的特点，允许主机到主机的直接连接，根据某种算法检查进出防火墙的应用层数据是否与合法数据包一致，以达到安全访问的目的。

防火墙的工作一般非常有效，可以说，好的防火墙系统，配以恰当的维护，将非常有助于预防有问题的 Internet 访问。值得注意的是，防火墙不能有效控制来自网络内部的非法访问，而且防火墙的设置将导致信息传输明显延时。考虑到电力远动信息的实时性要求，建议开发变电站网络专用的防火墙组件，以降低通用防火墙软件延时带来的不利影响。

一般而言，防火墙没有防治网络病毒的功能，所以有必要单独考虑网络病毒的防治。采用防病毒软件定时进行检测，防止各种病毒的入侵。另外，在网关设置防病毒软件会降低网络的性能，使得数据在进出网关时的速度大大变慢。在各个工作站设置防病毒软件，则可以避免这一问题。

第三节 IEC 61850 工程配置及调试

一、智能变电站系统分析

随着新型电子式互感器技术的日益成熟、光通信技术和以太网智能交换技术的发展，以及 IEC 61850 系列国际标准的颁布实施，智能变电站技术取得了长足进步和发展。

符合 IEC 61850 标准体系的智能变电站自动化系统正是在上述背景下应运而生的。与传统变电站相比，智能变电站主要有以下几个方面的变革：①在一次设备中，由电子式互感器代替电磁式互感器，并通过合并单元，实现了一次设备的智能化和网络化；② 间隔层保护测控装置采用 IEC 61850 规约实现了电流、电压等测量保护信息、开关刀闸等开关量信息及控制信息传输的智能化和网络化。

（一）系统结构

数字化变电站全站采用 IEC 61850 通信协议，站控层至间隔层采用以太网通信，间隔层至过程层采用光纤通信。智能变电站全站结构示意图如图 8-28 所示。

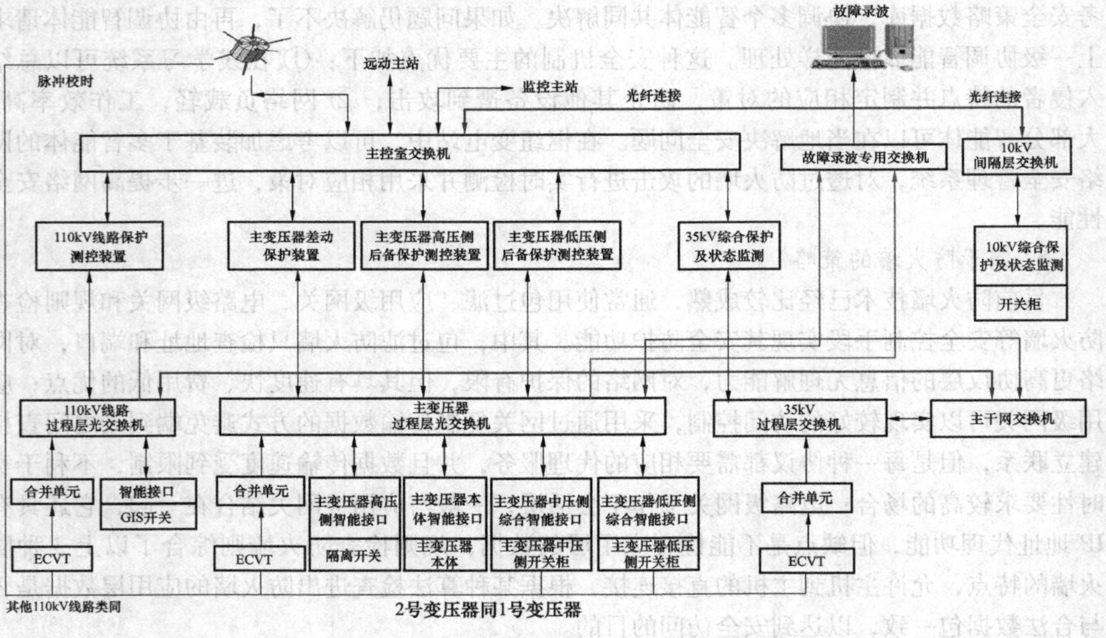

图 8-28 智能变电站全站结构示意图

（二）通信方式

（1）两层网络独立运行，即站控层与间隔层网络、间隔层与过程层网络独立运行。

（2）站控层与间隔层网络采用电以太网通信，主干网可采用光纤自愈环网，通信协议采用 IEC 61850 标准规约。

（3）间隔层与过程层网络全采用光纤以太网通信，主干网采用过程层光交换机，通信协议采用 IEC 61850 标准规约。

（三）智能变电站的主要技术特点

（1）数据采集智能。在电流、电压的采集环节采用非常规互感器，如光电式互感器或电子式互感器。

（2）系统分层分布化。根据 IEC 61850 标准的描述，变电站的一、二次设备可分为 3 层，即站控层、间隔层、过程层。

（3）系统结构紧凑化。紧凑型组合电器将断路器、隔离开关和接地开关、TA 和 TV 等组合在一个 SF_6 绝缘的密封壳体内，实现了变电站内设备布置的紧凑化。

（4）系统建模标准化。各个 IED 和各变电站的数据都是自我描述的、重复使用数据类、简化数据维护、无缝的命名规则、对数据统一建模、容易集成到 Web 技术；采用统一建模语言（Unifide Modeling Language，UML），统一变电站配置描述语言（Substution Configuration Language，SCL）。

（5）信息交互网络化。支持过程层与间隔层之间的信息交换（过程层的各种智能传感器和执行器可以自由地与间隔层的装置交换信息）、间隔层内部的信息交换、间隔层之间的通信（如 GOOSE 互锁等）及间隔层与变电站层的通信。

（6）信息应用集成化。将间隔层的控制、保护、故障录波、事件记录和运行支持系统的数据处理等功能集成在一个统一的多功能数字装置内，间隔层内部和间隔层及间隔层同站级间的通信用少量的光纤总线实现，取消传统的硬线连接。

（7）设备检修状态化。在设备状态有效监测的基础上，根据监测和分析诊断的结果安排检修的时间和项目。

（8）设备操作智能化。一体化智能开关等智能一次设备利用自身的智能控制单元完成设备的分合操作、灭弧、状态监测等。

二、智能变电站系统配置

在配置及调试数字化变电站时，要以 SCD 文件为核心对变电站进行配置。由 SCD 文件生成 CID 文件和 GOOSE 文本以供各个智能装置 IED 使用。

（一）IEC 61850 配置文件

IEC 61850 配置文件是指描述通信相关的 IED 配置和参数、通信系统配置、开关场（功能）结构及它们之间关系的文件。规定文件格式的主要目的是：以兼容的方式，在不同厂家提供的 IED 配置工具和系统配置工具间，交换智能电子设备能力描述和变电站自动化系统描述。系统应具备的配置文件包括以下几种：

（1）ICD 文件。IED 能力描述文件，由装置厂商提供给系统集成厂商。该文件描述了 IED 提供的基本数据模型及服务，但不包含 IED 实例名称和通信参数。

（2）SSD 文件。系统规格文件，全站唯一。该文件描述了变电站一次系统结构及相关联的逻辑节点，最终包含在 SCD 文件中。

（3）SCD 文件。全站系统配置文件，全站唯一。该文件描述了所有 IED 的实例配置和通信参数、IED 之间的逻辑连接关系及变电站一次系统结构，由系统集成厂商完成。SCD 文件应包含版本修改信息，明确描述修改时间、修改版本等内容。

（4）CID 文件。IED 实例配置文件，每个装置有一个，由装置厂商根据 SCD 文件中本 IED 相关配置生成。

（二）IEC 61850 配置工具

IEC 61850 配置工具分为系统配置工具和装置配置工具，配置工具应能对导入/导出的配置文件进行一致性检查，生成的配置文件应能通过 SCL 的 schema 验证，并生成和维护配置文件的版本号和修订版本号。系统配置工具负责生成和维护 SCD 文件，支持生成或导入 SSD 文件和 ICD 文件，其中须保留 ICD 文件的私有项，对一次系统和 IED 的关联关系、全站的 IED 实例及 IED 间的交换信息进行配置，完成系统实例化配置，并导出全站 SCD 配置文件。装置配置工具负责生成和维护装置 ICD 文件，并支持导入全站 SCD 文件以提取需要的装置实例配置信息，完成装置配置并下装配置数据到装置。同一厂商应保证其各类型装置 ICD 文件的数据模板（DataType Templates）的一致性。

装置配置工具应至少支持系统配置工具进行以下实例配置：

（1）通信参数，如通信子网配置、网络 IP 地址、网关地址等；

（2）IED 名称；

（3）GOOSE 配置，如 GOOSE 控制块、GOOSE 数据集、GOOSE 通信地址等；

（4）DOI 实例值配置；

（5）数据集和报告的实例配置。

（三）IEC 61850 配置流程

在工程实施过程中，系统集成商提供系统配置工具，并根据用户的需求负责整个系统的配置及联调；装置厂商提供装置配置工具，并负责装置的配置及调试。系统配置工具是系统级配置工具，独立于 IED。它导入装置配置工具生成的 IED 能力描述文件及系统规格文件，按照系统配置的需要，增加 IED 所需要的实例化配置信息和系统配置信息。当上述配置完成后，系统配置工具应导出全站系统配置文件，并将该文件反馈给装置配置工具。装置配置工具导入配置完成的全站系统配置文件，生成 IED 工程调试运行所需要的 CID 实例配置文件，并下载最终配置文件到 IED 中。智能变电站配置流程具体如图 8-29 所示。

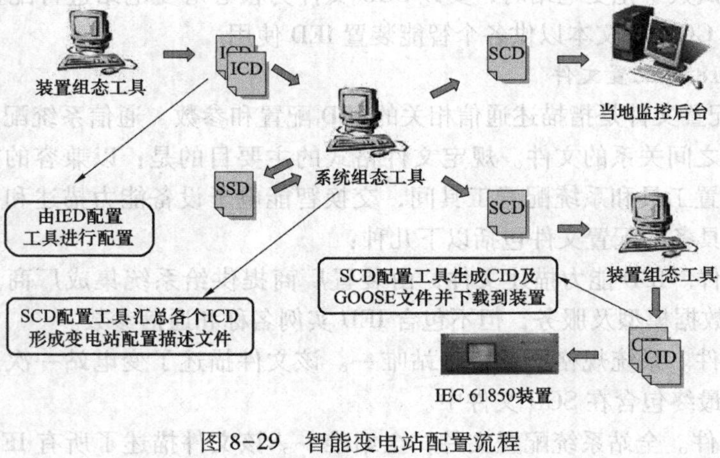

图 8-29　智能变电站配置流程

1. 装置配置

装置配置工具用来获取相关 IED 装置的逻辑点表和符合 IEC 61850 标准的 ICD 文件，并检查、验证 ICD 文件是否能够通过 XML 语法结构检查。所有装置的 ICD 文件必须能够通过 KEMA 软件的模型测试，文件中的数据模板需要统一，符合国家电网公司企业标准《IEC 61850 工程应用模型》标准。

对于装置的私有功能数据修改或 ICD 模板数据修改，由装置配置工具负责生成新的 ICD

文件后发送到系统配置平台；对于系统组态实例化数据，由系统配置工具统一配置、修改，系统配置工具进行实例配置后生成 SCD 文件，发送至装置配置工具，由装置配置工具下装至具体的 IED 装置。

2. 系统配置

系统配置工具用来整合变电站内各个孤立的 IED，使之成为一个完善的变电站自动化系统。

系统配置工具可以生成并记录 SCD 文件的历史修改记录、编辑全站一次接线图生成 SSD 文件及配置每个 IED 设备的通信参数、报告控制块、GOOSE 控制块、SMV 控制块、数据集、GOOSE 连线、DOI 描述等。

系统配置工具包含以下 5 个功能模块：

1）Header 部分。用于记录 SCD 文件的更新记录，可以手动输入维护记录并保存。

2）Communication 部分。反映实例配置通信子网的映射，通常包含一个 MMS 通信网络和若干个 GOOSE 及 SMV 子网。

3）Substation 部分。用于编辑变电站内主接线图等，供后台直接读取画面使用。

4）IED 部分。提供全站 IED 添加、更新、删除、移动及 GOOSE 连接等功能，并提供 IED 详情查看信息。

5）CID 及 GOOSE 部分。在 SCD 文件配置完成后，需要从其中导出相关配置信息并下装到装置，需要导出的配置信息主要有 CID 及 GOOSE 两种。

第九章

变电设备在线监测

第一节 系 统 概 述

变电站高压输变电设备的安全运行是影响电力系统安全、稳定和经济运行的重要因素。高压设备发生绝缘事故，不仅会造成设备本身损坏，而且还会造成多方面的损失。绝缘故障及老化积累发展到一定程度，会造成绝缘严重破坏甚至击穿，导致事故发生，对电力系统本身运行和人民生产、生活都将造成重大损失。对变电站主要设备进行绝缘在线监测，利用远程主站系统进行数据管理、分析、统计、整合，可以有效、全面地反映运行中电气设备的绝缘状态及发展趋势，及时发现电气设备内部绝缘故障和缺陷，从而提高电气设备安全运行水平和事故预知能力，有效预防事故，防止非计划停电和不必要的检修带来的重大损失，并可优化检修策略，提高维护检修的技术水平，带来可观的经济效益。

智能变电站状态监测系统安装在变电站端，实现对变压器、GIS、避雷器等变电设备运行状态的实时监测。系统在测量方式、测量原理和系统结构上，相对于传统的监测技术作了重大的改进，采用先进的分层分布式系统结构，应用总线控制技术和模块化设计原理，使系统的抗干扰性能、测量的准确性和稳定性都得到了很大的提高；由数据采集、实时显示、诊断分析、故障报警、参数设置等功能模块实现电气设备在线监测的系统化和智能化，使各级领导、专业人员能够实时、直观地了解和掌握电气设备的运行情况，对有异常状况的电气设备及时采取措施，避免事故的发生；满足生产现场实用要求，并采用独有的专家诊断系统对采集的数据进行科学分析诊断，便于及时了解并掌握变电设备的健康状态。

目前，变电设备在线监测已大范围开展和应用，尤其是油中溶解气体在线监测、电容型设备介质损耗与电容量监测、氧化性避雷器泄漏电流监测等，取得了良好效果。但是，还存在着一些急需解决的问题，如不同厂家的在线监测系统技术标准、接口规约不统一，故障诊断方法需改进、细化，信号采集传输精度和可靠性有待进一步提高等，并且由于在线监测系统尚未全面纳入运行设备的管辖范围，所以在选型、检验、运行、维护、管理方面缺乏规范的手段和依据，部分劣质的在线监测系统由于检测不严流入网内，发生误报、拒报等，给电网的运行管理带来不利影响。

一、系统监测的范围及内容

系统监测的主要涵盖变压器、GIS、容性设备（TA、CVT、OY）、避雷器、断路器等设备的监测及环境监测。

系统监测的内容主要包括以下几个方面：

（1）变压器油色谱。H_2、CO、CO_2、CH_4、C_2H_4、C_2H_6、C_2H_2、微水。

（2）变压器铁芯。接地电流。

（3）变压器套管。泄漏电流、介损、电容量。

（4）变压器局部放电。局部放电量、放电相位、放电次数。

（5）GIS 局部放电。局部放电量、放电相位、放电次数。

（6）容性设备（TA、CVT、OY）。泄漏电流、介损、电容量。

（7）氧化性避雷器监测。泄漏全电流、阻性电流、容性电流，动作次数。

（8）SF_6微水密度监测。气体密度、微水、气体温度。

（9）断路器。传动机构和储能电机的合分闸线圈电流、储能电机的电流、振动、行程、速度、辅助接点动作。

二、系统结构

1. 系统体系结构

智能变电站中智能化的一次设备（智能化高压设备）主要由一次设备（高压设备）本体和智能组件构成，具有测量数字化、控制网络化、状态可视化、功能一体化和信息互动化等特点。其中，智能组件由具有特定监测功能的 IED、主 IED 和智能组件柜等组成，承担与宿主设备（即一次设备）相关的测量、控制和监测等基本功能。

系统网络总体上分为两层：过程层和站控层。各个特定监测功能的 IED 通过各种内置或外置于高压设备的传感器获取原始数据，经处理后得到高压设备的特征数据和初步分析诊断结果。各 IED 得到特征数据和初步诊断数据后，经过程层网络，把数据汇总到主 IED。主 IED 通过站控层网络，统一使用 IEC 61850 方式，把数据传送到站控层的状态监测服务器，状态监测服务器可以综合各类数据，经分析、诊断得出最终的状态监测诊断结果。系统体系结构如图 9-1 所示。

2. 系统网络结构

网络通信结构可以分为两种方式。

（1）严格遵循 IEC 61850 标准的“三层二网”的层次结构，在通信上分为独立的二层网络即：站控层网络和过程层网络。常测量 IED、控制 IED、监测功能组主 IED 作为间隔层 IED，直接接入站控层网络，与变电站层设备通信。这种通信网络结构严格区分了两级网络结构，具有较高的实时性和安全性。此结构为独立的二层系统网络，如图 9-2 所示。

（2）另外，由于智能组件的引入，智能组件在“三层二网”的分类时显得有些模糊，难以严格遵循此二级网络的划分标准。表面上，智能组件直接关联于高压设备，属于过程层设备，但实际上，智能组件内既有过程层设备，也有间隔层设备，甚至变电站内个别数量少的设备还可以作为变电站层设备。以状态监测为主要目标的智能组件在通信实时性上要求不高，而智能组件网络通信包括过程层网络通信和站控层网络通信。智能组件内所有 IED 都应接入过程层网络，同时与站控层网络有信息交互需要的 IED，还应接入站控层网络。这两级网络在物理上连接在一起，具有更高的通信灵活性。智能组件是一个跨层的设备，其内部集成过程层总线。此结构为合并的二层系统网络，如图 9-3 所示。

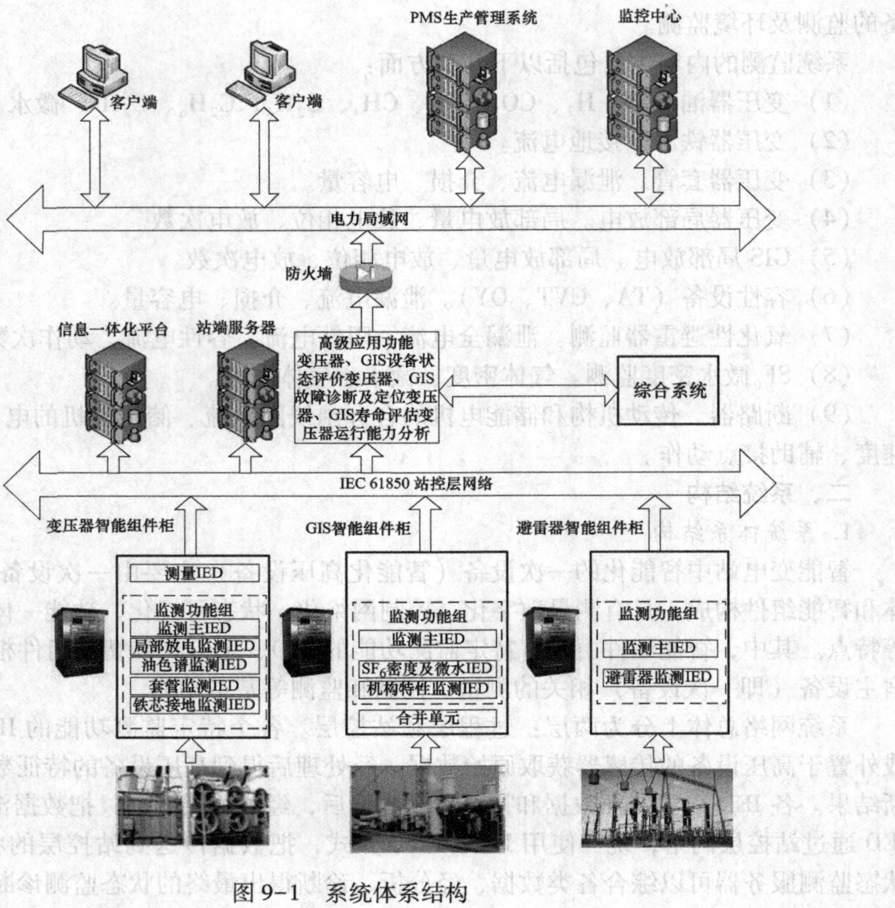

图 9-1　系统体系结构

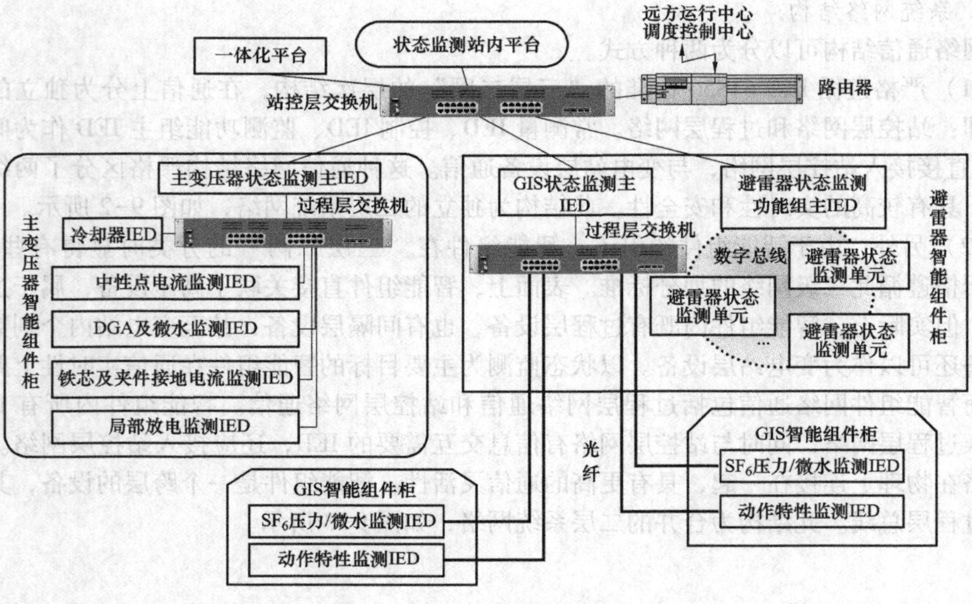

图 9-2　独立的二层系统网络结构

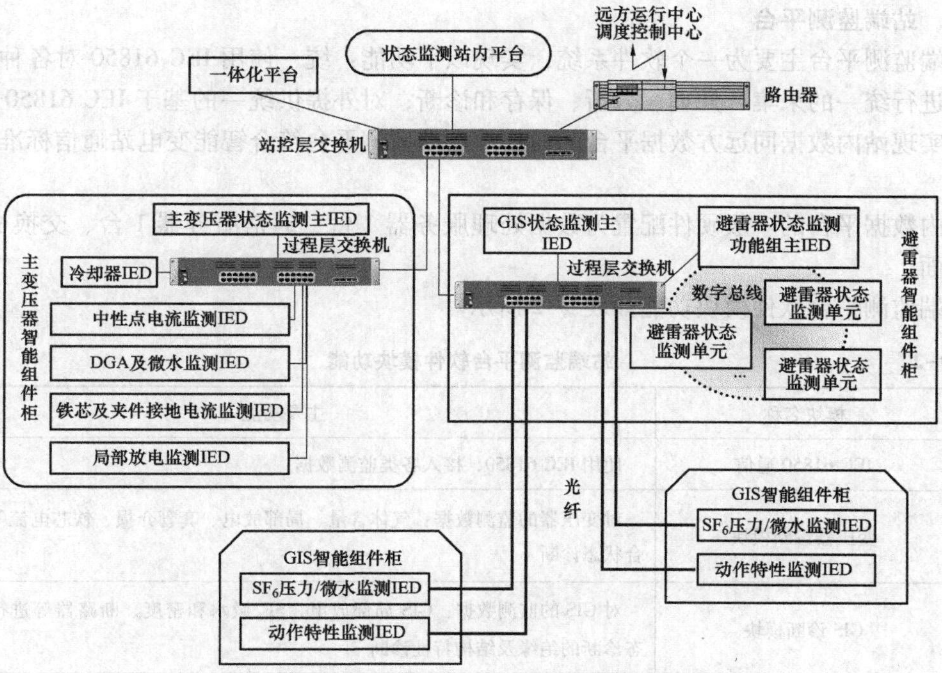

图 9-3　合并的二级总线通信系统网络结构

三、过程层装置监测参量（IED）

过程层装置监测（IED）参量如表 9-1 所示。

表 9-1　　过程层装置监测参量（IED）

序号	监测对象	设备名称	单位	特征参量
1	变压器	铁芯、夹件监测单元	台	接地电流
		局部放电监测单元	套	放电幅值、相位和次数
		油气监测单元	台	H_2、CO、CO_2、CH_4、C_2H_4、C_2H_6、C_2H_2、H_2O
		油温监测单元	台	温度
		绕组温度监测单元	台	温度
		冷却系统监测单元	台	风机启动次数、时长
2	GIS	局部放电监测单元	套	放电幅值、相位和次数
		断路器监测单元	台	分合闸线圈波形、动作时间、动作次数、储能电机电流、开关状态量
		SF_6微水压力监测单元	台	压力、微水、温度
3	避雷器	避雷器监测单元	台	全电流、阻性电流、动作次数
4	容性设备	容性设备监测单元	台	泄漏电流、介损、电容量
5	断路器	断路器监测单元	台	分合闸线圈波形、动作时间、动作速度、动作次数、储能电机电流、开关状态量

注　容性设备包括电流互感器、电容性电压互感器、耦合电容器。

四、站端监测平台

站端监测平台主要为一个软件系统，实现以下功能：统一使用 IEC 61850 对各种智能组件数据进行统一的采集、处理、分析、保存和诊断，对外提供统一的基于 IEC 61850 的通信接口，实现站内数据同远方数据平台的通信。站端监测平台符合智能变电站通信标准的设计要求。

站内数据平台的一般硬件配置为数据处理服务器 1 台、通信服务器 1 台、交换机 1 台、屏柜一面。

站端监测平台软件模块功能如表 9-2 所示。

表 9-2　　站端监测平台软件模块功能

序号	模块名称	主要功能
1	IEC 61850 通信	使用 IEC 61850，接入各类监测数据
2	变压器诊断模块	对变压器的监测数据：气体含量、局部放电、套管介损、铁芯电流等进行综合状态诊断
3	GIS 诊断模块	对 GIS 的监测数据：GIS 局部放电、SF_6 微水和密度、断路器等进行综合状态诊断的绝缘及结构特性诊断
4	容性设备诊断模块	电流互感器、CVT 等设备的绝缘诊断
5	避雷器设备诊断模块	根据监测的泄漏电流、阻性电流等进行状态诊断
6	断路器设备诊断模块	对监测到的开断电流、分合闸线圈电流、行程等进行状态诊断
7	参数配置模块	阈值管理与阈值自动生成等模块
8	人机对话模块	提供各类数据查看、分析、诊断等

五、在线监测站端监控层实现的功能

在线监测站端监控层实现的功能如下：

（1）数据采集和处理。

（2）实时监测和数据浏览。

（3）历史曲线查询和分析。

（4）设备预警和报警管理。

（5）设备状态对比分析。

（6）设备管理。管理用户各变电站高压电气设备信息。

（7）远程通信。通过公共通信网络定时或实时接收、查看变电站的在线监测数据。

（8）数据分析。提供多种图表数据显示、处理方法，协助工程师对在线数据进行综合分析。

（9）诊断决策。对设备的绝缘状况进行智能诊断，监测绝缘缺陷发展情况，预测潜伏性故障。

（10）信息查询。① 在线显示设备信息；② 灵活显示设备的特征数据及趋势。

（11）报表系统。可按照默认模式自动生成信息报表，用户可轻松编辑报表。

（12）信息共享。多个用户终端可根据其权限获得相应的信息。

六、在线监测远端浏览层实现的功能

在线监测远端浏览层实现的功能如下：

（1）设备评估、状态检修、故障诊断等高级应用；

（2）数据浏览查询；

（3）实时监测和图形浏览；

（4）历史曲线查询和分析；

（5）设备预警和报警管理；

（6）设备对象全景监测；

（7）设备状态对比分析。

第二节　变压器（电抗器）在线监测

电力变压器是电力系统主要且昂贵的设备之一，其安全运行对保证供电可靠性有重要意义。电力变压器的故障率较高，不仅会极大地影响电力系统的安全运行，而且会给电力企业及电力用户造成很大的经济损失。为了提高电力系统运行的可靠性，减少故障及事故引起的经济损失，要定期对变压器进行绝缘预防性试验。但是，对变压器停电进行预防性试验，将影响正常供电。因此，对变压器运行状况在线监测越来越受到供电部门的重视。在线监测技术的发展与广泛应用是电力系统状态检修的基础，必将在电力生产中起到重要作用。

变压器在线监测系统运用微弱信号传感技术、抗干扰技术及当今国际上测控领域先进的虚拟仪器技术，对变电站内主变压器的局部放电、铁芯接地电流，主变压器 TA 和套管介损及电容量、主变压器油温等自动进行在线监测，获取反映变压器运行状态的各种重要参数，并对其进行分析、处理，对大型电力变压器的运行状况做出预测。

系统实现自动运行，对监测结果建立状态监测数据库，并通过广域网实现变电站向地区供电局主站系统、省公司 MIS 系统的远程数据传输，利用远程主站系统进行数据管理、分析、统计、整合，对各变电站电气设备的状态做出分析、诊断和预测，为电气设备的状态检修提供辅助分析和决策依据。

一、系统组成

变压器在线监测系统主要由信号耦合元件（套管底部大传感器、套管末屏小传感器和铁芯接地传感器）、前置端子箱（变压器智能组件、局部放电测量装置、介损测量装置、油温/油压测量装置）、信号监测系统（数据采集卡、嵌入式工控机、服务器）及变压器综合在线监测系统软件组成。变压器绝缘综合在线监测系统的组成如图 9-4 所示。

二、监测内容及测量原理

（一）变压器套管

1. 监测内容

变压器套管为电容型设备，监测内容如下：介质损耗因数（$\tan\delta$）、泄漏电流（I_0）、电容量变化率（$\Delta C/C$）。

2. 测量原理

（1）介质损耗因数（$\tan\delta$）。介质损耗测量系统对设备整体性的绝缘劣化（如受潮、老

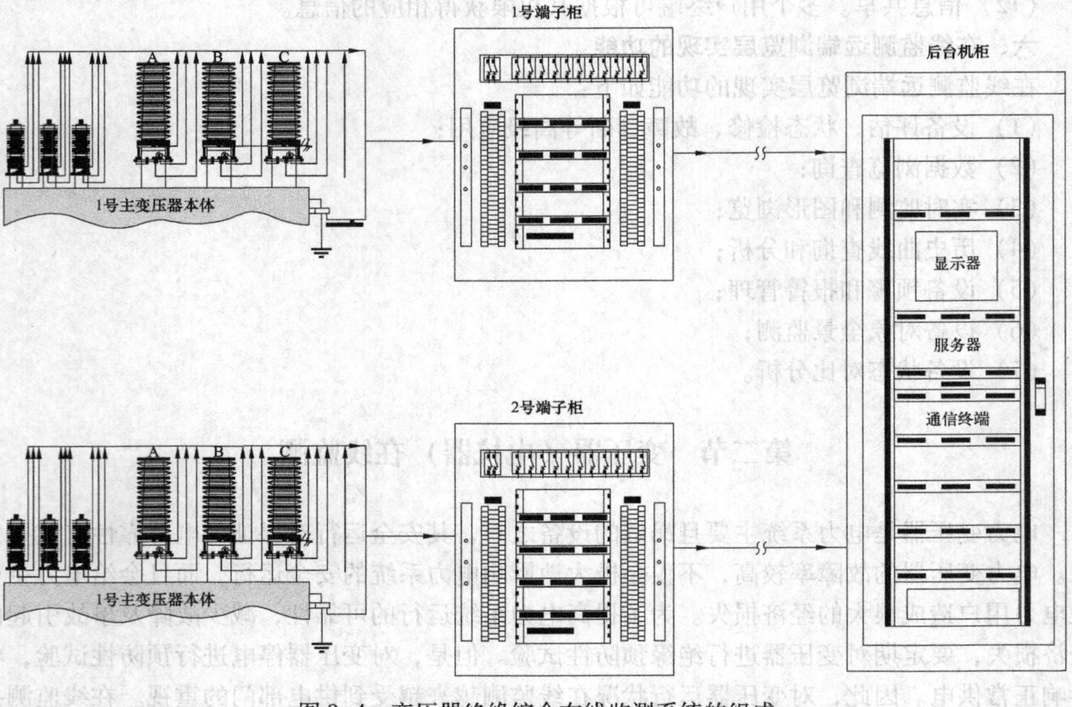

图 9-4　变压器绝缘综合在线监测系统的组成

化、杂质等）故障有较高的灵敏度。在绝缘预防性试验中，介质损耗测量是必不可少的测量项目。高压设备的介质损耗一般很小，所以对测量的精度要求很高，而且在现场测量时易受各种形式的干扰，因此要精确而稳定地在线监测设备的介质损耗难度较大。

变压器套管、电流互感器的 $\tan\delta$ 的测量方法：一般通过末屏外接检测单元检测绝缘电流，并与就近的电压互感器等所测取的的电压量进行比较，从而计算出绝缘介质的等值电容量与介质损耗因数。等值电容量与介质损耗因数能够较有效地反映绝缘介质的内部缺陷，多数潜在故障有可能通过它们检测出来。因此，可将 $\tan\delta$ 和等值电容作为电容型设备的常规在线监测参数，将绝缘电流作为辅助测量参数。

一般监测系统使用穿芯电流互感器（TA），结合软、硬件方法对套管进行介质损耗测量。使用一个穿芯 TA 取流过被测设备的电流 I_c，参考电压信号 U 取自该设备所在母线上的 TV，通过 TV 二次侧回路接一组电容 C_{TV} 将参考电压信号转为参考电流信号，用另一穿芯 TA 测该电流 I_{TV}，其中 I_c 和 I_{TV} 的角度差为 φ。介质损耗测量原理如图 9-5 所示。其中，TA_1 和 TA_2 为特制的有源 TA。

通过滤波、锁相等硬件信号调节电路，结合傅里叶变换（FFT）算法，可计算出 φ，则介质损耗 $\tan\delta=\tan(90-\varphi)$。

（2）泄漏电流。通过测量图 9-5 中 TA_2 的输出电压 U_c，可得泄漏电流

$$I_0=I_c=U_c \tag{9-1}$$

（3）母线电压。通过测量图 9-5 中 TA_1 的输出电压 U_{TV}，计算可得母线电压

$$U=220\times\frac{U_{TV}}{57}\text{或 }U=110\times\frac{U_{TV}}{57} \tag{9-2}$$

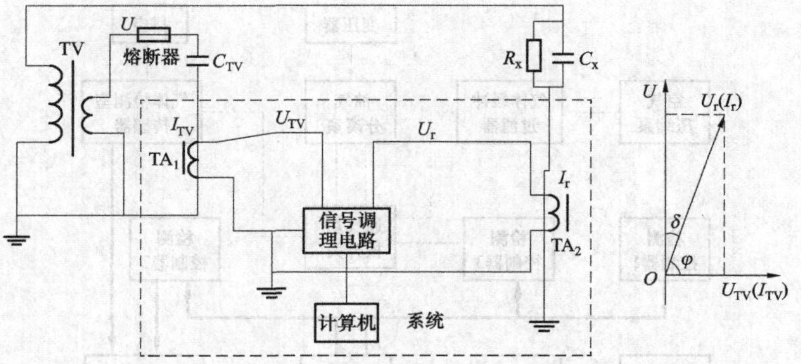

图 9-5　介质损耗测量原理

（二）油中氢气的监测

分析变压器类等充油设备油中溶解氢气等可燃性气体，可以预报设备内部存在的故障隐患，以便及早采取必要的措施，防患于未然。

高压电气设备的潜伏性故障可分为过热性故障和放电性故障两大类。过热性故障是指铁芯多点接地和局部短路、接点焊接不良等故障形式；放电性故障是指电弧放电、火花放电和局部放电等故障形式。无论是过热性故障还是放电性故障，它们最终都将导致电气设备绝缘介质裂解，产生各种特征气体。由于碳氢键之间的键能低，生成热小，在绝缘材料的分解过程中，总是先生成氢气，因此氢气是各种故障特征气体的主要组成成分之一。目前，电力系统采用气相色谱法分析油中溶解气体含量，这对正确判断设备早期故障起了很大的作用。但气相色谱法由于受到实施周期的限制，有可能错过检测到迅速发展的故障的短期预兆；另外，在实施过程中，气体难免从油中逸出，尤其是对于极易扩散的氢气，逸出现象更为严重。因此，在气相色谱法的分析结果中，氢气的含量往往出现较大的分散性，不容易引起人们的重视。

测氢探头一般采用高分子膜渗透油中氢气，直接从油中分离出氢气进行在线监测，弥补了气相色谱法周期性限制和误差大的缺陷，并根据氢气含量的变化情况，预知设备的早期故障，是目前较为理想的手段。

对于油中氢气含量的测量，测氢探头采用活化的铂丝作为氢敏元件。当氢气在加热到恒定高温的铂丝上燃烧时，铂丝的电阻值发生变化，这种变化在一定范围内与氢气浓度成函数关系。对氢敏元件获得的信号进行采集处理，即可得到氢气浓度。这种方式具有稳定、可靠及寿命长的优点，是国外采用燃料电池作为氢敏元件所不能匹及的。

氢气含量检测原理框图如图 9-6 所示。

油气分离由透氢率高的高分子膜完成。高分子膜固定在特殊设计的气室里，气室的底座通过法兰与变压器连接。

（三）上层油温的监测

1. 监测原理

变压器上层油温的异常变化可以反映出变压器的过热性故障。可以采用 Pt100 温度传感器对变压器上层油温进行监测。变压器上层油温测量的原理框图如图 9-7 所示。

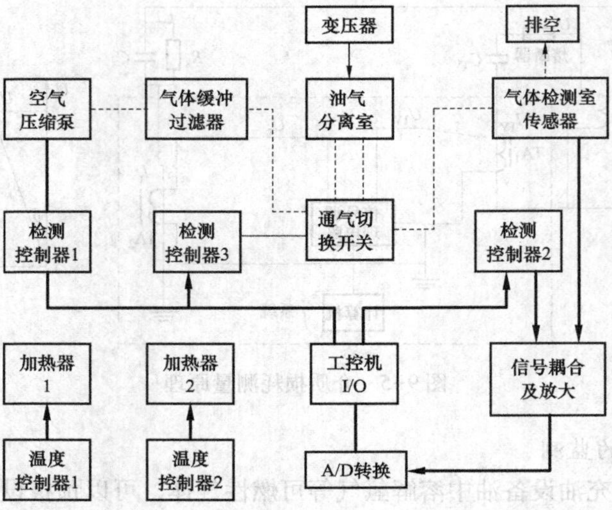

图 9-6 氢气含量检测原理框图

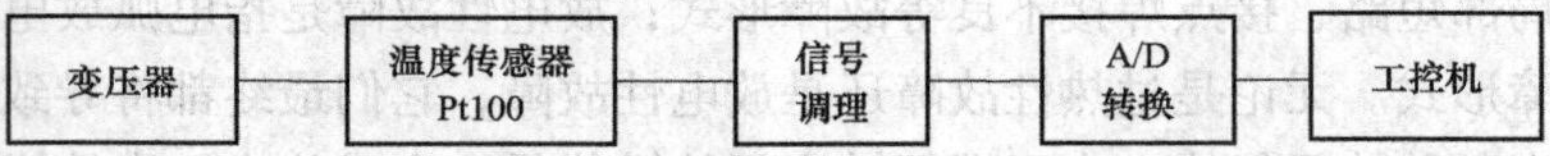

图 9-7 变压器上层油温测量的原理框图

2. 监测结果

对于正常运行中的变压器，其上层油温与负荷、环境温度等因素有关。目前，监测系统由于未接变压器负荷监测系统，对结果的分析不是非常细致，一般情况下，环境温度高时，上层油温也高。

三、变压器在线监测系统硬件

(一) 套管底部大传感器

套管底部大传感器采用钳式结构，安装时可将传感器自连接处分开，如图 9-8 所示。每台变压器高、中压每相套管的法兰上边分别安装一个套管底部大传感器。

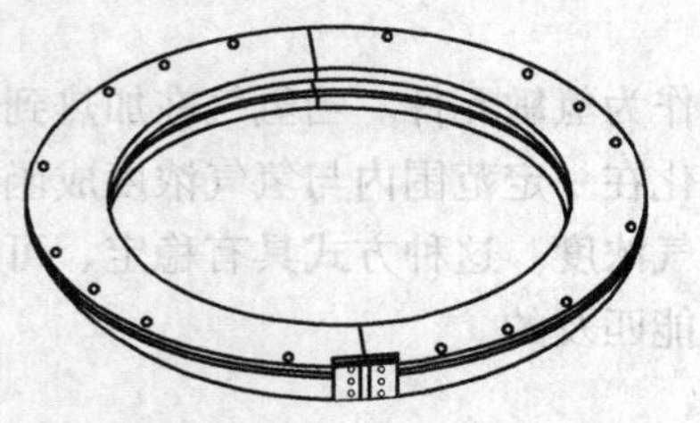

图 9-8 TSL 套管底部大传感器

(二) 套管末屏小传感器

套管末屏小传感器是为了便于现场安装、把局部放电小传感器和介损传感器封装在一个金属壳内的整体式二合一结构，外表采用不锈钢镀铬工艺处理，不得随意拆卸。套管末屏传感器用于从变压器套管末屏耦合信号，如图 9-9 所示。每台变压器高、中压每相分别安装一个套管末屏小传感器，共需 6 个。

(三) 铁芯接地电流传感器

铁芯接地电流传感器如图 9-10 所示，其选择具有较高磁导率的硅钢片做电流传感器的磁芯，利用环氧的方法将传感器完全密封在屏蔽壳内，起到封装和防潮、防震的效果。内层选用高磁导率的硅钢片材料，外层用不锈钢封装。

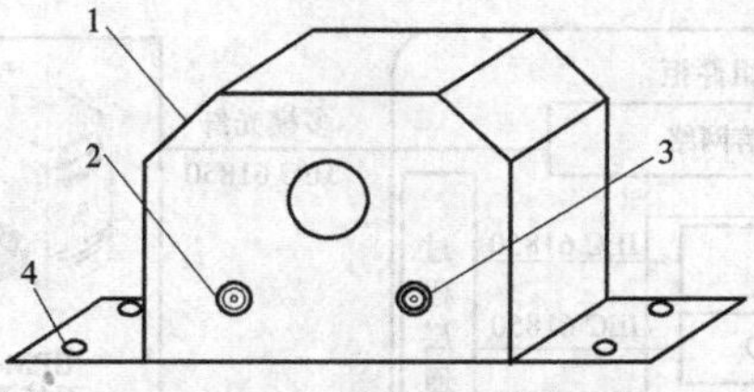

图 9-9　TSY 型套管末屏小传感器

1—外壳；2—TNC 接头（ϕ16mm）；3—航空插头；4—M8 定位孔

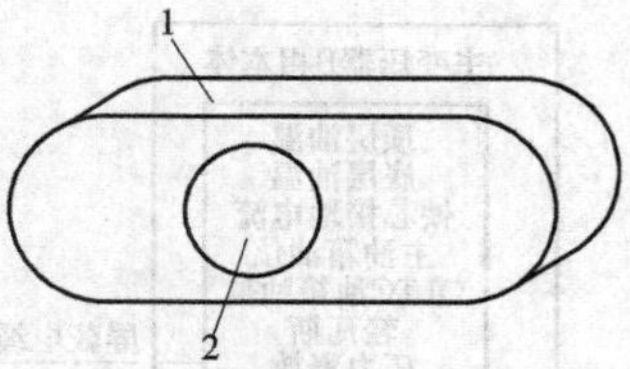

图 9-10　铁芯接地电流传感器

1—外壳；2—中心孔

（四）主变压器在线监测智能终端柜

主变压器在线监测智能终端柜是变压器在线监测的核心装置，其中包括变压器智能组件、局部放电测量装置、介损测量装置、油温/油压测量装置等。智能终端柜对各种主变压器监测传感器的信号进行前端采集、处理，并将处理后的数据直接通过光纤传输到服务器，向外发布（数据的传输、发布采用 IEC 61850 协议）。

1. 主变压器监测智能组件

主变压器监测智能组件综合集成各类主变压器 IED，完成对主变压器状态的监测。

以大型变压器为例进行说明，主变压器为分相结构，变压器每相配置 1 套变压器油色谱在线监测系统，共计 3 套。每台主变压器配置 1 套变压器智能组件，变压器智能组件由 3 套智能柜组成，每相配置 1 套智能柜。其中，A、C 相智能柜含有油色谱监测 IED、局部放电监测 IED、铁芯及夹件接地监测 IED、中性点接地监测 IED；B 相智能柜含有油色谱监测 IED、局部放电监测 IED、铁芯及夹件接地监测 IED、中性点接地监测 IED、冷却器监测 IED 和变压器监测主 IED。每台变压器智能柜 3 相间采用光纤以太网连接，3 套智能柜内各子 IED 共用 1 套主 IED，主 IED 放置在 B 相智能柜。变压器监测智能组件总体结构如图 9-11 所示。

每台主变压器每一相配置智能柜一台，户外柜采用双层柜体，两层板材之间的距离为 25mm，板材用不锈钢做成；智能柜的外形尺寸是 600mm×800mm×2260mm，落地式户外安装；具备温湿度调节功能，对柜内温度、相对湿度可以进行调节和控制。通过调节，柜内最低温度保持在+5℃以上，柜内最高温度不超过柜外环境最高温度，柜内相对湿度应保持在 90% 以下，以满足柜内智能电子设备正常工作的环境条件，避免大气环境恶劣导致智能电子设备误动或拒动。控制柜采用自然通风方式；柜内空气循环为下进风、上出风；配置换气扇，在柜内温度过高情况下进行主动换气。

2. 变压器油中气体及微水监测 IED

变压器油中气体及微水监测 IED 如图 9-12 所示。

应用最新的微结构技术开发的固态检测器利用氦离子检测原理，实现对变压器油中 7 种故障组分的检测，具有检测灵敏度高、分析周期短和试验室数据一致的特点，是真正意义上的色谱在线监测装置。

变压器油中气体及微水监测 IED（油色谱 IED）接到开机指令后，首先进行自检，然后启动环境、柱箱、脱气温控系统，启动油路循环系统。油从变压器本体、阀门经铜管进入仪

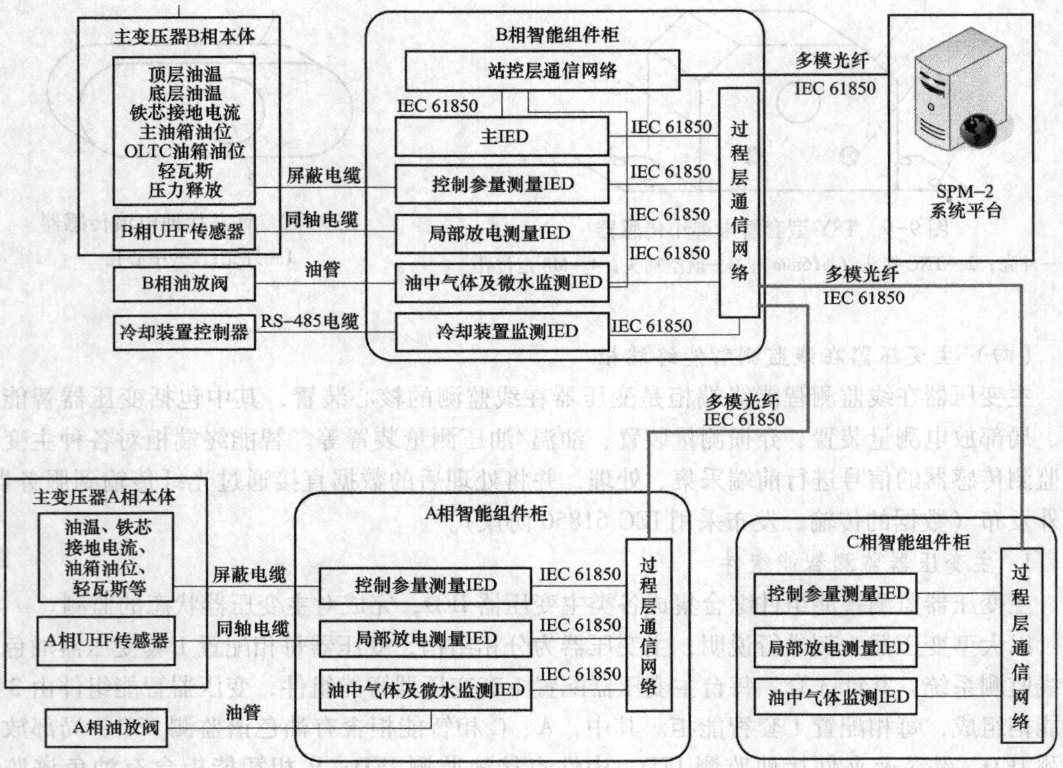

图 9-11　主变压器监测智能组件总体结构

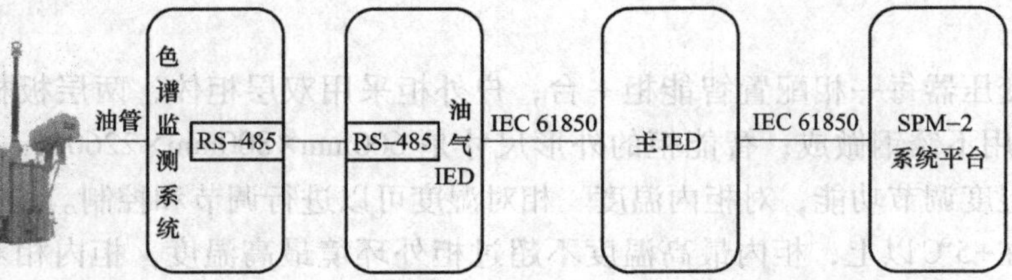

图 9-12　变压器油中气体及微水监测 IED

器，经泵和回油管再经另一阀门流回变压器本体。整机稳定后，停泵对存储在脱气装置内的油进行脱气。经过载气的反复萃取，样品组分被浓缩在捕集器中，用载气迅速吹扫到色谱柱中进行分离检测。各组分的浓度被检测器检测，转换成与浓度成正比例的模拟信号，经模/数转换，得到 7 种气体成分。同时，油色谱 IED 进入休眠状态，等待下次的开机指令。

（1）变压器油中气体及微水监测 IED 指标。变压器油中气体及微水监测 IED 指标如表 9-3 所示。

表 9-3　　变压器油中气体及微水监测 IED 指标

序号	参数名称		标准参数值
1	氢气（H_2） 甲烷（CH_4） 乙烷（C_2H_6） 乙烯（C_2H_4）	最低检测限值	1μL/L
		最高检测限值	1000μL/L
2	乙炔（C_2H_2）	最低检测限值	0.5μL/L
		最高检测限值	1000μL/L
3	一氧化碳（CO）	最低检测限值	5μL/L
		最高检测限值	5000μL/L
4	二氧化碳（CO_2）	最低检测限值	25μL/L
		最高检测限值	20 000μL/L
5	采样周期		最小监测周期不大于 2h
6	分析测量时间		≤30min

（2）变压器油中气体及微水监测 IED 的特点。

1）全组分分析：变压器油中气体及微水监测 IED 能对变压器油中 7 种故障组分（H_2、CO、CO_2、CH_4、C_2H_4、C_2H_6、C_2H_2）进行全分析。

2）检测灵敏度高：系统采用基于最新的微结构技术开发的固态检测器，利用热导电桥式原理，把热敏元件和电路压缩到一个独特的硅芯片上，使样品体积达到最小，因此可大大提高检测灵敏度，已达到或超过试验室气相色谱水平，分析数据与试验室可比性可满足 GB/T 17623—2017 对试验室的要求。

3）分析周期短：15min 仪器开机，油路循环和待机 30min 后完成脱气、色谱分析全过程。其最短的检测周期为 1h，基本上实现了连续监测。

4）使用真空脱气技术：油中各组分随载气经反复多次萃取，被收集到集气球中进行浓缩，然后被迅速输送到色谱柱中进行分析；特别适用于低浓度的组分分析，具有脱气效率高、稳定性好的特点。

5）使用先进的油定量循环及缓冲返油技术：利用油样定量器进行油路循环，彻底清洗管路死油，确保采集到的油样能够充分反映变压器内部的真实状况，提高测试的准确性和及时性；采用真空处理技术在返油前对测试油样进行处理，达到要求后再返回变压器本体，确保了返回油的质量，真正做到全过程无污染、无损耗。

（3）变压器油中气体及微水监测 IED 的评估分析、通信规约。

1）评估分析。变压器油中气体及微水监测 IED 根据所测组分浓度分析、判断变压器的运行状况；根据《变压器油中溶解气体分析和判断导则》（DL/T 722—2014）及生产厂家的变压器故障诊断专家系统判断故障类型及严重等级，并通过过程层网络向主 IED 随时报告自评估结果。自评估结果每隔 24h（用户可设置）报告一次，报文格式为“故障部位、故障模式（故障类型）、风险程度（用百分数表示）、设备状态”。评估风险（按浓度增长率评估）每增大 10%，监测周期加 1 次，直至最小检测周期 2h。

2）通信规约。变压器油中气体及微水监测 IED 采用 IEC 61850 协议与主 IED 通信，其评价结果通过过程层网络采用 REPORT 服务传输至主 IED；监测数据文件通过文件服务传输至主 IED，监测数据文件仅在召唤时以文件服务方式经主 IED 传送至站控层网络。

3. 变压器局部放电监测 IED

变压器局部放电监测 IED 使用特高频（UHF）传感器，变压器内部的局部放电源可以无障碍地被检测到。安装在变压器壳体内部的特高频传感器通过变压器壳体可有效地屏蔽外部干扰。

变压器局部放电监测 IED 如图 9-13 所示。

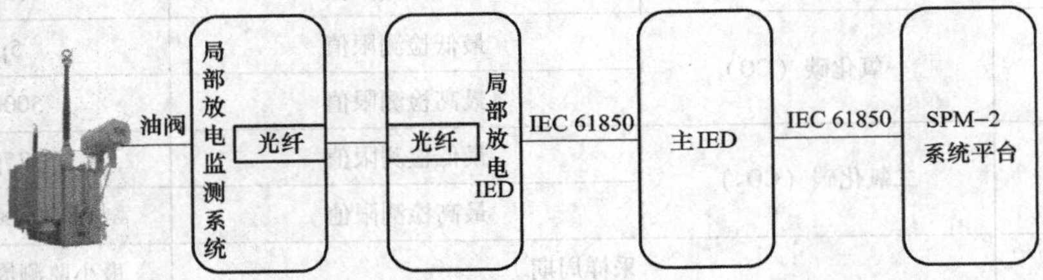

图 9-13　变压器局部放电监测 IED

传感器安装在变压器箱体的油阀内，传感器耐高温、耐油、耐腐蚀，密封性好，可带电安装。前置放大器安装在变压器外，通过信号电缆直接取电，变压器现场不需要电源，放大器在工作温度范围-25～+85℃内的增益 10～30dB 可调。信号传输电缆采用低损耗同轴电缆，工作频带内每 100m 衰减小于 10dB。接收机安装在主控室内，用于对超高频信号进行预处理，工作温度为-10～+50℃。

（1）变压器局部放电监测 IED 指标。变压器局部放电监测 IED 指标如表 9-4 所示。

表 9-4　　变压器局部放电监测 IED 指标

序号	参数名称	标准参数值
1	工作方式	同时连接内置式超高频传感器与外置式超高频传感器，连续在线监测，无人值守
2	超高频（UHF）频率范围	带宽不小于 300～1500MHz
3	内置式超高频传感器信号监测灵敏度	可测小于-75dBm 或 50pC 的局部放电信号
4	测量内容	放电幅值
		放电相位
		放电次数
5	数据采集器	每个局部放电耦合器记录一次数据间隔不大于 15min

（2）变压器局部放电监测 IED 的评估分析、通信规约。

1）评估分析。根据需要设定的局部放电阈值，对变压器局部放电功能进行自评估，每隔 1h（用户可设置）以报文格式——“故障部位、故障模式（内部放电类型）、风险程度（用百分数表示）、设备状态”通过过程层网络向主 IED 报告一次自评估结果，评估风险每增大 2%增加报文一次。

2）通信规约。变压器局部放电监测 IED 采用 IEC 61850 协议与主 IED 通信，其评价结果通过过程层网络采用 REPORT 服务传输至主 IED；监测数据文件通过文件服务传输至主 IED，监测数据文件仅在召唤时以文件服务方式经主 IED 传送至站控层网络。

4. 铁芯及夹件接地电流、中性点电流监测 IED

铁芯及夹件接地电流、中性点电流监测 IED 如图 9-14 所示。

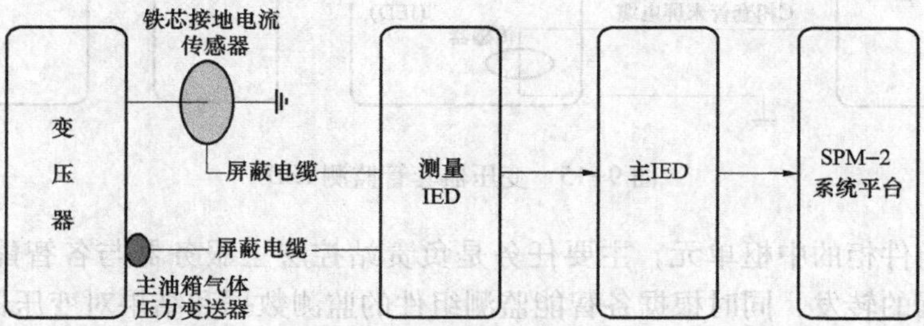

图 9-14　铁芯及夹件接地电流、中性点电流监测 IED

采用高精度及高稳定性的穿芯式零磁通电流传感器，对变压器铁芯对地泄漏电流信号进行取样，通过对电流信号的运算和处理，采用数字滤波方法，摒除模拟滤波器带来的“零漂问题”，得到实际接地泄漏电流信息。通过阈值判断、预测铁芯绝缘的健康状况。最小监测周期应不大于 1min，定期向主 IED 报送测量结果，周期可调。

（1）铁芯及夹件接地电流、中性点电流监测 IED 指标。铁芯及夹件接地电流、中性点电流监测 IED 指标如表 9-5 所示。

表 9-5　　铁芯及夹件接地电流、中性点电流监测 IED 指标

参数名称		标准参数值
铁芯电流	测量范围	1～30 000mA
	测量误差	5%

（2）铁芯及夹件接地电流、中性点电流监测 IED 的评估分析。根据需要设定的泄漏电流阈值，对铁芯绝缘进行自评估，每隔 1h（用户可设置）以报文格式——“故障部位、故障模式（内部放电类型）、风险程度（用百分数表示）、设备状态”通过过程层网络向主 IED 报告一次自评估结果，评估风险每增大 2% 增加报文一次。

（3）铁芯及夹件接地电流、中性点电流监测 IED 的通信规约。测量 IED 接入过程层网络，需要向站控层传输的数据由测量 IED 采用 IEC 61850-9-1 直接接入站控层网络。

5. 变压器套管监测 IED

变压器套管监测 IED 如图 9-15 所示。

套管的监测信号采用多功能套管末屏接线端子装置接入，该装置同时具有放电间隙保护、电阻保护、电子过电压保护、热膨胀保护等功能，既不影响变压器套管的正常安全运行与日常维护检查、试验工作，又能安全、可靠地从套管末屏引出监测信号。

6. 变压器主 IED

变压器主 IED 在变压器智能组件柜中的作用相当于前置服务器+通信控制器的作用。它

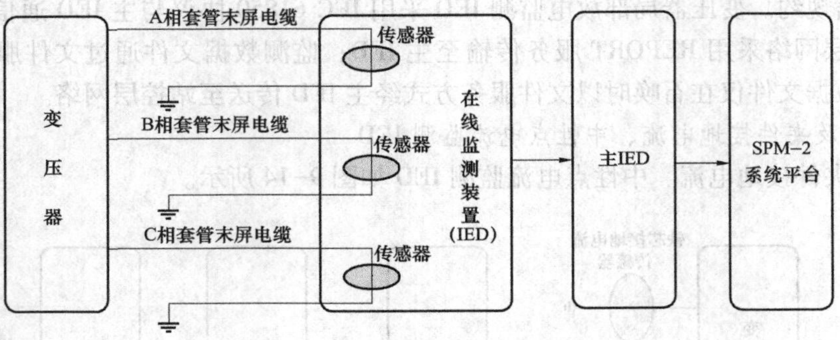

图 9-15　变压器套管监测 IED

是变压器智能组件柜的中枢单元，主要任务是负责站控层主服务器与各智能监测 IED 之间控制指令与数据的转发，同时根据各智能监测组件的监测数据和结果对变压器进行综合的故障诊断和状态评估。

变压器主 IED 接收各子 IED 监测数据，监测数据（仅结果数据）能保存 10 年以上。

（1）变压器主 IED 的评估分析。主 IED 自评估功能每隔 10min（用户可设置）以报文格式——“唯一性标识、故障部位、故障模式（内部放电类型）、风险程度（用百分数表示）”通过站控层网络向站控层服务器报告一次自评估结果，评估风险每增大 2% 增加报文一次。

（2）变压器过载能力评估。主 IED 完成变压器过载能力的估算功能，系统根据 IEC 354—1991 及《电力变压器　第 7 部分：油浸式电力变压器负载导则》（GB/T 1094.7—2008）规定的油浸式电力变压器超铭牌额定值负载的限制条件、稳态及暂态下的绕组热点温度的计算方法，利用导则推荐的温度计算所用的数学模型及估算各种类型变压器的负载条件与寿命损失所用的负载表、负载图。根据变压器过载能力数据，结合环境温度、负荷、油温和绕组温度，建立变压器负荷动态智能监测系统。

（3）变压器寿命评估。利用顶部油温、负荷、环境温度等进行绝缘老化率与剩余寿命评估。绝缘老化率取决于绕组热点温度、油中的水分及负载情况。智能组件通过热点温度的监测，依据 IEC 60354 的老化率模型计算绝缘老化率。主 IED 需增加变压器特征参数的输入表和基准值。

（4）变压器主 IED 的通信规约。主 IED 自评估功能每隔 10min（用户可设置）以报文格式——“唯一性标识、故障部位、故障模式（内部放电类型）、风险程度（用百分数表示）”向服务器报告一次自评估结果，评估风险每增大 2% 增加报文一次，站控层网络与站控层主 IED 采用 IEC 61850 协议通信。其评价结果通过站控层网络采用 REPORT 服务传输至站控层服务器，监测数据文件通过文件服务传输至站控层服务器，监测数据文件仅在召唤时以文件服务方式传送至站控层网络。

四、典型变压器在线监测系统的维护

目前，大型电力变压器几乎均采用油纸绝缘结构，在长时间运行或者故障情况下，会产生低分子烃类及一氧化碳（CO）、二氧化碳（CO_2）等特征气体，通过对油中溶解气体组分和含量进行在线监测是当前最主要和有效的技术手段，因此，做好色谱微水在线监测系统的运维对变压器的安全稳定运行有重要意义。

1. 典型油中溶解气体在线监测装置的运行特点

（1）宁波理工 MGA 系列。MGA2000 变压器色谱在线监测系统是由某理工监测科技股份有限公司研制的早期产品，该系统能在线监测 H_2、CO、CH_4、C_2H_4、C_2H_2、C_2H_6、H_2O（选配）、CO_2（选配）的浓度及增长率。iMGA2020 是新一代色谱微水在线监测系统（IED），是智能变压器的基本监测单元之一，具备远程自动校准功能。该系统采用变容负压动态顶空脱气方式进行油气分离，通过电容式敏感元件微水检测单元对变压器油中的微水含量进行监测，可有效进行高精度定量分析，能够分析长期积累的监测数据，判断设备状态。

（2）上海思源 TROM-600。TROM-600 油中溶解气体在线监测系统首先进行充分的油循环，保证油样能可靠反映变压器内部的真实油样，特征气体在色谱柱中完成组分的分离，在气体传感器中实现气体浓度值转换成电压信号，通过 RS-485 通信线上传到后台控制系统进行故障的分析和显示。该系统具有测量准确、分析快速、实时监控等特点。

（3）河南中分 3000。中分 3000 变压器油色谱在线监测系统应用动态顶空（吹扫—捕集）脱气技术和高灵敏度微桥式检测器，实现油中 7 种组分的检测，具有灵敏度高、分析周期短和试验数据可比的特点。整套系统集色谱分析、专家诊断系统、自动控制、通信技术于一体，能够及时发现内部故障，人机界面友好，方便用户随时掌握设备运行状况。

2. 典型油中溶解气体在线监测系统装置的维护

（1）日常维护。设备在没有断电的情况下是全自动运行的，维护工作量很小，维护人员只需按时记录监测系统内部气瓶上高压表的数据，比较两次数据（若数据变化量小于 1MPa，则设备工作正常；若数据有大的变化，则说明系统存在气体泄漏问题，需要检查漏点）即可。典型油中溶解气体在线监测装置一般均有欠电压报警功能，在安装、调试装置时可以根据需要在出厂时设置欠电压报警值，当设备监测到载气压力值小于此设定值时，软件界面会提示压力报警，维护人员应在报警后及时更换载气。

（2）巡视检查。定期巡检装置进出油口法兰阀门、进出口油口针型阀在开启状态，放气塞在关闭状态，重点查看油路接头有无渗漏油现象，如发现严重渗漏油现象，应及时将设备电源切断，关闭进出油口法兰阀门，通知相关负责人员或联系厂家。

（3）报警维护。在线监测装置一般有自检测功能，检测到设备异常时会自动进行报警。若发生设备报警，建议与装置厂家的售后服务部门联系。

（4）停机维护。变压器或者变压器辅助部分检修、变压器油作滤油处理或不需要系统运行时，必须停止采样分析系统运行，在智能控制器上通过监控软件停止系统采样，同时关闭油路上的阀门。

（5）更换载气。正常情况下，减压阀低压侧输出压力应为 0.4～0.45MPa；高压侧压力为当前气瓶内压力，如果其压力低于 1MPa，需立即关闭数据采集器的电源，并更换载气。在线监测装置的玻璃干燥管内的蓝色颗粒超过 2/3 变为米白色时需要更换干燥管。更换载气的步骤一般如下：

1）关闭现场数据采集器的电源。

2）关闭载气瓶阀门，再将载气瓶出口与减压阀相连处松脱。

3）拿出要换的载气瓶，卸除新载气瓶保护帽，将载气瓶出口擦干净，检查接口有无异常。如无异常则快速开启、关闭载气瓶开关阀（间隔 2s），以冲洗载气瓶接口，然后将载气瓶放置在机柜内。

4）将减压阀与载气瓶出口对接并旋紧。

5）先将减压阀调节阀完全松开，再打开载气瓶开关阀，查看减压阀高压侧压力表指示值正常后，缓慢调节减压阀调节阀，使减压阀低压侧压力表指示值达到0.4～0.45MPa。

6）5min后关闭载气瓶关阀，关闭减压阀，并记录减压阀高压侧与低压侧压力表的读数。30min后再次记录减压阀高压侧与低压侧压力表的读数，低压侧、高压侧压力表读数无明显变化视作气路各连接处无泄漏，如有泄漏则用检漏液检查各气路连接处，直至无泄漏。

7）完全开启载气瓶开关阀，开启载气瓶压力阀至0.4MPa。更换载气完成。

8）开启现场数据采集器的电源。

第三节 GIS在线监测

气体绝缘金属封闭开关设备（Gas Insulated Switchgear，GIS）将变电站内除变压器以外的一次设备（如断路器、隔离开关、快速接地开关、电压互感器、电流互感器、避雷器、部分母线、套管和电缆终端等）电气元件封闭结合在接地的金属外壳中，充以0.4～0.5MPa的SF_6气体作为绝缘介质和灭弧介质。由于全封闭组合设备完全封闭在金属外壳中，其早期故障较常规变电站更不容易被发现，因此，有必要通过在线监测技术测试GIS运行中的绝缘状态，以及时发现设备运行异常和故障的先兆，预防事故发生。

对GIS开展的在线监测项目主要包括局部放电监测和SF_6气体监测。GIS监测智能组件可配置间隔智能组件，该智能组件由GIS局部放电监测IED、断路器动作特性监测IED、SF_6微水及密度监测IED等组成；GIS智能组件可以单独组柜，也可以整合为一个4U机箱结构放入间隔控制柜。GIS监测智能组件如图9-16所示。

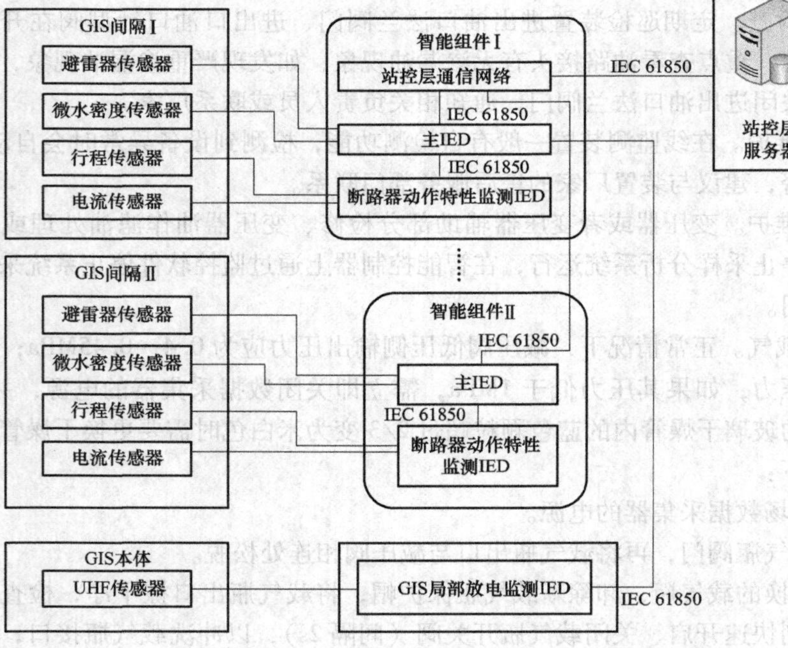

图9-16 GIS监测智能组件

一、GIS监测智能组件——智能组件柜

GIS设备的每一断路器间隔配置GIS智能柜一台，户外柜采用双层柜体，两层板材之间的距离为25mm，板材用不锈钢做成；智能柜的外形尺寸是600mm×800mm×1600mm，落地式户外安装；具备温湿度调节功能，对柜内温度、相对湿度可以进行调节和控制。通过调节，柜内最低温度保持在+5℃以上，柜内最高温度不超过柜外环境最高温度，柜内相对湿度应保持在90%以下，以满足柜内智能电子设备正常工作的环境条件，避免大气环境恶劣导致智能电子设备误动或拒动。控制柜采用自然通风方式；柜内空气循环为下进风、上出风；配置换气扇，在柜内温度过高情况下进行主动换气。

间隔智能组件可以单独组柜，也可以整合为一个4U的结构放入本间隔断路器汇控柜内，不再单独安装GIS智能柜。GIS智能柜含有SF_6微水及密度监测IED、局部放电监测IED和GIS监测主IED。

二、GIS局部放电监测IED

GIS局部放电监测IED如图9-17所示。

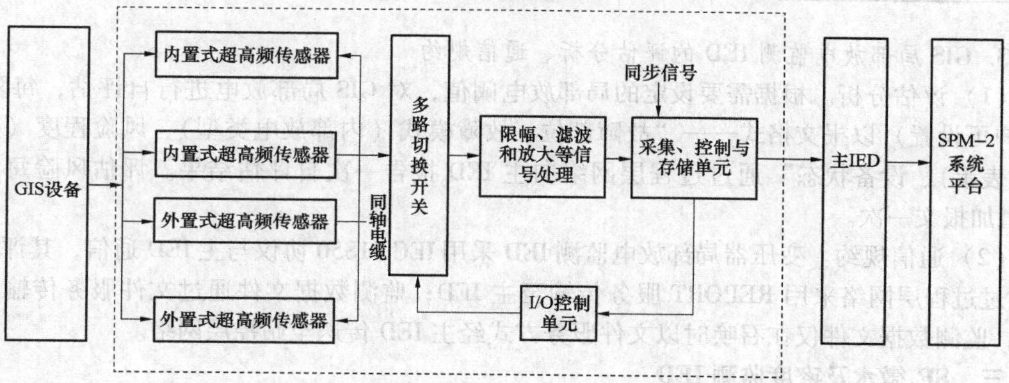

图9-17 GIS局部放电监测IED

1. GIS局部放电监测IED功能

内置式传感器和外置式传感器，安装在GIS封孔盖内侧或绝缘子敞开边缘上，接收放电源传来的电磁波信号，灵敏度不大于5pC，测量带宽为300MHz～1.5GHz；传感器装有前置放大器与过电压保护装置；传感器具有密封和屏蔽结构，能在室外与强电磁场等恶劣环境下正常运行。

（1）传感器接收电磁波信号，进行信号放大、高速采集，检测各放电脉冲峰值、记忆存储，测量数据由光纤送到站内中心处理单元，并完成检测单元的复位。

（2）数据化处理采样周期：≤20μs。

（3）可连接3个传感器，能监测到 −75dBm或更小的超高频（UHF）的局部放电信号，或小于5pC的局部放电信号。

（4）具有过电压保护及密封和屏蔽结构，能在室外与强电磁场等恶劣环境下正常运行。

2. GIS局部放电监测IED指标

GIS局部放电监测IED指标如表9-6所示。

表 9-6　　　　　　　　　　　　　　GIS 局部放电监测 IED 指标

序号	参数名称	标准参数值
1	工作方式	同时连接内置式超高频传感器与外置式超高频传感器，连续在线监测，无人值守
2	超高频（UHF）频率范围	带宽不小于 300～1500
3	内置式超高频传感器信号监测灵敏度	可测小于-75dBm 或 5pC 的局部放电信号
4	外置式超高频传感器信号监测灵敏度	10pC 的局部放电信号
5	测量内容	放电幅值
		放电相位
		放电次数
6	扩展采集站数量的能力	单系统监测点位不少于 120 个
7	光电转换器（OCU）	每个 OCU 连接 3 个以上传感器
8	数据采集器	每个局部放电耦合器记录一次数据的间隔不大于 15min

3. GIS 局部放电监测 IED 的评估分析、通信规约

（1）评估分析。根据需要设定的局部放电阈值，对 GIS 局部放电进行自评估，每隔 1h（用户可设置）以报文格式——“故障部位、故障模式（内部放电类型）、风险程度（用百分数表示）、设备状态”通过过程层网络向主 IED 报告一次自评估结果。评估风险每增大 2% 增加报文一次。

（2）通信规约。变压器局部放电监测 IED 采用 IEC 61850 协议与主 IED 通信，其评价结果通过过程层网络采用 REPORT 服务传输至主 IED；监测数据文件通过文件服务传输至主 IED，监测数据文件仅在召唤时以文件服务方式经主 IED 传送至站控层网络。

三、SF_6微水及密度监测 IED

SF_6微水及密度监测 IED 的传感器单元通过高精度压力、相对湿度及温度变送器，经过 A/D 转换成数字量，再经过微处理器进行补偿运算及处理，通过电缆接口将采集的数据发送到 SF_6微水及密度监测 IED；SF_6微水及密度监测 IED 通过显示器直接显示被测高压设备中 SF_6气体的温度、压力、密度、体积比和露点，并通过光纤以太网总线将数据远传至主 IED。

SF_6微水及密度监测 IED 如图 9-18 所示。

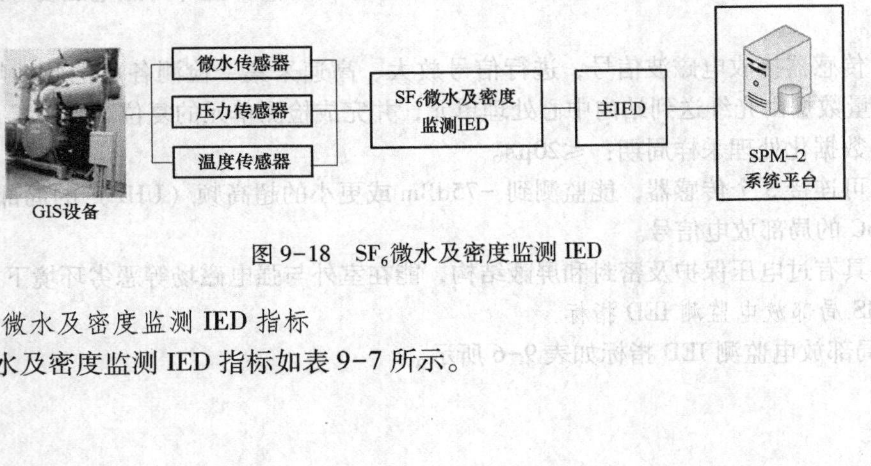

图 9-18　SF_6微水及密度监测 IED

1. SF_6微水及密度监测 IED 指标

SF_6微水及密度监测 IED 指标如表 9-7 所示。

表 9-7　　　　SF_6微水及密度监测 IED 指标

序号	参数名称	单位	标准参数值
1	密度监测范围	MPa	0.01～1.0
2	密度传感器信号监测灵敏度	%（FS）	±0.75
3	微水监测范围	μL/L	20～2000
4	微水传感器信号监测灵敏度	%（FS）	±4
5	温度	℃	-50～99
6	温度传感器信号监测灵敏度	℃	±1

2. SF_6微水及密度监测 IED 的评估分析、通信规约

（1）评估分析。主 IED 评估 SF_6微水及密度运行状况，通过站控层网络向站控层服务器报告自评估结果。每隔 1h（用户可设置）以报文格式——“唯一性标识、故障部位、故障模式（故障类型）、风险程度（用百分数表示）”通过站控层网络向站控层服务器报告诊断及评估结果。评估风险每增大 2% 增加报文一次。

（2）通信规约。SF_6微水及密度监测 IED 采用 IEC 61850 协议与主 IED 通信，其评价结果通过过程层网络采用 REPORT 服务传输至主 IED，监测数据文件通过文件服务传输至主 IED，主 IED 汇总并综合分析，采用 REPORT 服务传送至站控层网络，监测数据文件仅在召唤时以文件服务方式传送至站控层网络。

四、GIS 设备主 IED

GIS 设备主 IED 在 GIS 智能组件柜中的作用相当于前置服务器+通信控制器的作用。它是 GIS 设备智能组件柜的中枢单元，其主要任务是负责站控层主服务器与各智能监测 IED 之间控制指令与数据的转发，同时根据各智能监测组件的监测数据和结果对变压器进行综合的故障诊断和状态评估。

GIS 设备主 IED 接收各子 IED 监测数据，监测数据（仅结果数据）能保存 10 年以上。

GIS 设备主 IED 的评价分析、通信规约包括：

（1）评估分析。GIS 设备主 IED 自评估功能每隔 10min（用户可设置）以报文格式——“唯一性标识、故障部位、故障模式（内部放电类型）、风险程度（用百分数表示）”通过站控层网络向站控层服务器报告一次自评估结果。评估风险每增大 2% 增加报文一次。

（2）通信规约。GIS 设备主 IED 采用 IEC 61850 协议与站控层服务器通信，其评价结果通过站控层网络采用 REPORT 服务传输至站控层服务器，监测数据文件通过文件服务传输至站控层服务器，监测数据文件仅在召唤时以文件服务方式传送至站控层网络。

五、GIS 局部放电在线监测系统装置的运行维护

1. 日常维护事项

（1）远程监控。利用局部放电远程监控软件及远程桌面连接对局部放电在线监测系统的运行状态进行远程监控，查询设备状态信息及警报信息。

（2）查看警报信息。对持续出现警报信息的测点要进行关注，调查相关数据，必要时进站进行检测、确认。

（3）日常定期对在线监测设备进行维护。正常情况下，在系统刚上线 3 个月进站巡检 1 次，之后半年或一年进站巡检 1 次。对于发现局放信号的系统，信号幅值大的需 1 个月对数

据进行调查分析，如果信号增大则需进站调查；信号幅值小的则间隔3个月对数据进行调查分析。

2. 运维注意事项

（1）运维人员确保系统所有硬件设备均不掉电，包括局部放电监测系统的配电箱不掉电、局部放电监测系统 IED 不掉电。

（2）相关运维人员需经技术培训后方可对在线监测系统进行操作；要求掌握系统软件及硬件的基本操作，熟悉系统的架构。

（3）相关运维人员在对在线监测系统进行操作的过程中应严格按照使用说明书的操作要求进行操作，不得随意删减系统内部的程序文件，以免系统无法正常运行。

（4）相关运维人员不得随意更改系统软件的配置和传感器位置，如需更改则需联系厂家人员，在其指导下进行操作。

（5）相关负责人应从远程监控软件中查看系统运行情况及报警情况，并就所查看的数据信息进行记录。

（6）定期巡视在线监测设备，发现问题及时处理。如在线监测系统有警报，应及时查看报警信息并做好记录，报告相关负责人，在做好一切记录后在系统的实时监控界面清除告警信息。

3. 维护注意事项

（1）值班人员打开现场屏柜查看设备状态后，需将屏柜门关闭，并锁好。

（2）值班人员发生误操作后，按照生产厂家提供的快速恢复手册进行恢复，如仍存有问题，需及时联系厂家，由厂家技术人员协助将系统恢复至正常运行状态。

（3）值班人员不得自行拆解在线监测系统相关装置，需由生产厂家派专业技术人员进行维护。

（4）在生产厂家进行维护的过程中，值班人员应给予支持配合，做好记录及安全监督、防范措施。

（5）相关人员应提供历史数据给生产厂家的维护人员，以对 GIS 局部放电数据进行分析，生产厂家将分析结果以报告形式反馈给相关人员。

（6）维护结束后，值班人员应对在线监测系统检查：是否可正常运行、上传数据无误等，做好记录。

（7）定期对在线监测设备进行校验。

4. 常见问题的处理

（1）单个监测点数据长时间不变，可能的原因如下：

1）传感器故障；

2）传感器供电电源失电；

3）传感器与数据处理主机之间的高频信号线连接不好；

4）母站系统软件运行异常，软件配置被更改。

（2）多个监测点数据长时间不变，可能的原因如下：

1）通信中断；

2）数据处理主机掉电；

3）光电转换器异常；

4）光电转换器供电异常；

5）光纤损坏；

6）母站处光电转换器或者以太网通信线接触不良；

7）软件配置被更改。

(3) 远端数据长时间不变，可能的原因如下：

1）某一个站的数据长时间不变可能是站端的母站掉电未开启；

2）以太网连接问题；

3）IP 地址错误。

(4) 某个通道报警，是否为 GIS 设备内部局部放电信号的判断：

1）查看警报记录，警报时间并不连续，则警报信号为噪声信号；

2）根据探头调查历史数据，根据局部放电（PD）的判断标准对信号进行分析，对警报信号进行排查；

3）后续对此警报点继续观察；

4）必要时使用 GIS 局部放电带电测试仪（如特高频局部放电测试仪、超声波局部放电测试仪等）到现场进行检测，确认 GIS 内部是否存在放电故障。

第四节　避雷器在线监测

避雷器是用于保护交流输变电设备的绝缘免受雷电过电压和操作过电压损害的重要电力设备。交流无间隙金属氧化物避雷器（MOA）具有优异的非线性特性，被大量用于 110kV 及以上的变电站过电压防护领域。

避雷器在线监测是以其连续带电运行为基础，使用固定式永久安装的监测装置进行实时测量的方法。在线监测智能组件综合集成了避雷器监测单元，完成对避雷器设备状态的监测。避雷器监测智能组件如图 9-19 所示。

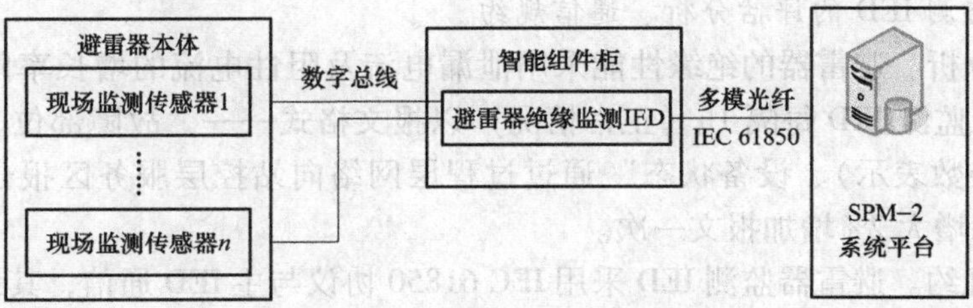

图 9-19　避雷器监测智能组件

一、避雷器监测智能组件

500kV 和 220kV 电压等级各配置一台避雷器智能柜，户外柜采用双层柜体，两层板材之间的距离为 25mm，板材用不锈钢做成；智能柜的外形尺寸是 600mm×800mm×1600mm，落地式户外安装；具备温湿度调节功能，对柜内温度、相对湿度可以进行调节和控制。通过调节，柜内最低温度保持在+5℃以上，柜内最高温度不超过柜外环境最高温度，柜内相对湿度应保持在 90% 以下，以满足柜内智能电子设备正常工作的环境条件，避免大气环境恶劣导致智能电子设备误动或拒动。控制柜采用自然通风方式；柜内空气循环为下进风、上出风；配置换气扇，在柜内温度过高情况下进行主动换气。

220kV 避雷器智能柜内含有 220kV 避雷器监测主 IED，柜内还集成了光缆所需光纤交换机。

二、避雷器监测 IED

传感器的信号取样采用穿芯结构的有源零磁通设计技术，选用起始磁导率较高、损耗较小的坡莫合金做铁芯，采用独特的深度负反馈补偿技术，能够对铁芯的励磁磁势进行全自动补偿，保持铁芯工作在接近理想的零磁通状态，使其基本不受环境温度及电磁干扰的影响，从根本上解决了末屏电流信号的精确取样问题。

高精度的有源零磁通传感器将泄漏电流经 A/D 转换器转换成数字量，再经过微处理器进行 DFT 运算及处理，通过 485 接口将采集到的数据发送到避雷器监测主 IED。高频传感器将捕获雷击信息并将捕获到的信息及时通过数据总线上传到避雷器监测主 IED 进行保存。

1. 避雷器监测 IED 指标

避雷器监测 IED 指标如表 9-8。

表 9-8　　避雷器监测 IED 指标

序号	参数名称	标准参数值
1	取样方式	穿芯电流互感器取样方式
2	泄漏电流范围	100μA～650mA
3	泄漏电流精度	±1%或±10μA
4	阻性电流范围	10μA～650mA
5	阻性电流精度	±1%或±10μA
6	数据更新频率	≤5min

2. 避雷器监测 IED 的评估分析、通信规约

（1）评估分析。避雷器的绝缘性能采用泄漏电流及阻性电流的增长率阈值作为判断依据。避雷器绝缘监测 IED 每隔 1h（正常情况）以报文格式——“故障部位、故障模式、风险程度（用百分数表示）、设备状态”通过过程层网络向站控层服务区报告一次自评估结果。评估风险每增大 2%增加报文一次。

（2）通信规约。避雷器监测 IED 采用 IEC 61850 协议与主 IED 通信，其评价结果通过过程层网络采用 REPORT 服务传输至主 IED，监测数据文件通过文件服务传输至主 IED，主 IED 汇总并综合分析，采用 REPORT 服务传送至站控层网络，监测数据文件仅在召唤时以文件服务方式传送至站控层网络。

三、避雷器监测主 IED

避雷器监测主 IED 在避雷器智能组件柜中的作用相当于前置服务器+通信控制器的作用。它是避雷器设备智能组件柜的中枢单元，其主要任务是负责站控层主服务器与各智能监测 IED 之间控制指令与数据的转发，同时根据各智能监测组件的监测数据和结果进行综合的故障诊断和状态评估。

避雷器监测主 IED 接收各子 IED 监测数据，监测数据（仅结果数据）能保存 10 年

以上。

1. 评估分析

避雷器监测主 IED 自评估功能一般每隔 10min（用户可设置）以报文格式——“唯一性标识、故障部位、故障模式（内部放电类型）、风险程度（用百分数表示）”通过站控层网络向站控层服务器报告一次自评估结果。评估风险每增大 2% 增加报文一次。

2. 通信规约

避雷器监测主 IED 采用 IEC 61850 协议与站控层服务器通信，其评价结果通过站控层网络采用 REPORT 服务传输至站控层服务器，监测数据文件通过文件服务传输至站控层服务器，监测数据文件仅在召唤时以文件服务方式传送至站控层网络。

四、避雷器在线监测装置的运行维护

随着在线监测技术的应用越来越广泛，各种避雷器在线监测系统已经集成到变电站综合绝缘在线监测系统中，为避雷器的故障探测和诊断提供了及时、可靠的判据，为检修提供有力的数据支持。由于许多不确定的因素可能会导致在线监测设备在现场会出现无法检测到数据的问题或者检测到的数据与分析的数据存在明显异常情况，影响运维人员对避雷器运行状态的监测，因此现场运维人员需要及时对在线监测装置进行例行维护，避免出现上述问题。

1. 避雷器在线监测设备的维护

避雷器在线监测设备的运行维护一般按照各个供电公司的检修计划进行。在线监测装置的监测信号通过穿芯式电流传感器获取，装置内部控制按功能模块化，出现故障时可对功能模块进行更换，具有即插即用的功能，故现场使用安全可靠、维护简便。

现场运维人员进行日常维护时，在装置正常运行的情况下无需对装置进行特别维护，但为了保证在线监测装置的运行安全、可靠，仍需要现场运维人员对装置以下内容进行定期维护检查。

（1）目测设备机箱内主板上的电源灯、通信灯及运行灯的工作特征是否正常。对于主板、插接口等位置，需使用专用测试软件来检测主板及相关端口是否运行正常。

（2）仔细检查在线监测设备的外壳、安装支架或固定抱箍是否出现松动、开焊、移位及生锈等情况，若发现生锈，应及时进行处理。

（3）对在线监测设备箱的内部进行检查，避免设备出现受潮情况，影响在线监测装置的正常运行。

（4）检查在线监测设备内部的各种线路有无异常情况，如获取避雷器泄漏电流的信号电缆有无明显破损、线路是否出现松动或断股及连接处是否可靠等，若运行过程中有拆过现象，需确认接线是否正常、牢固。

（5）检查在线监测装置的设备接地是否良好，设备箱体应保持一点接地。

（6）参照运行经验数据范围查看数据与分析结果，若发现装置测量数据不符合经验数据范围，则说明装置运行不正常或一次设备绝缘出现问题，需要查清原因。

2. 常见问题的处理

在变电站很强的电磁干扰环境下，避雷器在线监测装置可能出现指示灯工作不正常、无法检测到泄漏电流数据的问题或者检测到的泄漏电流数据与分析的数据存在明显异常等情况，对故障现象进行分类，并分析可能的故障原因及相应的排除方法。

定期巡视在线监测设备，发现问题及时处理。如在线监测系统有警报，应及时查看报警信息并做好记录，报告相关负责人，在做好一切记录后清除系统实时监控界面的告警信息。

避雷器在线监测装置的常见故障现象、可能原因及排除方法如表 9-9 所示。

表 9-9　避雷器在线监测装置的常见故障现象、可能原因及排除方法

序号	故障现象	可能原因	排除方法
1	电源指示灯不亮	装置未上电； 电源板损坏； 采集板电源端子接触不良	检查装置电源两端电压； 检查空气开关状态； 检查电源板输出信号是否正常，不正常则更换电源板； 重新插拔采集板电源端子
2	通信指示灯亮但不闪烁	通信端 A、B 接反； 通信端 A、B 间电压过低； 通信 ID 错误或重复冲突	检查线路接线； 检查 A、B 间电压，在总线末端的装置上加装上拉电阻； 修改装置通信 ID
3	通信指示灯间断闪烁	总线线路较长，装置较多，使 A、B 间电压过低	检查 A、B 间电压，在总线末端的装置上加装上拉电阻
4	通信指示灯正常但无数据	通信端 A、B 间电压过低； IED 程序或配置有误	检查 A、B 间电压，在总线末端的装置上加装上拉电阻； 检查 IED 程序或配置是否有误
5	数据异常：监测到的电流/电压数据为零或很小值	装置电源不通	检查装置电源是否供电； 计算机屏内装置电源空气开关是否推上； 交流 220V 电压是否正常； 现场装置电源是否合上
5	数据异常：监测到的电流/电压数据为零或很小值	被监测设备与测量电缆是否正确接入	用卡表测量一下，测量值是否与监测设备的泄漏电流差不多
5	数据异常：监测到的电流/电压数据为零或很小值	被测高压设备是否停电	检查一次设备连接情况

第五节　容性设备在线监测

容性设备主要指电流互感器、电容性电压互感器、耦合电容器等，其数量约占变电站电气设备的 40%。此类设备多采用电容式绝缘，在线监测智能组件综合集成了容性监测单元，完成对容性设备状态的监测。

一、容性设备监测智能组件

对全站容性设备进行绝缘监测，全站采用一套或多套智能组件柜，现场监测传感器安装在容性设备本体下方。容性设备监测智能组件如图 9-20 所示。

500kV 和 220kV 电压等级各配置一台容性设备智能柜，户外柜采用双层柜体，两层板材之间的距离为 25mm，板材用不锈钢做成；智能柜的外形尺寸是 600mm×800mm×1600mm，落地式户外安装；具备温湿度调节功能，对柜内温度、相对湿度可以进行调节和控制。通过

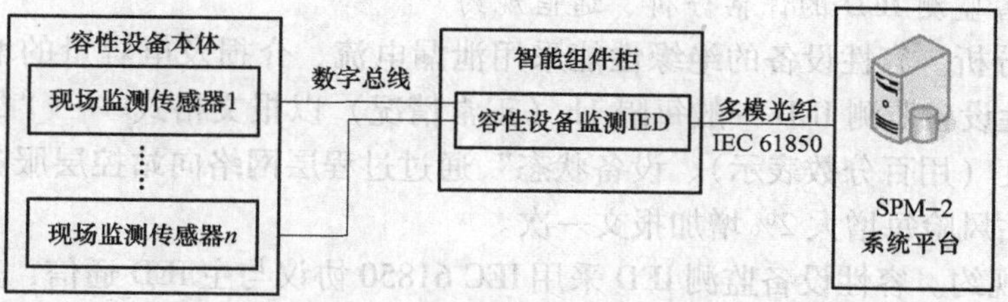

图 9-20　容性设备监测智能组件

调节，柜内最低温度保持在+5℃以上，柜内最高温度不超过柜外环境最高温度，柜内相对湿度应保持在90%以下，以满足柜内智能电子设备正常工作的环境条件，避免大气环境恶劣导致智能电子设备误动或拒动。控制柜采用自然通风方式。柜内空气循环为下进风、上出风；配置换气扇，在柜内温度过高情况下进行主动换气。

220kV 容性设备智能柜内含有 220kV 容性设备监测主 IED，柜内还集成了光缆所需光纤交换机。

二、容性设备监测 IED

容性设备监测 IED 可用于监测运行中电力变压器套管、电流互感器、电压互感器、耦合电容器等高压电气设备的绝缘状况，包括介质损耗、泄漏电流、电容量、电容量变化率、相对介损等各项重要指标。

传感器的信号取样采用穿芯结构的有源零磁通设计技术，选用起始磁导率较高、损耗较小的坡莫合金做铁芯，采用独特的深度负反馈补偿技术，能够对铁芯的励磁磁势进行全自动补偿，保持铁芯工作在接近理想的零磁通状态，使其基本不受环境温度及电磁干扰的影响，从根本上解决了末屏电流信号的精确取样问题。

高精度的有源零磁通传感器将泄漏电流经 A/D 转换器转换成数字量，再经过微处理器进行 DFT 运算及处理，通过 485 接口将采集到的数据发送到容性设备监测 IED。高频传感器将捕获雷击信息并将捕获到的信息及时通过数据总线上传到容性设备监测 IED 进行保存。

1. 容性设备监测 IED 指标

容性设备监测 IED 指标如表 9-10 所示。

表 9-10　容性设备监测 IED 指标

序号	参数名称	测量范围	分辨率	测量误差
1	泄漏电流	0.1～600mA	100μA	±1%
2	介质损耗	0.1%～30%	0.1	0.1
3	等值电容	50～50 000pF	50pF	±1%
4	母线 TV 电压	35～1000kV		0.5%
5	母线 TV 谐波电压	3、5、7 次		2%
6	母线 TV 系统频率	46～60Hz		0.01Hz
7	环境温度	-30～80℃		±0.5%
8	相对湿度	0～100%		±2%
9	采样周期	<5s		

2. 容性设备监测 IED 的评估分析、通信规约

（1）评估分析。容性设备的绝缘性能采用泄漏电流、介损及电容量的增长率阈值作为判断依据。容性设备监测 IED 一般每隔 1h（正常情况）以报文格式——“故障部位、故障模式、风险程度（用百分数表示）、设备状态”通过过程层网络向站控层服务区报告一次自评估结果。评估风险每增大 2% 增加报文一次。

（2）通信规约。容性设备监测 IED 采用 IEC 61850 协议与主 IED 通信，其评价结果通过过程层网络采用 REPORT 服务传输至主 IED，监测数据文件通过文件服务传输至主 IED，主 IED 汇总并综合分析，采用 REPORT 服务传送至站控层网络，监测数据文件仅在召唤时以文件服务方式传送至站控层网络。

三、容性设备监测主 IED

容性设备主 IED 在容性设备智能组件柜中的作用相当于前置服务器+通信控制器的作用。它是容性设备智能组件柜的中枢单元，其主要任务是负责站控层主服务器与各智能监测 IED 之间控制指令与数据的转发，同时根据各智能监测组件的监测数据和结果进行综合的故障诊断和状态评估。

容性设备主 IED 接收各子 IED 监测数据，监测数据（仅结果数据）能保存 10 年以上。

1. 评估分析

容性设备主 IED 自评估功能一般每隔 10min（用户可设置）以报文格式——“唯一性标识、故障部位、故障模式（内部放电类型）、风险程度（用百分数表示）”通过站控层网络向站控层服务器报告一次自评估结果。评估风险每增大 2% 增加报文一次。

2. 通信规约

容性设备主 IED 采用 IEC 61850 协议与站控层服务器通信，其评价结果通过站控层网络采用 REPORT 服务传输至站控层服务器，监测数据文件通过文件服务传输至站控层服务器，监测数据文件仅在召唤时以文件服务方式传送至站控层网络。

四、容性设备在线监测装置的运行维护

按照运行设备的要求对在线监测装置进行巡检维护，内容包含以下几个方面：

（1）检查站内子站的运行情况，机箱有无异响，子站电源线和通信电缆连接有无松动；

（2）定期对监测装置的综合监测单元进行清扫和排水；

（3）检查传感器安装位置有无松动；

（4）检查外露电缆的固定部位有无松动，电缆外表面有无破损，电缆穿管端口胶泥是否密封。

在线监测装置运行部门发现异常后，对装置的故障原因进行诊断。当判断网络通道发生故障时，联系网络运行部门尽快开展维护检修；当装置发生故障时，运行部门对装置进行带电检修或停电检修，结束后，应对监测装置的检修过程进行记录并存档。

第六节　软件系统设计

系统软件采用先进的标准化、结构化、模块化结构，软件模块采用易于修改、维护及升级版本，同时采用独有的专家诊断系统对采集的数据进行科学分析、诊断，可以更加及时、方便地了解并掌握变电设备的健康状态。

系统支撑软件与通信接口软件采用 QT（C++）编写，MMI 交互软件采用 Java 编写，具有很好的移植特性。系统软件扩充方便，在系统改变或在线监测系统及装置扩充或更改时，均只需在数据维护模块增加相应数据，而无须修改程序或重新组装软件。软件的层次结构如图 9-21 所示。

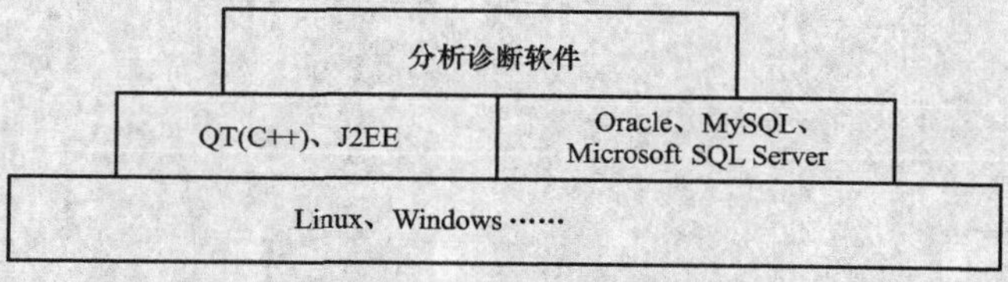

图 9-21　软件的层次结构

状态监测系统采用 C/S 与 B/S 相结合的方式，以满足不同的需求。

B/S 方式（浏览器/服务器方式）：满足普通的使用要求，客户只要通过浏览器即可方便地浏览状态系统，完成设备的状态监测与简单的管理配置工作。该方式实现客户端的零维护，用户使用方便。

C/S 方式（客户机/服务器方式）：满足更复杂的使用要求，包括 MMI 模块管理、监测装置的配置调试、数据链路配置、数据通信接口模块管理、数据处理模块管理、设备台账管理、数据库维护等管理功能。该方式要求在客户端安装状态监测的相应客户端管理软件，功能与界面展示更丰富。

一、C/S 监视模块

系统的 C/S 监视软件（MMI）可实现人机会话功能。系统采用跨平台的中文 QT（C++）全图形人机会话界面，界面友好、直观，操作简单、方便；可实现丰富的图文显示界面；图形采用世界图形式，可记录图形层次间的逻辑对应关系和地理对应关系。

系统具有用于制作、修改图形的绘图工具模块。系统可以从零开始创建、绘制、编辑、链接系统全套视图；操作简单、方便，可采用鼠标单击的方式绘制图形；提供常用的图元库，管理员可以增加、删除、修改、引用图元库的内容；可以直接支持将 BMP、GIF、TIF、JPG 等格式的图形文件导入系统使用，并提供常用图形画面集，如站地理布局图、站平面图等，方便了用户的使用。

1. 矢量图形人机会话界面

矢量图形人机会话界面的特点如下：

（1）界面支持多种类型图表，如地理接线图、电网结构图和变电站接线图；可显示报警一览表、常用数据表、厂站设备参数表、目录表等。画面形式可为多种曲线图、混合图等。其中的变电站主接线图界面如图 9-22 所示。

界面显示了变电站各类设备的接线图及其实时监测数据，对于越限的数据，以不同的颜色对其加以区分。

（2）可在一幅画面上同时显示实时数据和分析数据，实时数据可以实时刷新，刷新时间不大于 5s。

（3）界面显示的故障设备按故障等级挂牌提示，且数据按故障等级以不同的颜色显示。

（4）采用多窗口技术，允许操作员在工作时操作多个画面。界面支持画面漫游、缩放

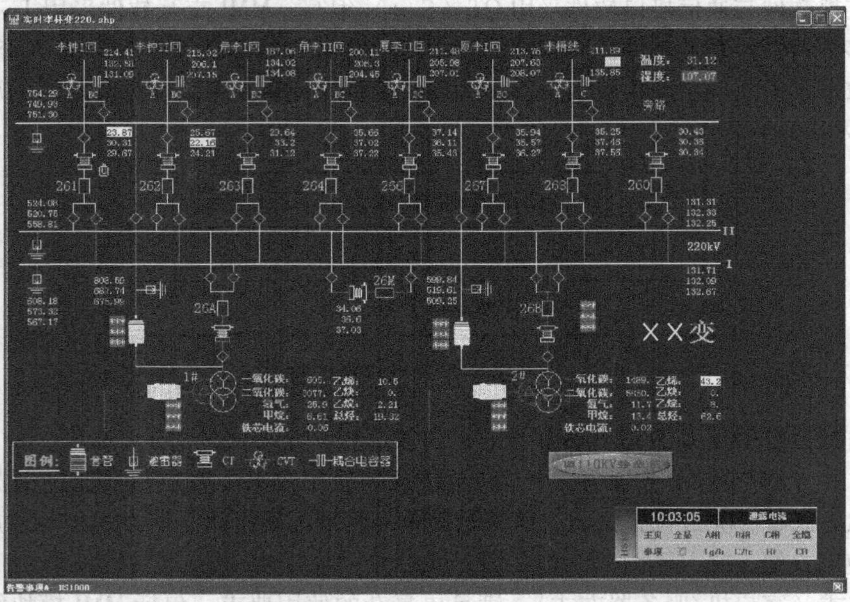

图 9-22　变电站主接线界面

和动画功能。

（5）实时数据在一次图上可根据条件选择显示，如全部显示、仅显示 A 相数据、仅显示 B 相数据、仅显示 C 相数据、全部不显示等，显示内容可选择泄漏电流、介损（或阻性电流）、电容量（或容性电流）、相对介损及电容量变化率。

（6）在历史曲线图显示实时数据的同一位置上，可显示存储在历史数据库上任一天任一整点时刻的数据。

2. 绘图工具模块

C/S 监视软件中的绘图工具模块用来制作、修改图形。

（1）图形编辑功能。

1）绘制图形：线、点、圆、多边形、组合图形、文字等；

2）绘制电气设备图形：变压器、TA、CVT、MOA、OY 等；

3）图形编辑：复制、剪切、粘贴、删除等；

4）图形着色：图素可设置 256 种不同的颜色；

5）图形组合：组合多个图素、分拆组合图形；

6）图形背景选择：加载背景图、选择背景图；

7）图形操作：放大、缩小、漫游；

8）图层控制：生成新图层、编辑图层、设置工作图层参数；

9）图元、图素与对象连接：可关联电气设备监控参数，将图元及图素与数据对象连接，实现数据对象数据图形化的参数变位；

10）历史数据曲线：调入时关联相关设备的历史数据，即可正确显示该设备的历史曲线图。

（2）图形管理功能：将所有的图形组织成一个有序的集合，可以按照地点、专业、设备等项目对图形分类，便于用户添加所需的画面。

（3）画面管理功能：包括图形系统中的画面、文件库的管理、显示画面库的结构树、画面树的编辑，以及生成画面文件夹、删除文件夹、加载新画面、删除画面。

（4）图元管理功能：对图元文件库进行管理，将所有的图元组织成一个有序的集合，并可实现图元文件的上传、下载等。

二、B/S 监视模块

状态监测系统的 B/S 监测模块可以将变电设备数据的在线监测与故障诊断以直观的形式呈现给用户，用户只需通过 IE 等浏览器，就可以在任何一台接入省电力公司 MIS 网的计算机上查看在线监测数据，监视设备状况。

人机界面具备丰富的图形界面、直观的设备状态显示功能，极大地满足了专职人员监视设备和维护的需要，包括设备健康状态总图、设备数据趋势图、变压器综合分析、断路器分析、GIS 局部放电分析等；同时，任何一台接入网络的计算机均无须加装任何软件（如 ActiveX、COM 组件等），均可通过 IE 浏览器方便地登录到系统界面，大大方便了电力系统各有关方面人员的使用要求。

附录A 合闸插件内部说明

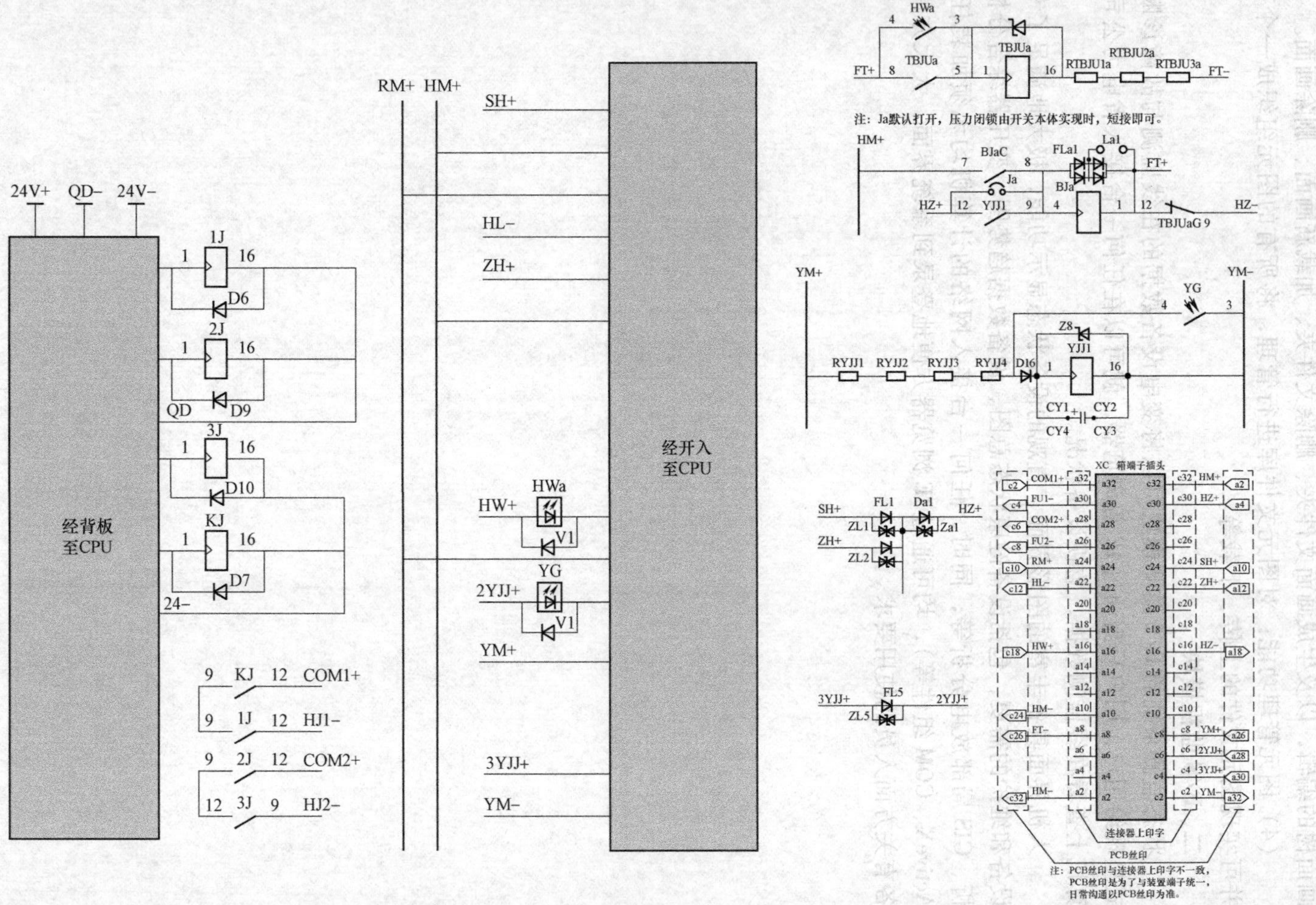

附录B 跳闸插件内部说明

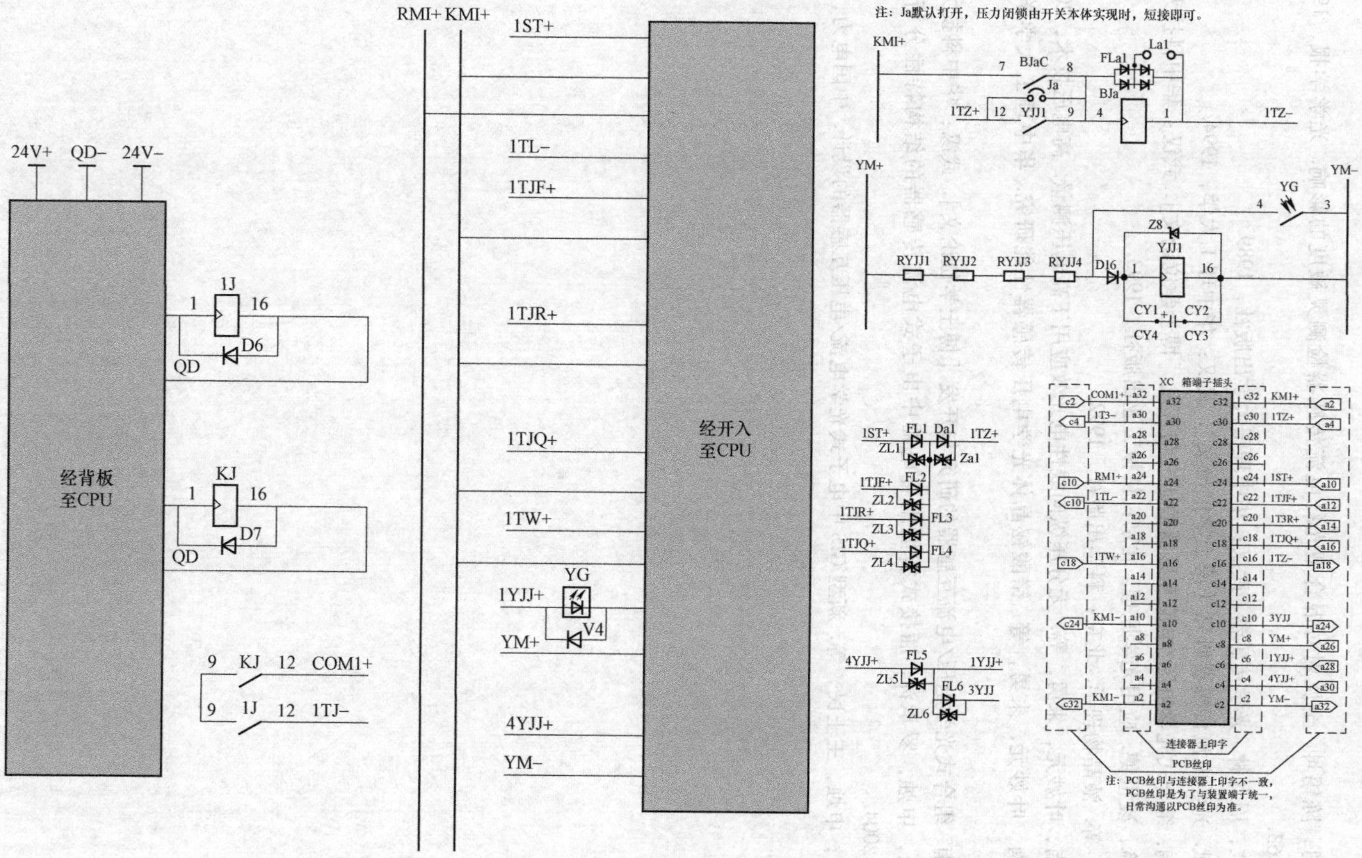

参 考 文 献

[1] 宗伟勇，陈锡坤．全反射对混合型光纤电流传感器检测灵敏度的影响．光学学报，1991，11（3）：260-263.

[2] 王学仁，周九林．光学传感器．武汉：华中理工大学出版社，1989.

[3] 李红斌．光学电流传感器研究［博士学位论文］．武汉：华中理工大学，1994.

[4] 罗苏南．组合式光学电压/电流互感器的研究与开发［博士学位论文］．武汉：华中科技大学，2000.

[5] 胡鸿璋，凌世德．应用光学原理．北京：机械工业出版社，1993.

[6] 陈纲，等．液晶物理学．北京：科学出版社，1992.

[7] 罗苏南，叶妙元，朱勇，等．无分压纵向线性电光效应用于高电压测量．高电压技术，2000，26（4）.

[8] 罗苏南，叶妙元，朱勇，等．锗酸铋晶体光学电压传感器性能研究．华中理工大学学报，1999，27（10）.

[9] 罗苏南．组合式光学电压/电流互感器的研究与开发［博士学位论文］．武汉：华中科技大学，2000.

[10] 钱征，申烛，罗承沐．插接式智能组合电器中电子式电流传感器的结构特性分析．仪器仪表学报，2004.

[11] 钱征，申烛，王士民，等．新型 GIS 中电子式光学电流/电压互感器的设计．中国电力，2001.